气象影视技术论文集

（十）

主　编：石曙卫
副主编：韩建钢　杨玉真

内容简介

本文集从 2014 年 4 月在昆明、10 月在南京召开的气象影视与传媒委员会学术交流会征集的近 150 多篇征文中选取了 68 篇，含多媒体环境下气象影视事业发展的探索、气象节目创新、主持艺术、新技术应用、气象频道建设等内容。本书对从事气象影视与传媒工作的人员有参考与借鉴作用，还可供农业、卫生、海洋、环保、教育、电视等部门制作人员和有关高等院校相关专业师生参阅。

图书在版编目(CIP)数据

气象影视技术论文集(十)/石曙卫主编. —北京：气象出版社，2015.4
ISBN 978-7-5029-6116-9

Ⅰ. ①气…　Ⅱ. ①石…　Ⅲ. ①天气预报-电视节目-文集
Ⅳ. ①G222.3-53②P45-53

中国版本图书馆 CIP 数据核字(2015)第 069069 号

QIXIANG YINGSHI JISHU LUNWENJI(十)
气象影视技术论文集(十)
石曙卫　主编

出版发行：气象出版社
地　　址：北京市海淀区中关村南大街 46 号　　**邮政编码**：100081
总 编 室：010-68407112　　**发 行 部**：010-68409198
网　　址：http://www.qxcbs.com　　**E-mail**：qxcbs@cma.gov.cn
责任编辑：隋珂珂　　**终　　审**：陈志荣
封面设计：王　伟　　**责任技编**：赵相宁
印　　刷：北京中石油彩色印刷有限责任公司
开　　本：787mm×1092mm　1/16　　**印　　张**：21.5
字　　数：560 千字
版　　次：2015 年 9 月第 1 版　　**印　　次**：2015 年 9 月第 1 次印刷
定　　价：100.00 元

目 录

一、多媒体环境下气象影视事业发展的探索

二、气象节目创新

三、主持艺术

四、新技术应用

五、气象频道建设

一、多媒体环境下气象影视事业发展的探索

新媒体时代影视传媒创新战略研究
——创新打造“全媒体”平台

王淑兰

（三江学院，南京 210012）

摘　要

创新是一个国家进步的动力，是一个民族能够立于世界民族之林的灵魂，近代以来人类文明进步所取得的丰硕成果，主要得益于科学技术创新的不断进步和所带来的人们思想观念的巨大解放。人类社会的进化历程，就是一个不断创新的过程。一个民族或国家要想走在时代前列，就一刻也不能没有创新思维，一刻也不能停止创新。本文从创新的必要性和创新战略出发，分析了当前传统媒体所面临的危机，详细阐述了创新的成功案例，为在国民经济的各个领域的研究和实践中都举足轻重的创新，提出了建设性建议。

关键词：传媒创新　战略　跨界融合　人才　策划研发

引言

据中国互联网络信息中心统计，截至 2014 年 6 月，中国网民 6.32 亿，较 2013 年底增加 1442 万人；手机网民 5.27 亿，较 2013 年底增加 2699 万人；手机上网的网民比例为 83.4％，相比 2013 年底上升 2.4％，首次超越 80.9％的传统 PC 上网比例。越来越多的人通过新媒体获取信息，年轻一代更是将移动互联网作为获取信息的主要来源。在新媒体时代，传统媒体应主动进行角色重新定位，积极进行发展模式的多元创新，打造“全媒体”平台成为传统媒体突破发展瓶颈的重要举措。目前，传统媒体逐渐与新媒体呈现了一种融合发展的趋势，新媒体成为传统媒体的发展和延伸。

1　传媒创新的必要性

创新概念的起源为美籍经济学家熊彼特的《经济发展概论》(1912 年出版)。熊彼特认为，创新就是建立一种新的生产函数，把一种从来没有过的关于生产要素和生产条件的“新组合”引入生产体系。这种新组合包括 5 种情况：一是采用一种新产品或一种产品的新特征；二是采用一种新的生产方法；三是开辟一个新市场；四是掠取或控制原材料或半制成品的一种新的供应来源；五是实现任何一种工业的新的组织。把现成的技术革新引入经济组织，形成新的经济能力，创造新的经济价值。创新是以新思维、新创作、新发明和新描述为特征的一种概念化过程。最初起源于拉丁语，它的含义包括：更新；创造新的东西；改变以及汲取经验。创新是人类特有的认识能力和实践能力，是人类主观能动性的高级表现形式，是推动民族进步和社会发展的不竭动力。简而言之就是利用已存在的自然资源或社会要素创造新的矛盾共同体的人类行为，或者可以认为是对旧有的一切所进行的替代、覆盖。

从传媒的角度说，创新是一直伴随着科学技术的不断进步，使更多的新媒体进入我们的生活，人们接受信息的方式越来越多样化。人们从过去单一使用传统媒体到现在网络上以集文字、视频、声音为一体的复合型、互动型媒体消费为主体，新媒体传播成为人们现实生活中一种不可抵挡的趋势和潮流。新媒体发展的势不可挡，给传统媒体带来了新的机遇和挑战，传统媒体在新媒体带来的新竞争环境中应该积极创新自身的发展战略。现代创新意义重大，她以现有的思维模式提出有别于常规或常人思路的见解为导向，利用现有的知识和物质，在特定的环境中，本着发展需要或为满足社会需求，而改进或创造新的事物、方法、元素、路径、环境，并能获得一定的效益。

不创新，就灭亡——福特公司创始人亨利·福特。

要么创新，要么死亡——畅销书《追求卓越》作者托马斯·彼得斯。

创新是企业持续壮大的唯一出路——创新魔法师李响。

鸡蛋从外面打破只是人们的食物，但从内部打破就会是新的生命。对海尔来讲，需要的就是从内部打破，即自我突破、自我颠覆、自我挑战——海尔总裁张瑞敏。

1.1 新媒体时代传统媒体的生存状况

1.1.1 国外纸媒出现倒闭潮或转数字媒体

2012年，《德国金融时报》宣布停刊，这是两个月以来，德国第三家宣布破产的报纸。在此之前，还有两家有影响的报纸，分别为《法兰克福论坛报》和《纽伦堡晚报》宣告破产倒闭，受报纸倒闭的影响德国上千人失业。事实上，受金融危机和新媒体兴起等因素影响，德国近年来不少传统媒体被迫停业、裁员或重组。因资不抵债提请破产保护的德国第二大通讯社——德国国际通讯社(DAPD)宣布，该通讯社正式停止全部新闻发稿业务，彻底退出历史舞台。

在美国2008年已经深深感到传统媒体倒闭的阵阵寒意。2008年10月28日，即将迎来"百岁寿诞"(11月25日)的美国主流大报《基督教科学箴言报》在其官方网站上宣布从2009年4月起停出印刷版，每天改用电子邮件发送网络版报纸给读者，从而成为美国首家停止印刷，几乎完全采用互联网战略的美国报纸。2009年3月16日，赫斯特公司宣布旗下拥有140余年历史的《西雅图邮报》脱离纸媒，完全转变成电子报纸。2010年，《美国新闻与世界报道》也停止发行印刷版，专攻网络版。同年9月，美国最著名的综合类日报《纽约时报》也加入了网络的阵营。虽然《纽约时报》至今也没有放弃纸质版的印刷，而是同步推出了收费在线服务，而且电子版的订阅量一度超过了纸质版。但一组对《纽约时报》收费在线服务政策的数据分析表明，一个纸质版读者的价值是一个数字版读者的228倍。这也意味着，无论在线服务收费政策实施得多么成功，结论都是《纽约时报》的业务在萎缩，转型势在必行。这两年来也不断传出传统媒体破产的消息。2012年12月31日，近80年历史的美国著名杂志《新闻周刊》宣布，它将在2013年放弃印刷版杂志，以"全球新闻周刊"的新名字实现全部数字化。《新闻周刊》的所有者IAC/Interactive Corp公司CEO巴里·迪勒(Barry Diller)2014年7月就表示，出于成本考虑，他将推动《新闻周刊》全面转向网络版。导致传统媒体陷入困境的主要原因，是来自新媒体的冲击。

另据消息报道，默多克旗下的新闻集团近日宣布，旗下首份iPad电子报《The Daily》即将关闭，这份电子报从上市到宣布关闭还不到两年，对传统报业创新转型的努力予以了沉重打击。

1.1.2 国内不断听闻报纸杂志裁员乃至关停的噩耗

面对新媒体的冲击，传统媒体的严冬俨然来临，这种冲击不但在欧美发达国家出现，在国内，这一趋势也早就受到了业界的高度关注。上海《新闻晚报》于2014年1月1日正式休刊，这是上海报业集团成立后首张休刊的报纸。在发达城市和财经、时尚报道领域，《好运 MONEY》和《钱经》先后宣布停刊，第一财经不再续租宁夏卫视的上星渠道。关于纸媒的坏消息越来越多，大面积亏损，人才流失加速。2014年还有盈利的部分知名的都市报，财经报纸、杂志2015年上半年都传出亏损的消息，有的甚至是从千万盈利到千万巨亏。一年之间，纸媒经历了一个下降的拐点，迅速地坠落。目前，纸媒只有三种结局：第一，死亡；第二，半死不活；第三，就是彻底创新转型。

1.2 如何实现真正的全媒体融合

近日全球传统媒体的遭遇在网络引起轩然大波，引发传统媒体界剧烈震荡，微博上的探讨转发跟帖迅猛飙升。要么破产，要么转型，转型不好还将加速衰落，传统媒体的发展似乎确实遇到了空前的瓶颈。传统媒体以"数字化"或"全媒体"为名的转型依然面临着问题。国内报业的数字化行动似乎是表面上弄出好几个依托新技术的媒体平台，招兵买马搞技术建设，但实质上经营理念和方式仍处于传统思路和陈旧状态，并且对于新媒体该如何经营他们又缺乏经验和人才，最终造成的结果是：传统媒体建了所谓的"全媒体"平台一大把，但大多数并没有带来多大效益。问题是，媒体转型并不是简单的给传统媒体办个网站、开个微博和微信，或者开发出一个又一个没有连接关系的独立平台(比如数字报、手机报、电子阅读器等等)。真正的全媒体融合战略应该是整合出一套完整且完善的包括媒介内容生产、分销、终端平台、利益分摊、各个媒体互动促进的传媒创新战略。

2 传媒创新战略

全媒体融合环境下，传统媒体的内部组织结构将发生深刻变化，同时也会使传统媒体的经营管理发生深刻变化。创新意味着改变，意味着推陈出新、万象更新；创新意味着付出，因为惯性作用，创新意味着风险，从来都说一分耕耘一分收获，而创新的付出却可能没有收获，创新确实不容易，是一个试错的过程。传媒创新是在新媒体这个强大的外力下，生产方式和消费方式发生了转变从而必须进行战略创新。传媒应成为开放的组织机构，跨界融合。现在除了手机之外还有很多的遥感器，要顺应趋势，注重资源整合，大数据时代已经来临。奥巴马政府有一个口号，说21世纪的数据像工业时代的石油一样，是未来的财富。

2.1 跨界融合体制创新战略

媒介融合带来的业务形态变化，对传统媒体现有运行体制机制带来了挑战。传统媒体不仅要改变观念，用互联网思维设计自己的产品体系、产品架构、再造业务流程，更要在体制机制上创新，这是媒体融合的关键核心所在。

上海东方明珠(集团)股份有限公司成立于1992年8月，系中国第一家文化类上市公司。公司成立以来，先后在文化休闲娱乐、新媒体、对外投资等领域进行多元化拓展，在规模、效益和品牌等方面取得了显著提升，实现了产业结构优化和业绩的稳健、快速发展。公司现有注册资本31.86亿元，截至2013年，东方明珠年营收36.36亿元，被上海市人民政府列入50家重点大型企业，名列中国最具发展潜力上市公司50强、中国科技上市公司50强，“东方明珠”还被国家工商管理总局认定为中国驰名商标。东方明珠审时度势，在新媒体时代抓住数字产业发展机遇，建一流数字传输平台及数字技术运用平台；抓住文化体制改革机遇，壮大文化产业的发展；抓住现代服务业发展和上海世博会的机遇，构建一流的服务平台。

东方明珠以媒体作为未来发展的战略主导产业，以“面向广大群众、面向移动群体、面向户外人群”为定位，把握传媒行业核心环节，以媒体作为未来发展的主导产业，牵手国内外一流企业，大力发展移动电视、楼宇电视、城市电视和手机电视媒体产业，共同构建东方明珠数字化、立体化媒体平台。

旅游现代服务业是东方明珠的战略主营业务之一。“东方明珠”年观光人数和旅游收入在世界各高塔中仅次于法国的埃菲尔铁塔而位居第二，从而跻身世界著名旅游景点行列。积极进行对外投资，实现股东利益最大化。先后股权投资申银万国证券、上海浦东发展银行、海通证券、交通银行等；并在物流、房地产、教育配套设施和物业管理等现代服务领域进行了成功投资。

20多年来，东方明珠接待了500多位外国首脑：联合国秘书长、澳大利亚总理、埃及总统、德国总理、古巴主席、荷兰女王、印度总理、意大利总理、泰国公主等。在这里，古巴国务委员会主席卡斯特罗登高纵览诗兴大发：欲游宇宙创奇迹，宛似长城上九天。2001年APEC会议结束时，21个成员体的首脑们，从外滩隔江相望，看这样一幕景色：东方明珠3个银球，同时银河飞泻，绽出烟花无数。世界高塔协会，目前共有44个成员塔，东方明珠名列前茅。

终结传统传媒传播渠道霸权的互联网时代，单纯地依赖电视荧屏，是很危险的。据悉，湖南广电正在启动新一轮改革，目标是建立未来的媒体生态，并“一云多屏”地推进“芒果森林”，最终打造全媒体集团。国际趋势也是如此，商业电视机构都在向一个综合性文化公司转型。比如：日本的富士电视台与湖南卫视在中国的行业地位相近，他们把自己的传媒功能也逐渐转向内容生产商功能，旗下的非广告收入已经占到了一半以上，有自己的马戏团、主题餐厅和旗舰店等。美国也有创新的潮流电视，都在跨界融合体制上进行创新。

2.2 传媒人才创新战略

21世纪什么最重要？人才！传媒创新人才战略尤为重要。世界著名的新闻媒体出版集团——美国道琼斯公司有个著名的“水波纹”理论，可以把一条新闻卖七次，从而最大限度地降低边际生产成本，使产出综合收益最大化。当一个新闻事件发生时，首先发布报道的是道琼斯通讯社，然后是网站、电视台、系列刊物，最后是《华尔街日报》。当这一系列报道做完之后，道琼斯公司还会将其新闻信息录入商业资讯数据库，以便付费用户进行检索。要实现这个理论就是要有人才才能投入产出比的最大效益化。

传媒人才分三种：一种是既懂采编又懂经营的复合型人才；一种是采编人才；一种是经营人才。要两条腿走路，人才组合很重要。领导者不是全能的人。但领导者要会用人，把最有本事的人用到最关键的岗位上，把各种人用 到最适合他发挥才能的地方。领导者应该是帅才，把人才调配组合在一起，发挥最大效益(套娃理论)。国际知名的广告公司奥吉瓦尼·玛斯以及创始人大卫·奥吉瓦尼的套娃理论。大卫在公司每次新进一位高层管理人员时，他都要赠送给这位管理人员一套俄罗斯套娃。这组套娃是由五个由大到小的木娃娃套在一起的，旋开最外边的大的，发现里边还套着一个小号的，再打开又是一个更小的，及至第五个，里边放着大卫写的一张纸条：倘若我们每个人所重用的人都比我们矮，我们的公司就会变成小矮人公司；倘若每个人所重用的人都比我们高，我们公司就会成为巨人公司。一个具有包容、运筹帷幄的领导，能够允许更多各具气质、优秀的人才共同成长。这个组织要一直充满锐意创新的精神，能够保持不断推陈出新的密码——保持一种生机勃勃的机制与文化。只要有创意方案，只要有想法，领导者都大力支持。形 成“引、选、用、育、留并重”的人才战略。传媒机构应广纳新媒体人才，要尽可能吸引并留住他们，这一点对媒体的新媒体发展战略尤为重要。对新媒体人才既要重视培养，更要重视使用。传媒机构要建立行之有效的新媒体激励机制，为从业人员实现理想创造机会，以事业发展吸引人、以事业平台留住人；同时，也要向世人展现自己的媒体价值观，以精神力量鼓舞人心、以传媒实力凝聚人才；更重要的是，要使他们获得与自身价值相匹配的薪酬水平，以体面的生活留住人才，从而彰显媒体形象、价值与实力。

2.3 谷歌薪酬

2013年谷歌广告总监莫汉年收入超1亿美金。谷歌付给莫汉的，是价值超过1亿美元的股票。莫汉和谷歌续约后两年，谷歌的股价上涨了大约35%，也就是说，谷歌实际上花了1.5亿美元留住尼尔·莫汉。作为谷歌(微博)展示广告的负责人，他领着比NBA球星安东尼还高的薪水，同时不断地拒绝其他公司的邀请安心待在谷歌，一步步完成他对展示广告业务的终极规划—为内容发布方和广告主构建端对端的解决方案。目前谷歌500亿美元的年收入中的95%依然来自于广告。

谷歌的收入也是十分可观的。就业网站Glassdoor的统计表明，谷歌人的平均年薪为11万美元，不包括奖金。就连谷歌实习生的平均年薪都达到了6.9万美元。谷歌人拥有更长的陪产假，并且一旦去世，配偶可以在未来10年领取其一半的薪水。

2012年尤其是源源不断的新谷歌人的涌入。截至上个季度，谷歌已经有近39000名员工，这个数字还在增长。新人招待会上介绍了很多谷歌总部的免费食物和设施，比如跑步机、睡眠室和员工用来在园区内骑行的彩色自行车。除此之外，还有免费干洗服务、健身教练、医疗服务和美发服务。一切皆为更简单的生活服务，从而提高生产率。

2.4 最赚钱名人

2008年4月11日新闻午报上海报道，美国《de》杂志日前公布了本年度“最赚钱名人排行榜”。美国荧屏脱口秀女王奥普拉·温弗瑞“财势逼人”摘得头名，她去年的收入高达2.6亿美元。其他上榜的“吸金达人”包括好莱坞新生代女星斯嘉丽·约翰森，以及出演热门美剧《实习医生格蕾》的凯瑟琳·海格尔等。

奥普拉·温弗瑞(Oprah Winfrey)，美国脱口秀女王，当今世界上最具影响力的黑人妇女，被认为是美国最具影响力的“左右舆论者”。受众对她的评价：不仅是著名的电视节目主持人、娱乐界明星、商场女强人，也是慈善活动家，是“美国最便捷、最诚实的精神病医生”。这样的评价这档节目能不火吗？她主持的《奥普拉脱口秀》节目平均每周吸引3300万名观众，并连续16年排在同类节目的首位，是美国收视率最高的脱口秀节目。

奥普拉·温弗瑞的成就更是多方面的：她通过控股哈普娱乐集团的股份，掌握了超过10亿美元的个人财富；她在1996年推出的一个电视读书会节目在美国掀起了一股读书热潮；她在大导演斯皮尔伯格的电影《紫色》中客串角色，还荣获了当年奥斯卡最佳女配角的提名。她2002年出版的两本杂志《O，The Oprah Magazine》和《O at Home》所获收益，开创了同行业历史的先河。美国伊利诺斯大学更开设了一门课程专门研究以奥普拉为标志的“美国文化现象”。

2011年5月25日(美国时间)，最后一期《奥普拉脱口秀》落幕，走过25载的奥普拉脱口秀彻底告别荧屏。在奥普拉此前的57年人生里，她将一半的时间给了同一个节目《奥普拉脱口秀》。此后的日子里，她将把精力放到自己创办的电视网上。也有人说，2012年她将推出一档新的节目，叫作《奥普拉的新篇章》。但奥普拉脱口秀却是永远不可复制的经典，无数粉丝由衷感叹，奥普拉脱口秀永不落幕，永远活在观众心中。

2.5 规避人才流失的风险

对于这个问题，凤凰卫视刘长乐在接受记者采访时曾提到"凤凰尽量为每一个人提供一个别的地方无法提供的施展自己才华、实现自身价值的平台。"

凤凰的办法是情感＋高薪＋制度。最初，是凤凰给"名主持、名评论员、名记者"提供了机会，每一个从这个舞台上成长起来的人总不免会对这个舞台有一种特殊的情感而不忍轻言离开。另外，凤凰除了给予主持人高薪外，还有一定数量的配售股权奖励。

根据一份凤凰卫视招股书附录6，凤凰卫视向包括2位公司董事、4位高级管理人员以及146名其他员工的授出股份中，位列承受人第10名的就是窦文涛、陈鲁豫和许戈辉，获得1064000股，而吴小莉更高达1596000股，他们获得的配售仅次于凤凰少数几位总裁级的高级管理人员。另外，凤凰还为主持人提供了一套很好的制度保障以及对明星的培训和提升机制。无疑，凤凰的这些保障给了他们归属感。只要凤凰能继续保持这个舞台的个性、继续拓展这个舞台的空间，就有可能留住台上的这些人。

吴小莉就是这种人才机制下成长起来的主持人。2001年凤凰卫视资讯台开播后出任该台的副台长，并继续主持每晚九点的招牌节目《时事直通车》。2001年3月1日她在南京举行的第六届世界华商大会倒计时牌的揭牌仪式上受聘出任第六届世界华商大会形象大使。2008年5月2日她在香港奥运圣火传递中担任101棒火炬手。目前她还在凤凰卫视中文台开设另一个时事评论节目《小莉看世界》。她在担任凤凰卫视资讯台、欧洲台、美洲台联播的《凤凰环球播报》主播的期间，总是以一句"祝全球华人平安"作为《凤凰环球播报》的收尾。

2.6 策划研发实施战略

预则立，不预则废。根据传媒创新趋势，如何抓住消费者的强需求，抓住终极入口，湖南卫视创新研发中心是湖南卫视电视节目创新核心部门。为全台提供发展战略、节目创新导向、节目更新改进等指导建议，同时承担新节目的创意方案、样片生产等工作内容。而电视机的家庭开机率，则在呈明显下降趋势。《中国视听新媒体发展报告(2013)》称，受个人电脑、平板电脑、智能手机的冲击，北京地区电视机开机率从三年前70％下降至30％。很显然，传统影视未来最强大的竞争对手，不是电视同行，而是网络视频。

既然互联网大佬，都已渗透到娱乐产业，那传统的传媒就不能反其道而行之吗？创新没有什么不可能，就看你敢不敢想，敢不敢做。时不待我，不能只说不练，湖南卫视审时度势，迅速实施。

2014年10月11日晚，"金鹰节之互联盛典颁奖晚会"，传统媒体给新媒体颁了大奖，颁发出移动互联网领域"年度十大应用、年度公司、年度新锐和跨界融合创新奖"。

弹幕，最早是互联网视频的一个小众应用，后来开始大行其道，并被引入电影院和大银幕；这次互联盛典，湖南卫视又成了"电视弹幕"第一家。在晚会上，快女们的4D虚拟《小苹果》、华晨宇《微光》中与冰刀舞蹈演员合作展示的梦幻般"微光"的热追踪技术；曹格一家温暖献唱《我的家》时惟妙惟肖、梦幻般的童话世界；朴树演绎《平凡之路》时，全国万人大合唱，如果没有移动互联网、智能手机和 APP 支撑，不可能让那么多跨越地域的用户实时参与；如果没有现代电视技术支撑，也不可能在主舞台有那么绚丽多彩的展现。

不仅是移动互联网公司，从颁奖嘉宾到参演艺人，都对最热门、最好玩、年轻人互动最多的新媒体应用充满兴趣，导演组则将科技创新和视觉呈现融为一体。只要能为粉丝提供合适的工具和服务，就能把他们带到新的平台上。互联网思维也是一种服务型思维。如果服务做不好，用户分分钟都会离去，这与传统媒体是共通的，但新媒体表达的更激烈和极致。金鹰节去年汇聚全国电视名嘴的"主持人之夜"，今年荟萃移动互联网精英的"互联盛典"。此前金鹰节办了九届电视，今年第十届电视和移动互联网并举。互联盛典是一个电视搭台、新媒体唱戏的晚会和庆典，是新旧媒体融合的经典。今年的主题是移动互联网，在揭晓并颁发出年度十大应用、年度公司、年度新锐以及跨界融合创新奖等奖项同时，将创新的移动互联网技术与华丽的电视舞台融会贯通，覆盖通吃所有的消费受众。

晚会上使用"弹幕""直播扫码""千万用户同时下载""应用疯狂大礼包"等互联网思维在一台电视晚会上实施了高度融合，十大应用联动"呼啦 APP"扫码大放送，包括 VIP 会员资格、现金红包、虚拟货币、豪华双人游、玩偶公仔等虚的实的，在晚会播出当场就有超过两千万人参与刷屏、评论、下载、分享等互动。这次互联盛典，湖南卫视又成了"电视弹幕"第一家。"多屏实时互动"，就是"三屏合一"的具体实例。本次互联盛典的弹幕应用，是通过芒果 TV 网络平台，使电视端、手机端、PC 端相互打通，用户边看边吐槽。许多观众和互联网从业者都在朋友圈、微博上点赞，许多科技媒体也称这是"三屏合一"真正到来的标志性事件。

湖南卫视是电视业最积极进军互联网的代表。以后会有更多电视台在综艺节目中尝试弹幕互动模式，让年轻的观众变成用户，让用户黏住新的平台。互联盛典晚会，这只是一个契机与开始。展现出传统媒体主动面向互联网拥抱融合。如果传统媒体不能快速融合进这个大趋势和环境中，就会失去你的用户，失去你的价值，失去你的平台！

互联盛典是一次大胆的尝试，只有从节目到技术、平台，从思维、思路到模式，全方位的融合。创新有多元方式，如北京卫视的养生堂节目，请出中国名老中医、医学院士真的是资源的最大利用，江苏卫视的养生频道把各台的养生节目整合电视资源集中起来播出，视频网站也随时可以点播，效果都很好，收视率很高，2014 年湖南卫视的广告额是 178 亿，江苏卫视是 123 亿，这些优异的业绩都和创新息息相关。

3 结语

传媒创新是必由之路，东方明珠、湖南卫视都给我们树立了榜样，在新旧媒体融合的大潮中，不能墨守成规。建议一是网络人才；二是成立智囊团；三是扩大研发部；四是内容模式创新；五深入了解消费者需求。创新不一定成功，但不创新就是死路一条。美国最大的电视节目制作公司——金世界(Kine World)，他的创建人查尔斯·金(Charles Kine)有一句名言："如果不能战胜，就设法成为其中一员"。传媒大亨默多克的媒介生涯就是这样演绎的。让传统媒体创新融入新媒体，共生共赢。

4G 时代下气象影视服务新思考

王　楠　高海虹　白秀梅

（黑龙江省气象服务中心，哈尔滨 150001）

摘　要

第四代(4G)移动通信技术正在我国逐步普及,随之伴生的新媒体革命也即将到来。气象影视服务必须在新的媒体环境带来的机遇和挑战中探索如何应变与革新。本文从 4G 网络的特点优势和气象影视服务的发展现状出发,从制播方式、业务构成、产业结构、服务思维等角度对未来气象影视服务所面临的变革与创新做合理的科学的分析和思考,并提出调整的构想与实施规划。

关键词:4G 网络　第五媒体　气象影视　公共气象服务　改革　创新

引言

气象影视服务是公共气象服务的重要组成部分,是公共气象服务的基础性业务,同时也是气象防灾减灾和气象科普的重要平台,是连接气象部门与社会公众的重要纽带。随着社会经济的日益发展和现代科技水平的不断进步,气象影视服务所依附的媒介载体和传播手段也在不断发生着变化。通信技术领域,继 3G 之后,第四代移动通信技术(简称 4G)已经悄然来到我们身边。凭借着无与伦比的速度优势,4G 的普及和应用必将为媒体传播方式带来一场全新的革命。移动互联的力量将不断刷新我们看待世界的方式,以智能手机和平板电脑为主要终端载体的“第五媒体”时代,即将来临。面对迎面而来的“变革之风”,气象影视服务必须作好“走进新时代”的充分准备。

我们应该看到,4G 时代的到来既是挑战又是机遇。作为公共气象服务的传统组成部分,影视服务有着制作方式繁杂、服务种类复杂、深度依附传播媒介等特点。转身纵然不易,但也必须要敏锐地意识到未来新形势下的新趋势、新平台和新空间,机遇亦同时摆在我们面前。如此形势之下,如何紧扣时代脉搏,在变革中发挥自身特点和优势,如何调整和升级现有服务方式、如何开发和创造全新的服务类别,如何转变服务思维,以良好的姿态和心态融入 4G 时代和新媒体时代的洪流,是值得我们认真思考的问题。

1　4G 时代来临

1.1　4G 是什么?

4G 的概念:第四代移动电话行动通信标准,即第四代移动通信技术。4G 网络集 3G 与 WLAN 于一体,并能够传输高质量视频图像。4G 系统能够以 100Mbps 的速度下载,比目前的拨号上网快2000倍，并能够满足几乎所有用户对于无线服务的要求。4G通信会是一种超高速无线网络，一种不需要电缆的信息超级高速公路。目前由我国主导研发的全球4G标准之一TD－LTE已经试验成熟，这种技术应用下，下行速率理论峰值可达150Mbps，上行速率理论峰值可达50Mbps，是3G速度的10～15倍。

如何形象地理解4G的速度究竟有多快呢？举例来说，下载一首7M左右的歌曲只需要一眨眼的时间；800M左右大小的高清电影只需要不到一分钟便下载完毕。任何的网页、微博、视频都可达到“秒开”，从此告别等待。如果3G网络下可以实现视频通话，那么4G的速度足够在高速行驶的列车上进行多方高清视频会议。速度，无疑是4G最具杀伤力的武器。

1.2 我国4G的发展现状

从2013年12月工信部正式发放4G牌照至今，4G网络在中国的发展方兴未艾。以中国移动为首的三大运营商都在以各自的方式和策略全力发展壮大自己在4G领域的市场份额。4G网络的信号覆盖、基站建设、设备终端、用户数量都在飞速增长和扩大。然而，参天巨树不可能一日长成。在我们眺望美好未来的时候，我们也必须要冷静地面对4G现阶段发展存在的诸多问题。如资费高昂、信号覆盖不均、网络速度不稳定、设备终端种类少、价格高等。这些问题目前确实存在，但不是不可以解决的。任何新鲜事物的发展壮大必然需要经过最初的阵痛期。随着民众接纳程度的提高和基站建设的不断完善以及多家竞争的市场环境确立，诸如资费、信号、终端产品线等等的问题都将迎刃而解。回首3G网络的发展历程，以及远眺其他国家的4G发展现状，足以让我们确信，4G的未来是足够美好和值得期待的。所以基于此，本文所探讨的4G网络的通信环境以及在此之上所展开的设想和思考，全部是建立在理想4G网络状态的基础上。

1.3 4G会带来什么？

速度的飞跃，带给我们的绝不仅仅只是体验的提升和效率的提高，就如同蜗牛变身飞马，不仅仅是移动速度变快了一样。速度会带来更多事情的改变，可以被理解为“宽度”的拓展：新的技术被应用、新的行业被催生、新的生态圈被打造。4G的应用和普及，将直接促使继报纸、广播、电视和网络之后的“第五媒体”的崛起。以智能手机和平板电脑为代表的移动多媒体终端作为载体的媒体形式，将实现新媒体时代的又一次嬗变。

移动多媒体终端不但具备与其他媒体相同或类似的基本传播能力，而且还具有其他媒体没有的随时、随地、无所不在的传播多媒体信息的功能。可以试想，在4G普及的不久的未来，当摆脱了网络覆盖范围的限制，我们自由地游走于室内或户外，街道或田野，海边或山巅，阳光下或风雪中，可以随心所欲地高速获取、发布和分享信息和资讯，每个个体都与整个世界无缝融合，我们的生活将又一次发生激动人心的改变。

2 现有气象影视服务的变革

2.1 初级预报结论的弱化

在2014年3月黑龙江省气象服务中心面向社会所做的一次问卷调查中，在“通过何种渠道获取天气预报”一项的调查结果令人印象深刻。

从图1所呈现的调研结果，我们可以清晰地看到，获取气象信息的渠道已变得十分的多元化。互联网和手机提供的天气资讯的优势十分明显，呈现方式简单而直接，并且刷新及时。在这个崇尚效率的时代里，如果我们的气象影视服务还仅仅停留在“告诉你明天的天气如何后天大概多少度”这样初级的服务内容，未来的发展必然举步维艰。所以，在未来信息无处不在的大环境中，气象影视服务产品必须将初级的预报结论弱化，转而用更多的笔墨，发挥气象部门的专业优势，带给观众更多他们所不知道的；拓展思路、另辟蹊径，带给他们所关心的、感兴趣的，或者引领需求，为受众打开一扇崭新的大门 。

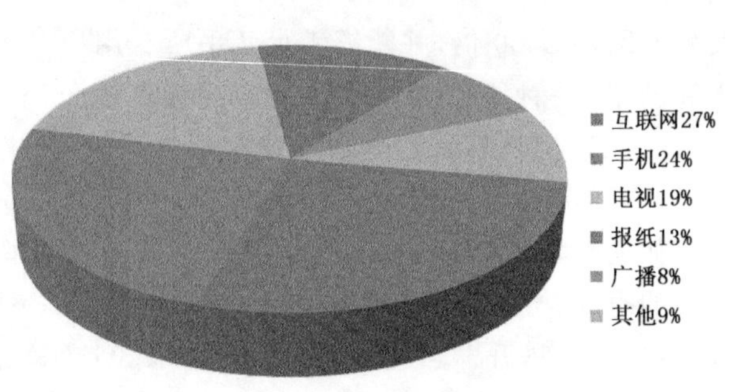

图1 调研结果饼状图

2.2 制播指标的提升

现今的气象影视节目所采用的分辨率，同步于主流电视媒体的分辨率标准。主要分为标清和高清两种，即标清720×576，高清1920×1080。目前大部分的气象影视节目采用标清标准制作。尽管高清的优势是标清所无法比拟的，但受制于网络传输，高清标准在现今的电视通讯中尚未普及。

而4G的普及或许会令高清影视制作的春天到来。超高的传输速度，使大体量、高画质的视频传输不再遥不可及，以下行速度100Mbps来说，1920×1080即1080p分辨率的视频的下载或在线观看都毫无压力。另一方面，移动媒体终端将成为收看视频的重要载体，而现今的智能手机和平板电脑1080p的屏幕已成标准配备，设备终端的硬件支持是促成1080p高清标准普及的重要因素。而随着三网融合的进一步推进，电视网络去标清化，全面普及高清标准也将不再遥不可及。所以气象影视节目制作，必须做好充分的标清转高清的技术准备。

2.3 部分服务方式的去留

在现今的公共气象服务方式中，气象短信服务和12121气象服务热线承担了对民众提供基本气象服务的部分任务。然而，随着新的通信手段的不断丰富，以及获取天气资讯的方式不断增加，这两种基于第二代通信技术而发展起来的服务方式必然会面临生存与否的巨大挑战。

图2 《玩转天机》中“视频服务热线”的画面

当然，不能轻易地断言这两种服务方式就此终结，但要想生存就必然需要经过彻底的升级和转型。一定要紧扣4G时代的网络特点，充分利用技术空间。例如，文本短信服务可以升级为图片甚至视频信息的推送；电话热线则可以尝试视频连线的服务方式。在这一点上，黑龙江气象服务中心在第九届全国气象影视服务业务竞赛中荣获创意类节目二等奖的《玩转天机》，在内容上就针对“气象视频服务热线”做出了大胆的想象和积极的探索(图2)。

3 气象影视服务的创新

3.1 全新的制播准则——短、频、快

“短”——第五媒体时代，当移动设备成为人们获取信息的主要载体，可以灵活自如、随时随地点击观看，获得信息和资讯的过程必然将变得更加零散化、碎片化。所以就要求信息的创作者更加注重所传递内容的表意凝练，并加强时长控制。作为气象影视节目的制作者，应严格限制每档节目的时间长度，避免冗长。用最短的时间将天气资讯“塞”给受众；并且在有限的节目时间内增加信息量。

“频”——节目时长的缩短并不意味着所传递的信息量的削减，因为将用更加密集的发布频次来弥补。间隔时间更短，精细化程度更高的天气资讯，无疑是天气预报的发展方向，且与受众对气象服务的需求不谋而合。未来天气预报水平的不断提升，也促使着服务能力的配套提高。气象影视服务必须不断刷新自己的服务频次和密度，提高影视资讯的发布强度，带给受众密度更大、更加精准的天气资讯服务。

“快”——信息爆炸的新媒体时代，“速度”将成为核心竞争力。于气象影视服务来说，“快”体现于两个方面。其一，在于将预报结论转化为文稿以及最终呈现为影视作品的速度。需要我们不断地优化服务结构，整合服务机能，提高服务效率，并善于利用科技优势转化服务效果；其二，报道和反映天气大事件的速度。气象风云，变幻莫测，用最快的时间记录和报道重大天气和灾害性天气，对防灾减灾事业和国计民生发展意义重大。优秀的气象影视服务工作必须尽可能地提高自身制播影视节目的速率，以无限趋近于天气情况产生和变化的速度。

3.2 服务内容升级的新趋势

3.2.1 直播

直播对于气象影视服务的重要性不言而喻。第一时间追风逐雪、直击天气过程，是气象影视的永恒魅力。然而，由于技术限制，长久以来直播在气象影视服务中的应用还有很大提升空间。但4G时代的到来，将很有可能改变这一现状。一方面，4G带来网络绝对速度的大幅提升，将为无线数据传输提供更稳定保障，甚至可能带来成本的压缩，确保直播的应用普及。另一方面，高速网络带来的新技术的出现，也许会拓展“直播”的广义概念。第五媒体的时代里，依赖智能手机等移动终端设备，也许直播将变得更加简单容易。例如，现在我们生活中常用的手机“视频通话”功能，就可以被理解为是狭义的直播，带宽允许的情况下，如果将视频通话对象扩展为多人，则“直播报道”即得到了实现。所以我们有理由相信，在未来新技术支撑下的新的直播方式一定会应运而生。这种由移动终端到移动终端的直播方式，也许会成为未来直播报道的生力军乃至主流。

3.2.2 科普

气象影视在新的媒体时代的转型中，自身的固有优势及特点绝不能丢。作为中国气象局下属的官方气象媒体和气象服务机构，向公众进行气象知识科普宣传以及防灾减灾教育可以充分发挥权威和公信力的优势，同时也是责任所在。尤其是在弱化气象预报结论的未来发展趋势中，用其他的公众感兴趣的、对公众有利的内容填补服务内容，科普宣传是十分重要的一部分。以紧跟时代步伐的影视表达手法，增强节目的可看性，重塑气象科普的旧有形象，也可以更好地诠释公共气象服务的公益属性。

3.2.3 专业气象服务与影视的杂交

专业服务是公共气象服务的重要组成部分，也是新时期新需求下气象服务的重要发展方向。在4G时代的高速网络下，专业服务的产品形式和服务手段都将面临新的调整。针对行业需求，更多的高清图片甚至高清视频将可以加入到专业气象服务产品当中。从而更加直观、有针对性地实现服务效果。同时移动设备的普及，可以将服务产品直接推送到相关工作人员的终端上，节省中间环节，提高服务效率。而极快的网速也为大体量的高清产品的顺利推送提供保证。

在影视与专业服务“杂交”的背后，我们可以看到是气象服务产业边界的模糊化。高速网络的普及让许多原本受技术瓶颈限制而不可能实现的方式成为现实，从而让不同业务你中有我、我中有你，同时又互为手段，互相促进。这种不同领域的交叉与杂糅，是新媒体时代的典型特点，也是发展的必然趋势。

3.3 打造气象服务交流平台

服务交流平台的打造，归根溯源其实是服务思维的转换。随着信息时代推进，获取气象信息和资源的渠道越来越丰富和快捷，气象服务机构的服务思维也需要同步调整。告别以往信息“持有者”相较于信息“需求者”的高姿态，回到“服务”的本质上来。

当基本气象信息已可以轻易获取的时代到来，民众的气象服务需求随即将转向“外延化”和“深入化”，即对天气本身和天气周边的体会和交流以及获取更加专业的气象服务。气象服务机构应把握契机，顺应需求，打造相适应的服务交流平台。

4G时代的技术进步，为气象服务交流平台的建设奠定了技术基础。足够的带宽和上行、下行速度，以及智能手机等终端设备的普及，令信息的上传变得轻而易举。事实上，现今的智能手机平台上已经有一些厂商做出了有益的尝试。以“墨迹天气”和“天气通”这两款主流天气APP应用为例，他们都推出了名为“时景天气”的交流界面，供网友上传实时天气照片，并可以进行评论和交流(图3)。

图3 “墨迹天气”中的“时景天气”功能界面

如上所见的功能设置，是典型3G时代的“社交化”产物。已经简单地模拟出了天气交流平台的雏形。未来将要建构的气象服务交流平台，在此基础之上应充分利用4G网络优势，完全可以将图片的交流方式升级为视频。作为官方，气象服务机构本身可以以专业和权威的姿态参与到交流当中，并起到引领舆论和公共发布的作用。当“社交生态圈”建成，可以预见，这对于重大天气的记录和追踪以及防灾减灾事业意义将是多么地重要。

而作为拥有海量气象数据资源和预报分析能力的权威气象服务机构，为满足公众不断增长的服务需求，可在平台中适度地将气象信息资源对公众开放共享。同时该平台也将成为气象服务机构参与公共互动、了解群众呼声、树立公众形象的重要渠道和窗口。

3.4 全新的业务整合方式

未来第五媒体时代的媒体资源和信息整合，体现了高度集中化的发展趋势。以受众感受为根本出发点，将海量的资源和服务方式整合为最为简单易用的一个入口，使受众一点即入，方便快捷。这就是新媒体时代的“客户端”概念。

未来移动互联时代的“客户端”概念，将会以APP应用的形式出现。作为气象服务的“一站式”客户端应用，将会把气象服务(并不拘泥于影视服务，但以影视服务为主)的所有相关门类和业务项目，如预报类影视节目、科普生活类影视作品、天气直播通道、天气交流平台、气象数据共享平台、专业服务窗口、人工视频服务入口等内容，全部集中和整合在一个APP里，用户只需要下载这个应用，就拥有了全部的气象服务业务的入口，和气象服务建立了全面的联系。之后只要在拥有网络连接的环境下，便可以随时随地获得最全面的气象服务，摄取最新鲜的气象资讯，并参与天气相关信息的共享和发布。用户将获得更加良好的服务体验，而公共气象服务效果也将随之取得显著提升。

4 结语

如同时代的车轮滚滚向前，技术进步带来的媒体革命同样无法阻挡。气象影视服务在未来变革的洪流中必须把握时代的脉搏，紧扣自身特点和优势，做出适合自己的华丽转身。受能力之限，本文的分析和思考难免有偏颇或不足。但笔者始终认为，对气象影视服务发展之路的思考和实践不应停滞，要时刻以未雨绸缪、曲突徙薪之心态，以服务需求为根本理念，不断地寻找和探索新时期新形势下气象服务工作的新突破，为实现气象现代化增砖添瓦。

参考文献

汤宇时. 2011. 媒体发展迈入4G+时代. 中国传媒科技,(7):94-95.
王玉洁. 2012. 浅论构建新媒体时代的公共气象影视服务体系. 干旱气象，(3):478-481.
张佳佳. 2012. 论数字移动新媒体—手机媒体. 现代装饰(理论),(6):183-185.

当风轻借力 扬帆科普船

——论气象科普“借”媒体宣传

高海虹　王　楠

（黑龙江省气象服务中心，哈尔滨 150001）

摘　要

气象是重要的自然科学门类，气象科普知识应当成为人类生存的必备知识。气象部门作为基础性、公益性的科技型部门，有责任有义务通过优美的图画、简洁的文字、有趣的故事、生动的动画来提高气象科普读物和影视作品的质量水平。本文以黑龙江省气象服务中心的气象科普宣传实践为主线，分析了目前气象部门如何借助各类外部媒体进行科普宣传，探讨了如何进一步拓展气象科普宣传理念，从而制作出惠及公众的高质量的气象科普作品。

关键词：气象科普　借力　防灾减灾

积极加强气象防灾减灾知识宣传，努力扩大气象科普知识的覆盖面，这是每个气象科普工作者的责任。我国气象部门有着自己的科普宣传媒体——中国气象频道，以防灾减灾、服务大众为宗旨，提供精细化、专业化、实用性的气象信息服务和科普宣传。但是，气象科普宣传常态化需要气象部门的坚持和创新。想要做到气象科普叫好又叫座，除了加强本部门媒体科普宣传之外，大胆借助各类潜在的媒体力量，使气象知识以公众更喜闻乐见的形式宣传，可以起到事半功倍的效果。

1　如何借力

1.1　借助流行力量

流行，常指社会上一段时间内出现的事物、观念、行为方式等被人们广泛接受、采用，进而迅速推广以至消失的过程。流行具备一定力量，它表现的是文化与习惯的传播，但由于它存留时间短暂，常常被视为未被主流思想接受的事物，更不为科普界所完全接受。但是，主旋律不一定要高昂，科普不一定要曲高和寡，只要找准流行的切入点和着力点，做到应势而动、顺势而为，不追求面面俱到，回应公众当下关切的问题，利用流行的力量和通俗易懂的方式，就可以走进公众。

例如，第 71 届金球奖最佳动画长片《冰雪奇缘》在 2014 年初登陆国内院线后，获得票房和口碑双丰收，一段时间内成为流行热议的话题。制作者为确保影片中雪花飘落情形、冰雪城堡透光性以及积雪形态的真实性，不仅请来研究雪花的物理学家和气象专家作为参谋，还特别到魁北克考察当地冰雪酒店，观察光线碰到冰墙后的折射情况。尽管《冰雪奇缘》并非科普作品，但在影片热映后，网络上很快出现关于气象知识的讨论：“暴雪与小雪雪花形态是不同的吗？”

“雪块变成冰块需要哪些条件?”“历史上,峡湾确实冻结过吗?”此时此刻,正是气象科普知识宣传的绝佳时机。同样的关注度还出现在2013年《地心引力》的上映,一直不为公众关注的空间天气科学也“火”了一把。

2014年6—7月,“筷子兄弟”的《小苹果》MV以极具特色的动感节奏,成为新一代神曲,走红网络。这本是情感类流行音乐的一个短暂火爆现象,但随后,西安市人民政府征兵办公室发布了2014年征兵宣传片军营版“小苹果”——《祖国! 我来了!》,获得了极大的关注。征兵宣传片一改严肃、正统的印象,用了《小苹果》音乐和配套的舞步,提炼的却是“小苹果”代表的人们心中很多美好事物。比如心爱的人,或是心中的梦想,以“接地气”的风格,不通过说教的方式,让年轻人能感受到部队并不是一个呆板紧张的地方,在部队年轻人同样可以拥有激情四射的青春。从而,被赞为“萌”式征兵。这是一个借助流行媒体力量的典型案例,非常值得气象科普工作借鉴。只要紧紧抓住当下各类新鲜事物的流行趋势,结合气象科普知识,就可以轻而易举地引发公众的科学热情。

黑龙江省气象服务中心正在酝酿推出的百集系列气象灾害防御科普宣传片,在策划时换了思路,借助当下网络流行的趣味动画风格,将暴雨、雷电、大风等天气现象写成一些江湖帮派拥有的“超能力”。片子以震撼的灾难动画开头,解说词幽默生动:“停停停,这不是世界末日,只是遇到强对流天气了。什么? 不认识他? 那你可OUT了。强对流天气可是个狠角色…不过它可不是一种天气现象,如果把强对流想象成一个武林帮派,它手下有五大高手:分别是雷电、大风、冰雹、暴雨还有龙卷风(图1)。对流帮一出手,地球也要抖三抖。这哥五个可都不是好惹的,最要命的是他们喜欢群殴,一套组合拳下来,往往就是房屋倒毁,庄稼树木受到摧残,电信交通受损,甚至造成人员伤亡。”

图1　节目中的“五大高手”

在如何应对强对流天气的建议中,力求以诙谐的解释达到科普的效果:“可是遇到这鬼天气,就真一点办法也没有了吗? NO NO NO! 第一招:走为上策。惹不起咱还躲不起吗? 这夏天一到,就算是来到对流帮的地盘了,眼观六路耳听八方那是必须的。电视手机Internet,QQ微信121,随时关注天气预报以及各种灾害预警信号的发布,一旦有点风吹草动,咱能不出门就在家里歇了吧。第二招:将计就计。如果点背真碰上了,别慌,赶紧离开空旷地域往建筑里跑,或者钻进车里。大树底下躲雨? 那可是傻帽。这天气可不是游泳的好时候;开车上山还是改天吧。铁杆的雨伞最好也别打了,容易变成避雷针…”(图2)。

图2　节目对防灾措施进行示范

科普宣传片用小动画进行演示，在江湖正反派人物的对决中，潜移默化地渗透气象灾害的成因、影响及避险措施等科普知识。由于宣传片符合了流行新奇性特征，形式很"接地气"，节目的风格和内容都受到了好评。

1.2　"借"自媒体声音

自媒体(We Media)又称"公民媒体"或"个人媒体"。早在2003年，"自媒体"的概念由美国新闻学研究者提出，简单说就是普通大众借助数字科技手段，像媒体一样生产并传播信息。"自媒体"的概念，在博客风潮下诞生并在全球被热捧。在中国，眼前这股热潮的背景是，随着智能手机的快速普及，近两三年来微博和微信风生水起，均是以亿计数。通过用户简单的关注和下载等操作，"自媒体"就能与其订阅者紧密相连，快捷地把内容推送到他们眼前的电脑或手机屏幕上，完全不需要中间环节。过去大众媒体始终无法满足一些分散的小众需求，如今，自媒体可以借助互联网上的社交工具，低成本地聚集起这些需求。

目前，气象部门已经开始充分运用微博、微信等新媒体的力量。黑龙江省气象服务中心"龙江气象"官方微博自2012年3月13日正式开通后，通过通俗易懂的语言，面向社会发布气象信息和科普知识，截止到2014年7月，短短两年时间就获得了33万多"天粉"的支持，在黑龙江省700多个政务微博中人气和活跃度排名第七。2014年1月5日，中国气象局官方微博的开设，标志着气象系统微博群的搭建已日渐完善，体系化、规模化、规范化的特点已日渐凸显。

气象部门在基于各种互联网社交平台的新媒体阵地建立起来后，官方声音已经占据话语权，"自媒体"可以借力培养并发挥传媒力量，既可以通过铁杆关注粉丝的互动，建立起稳定的话题传播群体，又可以即时推出气象部门个人代表性的"自媒体"。比如知名气象节目主持人宋英杰，目前开通的新浪微博已拥有73万粉丝，一举一动都受到关注，主持人用自媒体的力量，客观上实现了气象科普宣传品牌提升。

1.3　"借"用舆论增强传播效果

舆论指的是公众的意见或言论，建立一个好的舆论导向，也就是树立一个有利于自己的社会言论导向。现代信息技术的发展让传播方式和技术手段都出现深刻变革，这是一把"双刃剑”，极易在网络时代形成新的舆论中心，这对科普宣传工作既带来机遇，又提出挑战。气象科普宣传作为公共气象服务的重要组成部分，要加强舆情研判，增强信息传播效果，切实发挥强化公共服务、正面引导舆论功能。

2013年，黑龙江省遭遇了百年一遇的历史性特大洪水。黑龙江省气象服务中心在2013年9月3日，为中国天气网上传了一条抚远气象局工作人员穿救生衣在水中备份数据的照片。一时间，在新浪网、网易、搜狐、人民网、新华网、腾讯网等多家门户网站首页新闻上被重点关注，成为了新闻热点。这张照片在一段时间内引起了与众不同的反响，很多网友疑问“电线没有漏电？插座还有用?”气象部门紧紧抓住这个舆论中心，在官网做出详细的科普解释:洪水距离观测场仅6米，因此，工作人员不得不将重要档案、资料转移，对“留守设备”做加高处理，为防止电源中断，从2楼外的电线杆上接电。此次事件之后，抚远县气象局局长吴廷刚被很多网友誉为“最美气象哥”。在讨论声音中，越来越多的公众了解了气象部门的工作，传播了气象精神。

1.4 “借”力天气事件

在所有自然灾害中，90％都与天气、气候和水有关。近年来，在全球气候变化的背景下，旱涝等灾害及对人类生产生活的影响呈加重趋势。而当出现灾害性天气事件，恰恰是一个无形的媒体焦点，也正是进行议题公关的绝佳时间。此时进行科普宣传，是树立气象部门公信力的“催化剂”，可以让公众对防灾减灾的印象更加深刻。同时，还可以借助天气事件的强大波及力和事件媒介影响，针对潜在灾害风险和区域灾害特点，可让公众进一步了解应急预案，组织学校、医院、社区等开展防汛、防震、防台风、防地质灾害和消防安全等内容的应急演练；熟悉灾害预警信号和应急疏散路径，掌握防范措施和技能。

黑龙江省气象服务中心设立应急新闻报道团队，当暴雨、雾霾、暴雪等高影响天气发生时，组织新闻策划会，并以4～5人组成的团队形式开展新闻采集报道，在第一时间把气象新闻宣传出去。仅2013年11月11—13日的暴雪过程，在气象频道新闻播出量就达30余条。使得本部门的气象媒体能够借助天气事件的强大关注力量，插上传播翅膀，宣传效果更佳。

2 一些思考

2.1 媒介重在突破传统

借助各类媒介进行气象科普，最重要就是达到宣传效果。如果科普作品板着面孔大谈风霜雨雪，对于普通受众来说缺乏吸引力。如果连“普及”都做不到，“科学”就会离公众越来越远。但是，借力新的媒介，对于气象科普工作者来说，仍然是一个挑战。比如，广西壮族自治区河池市气象工作者曾经用唱山歌的形式进行科普宣传，这种突破传统，以民俗传播媒介的创新方式，受到公众热烈欢迎。但是，并非每个人都能大胆接受“小苹果”风格的宣传片，也并非每个人都能勇于承担话题公关所带来的压力。

2.2 媒介要传播核心价值

目前，娱乐在传媒中广泛渗透已经是一个不争的事实。美国探索频道创始人约翰·亨德瑞曾经说过:“我们创作的节目必须能够提高观众的文化修养，同时又寓教于乐，从而激发大众的好奇心和学习热情。”但是，实际上从核心价值观来说，是传播的一种生活方式。探索频道总裁莫耶表示："我们的观众告诉我们他们花在看探索频道上的时间使他们的生活更加充实，这就是我们与商业电视台最根本的不同，我们所提供的是一种生活必需品，而不仅仅是一种服务，这就是生活方式。"探索频道的创立和企业文化所体现的正是美国文化中自由、乐观、冒险进取的特质。同样类比，我们的气象科普宣传无论以何种媒介、何种方式出现，都离不开核心传播价值观，那就是不断增强全社会应用气象信息、防御气象灾害的能力。因此，在采取趣味化形式的同时，要保持格调，掌握分寸，可娱乐不可低俗。同时，在各类事件的危机公关中，也必须牢牢把握住话语权，这样才能紧紧守住气象部门的科普宣传阵地。

2.3 需要适应变化的媒体传播环境

作为气象科普工作者，需要适应不断变化的媒体传播环境。具体来说，包括对全球主流电视新闻机构动态变化的洞察能力，对最新媒体传播技术手段的掌控能力，对政治、经济、文化、民生等各个领域问题的分析能力，不断超越已有认识水平的学习能力等。这些能力都可以体现在创新的过程和结果当中。当前，媒体的环境日益复杂，尤其是以互联网为代表的新媒体已经和传统媒体形成了共生、竞争与融合的局面。在这样的情况下，传统的媒体宣传必须抱着逆水行舟不进则退的态度。所以，创新是我们应该贯穿的思维方式和准则，是贯穿气象科普宣传发展的大战略问题。

归根结底，气象科普宣传并不是做给科学界专业人士看的。如何借力各种潜在媒体的力量，更好地开拓渠道进行创新，让气象知识更"潮"更"萌"地抓住青少年甚至是宅男宅女大爷大妈的眼球，不断增强全社会应用气象信息、防御气象灾害的能力，是每一个气象科普工作者都需要思考的问题。我们期待着出现更多传播媒介的创新之举。

参考文献

陈刚. 2008. Discovery 解密美国探索频道节目研究. 北京：中国国际广播出版社.

“合聚变”——气象服务全媒体产业发展之道

赵　嵘　刘汉博

（华风气象传媒集团，北京 100081）

摘　要

随着信息技术发展的深化、中国改革的深化以及公众生活水平的提高，气象服务的市场环境也在发生着变化，依托各种媒介渠道提供公众气象服务的各级气象部门经历了各种的机遇与挑战，也遇到了很多问题。本文将就当前多媒介渠道发展的环境下，探讨气象行业如何应对发展变化，站在公众服务角度发展全媒体气象服务业务。

关键词：气象服务　全媒体　发展　合聚变

1　外围环境的变化

1.1　政策环境变化

2006 年以后，伴随着电信网、广电网、互联网等传播技术的快速发展，在需求的牵引和市场的驱动下，三个网络在业务或产品功能上的趋同性越来越明显。IPTV、网络视频、APPLE TV、网络机顶盒等一批新兴媒体服务业务对广电、电信两大行业原有的服务模式带来了冲击。但这两类网的专网属性却制约着国家整体服务信息化、终端智能化的发展趋势。同时由于国家经济结构调整的需要，促使从国家层面推进“三网融合”发展。

2010 年 1 月 21 日国务院办公厅下发《国务院关于印发推进三网融合总体方案的通知》。在《中华人民共和国国民经济和社会发展第十二个五年规划纲要》中明确提出：“……新一代信息技术产业重点发展新一代移动通信、下一代互联网、三网融合、物联网、云计算、集成电路、新型显示、高端软件、高端服务器和信息服务。”《中共中央关于深化文化体制改革推动社会主义文化大发展大繁荣若干重大问题的决定》中也提出：“发展现代传播体系。提高社会主义先进文化辐射力和影响力，必须加快构建技术先进、传输快捷、覆盖广泛的现代传播体系。……推进电信网、广电网、互联网三网融合，建设国家新媒体集成播控平台，创新业务形态，发挥各类信息网络设施的文化传播作用，实现互联互通、有序运行。”

“三网融合”是国家信息化总体战略的一项重要的决策。国家推动“三网融合”的目的在于促进信息和文化产业的发展，提高国民经济和社会信息化水平，满足人民日益多样的生产、生活服务需求，拉动国内消费，形成新的经济增长点，为后续新兴产业，如物联网、云计算等，提供发展空间。

1.2　“三网融合”带来的物理变化

“三网融合”是指电信网向宽带通讯网、广电网向数字电视网、互联网向下一代互联网迈进过程中，技术功能趋于一致，业务范围趋于相同，网络互通互联，资源共享，能为用户提供话音、数据和广播电视等多种服务。

这里提到的“趋同”包括业务应用趋同、网络能力趋同、终端技术趋同三个层面。“互联互通”包括技术互联互通，即统一技术标准，分发调度跨域业务；网络互联互通，即骨干网和各地分配网在物理上相连接；业务互联互通，即各台节目和各行业内容跨地域传送；运营互联互通，即统一结算跨域业务，产业链利益分成；管理互联互通，即统一监控网络业务，确保内容安全。

1.3 广电行业的应对

全媒体时代准确地说是信息化引发传媒领域进入多媒介传播时代，广电行业面临空前的竞争压力。互联网(含移动互联网)的飞速发展，使电视终端的人均收视时间明显下降。2012 年初，中国网民超过 5 亿，中国网民的互联网使用时间已逼近电视，年轻人的互联网使用时间已超越电视。

同时由于网络视频和手机视频用户数量明显增加，智能电视终端快速进入人们的生活，视频类产品获取渠道不断丰富。更为严重的是，计算机技术和网络技术的飞速发展，使 APPIE TV、GOOGLE TV、智能电视终端等的服务(包括智能电视机顶盒等接收终端)可以绕过广电行业很多政策，直接面向公众，且获得了较好的市场反映。这就使广电行业不仅在媒体的市场占有率上面临压力，同时在内容管控上带来空前的压力。这也推动着广电行业整合全国有线电视网络资源，创新服务内容；推进网络从模拟单向的专网向数字双向的、互联互通的全网改造；也要求传统电视终端从专网定制、功能单一的设备，向利用机顶盒和双向网络实现智能化方向发展。

2010 年 10 月，广电总局颁布《有线电视网络三网融合试点业务指导和总体技术要求》(广发〔2010〕86 号)，对业务平台、网络、终端、运营支撑、安全监管以及宽带网互联互通、话音网互联互通等方面的系统建设提出明确要求，明确了广电网络三网融合技术体系的框架。组建成立了 NGB 工作组，研究相关技术，开发相关设备和系统，编制相关标准。

1.4 电信行业的应对

由于一开始内容集成播控权不在自己手里，被“管道化”的趋势愈发明显。如何在广电网络加速发展并参与网络资源经营的环境下，利用自身的网络资源和市场资源优势，利用有黏性的服务和应用，留住用户、深化网络资源运营，成为电信行业面临课题。

2 气象服务的现状及问题

在信息化发展、全媒体发展、“三网融合”的环境下，气象服务面临诸多问题。

2.1 气象服务效益增势趋缓

在电视气象服务领域，电视媒体本身的用户规模在下降，同时收看气象影视服务的用户中，有一部分观众的主要目的是获取所在地天气预报信息。而手机、互联网等传播和应用功能更容易满足此类需求，导致气象影视服务效益不断被分流。在手机短信服务领域，很多省的短信业务已于一年多前开始几乎不增长，目前很多省已开始下滑。但新的领域暂时还不能充分弥补电视、手机短信气象服务效益的下滑。而目前国内一些气象服务业务已经被国外的气象服务机构占领。

2.2 服务能力提升缓慢

影视节目的先天优势是同时直接刺激视觉和听觉；观众愿意看的电视节目只有两种，要么是好看，要么是有用。气象电视服务节目显然是属于有用型的，但目前的电视气象服务节目并不能充分体现“有用”的传播优势。目前各地气象电视服务节目同质化情况严重，均采用主持人播讲加开窗式城市预报的固定模式，而开窗式城市预报部分已经成为开展经营必不可少的模式，且经营收入反哺气象服务事业。受经营方式的制约，各电视台的电视天气预报节目中城市预报部分的平均时长远远超过主持人讲解部分，且信息内容组合单一。这种固定模式多年来一直被重复。节目形态固定，播出时长受限，服务多年很难突破。

手机短信服务由于受到字数和单向推送传播方式的限制，业务本身的服务能力有限。因此，在蓬勃发展几年后，随着移动互联网、智能手机的普及，国外高质量的服务进入个人手机后，简单的服务模式立刻显现出能力不足的弱点。互联网方面，“中国天气网”的国际网站排名曾一度达到300名左右，但服务上没有明显突破，发展遇到瓶颈，2013年已经下滑到1500名左右。虽然导致各个业务发展增势趋缓还存在其他因素，但在开放的媒体环境下，没有缩小自身服务能力与国际先进水平间的差距，也是不争的事实。

2.3 经营模式面临挑战

电视气象服务的运营模式是气象部门生产加工电视节目，广告收益与电视台分成。手机短信业务运营模式也是气象行业加工服务产品，通过电信运营商发送给用户，与电信运营商分成获取信息服务费。但在全媒体时代，气象信息服务在完全开放的互联网上可以随处免费获取。开放式信息传播方式和技术可以应用到各种智能终端，这就意味着气象行业原本适应的运营模式被打破，电视节目广告营销、产品销售、大客户集中采购和用户直接采购服务等多种经营模式将并存，意味着各种模式之间面临如何定价、如何平衡的问题，解决不好很可能会出现自身经营模式之间相互竞争的尴尬局面。

2.4 服务链条上的气象服务人员的定位面临挑战

目前气象台是预报信息的制造者，气象部门中提供媒体服务的从业人员（以下简称气象服务人员）是气象信息的包装者、传播者和经营者。但随着信息时代开放特性的蔓延，对于想提供气象服务的非气象机构而言（如民营服务机构），国内气象台的身份可以被绕开，只要在国外建立网络媒体并使用国外的海量气象服务信息资源，通过互联网向全球公众（包括国内公众）提供气象服务就可以了。这将导致国内气象服务人员的身份面临挑战。

对于天气预报等基本信息的获取要求，用户诉求是有我想要的服务、更准确、获取过程体验好。在全媒体时代，通过任意终端、任意网络通道都可以接入全球网络时，用户会更希望通过极简单的操作、在极短的时间内获取有用信息。而目前技术已经为这样的需求提供了保障。用户以个人的行为方式获取自己需求，在开放的网络环境下绕过了各种相关法律法规，很难限制。同样，广电等行业也面临同样的问题，

如果绝大部分气象服务信息的制造者是国外气象机构，国内民间机构是这些信息的包装者、传播者和经营者，那国内气象服务人员在服务链条上将处于什么位置？会不会变成了公众服务的“第三者”？如果真成了“第三者”，气象行业的服务就更无法“接地气”，距离公众会越来越远，提高服务质量更受制约。

3 “合聚变”发展之道

3.1 合

3.1.1 上下联合

外围市场环境正处于合的过程中，包括技术层面、业务层面、产品层面、传播渠道、经营层面以及管控层面。国内的气象服务正面临开放网络带来的国外气象服务机构和国内民营机构的直接冲击，原本行政属地化的层级化服务地域界线已经不适合这种市场化的生态环境，应打破内部小的服务市场边界，上下联合为大的边界，才有可能把公众气象服务定位在面向全国市场并走向国际市场。

3.1.2 业务融合

虽然目前国内气象行业的服务还缺乏国际竞争力，但之所以国外的大服务提供商还是希望能够与国内气象部门合作，不仅因为国内目前仍有一定的政策保护，更重要的是国内气象行业整体拥有一体化、规模化的体制、业务、资源和市场优势。因此，在服务市场边界化散为整的联合过程中，应依托现代化信息技术，要充分发挥地方本地化业务和服务优势，不是简单的业务向上集约，而是从公众服务质量提升、总成本降低的角度实现有效集约。另一方面，在统筹的公共服务发展思路下，应促进多媒体业务之间的有效融合，建立协作机制。未来每个媒介传播服务业务应有自身的特色，在这个阶段应把不属于自己媒体业务的核心优势或非常有利于其他媒体渠道的业务资源实现共享，促进公共服务效益总规模的突破。比如电视气象服务，不仅可以在全媒体公共气象总盘下共享刺激视觉的产品加工业务资源，同时要充分利用网络、微博、微信等互动属性和有效舆论引导功能，提升电视服务生命力，促进多媒体服务发展。

3.1.3 市场合作

在短信等气象信息服务领域，由于限制其他市场经营单位开展此类业务，部分地方气象局曾受过非议。限制国内非气象行业进入气象服务领域的行为，随着现代信息化技术的发展，越来越不现实。只有通过有效的、广泛的市场合作行为，在信息源、技术、加工、传播、营销等多维度开展符合市场规律、符合公众利益和服务品牌建设的合作，才能真正保障服务的可持续发展，才能更好地推进气象服务社会化的发展。

3.2 聚

3.2.1 服务聚焦

2012 年初，全国气象局长会提出三大气象服务品牌发展的目标，2013 年中国气象局公共气象服务中心进一步提出“中国天气通”手机客户软件服务品牌化发展的思路，这都是非常符合市场发展规律，符合发展战略需求的，但在业务实际操作中往往没有真正地按照品牌化发展方式去运行。服务品牌化是建立服务需求市场并形成受众服务期待工程的过程。在品牌建设的过程中，首先要解决好受众定位以及受众需求定位的问题，这种定位越简单、越清晰，就越容易开展品牌建设，形成品牌服务业务。而目前气象行业自有媒体的服务，往往力求所涵盖的产品和功能形态的多样化，希望以提升综合性来争取更多的受众，没有深挖媒体本身的传播优势、突出媒体特色，这样做不符合品牌建设思路，效果往往适得其反。

3.2.2 产业能力聚集

虽然本地化气象服务永远都会有它的空间，但在当前社会化、市场化发展的必然趋势下，短期气象服务行业面临的问题不是先解决本地的精耕细作，而是产业核心能力的聚集。是在充分发挥媒体核心服务、核心产品优势的思路下，集约业务资源。同时，原有地方已建业务和服务资源应部署好其在整体公共服务中的本地化功能定位作用，以形成补充。产业能力的聚集应包括服务产业的分类规模化聚集，经营资源和资产的聚集，用户的聚集，以及配套的各方面的体系标准的制定，以形成服务能力、市场运作能力、资本运作能力、资源调配能力的跨越式提升。

3.3 变

3.3.1 思路转变

气象传媒服务在大的市场化背景下需要思维方式转变。在封闭的市场环境下，以形成行业壁垒的方式排斥其他气象服务运营者进入市场的思路应彻底转变。首先，它不符合公众利益，应站在保护公众利益的视角下，通过提高气象服务的门槛，组织并促进气象服务的社会化、专业化、规模化发展为目标，按市场规律运作的服务才能被公众认可。其次，从品牌化发展的角度来看，完全排斥市场竞争的业务都不会有持续发展潜力。例如电视气象服务是在特定的历史条件下，建立起用户需求期待，在没有冲击的环境下服务一直没有显著突破。手机短信服务业务也是如此。但其他气象传媒服务没有特定的条件背景，已很难再形成稳定的服务品牌，产生规模效益。2008年气象行业就开始发展自己的手机客户端服务业务，但均没有形成规模。但墨迹、新浪等气象服务手机客户端对外宣称都有约1亿用户，每天几千万的活跃用户，有人说“狼来了”。其实气象行业应该感谢他们，是他们激发了这个服务市场的规模。培育市场是非常痛苦的过程，风险非常大。现在市场已经被打开了，用户已经接受了新的气象服务获取方式。从全媒体公众气象服务的视角来看，电视气象服务、短信服务再受到冲击我们应不用担心了，因为还有其他的用户市场等待我们去发展。品牌化发展一定是以市场的思维去考虑问题，而不是以管控的思维去对待市场。

3.3.2 服务效益的量变

发展路径的转变必将带来服务效益的量变。由“小、低、散”分省属地化发展的模式，向全国规模化、集约化的方式转变；由政府和事业单位主导服务，向以市场为服务主体的服务主体转变；气象服务提供由一元向多元转变；气象服务发展由行业管理节奏向市场需求节奏转变。这些转变必将快速带动一批市场更先进的服务主体进入，从而推进行业服务发展路径向社会化发展路径转变，进而推进以市场竞合为发展思路的、新的资本多元化服务主体的涌现。随着新的服务主体的不断涌现，必将激发气象公共服务能力和服务效益的量变突破。

4 小结

在气象服务的发展历程中，不论是属地化还是其他政策体制，都在其特定历史阶段及当时技术手段条件下发挥了积极的作用，推进了气象服务的发展。但随着信息化引发的全媒体服务变革，依托各种媒介渠道传播气象服务的方式面临着空前的机遇与挑战。“合聚变”顺应发展趋势，更好借助市场力量，借助市场资源，以保障公众利益为出发点和落脚点，是未来气象服务全媒体产业发展之道。

气象影视数据服务策略

黎琮炜

（广西气象服务中心，南宁 530022）

摘　要

气象信息具备强烈的数据基因，通过数据汇集和分析可以扩充节目形态，揭示隐藏在数据表象之下的事实或规律，为公众提供更充分的决策依据。本文介绍了目前传媒以数据为基础制作节目的情况；以及数据团队组建和工作流程；提出了制作数据专题节目的方法。

关键词：数据新闻　大数据　数据视觉化　气象影视

大数据正在多个行业推动产业创新与变革，传媒业结合大数据，利用数据思维进行信息传播的方式越来越受公众青睐。英国《卫报》关于伦敦骚乱报道、中央电视台“据说春运”、“两会大数据”、《南方都市报》数读专栏，都呈现出隐藏在数据背后的信息。我们在气象影视服务中可以使用数据新闻或数据专题等服务理念，融合气象与社会各个方面的数据，揭示数据的特征与联系，让公众“见所未见”，从而为公众决策提供更加充分的依据。

1　通过数据新闻等扩充节目形态

随着大数据的兴起，数据新闻获得了新的生命力。具有科学特性和逻辑生命力的数据更全面客观，建立在大数据技术上的事件分析和意义解读，也比单纯采访专家和凭记者个人判断具有更高的可信度。中央电视台利用大数据，制作《据说春运》、《两会解码——两会大数据》《五一去哪里 数说“五一”》等专题节目，通过数据来报道公众的社会活动、解读社会热点事件、分析公众生活中的新趋势等等，获得了良好的社会反响。

对于气象影视服务来说，由于气象信息本身具有强烈的数据基因，同时气象数据又与生活各个方面息息相关，所以通过数据专题，我们可以找到更多的服务切入点，并且通过对气象数据进行统计分析，可以挖掘出隐藏在数据背后的事实、规律、特征等等信息，满足公众的需求。中国天气网《数据帝扒天气》栏目的多期节目内容引起了广泛的关注，包括《高温险，你是否值得拥有？》《广东户口，初台风的最爱？》《小暑大暑，who 更热？》等。

关于如何制作气象数据新闻或者说数据专题，中国天气网已经给我们开了个好头，以统计为主的数据专题模式各地都比较适用，制作成电视气象节目难度并不大，而且借助视音频技术可以让气象信息比网站或纸媒更加生动有趣。不过值得注意的是，想要做好数据新闻或专题，远远不是统计那么简单。我们需要组建数据团队并且摸索出适合气象部门服务模式，为数据专题服务提供保障。

2 数据专题服务的前提保障

2.1 数据团队组建及分工

欧美知名传媒通常都拥有一支高效完整的数据团队，包括选题策划、文字摄影摄像记者、数据编辑、美术设计、电脑制图、版面编辑设计等人员。英国《泰晤士报》新视觉新闻团队由数据记者、数据挖掘员、信息编辑、内容设计编辑、效果展现程序员和设计人员组成。其中，数据记者具备写作、调查、根据数据形成观点、制图、缩小数据搜索范围等能力，平时的工作职责是挑选题、挖掘数据和编辑数据。数据挖掘员的工作是进行数据深度研究、数据运算并从多种渠道快速调出数据。信息编辑（图表编辑）的工作是制图和信息沟通。内容设计编辑的工作职责是确定选题、编辑数据、制图、成品出稿等。

就我们气象影视而言，我觉得可以由编导、气象专家、编辑和美工设计人员来组成我们的数据团队。其中编导和气象专家负责选题策划、数据收集和挖掘，寻找信息点；编导和编辑人员一起完成数据编辑；美工设计人员负责设计数据的视觉表现形式。

2.2 工作流程

在大数据思维的支撑下，数据新闻不再是以前由文字到图形图表的单纯转换，而是要找到隐藏在数据背后的内容，提出更加深刻的洞见，让信息增值，公众才会买单。英国《泰晤士报》新视觉新闻团队的工作流程是“定选题—挖掘数据—编辑数据—制图—成稿”。我们的气象数据专题节目也可以进行借鉴。节目在前期策划要紧扣社会热点定选题，以此吸引公众注意力；其次，根据选题充分和细致挖掘数据和信息，避免遗漏和偏差，并且谨慎使用数据，注意把握好服务倾向和舆论导向；第三，在编辑数据和制图时，注意让信息体现出一定的功能性，解决公众生活当中的疑惑，比如对高温险的探讨，对小暑大暑哪个更热的比较，体现气象传媒的公信力和科普功能。最后就是通过图表、地图或互动效果图等形式把信息和数据可视化，完成视觉化叙事表达。

3 如何制作数据专题节目

3.1 收集大数据—互联网的新共产主义

碎片化传播的微博微信似乎占据了信息传播制高点，但是孤立成篇的数据报道往往局限于数据本身，同时人们在微信微博的“碎片化”信息中难以认识事物或事件的全貌。当下气象影视需要通过自身平台，结合新媒体的“短平快”，发挥自身深度广度优势，集约化的收集、分析、处理及发布数据，通过数据专题来分析解读社会事件，进行科普教育，让零碎、孤立的数据产生更大的能量。

对于气象传媒而言，数据服务不单局限于气象数据，还应当考虑与公众社会活动相关的数据集合，包括公众活动数据、相关行业数据等。其中公众活动数据包括社交媒体数据，搜索数据、网络浏览量、特定地点人流量、人群密度、公众在事件现场获取的目击内容等。这样可以对公众进行舆情监督，了解公众关注倾向，行为认知模式并获取社会事件现场的目击内容。相关行业数据可以考虑各个易受天气影响行业数据，比如城市和高速公路交通实时路况、航班进出港和延误信息、江河水情、传染病和疾控数据、农作物分布及长势等。

获取公众活动数据，可以通过大数据企业，比如百度大数据引擎、亿赞普科技集团、微信微博社交媒体。行业数据可以到政府、企业、科研机构等部门的官方网站寻找共享数据，并且可以收集媒体报道的资料数据和学术数据。在日常工作中，我们应当自己把收集来的长期有效的数据建立成库，像城市易涝点、突发事件应急避难场所等数据就应当入库以备调用。

另外，线下活动也是获取大数据的方法。比如上海气象首席服务官在火车站帮旅客查天气，可以知道旅客这一特定群体对天气要素的需求点。当然，发放调查问卷也可以获得公众活动数据。气象部门每年都会有多次社会活动，我们可以借助这些活动，设计获取数据的方法，了解当地公众的关注需求及行为模式。当然，我们也可以通过网络发起活动，借助公众群策群力完成数据收集。美国纽约的开放科技公共实验室(Public Lab)集合了世界各地的公民科学家，教公众自己动手制作实验和检测工具，同时开放数据软件，让市民用简单有趣的方法采集数据，参与到某个公共议题当中。我们国内“知乎”网站也有类似的线下活动，“知乎”的用户群体教育水平较高，在全国各地分布广泛，参与活动意愿较强，可以胜任普通的数据测量和采集工作，并且能得到覆盖面广、精度较好的数据。还有目前各省气象服务中心的官方微信微博，可以在微信微博上发起活动或者投票，让订阅用户协助获取相关的气象数据、目击内容和公众活动数据。比如在台风来临时，我们可以调查台风导致的各种灾害类别、人们遭受损失甚至伤害的方式、危险区域等等；也可以进行调查“35 度的高温天气里，你都在哪里，做什么？”根据公众的反馈数据，我们就能提供对应的服务内容。

3.2　分析数据

《南方都市报》数读团队把数据分析方法主要分为“统计、关联、对比、换算、量化、溯源、发散、综评”等，我们气象数据服务同样可以借鉴使用。

在《大暑小暑，who 更热?》里用的就是“对比”和“统计”。对比法用横向纵向、时间空间等等方式，对数据进行比较，通过数据的坐标来体现数据意义。而“统计法”则是通过对特定事件的多次统计，查找出事件的特征或规律。

“换算、量化”可以让抽象的事物具象化并且可感化。《南方都市报》关于广州夏季用电实行 260 度限量的报道，把 260 度电换算成家用洗衣机的工作时间，让公众理解 260 度的概念。我们节目在台风“威马逊”影响广西时，把台风中心附近最大风力换算为高铁列车的速度，表示其破坏力巨大；同时把台风移速换算为摩托车在市区行进速度，说明它移动相对缓慢，最后告知公众，正是因为“威马逊”破坏力惊人且移动缓慢，所以它的后续影响时间长，破坏程度大，我们要提高心理防范预期，进一步加强做好各项防范工作。

值得一提的是，单纯的气象数据专题和气象数据与社会数据的复合专题，在对数据分析重点和倾向方面需要区别对待。单纯的气象专题只需要考虑气象数据的特征，包括历史极值、出现时间、持续时间、发生地点和影响区域大小等，比如《广东户口，初台风最爱?》。而复合了气象与社会数据的专题则要考虑更多的人为因素，包括社会事件的发生场景、公众认知与行为模式、社会背景等等，比如我们制作《台风来了，我们哪些方面最受伤?》专题，我们除了分析雨量和大风的时空分布，还应当关注公众汽车因积水损毁、广告牌倒塌、电线被吹断、果农菜农受损、时鲜类生活用品价格上涨等方面的社会数据。

3.3 气象数据与社会数据结合

数据的价值除了本身的意义之外，还可以通过关联进行增值。我们在节目中把气象数据与社会数据结合，可以让公众看到气象因素在时间和空间上，对特定社会活动或事件的影响程度。目前 weather central 系统已经可以接入第三方交通数据，在节目中展示交通实时路况。结合气象数据，我们就可以清晰展示出天气对交通的影响，从而为公众提供绕行或错峰出行的决策依据。

台风到来时，我们也可以把风雨区域和地图结合，标注出风雨影响严重区域或者易受影响地点，比如厂矿、学校、城市易涝点等等。值得注意的是，气象数据往往和社会地图数据分辨率有所差别，进行叠加使用时要注意分辨率差异，比如雷达回波就不能像自动气象站雨量实况那样叠加到街区量级的地图上。

参考文献

陈昌凤. 2014. 数据新闻与大数据思维的应用. 新闻与写作，**4**(4)：5-7.
黄超. 2013. 复杂议题融合报道中的大数据策略——以《卫报》网“解读骚乱”专题为例. 新闻界，**11**(21)：9-15.
郑蔚文，姜青青. 2013. 大数据时代，外媒大报如何构建可视化数据新闻团队？中国记者，**11**(11)：132-133.

浅谈大数据服务思维及数据信息视觉化

黎琮炜

（广西气象服务中心，南宁 530022）

摘　要

大数据使媒体由信息提供者转为服务提供者，观念由内容为王逐渐转为服务为王。对于气象影视来说，需要建立大数据服务思维，增加服务价值；同时在服务中加强数据信息视觉化表达，对信息进行更清晰的呈现和更深入的解读，增加服务内涵。

关键词：大数据　气象影视服务　数据视觉化

大数据已经在公共交通、卫生、商业等多个领域发挥出巨大的作用，同时也给传媒业带来了改变。基于对公众行为模式和需求的数据挖掘及分析，媒体可以把受众群体细分到受众个体，根据需求匹配个性化服务，加强传播与影响。

在大数据时代，气象影视当然需要建立自己的数据采集、储存和处理平台，结合新媒体进行布局和传播。但是大数据技术已经帮助媒体降低了数据挖掘和数据分析的技术门槛，利用互联网现成的工具和平台可以获得一定的技术支持，所以我们当务之急需要实现的还不是技术层面上的跨越，而是对信息生产、信息价值判断上的旧有观念的突破和创新。

1　气象影视建立大数据服务思维的思路

《大数据时代》的作者维克托·迈尔、舍恩伯格、肯尼斯·库克耶认为：大数据时代思维变革的三个方面是"需要全体数据而不是随机样本；允许混杂性，不追求精确性；关注相关关系而不是因果关系。"通过大数据思维，气象影视可以进一步优化资源配置，发现隐藏在以往服务中的问题，并且能挖掘出新的服务价值。

1.1　通过大数据全面取样做出决策，优化资源分配

大数据能了解社会和自然环境之间的关系，并影响政府行为和公共决策。对于气象服务来说，选对服务对象与服务重点至关重要。以前我们选择服务对象时，依据可能只是一些简单的指标，比如根据人口分布来优先服务人口密集的区域，根据政治需要来优先服务举办大型活动区域等等。但是，当服务形势变得复杂，评判依据需要加入更多变量，比如面对重大气象灾害时，我们评判依据不再是单一的指标，而是区域人口、生存条件、经济状况等多个要素，我们是优先服务人口相对较少但生存条件较差的农村，还是优先服务生存条件较好但经济环境薄弱的城市？气象灾害会在哪些方面造成多大程度的影响？什么因素是主要矛盾，什么因素是次要矛盾？面对多方面的博弈，我们不能再仅仅凭借经验、简单的指标或粗略的数据统计，而是必须依赖于全面取样的大数据，建立数据模型，才能更好地选择服务对象，优化资源分配，调整服务重

心，使服务收益得到最大化。

1.2 利用数据相关，创造新的服务价值

大数据的价值不单单在于样本全面，同时还在于数据的关联和二次应用。气象影视凭借数据相关关系，可以发现以往服务中隐藏的问题，改进服务方式；同时还可以挖掘出新的服务价值，增加服务内容。

1.2.1 利用《天气网》点击率，发现公众对天气感受、认知规律及需求

电视气象节目以往想了解公众对天气感受、认知规律和需求，就要委托调查公司获取节目收视率等来了解观众收视行为，成本较高；同时尽管调查公司抽样已经包括静态电视用户和动态新媒体用户，但调查结果依然受限于调查样本的选择，不能代表全体公众。而凭借浏览量的分析，也可以挖掘出网络公众对天气的感受和认知，得到全体网络公众的需求。《天气网》根据2013年《天气网》广西站每月日均页面浏览量统计（图1），访问量最高的月份基本分布在冬春季节，这说明广西公众对于冬春季节天气关注度要高于夏秋季节天气。

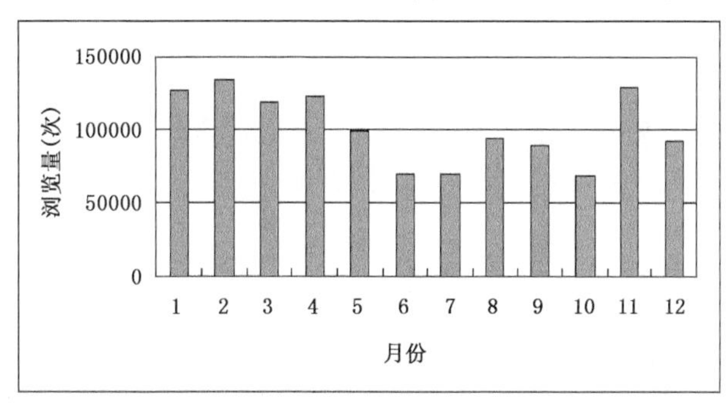

图1 2013年《天气网》广西站每月日均页面浏览量统计

再根据2013年《天气网》广西站页面日浏览量最多20天和最少的20天进行统计，发现《天气网》浏览量高的天数里，主要原因是广西气温出现变化，其次是出现大范围强降雨。由此可见广西公众对气温变化带来的体感影响要比雨雾天气等状况带来的影响敏感；结合月平均浏览量可知，广西公众对降温及低温天气要比升温及高温天气敏感。

同时通过分析还可以发现公众关注度与天气影响因子存在时间上的相关，浏览量与降温的相关基本是即时的，而浏览量和降雨的相关则存在滞后。一般是强降雨过程开始后的第二、第三天，浏览量达到该过程的最高峰值，在过程结束当天，浏览量则即时减少。这说明公众对于气温下降感受是即时的，对降雨的感受则会有所延迟。按以往服务思路，气象影视往往是在气象灾害到来之前大力宣传，各地气象部门也倾向于在天气转折前发布服务材料，但是根据公众认知与需求，我们在高影响天气过程当中，更应当大力做好服务，对灾害天气进行持续的分析与解读，普及防灾避险知识。

另外，通过分析可以发现公众对天气关注还和社会活动有关，浏览量最多的20天里，2月4—8日就占了5天，因为2月9日是除夕，4—8日公众集中春运出行，对天气关注度高；而浏览量最少的20天里，10月3—6日占了4天，2013年国庆期间广西天气总体不错，所以公众对天气关注度较低（人们的关注点可能在假期活动安排上）。

值得一提的是，尽管和索福瑞等公司的收视调查相比，通过《天气网》浏览量来探索广西公众对天气认知规律和需求可能没有那么精确。毕竟网络受众和电视受众有一定差别，同时数据

也有一定的混杂性。因为浏览量除了和天气有关外，还和内容安排等有关。但是当样本数据量足够大时，我们依然可以很好地发现公众的认知规律和需求，更重要的是我们通过相关分析而不是因果分析，能更快更有效地得到答案，并且能及时在气象影视服务方面做出调整，使服务收益最大化。早在2012年，大数据刚在互联网兴起的时候，福建气象服务中心林刘敏就根据“12121”语音系统应答记录分析过公众对气象信息的需求，这正是把大数据思维应用到我们服务当中成功的例子之一。

1.2.2 利用新媒体数据分析，实现舆情及需求监测

通过分析《天气网》日浏览量，我们可以发现公众对天气感受和认知规律，当我们把分析数据的数量级细化到小时甚至是分钟的时候，就能看到公众对天气即时的感受和需求。

每天公众都会在微信微博社交平台以及互联网论坛发布大量文字、图片、视频等等，通过追踪和分析，我们就能把公众对天气的心情、感受和需求，由文字、照片、视频等非数据信息转换成模型模式可读的数据，从而实现舆情和需求监测。以微博为例，通过分析工具我们可以知道粉丝的特征，包括性别、地区、工作领域及关注喜好等等，同时还可以获取某一热门事件博文的关键传播点以及这个事件在微博的传播路径。图2是新浪微博数策软件舆情展示功能，通过数据分析，可以得知公众对于事件关注的具体内容、开始和持续时间、地区、关注程度等等。通过舆情及需求监测，我们能知道公众对于当前的天气是什么感受，公众活动哪方面受到天气影响最大，他们对未来天气最想知道什么等，加强服务的针对性。

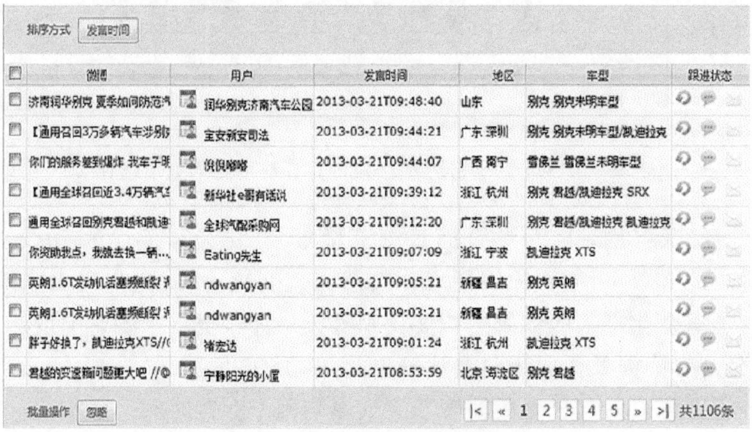

排序方式 发布时间

微博	用户	发布时间	地区	车型	跟进状态
济南润华别克 夏季如何防范汽	润华别克济南汽车公园	2013-03-21T09:48:40	山东	别克 别克未明车型	
【通用召回3万多辆汽车涉别	宝安新安司法	2013-03-21T09:44:21	广东 深圳	别克 别克未明车型/凯迪拉克	
你们的服务差到爆炸 我车子昵	倪倪嘟嘟	2013-03-21T09:44:07	广西 南宁	雪佛兰 雪佛兰未明车型	
【通用全球召回近3.4万辆汽	新华社e哥有话说	2013-03-21T09:39:12	浙江 杭州	别克 君越/凯迪拉克 SRX	
通用全球召回别克君越和凯迪	全球汽配采购网	2013-03-21T09:12:20	广东 深圳	别克 君越/凯迪拉克 凯迪拉克	
你资助我点，我就去换一辆…	Eating先生	2013-03-21T09:07:09	浙江 宁波	凯迪拉克 XTS	
英朗1.6T发动机活塞频断裂	ndwangyan	2013-03-21T09:05:21	新疆 昌吉	别克 英朗	
英朗1.6T发动机活塞频断裂	ndwangyan	2013-03-21T09:03:21	新疆 昌吉	别克 英朗	
胖子好换了，凯迪拉克XTS//(	褚宏达	2013-03-21T09:01:24	浙江 杭州	凯迪拉克 XTS	
君越的变速箱问题更大吧 //@	宁静阳光的小屋	2013-03-21T08:53:59	北京 海淀区	别克 君越	

批量操作 忽略　|< « 1 2 3 4 5 » >| 共1106条

图2 新浪微博数策软件舆情展示

1.3 发挥数据二次利用，创造新的价值

数据的再次可用性被称为数据金矿，通过对数据的再利用，可以创造新的价值。比如交通部门监测手机数据的分布，可以知道交通拥堵出现的时间和区域，找出解决办法；亚马逊网站根据用户购买记录，可以根据用户喜好分析出用户需求，推荐用户购买意愿大的商品。相应地，我们可以分析公众点击天气网站、打开天气通APP所处的区域，了解特定区域人群对天气需求；也可以根据公众以往了解天气的内容，了解公众认知习惯，提供相应的信息和服务。对文字、方位、社交关系等数据化并进行二次利用，是用大数据思维创造新价值的关键，我们在以后的气象影视服务当中，需要加强这方面思维的培养和运用。

2 数据信息视觉化的必要性及技巧

数据和信息通过视觉化表达，可以把抽象的含义转变为直观的形象表征，从而更直观更快速更有效地显示并传递信息。2014 年 1 月 30 日，百度地图景区热力图投入使用(图 3)，图中清晰标出人流量分布，消费者和商家可以根据不同区域的火爆程度来安排自己的活动，享受群体决策的便利。

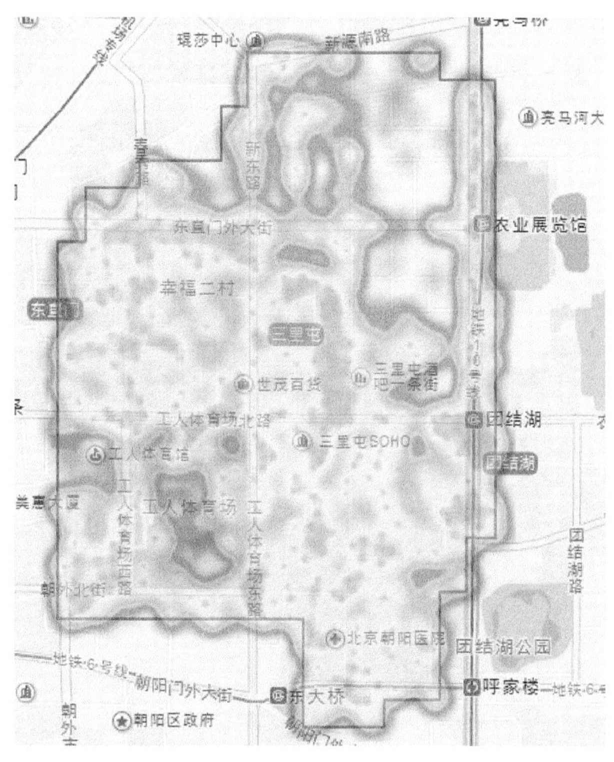

图 3 百度地图 北京三里屯晚 9 点人流量热力图

数据可视化工具及展现形式众多，在此不展开论述。对于气象影视服务来说，由于气象因素具备很强的时间空间属性，所以想要在服务中体现大数据的优势，最需要关注的就是气象数据信息视觉化在时间的体现及在空间的应用。

2.1 气象数据信息视觉化要注重时间的体现

在数据图形图表中，通过体现时间延续，我们可以凸显气象要素跟随时间的变化，并且可以给公众提供数据的“可感依据”，让公众根据已知感受去推断和预知未来的感受。举个简单的例子，对于日最高气温预报来说，通过展示最高气温在昨天、今天、明天的变化(图 4)，可以让公众知道最高气温变化趋势，最重要的是，可以让公众根据昨天、今天对最高气温的体验，去预知明天的最高气温，从而做出明天活动的决策和安排。

2.2 气象数据信息视觉化要注重空间的应用

气象因素在不同空间的分布会产生不同的影响，数据信息视觉化不能简单进行图形转换或

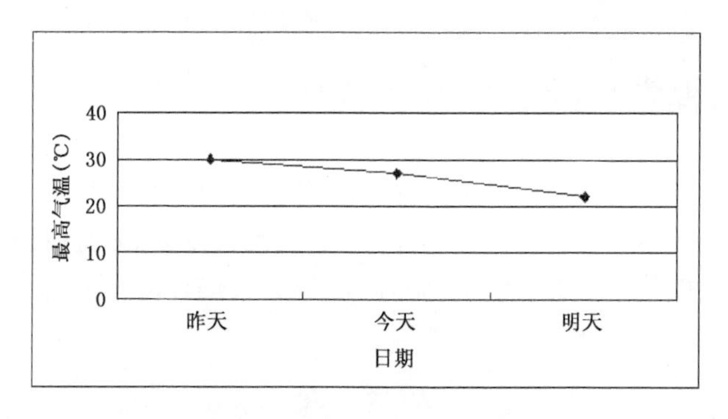

图 4　日最高气温变化趋势

堆砌，而是在对数据进行整理和组织时，需要考虑空间的应用和设计。北京“7・21 暴雨”导致北京市多处积水，互联网上出现了根据网民目击内容绘制的积水点地图（图 5）。通过对空间的应用，公众可以知道影响因素在空间的分布，更好地趋利避害。

图 5　北京积水点地图

参考文献

林刘敏. 2012. 从“12121”应答记录看公众对气象信息的需求. 气象影视技术论文集（八），北京：气象出版社.

刘怡，李慧君. 2013. 传播学视野中的大数据与新媒体发现. 现代传播，**1**：141-143.

刘海波. 2010. 信息图形设计探析. 南京艺术学院学报，**6**：185-188.

彭兰. 2012. 社会化媒体、移动终端、大数据：影响新闻生产的新技术因素. 新闻界，**16**：3-8.

维克托・迈尔，舍恩伯格，肯尼斯・库克耶. 2013. 大数据时代——生活、工作与思维的大变革. 杭州：浙江人民出版社.

张嵘. 2012. 大数据时代舆情分析对媒体增值服务的可行性. 中国传媒科技，**11**：34-36.

浅谈气象科普节目的传播渠道及节目创作

赵怀艳

（华风气象传媒集团，北京 10081）

摘　要

气象科普影视节目一直是气象科普的重要载体。本文主要分析气象科普节目在气象科普过程中的主要传播渠道和传播方式，以及新的媒体环境对气象科普节目传播过程所带来的影响。在当今的媒体环境下和市场经济的背景下，创作气象科普节目在保证其科学性和权威性的前提下，还应注意节目策划，提高节目的亲和力和接近度等，从而适应气象科普节目在大众传播的受众需求。

关键词：气象科普节目　大众传播　新媒体　亲和力　可看性

近年来，随着国民经济的发展和人民文化水平的提高，气象在国民生产、民众生活中起到了越来越显著的作用，社会对气象科普的需求日益增强。尤其是近年来地球变暖带来极端天气事件的增多，人们对环境问题的关注热度逐步升高，社会各界对掌握和利用更多气象科学技术知识的要求也越来越迫切。气象科普节目是气象科普的重要手段，在气象科普的过程中发挥着重要的作用。

鉴于目前电视节目的传播环境变更和传播渠道的扩大，如何充分发挥气象科普节目的优势，如何创作更适合不同传播渠道的气象节目，成为节目策划和创作的重要课题。

1　气象科普节目的传播渠道概述

气象科普节目主要用于普及气象基本知识、传播气象研究手段和方法，在今天的气象科普活动中举足轻重。概括近年来的基本情况，气象科普片的传播渠道主要有以下几种：

1.1　电视台播放

电视媒体是气象科普片的主要渠道，也是最重要的一个传播渠道。目前，气象科普片主要在气象频道、中央电视台、省级频道等传统电视媒体播出，取得了很好的传播效果和科普效果。

1.2　网络媒体、手机电视等新媒体播放

随着新媒体时代的到来，以互联网为代表的新兴媒体极大地冲击了传统媒体的发展，媒体分布的格局也已经重新“洗牌”、重组。这样的媒体环境也改变了气象科普片的传媒渠道和传播方式。今天的气象科普节目更加注重与时俱进，而且能很快在网络、手机等新媒体范围占据一席之地，科普效果也是非常显著。新媒体传播的优点是受众范围广、更新时间快。缺点是新媒体的信息量庞杂，气象科普很容易被淹没在海量的信息中，不容易引起受众的注意。

1.3 气象科普活动的展映

气象科普活动是直接面对被传播者的宣传活动。科普活动的特点是针对性与互动性强，科普工作人员与群众的交流相对更加深入。另外，科普活动可以相对集中地引导大家的关注点，能够让群众在活动时间内关注科普内容。比如，近期由中国气象学会主办的“全国气象科普校园行”活动，就是一个很好的例子。主办方在全国甄选了几个典型的学校，进行《应对气候变化中国在行动》等气象节目、气象挂图的展示，对广大中小学生进行气象、气候变化等内容的科普，得到了学校同学老师和家长的认可。

2 市场经济环境下科普片创作应注意的问题

而随着文化创意产业的兴起，电视节目也越来越市场化、国际化。就气象科普片而言，媒体市场更看重可视性和科普性兼顾的节目形式。过去，我们的科普片重视科学性、严谨性等，而在今天这样的形势下，作为气象科普片也应该综合各方面的环境来适应渠道和市场的需求。

市场经济的本质就是通过经济杠杆来带动市场和国民经济的发展。经济的杠杆，说白了就是产生利益，无论是物质利益还是精神利益。以往，气象科普节目大多是计划经济时期的产物，许多气象科普片不能完全适应市场经济的要求。所以，很多气象科普节目存在着“重科普、轻效果”的不正常现象。很多气象科普片耗费了大量的人力、物力做出来，却没有达到很广泛、很深入的传播效果。很多节目并不能适应中国科普节目市场的需求，因此，造成了有市无价的不良现象。这些节目往往在内容上单调乏味，在形式上是板着一副老面孔说教，在发行上是依靠行政命令强买强卖或仅仅局限于内部收看等。

2.1 了解科普节目的制作环境

首先，在市场经济的大背景下，气象科普片的创作应该了解科普节目的市场环境，看看网络、电视台等媒体究竟需要什么样的节目。在吃透市场的内容和把握市场规律之后，再针对性地制作一些气象科普节目进行推广和宣传。只有本着这样的原则，实时更新才能够适应市场的需求，更好地制作气象科普节目。

比如，现在的科普节目市场，比较青睐科普和娱乐相结合的节目形态，比较青睐故事化的叙事手法，那我们在制作《风云纪录》等节目时，就策划了节目的故事点和悬念点，寓教于乐。因此，《风云纪录》也被大量省级电视台购买播放权，大大扩大了减灾防灾的科普范围和程度。

2.2 根据不同传播渠道开发节目的不同版本

其次，根据不同传播渠道制作节目的不同版本。电视、广播等传统媒体和新媒体在节目样式、节目时长等方面的要求差别很大，因此，在做气象科普片的时候，应该考虑传播媒介的特性。比如，网络、手机等媒体，它们要求节目短小、精悍，与传统的电视媒体的时长和深度不同。那么，在制作同一节目时，应该针对不同传播渠道制作相应的版本，这样才能有更好的传播效果。

2.3 调整节目编排

再次，针对不同的受众编排播放相应的科普片也是科普宣传需要关注的另外一个重点。例如，在进行科普活动中，过去我们播放科普片是“一刀切”，不管参加活动的人群是怎样的情况，都播放一类的科普节目，没有对参加者的年龄、职业、兴趣点进行区分。这样的科普活动显然不能达到我们预期的科普效果。

在此前开展的一个"气象科普片的受众需求与传播效益研究"项目中，项目组对中小学生进行了问卷调查。数据显示大多数中小学生还是比较喜欢看动画片，那么如果我们在活动现场播放科普动画片显然会收到更好的成效。

当然，科普电视片在适应市场环境，适应传播渠道的同时，也要注意尺度的问题。适应市场、适应受众，并不代表一味地迎合市场、迎合观众。气象科普节目不仅需要普及科学知识，也要有科学的态度和科学的表现方式。不能过于夸张，过于"搞怪""猎奇"，偏离气象科普的初衷。

3 如何创作利于大众传播的科普片

据第八次科学素质调查显示，我国公众获得科技信息渠道居前的分别是电视、报纸、与人交谈、网络等，其中前两者比重很高。这表明，大众传播媒体是公众获得科技信息的重要渠道。气象科普本身就是一种大众传播行为。气象科普片的创作应该遵循大众传播的规律。但是目前在大众传媒中气象科普节目不仅量少，而且受众对这些节目的关心程度也远远不如时政体育类的节目。这种现象的产生也从某种程度证明我们的气象科普片与接收者之间存在一定的间隔，从而影响到了气象科普传播的效果。造成这种现象的原因，就是因为没有按照大众传播原理进行气象科普片的制作，在科普中只注意了技术一个方面而没有考虑到完整地进行科普，只照顾了特定人群而忽视了大众的需求有关。

3.1 注重受众调查

首先，在气象科普大众传播的过程中，要体现人文关怀，要进行受众调查、市场调研。气象科普就是向大众宣传气象科普知识，增进公众对气象的了解。作为传播者而言，首先需要人性化地了解大众对气象有哪些科普需求；他们通常通过什么渠道来获得气象知识等内容。这些问题的答案都是我们在策划、制作气象科普节目的依据和基础。只有根据这样的要求去创作节目与栏目，才能在传播的过程中比较容易被大众所接受。

3.2 提高节目的亲和力和接近性

其次，要提高传播的亲和力和接近性。以往，我们在气象科普中总是以一个全知的面目出现，居高临下，我说你听，缺乏亲和力；从传播的方式看，科普还是以灌输为主，告诉你就这么办不容置疑，不是以启迪科学的思维为主。科普当然要把科学精神的核心部分普及给大众，而不是仅仅把已有知识技术灌输给受众。

因此，在进行气象科普片创作的过程中，需要摆正自己的位置，增加节目的亲和力。同时，要注意拉近与观众的距离，寻找观众的认知较为接近的事件和知识。比如，在做一些台风的科普片时，找一些大家都熟知的台风事件作为典例，就能够增加受众与传播者的亲近感，能够达到较好的传播效果。

3.3 增加节目可看性

再次，适度引入娱乐元素，增加节目可看性。气象科普片主要以传播气象科普内容，渲染科学精神为目的，让公众真正了解气象知识，了解气象工作者的科学精神。科普知识本身是比较单调的，简单灌输很难达到很好的传播效果。因此，在传媒竞争日益激烈的今天，适度地引入"悬念""故事情节"等娱乐化元素，增加节目的趣味性、活泼性、可看性，能够让普通大众更容易接受气象知识、气象精神，达到较好的科普效果。

二十世纪九十年代末，娱乐化的浪潮开始席卷整个电视荧屏，科普节目的娱乐化也列入其中，中央电视台《探索发现》等栏目甚至于直接打出了娱乐化纪录片的口号，连最纯粹的科普栏目《走近科学》也将故事片的叙事元素"悬念"等写入节目宗旨，栏目宣传语变成了"从疑问开始"。这意味着一种非常重要的转折，我们需要思考的是，在大众传播时代我们应如何面对科学以及如何理解娱乐。

3.4 注重权威性、科学性

最后，真实准确树立节目的权威性。气象科普节目在信息和技术的传播过程中，必须坚持真实性和专业性的准则，确保节目的权威性，防止出现虚假信息，有效发挥科普的指导作用，提升气象科普的信赖度。比如现有的气象科普节目《风云纪录》《风云奇队》《古气候探秘》等节目，这些都是关于减灾防灾和气候变化的气象科普节目。在节目制作中，首先要传达给观众准确、真实的信息，这也是气象科普的基础。所以，对于节目的真实性和科学性一定要给予足够的重视。另外，节目中的专家也都需要足够的权威性和专业性，从而提高节目的权威度和可信度。

参考文献

孙培强，张燕菊，楚峰. 2008. 电视科普节目的娱乐化生存，新闻知识，**8**.

浅谈微博在气象科普宣传中的作用与发展

么雪娟

（河北省气象服务中心，石家庄 050000）

摘　要

随着时代与科技的发展，互联网技术中的新兴媒体——微博对气象科普宣传工作产生了巨大的推动作用。本文以气象微博运维典型“河北天气”微博的发展为例，探讨微博在气象科普宣传工作中的价值作用，并在统计与分析现状的基础上，对地方气象微博的发展提出五点建议：提高微博编辑人员的专业素养；创新微博内容，提升气象公共服务的生活性；逐步实现全国天气微博服务系统的联姻；实现微博的实时和优质维护；采取必要的营销手段等，以期为我国气象微博的不断发展提供有价值的参考依据。

关键词：气象微博　河北天气　科普宣传　运营维护

1　微博概述

21世纪以来，全球进入了一个新经济时代——互联网时代。互联网络和信息通信的迅猛发展创造了一个无疆界的数字世界，交易几乎可以瞬时在世界各地完成，服务产品也不例外。在众多的网络产品中，微博因其便捷性、双向交互方式和原创性三大特征引起了人们的强烈关注。

近几年来，微博依托于网络信息技术的发展而不断进步，电脑、IPAD、移动手机等有网络链接的电子产品都少不了“微博软件”的身影，这是信息技术发展的必然趋势，更是用户需求的一种体现。微博用户量飞一般地急剧增加，更使微博迅速发展成为一个社会化的新媒介，一个对人们生活习惯和思维方式产生重要影响的新媒介。

2011年上半年，我国微博用户数量从6331万增至1.95亿，半年增幅高达208.9%。到2013年，微博虽受到了更多新兴移动互联技术，如微信等产品的冲击，但微信和微博本身存在的差异，使其无法替代和影响微博经过多年沉淀的用户和商业价值，微博仍然是社会化营销和社会影响力巨大的重要网络平台。

2　微博在气象科普宣传中的使用现状

2009年下半年，湖南桃源县官方微博的出炉，成为中国最早开通微博的政府部门。截止到2013年，在新浪网、腾讯网、人民网、新华网四家微博客网站上认证的政务微博客总数达到50561个，开启了中国新媒体政治和社会治理新时代。政务微博对官方在各行业的社会管理创新、政府信息公开、新闻舆论引导、倾听民众呼声、树立政府形象、群众政治参与等方面起到了积极的作用。

具体到气象领域，气象政务微博更是如雨后春笋般发展壮大起来，就当前我国气象类微博的开通情况看，除港澳台外，已有 31 个省级气象部门先后开通了官方微博。而在四大热门微博中（新浪、搜狐、腾讯、网易），新浪微博又以其先手优势、鲜明的传播特性和对社会产生的巨大影响力，成为中国微博中最成功的典型。故本文主要从新浪微博这一媒介出发，以具有代表性的“河北天气”官方微博的运维为例，探讨微博在当前气象科普工作中的使用现状，并提出发展对策。

3 “河北天气”官方微博运维情况分析

2011 年 3 月，河北气象微博注册并通过官方认证，并在 2013 年上半年气象类政务微博影响力排行榜中获得第一名，实现了通过微博及时为公众提供气象信息，特别是气象灾害预警信息，拉近与公众距离，服务百姓生活的目的。

3.1 “河北天气”官方微博运维体系分析

3.1.1 “河北天气”官方微博人员组成

“河北天气”官方微博的操作人员包含三类，即河北省气象台的气象专家队伍，专业编辑人员和气象专家把关队伍。

“河北天气”官方微博的不同人群各自执行不同的任务。如气象专家队伍主要负责提供专业的预报信息和解答气象科普专业问题；专业维护编辑主要负责整体把握微博的发布内容、传播节奏，挖掘科普点，并负责与气象专家沟通，编辑整合传播内容；气象专家把关队伍在这里充当了媒体把关人的角色，主要负责从总体上审核、修正相关内容，提供对其发展方向的建议，使微博的运维更加科学化、系统化和具有权威性。

3.1.2 “河北天气”官方微博发布程序分析

当前“河北天气”官方微博的发布主要依照以下程序：首先由专业的编辑人员从河北省气象台获得第一手天气预报、气象信息和预警信息；然后对部分气象信息进行整合，把预报语言转化为公众能够接受的“预报产品”；再由气象专家对“预报产品”进行核准和把关（对气象信息的准确性和科学性进行审核）；最后经微博编辑再次核对后，对外发布。

3.2 “河北天气”官方微博传播内容分析

微博的内容无疑是微博的生命力，它的内容涵盖、语言特征、发布时间的节奏等都在很大程度上决定了微博的影响力。

从横向上看，“河北天气”官方微博的内容大致分为 5 大版块：预报信息、气象科普知识、与气象相关的生活常识、转发具有一定意义的网民微博、生动活泼的图片等。

从纵向分析，“河北天气”官方微博在一天中的发布具有一定规律：上午 6 点发布早间天气情况和空气质量情况；9 点发布全省天气预报，上午主要集中发布气象常识和转发天气类信息；中午时段，多发布与天气相关的饮食贴士；下午 2 点左右发布省会天气实况信息，考虑到下午民众处在工作一天后较为疲惫的状态，故此时的官博适当转发有趣而不失意义的名人或草根微博，并发表观点，与受众互动，使微博“热”起来；下午 5 点左右发布第二天天气形势预测，为市民下班和第二天出行提供及时的天气信息。

诚然，除了在固定时间传播预报信息外，微博发布时间的把控并无绝对规则，如在某一时间有热门的天气话题或讨论点，就需要微博编辑及时进行转发或与受众互动。

3.3 “河北天气”官方微博影响力分析

3.3.1 “河北天气”官方微博粉丝现状分析

“粉丝数量是决定气象微博影响力的重要指标之一”。微博粉丝的情况在一定程度上代表了微博的影响力。

从数量上看，目前，河北全省气象部门在新浪微博、腾讯微博、燕都微博、人民网微博、央视微博的听众粉丝总数突破了120万。从质量上看，活跃粉丝数量较少，仅占到6.37%，普通粉丝数量较大，且互动粉丝多根据微博内容和时间的变化呈波动式活动。

从粉丝特征上看，“河北天气的”粉丝关注时长多集中在1～1.5年的时段上，其次关注半年至1年的粉丝较多，关注时间达到2.5年以上的粉丝也具有一定数量，具体统计结果见图1。

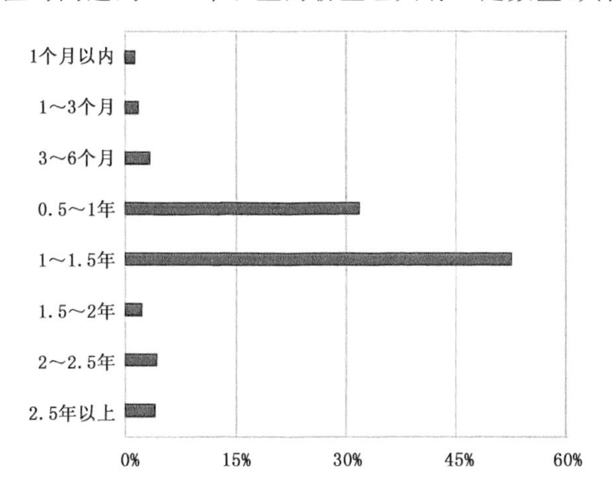

图1 “河北天气”官方微博粉丝关注时长统计图

从粉丝的性别和年龄特征上看，“河北天气”微博粉丝的性别分布比较平衡，男性粉丝略多于女性粉丝；年龄分布较为广泛，各年龄段的粉丝数量呈不均衡状态。具体见图2。

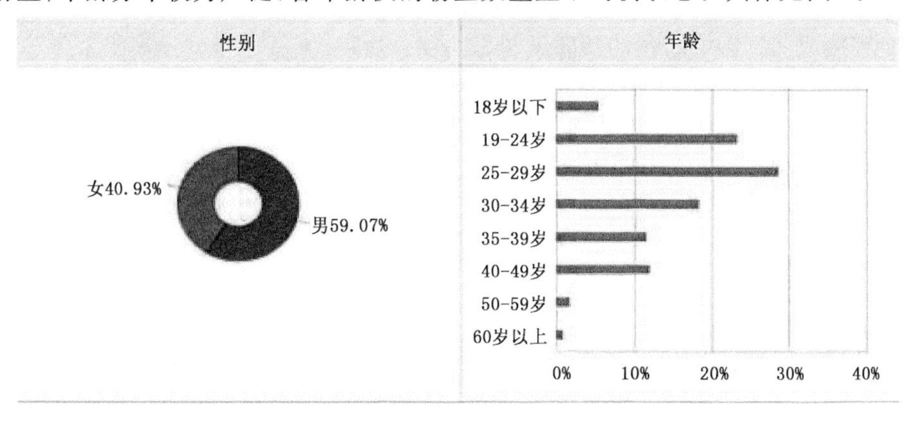

图2 “河北天气”官方微博粉丝性别与特征分析图

从粉丝使用微博的习惯上看，当前粉丝在一天当中的活跃时间主要集中在早上6点和下午4—5点之间。一方面，这与公众的日常作息有一定关系，由于大多数粉丝为上班族，早上出门和下班的路上习惯于使用手机浏览微博，故呈现出活跃度较高的现象。另一方面，“河北天气”

微博在早、中、晚三个时段传播的内容较容易引起公众共鸣，也影响了粉丝的活跃度。而以周为单位，粉丝的活跃情况较为稳定，但在工作日，粉丝的活跃程度明显更高，从侧面说明公众较少在周末使用微博，具体情况见图 3。

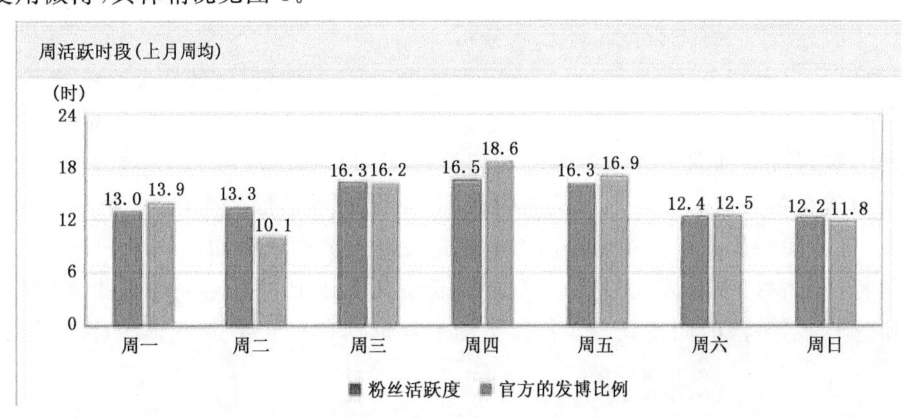

图 3 2014 年 2 月“河北天气”官方微博粉丝活跃度统计图

从粉丝所处的地区分布看，河北地区(本地区)的粉丝数量较多，北方其他地区和我国南方地区的粉丝数也占有一定比重，但比较分散，说明当前官方微博的传播仍以本土发展为主，南北交流不够频繁。

3.3.2 “河北天气”官方微博的阅读量、评论与转发情况分析

有一种观点认为，微博用户的活跃粉丝数量才是说明问题的重点。但本文认为，活跃粉丝数量并不能够完全说明微博的受关注程度，因为有些网民并不愿意评论或转发，而是保持着一种“观望”态度。这样仅用活跃粉丝数量来衡量微博的受关注度是不全面的，还需要综合考虑每条微博的阅读量等问题。以“河北天气”官方微博为例，其每天的微博阅读量维持在 50 万左右，浏览次数明显多于评论和转发数量，从侧面说明微博编辑需要在调动粉丝的积极性方面多做努力。

另一方面，从微博的评论与转发情况看，呈现出以下特征：一般情况下，评论数量远低于转发微博的数量；转发数量与微博内容贴近民生程度及幽默度呈正比；微博编辑对评论与转发情况的处理将直接或间接影响粉丝的活跃度与忠实度。所以，天气微博的发展除了依靠优质的博文质量外，还需要注意对其的维护。

3.3.3 “河北天气”官方微博传播效果分析

2013 年 7 月，正值一年当中北方的汛期，一场突发阵雨从河北省会开始并逐渐外移。市民何恒兵从河北省气象局微博“河北天气”中看到了最新降雨趋势时，及时询问阵雨是否会下到饶阳，得到省气象局的肯定答复后，及时把葡萄苗苫上，并打开了排水系统，挽救了千株葡萄，成为气象微博服务农业的典型案例。

凡此种种，气象微博对农业、工业、人们的出行、市民的健身、学生的日常生活都产生了不同程度的积极影响，且对气象知识的广泛、迅速传播及气象活动的宣传产生了巨大的推动作用。

4 关于微博在气象科普宣传工作中的发展建议

事物的发展具有一定曲折性，这也正是推动其不断进步的动力，气象微博的传播工作也需要不断改进和创新，才能够适应时代的发展要求，逐步成长为可持续的宣传手段。

4.1 提高微博编辑人员的专业素养

编辑人员在气象微博的整体运维中充当着重要角色，统筹、把关微博内容，编辑每一条评论和回复都会在潜移默化中影响气象微博的发展，所以提升微博编辑人员的专业素质是一项长期的任务。具体来说，首先，编辑人员应当具备一定的气象专业知识，因为气象类微博归根结底是传播气象领域的信息，所以编辑人员要不断充实自己的专业知识，做到"心中有"、"能够说"，并"说得好"。

其次，编辑人员应当具有媒体意识，不能机械地仅以发布天气预报敷衍了事，而应不断培养新闻敏感度，紧跟时代步伐，与时俱进，做到时时关注公众感兴趣的话题，并找到与"天气"的契合点，逐步提升人们对气象科普工作的兴趣。

第三，地方气象部门应积极组织对微博编辑的培训，特别是关于媒体传播和气象知识的培训应定期开展，以不断提升编辑人员的专业素养和科学文化水平。

4.2 创新微博内容，提升气象公共服务的生活性与生动性

当前微博中的气象科普类信息并未获得大量转发，究其原因主要是内容和形式没有冲破理论的条条框框，枯燥的知识呈现不能引起公众的兴趣，反而容易使人忽视。这说明要想做好气象科普知识的传播，必须多从民生的角度出发，尽力转化为贴近百姓生活的语言，使人们觉得"这样的气象知识对生活来说必不可少！"才能够真正实现气象科普服务大众的目的。

举例来说，气象微博的编辑人员可以根据当季的气候特点，观察日常生活中出现的或可能将要出现的与气候相关的问题，及时记录，并与气象专家协商、编辑；认真观察评论与转发的意见，从中挖掘信息点并及时发布。比如有些地方的受众提出问题："为何大风天气也污染？"那么编辑人员就可以针对这个问题制作一条微博发布，而不是仅仅回复这条评论。公众的需求得到重视，自然能够提升"官民互动"的效果。

4.3 尽力实现全国天气微博服务系统联姻

气象科普工作不应当闭门造车，真正实现全国各地气象微博服务系统的联姻，才能促进我国气象科普事业的综合发展。具体来说，我国目前拥有近40家中央与地方的气象微博服务系统，且气象主持名人的微博影响力也非常之大。通过网络形式形成互通互动，拓宽传播思路，使受众了解到不同区域的气象知识，将更有利于增加微博传播内容的趣味性与全面性。建议采取各地区微博间的转发式互动交流，不同地区的气象微博还可以制作"气候比较"方面的内容，并互相吸取经验、教训，取长补短，在不断完善自身的同时，丰富受众的视野。

4.4 实现微博的实时和优质维护

以"河北天气"官方微博为例，其一个月中"新访客"所占的比例约为21%，"老访客"数量约占79%，说明管理员对微博的维护非常重要。有时一条微博在当时的传播量和阅读量并不多，但在过后的1～2天里，转发和评论数激增，这又说明微博传播既具有时效性，又具有一定滞后性，这要求微博的管理人员应及时关注每一条博文在一段时间后的影响力，研究、分析热度高的微博内容，摸寻规律，为更好地改进传播现状做足准备。

另一方面，管理员不可忽视以周为单位运维的微博状况，争取在一周的不同时间段，有针对性地编辑内容。例如周一是上班族的第一个工作日，人们容易产生犯懒、郁闷等情绪，这时的微

博应当以调动民众情绪为主要基调;在快到周末时,应着重以服务公众周末出行娱乐为重点,体现出与其生活习惯结合的一致性。

4.5 气象微博的运维应增加必要的营销手段

缺少营销理念,将导致政务微博的粉丝数和关注对象不足及发帖数量不足。而发帖数量不足,又会导致内容更新不及时,信息量不足,从而造成已有粉丝的自然流失。客观地说,一般情况和条件下,政务微博粉丝数的多少并不是至关重要的,气象政务微博也不能以追求粉丝数量为终极目的。但粉丝数越多,影响力越大是不争的事实。所以建议气象政务微博能够与不同类型的媒体,如报纸、网站、网络视频等媒体建立联系与合作,适时与商业联合,通过转发抽奖等方式调动民众参与到气象科普宣传讨论中来的积极性。气象政务微博采用必要的营销手段,既是时代发展的要求,也是市场经济不断完善的必然结果。

综上所述,微博在及时、快捷地向社会公众发布各类气象预警信息,增强公众预防及应对气象灾害的防范意识和认知能力,减轻政府工作压力,增强国家防灾减灾能力中发挥了不可忽视的作用。然而气象科普宣传工作要想利用微博这一传播途径在科技日新月异的社会中更好地生存和发展,还需要相关部门运筹帷幄,不断对其进行创新和完善。

参考文献

陈耘耕,刘锐,徐颖等. 2012.2011 年中国政务微博报告.新闻界,(05):47-54.

尹炤寅等. 2012.不同气象政务微博影响力的对比研究.极端天气事件与公共气象服务发展论坛论文集.北京:气象出版社.

浅议气象微博的危机处理

王　慧

（华风气象传媒集团，北京 100081）

摘　要

微博传播的广泛性和及时性使得它能迅速形成话题并大范围传播，容易引发舆情危机，《中国气象局2013年度舆情分析报告》显示，负向舆情中影响力最大的事件即为微博热议话题。本文以@中国气象发布新“四大火炉”为例，尝试探讨微博危机事件的应对与处理。

关键词：气象　微博　四大火炉　危机处理

1　气象微博的现状

据中国互联网络信息中心第33次《中国互联网络发展状况统计报告》显示，截至2013年12月，我国微博用户规模为2.81亿，网民中微博使用率为45.5%，微博已经成为新时代网民发表个人观点和意见的主要平台。各级气象部门也积极运用微博这个平台开展气象信息服务。

1.1　气象部门微博账号众多、覆盖广泛

截至2012年3月22日，31个省、自治区、直辖市气象部门均在新浪平台开通了对外发布气象服务信息的官方微博账号，且大多数官微粉丝过万，不少市县也开通官方微博并具有一定的影响力。如南京、苏州、武汉等，形成了全国一体化的气象信息微博发布体系，成为全国首个全系统微博群组。截至2013年底，全国各级气象部门在社会网络媒体上共开设官方微博（信）700余个，发布气象新闻信息257.5万余条，粉丝量累计达1339.4万人次。

1.2　气象微博运营水平参差不齐

全国31个省、自治区、直辖市气象部门的官方微博的信息发布频次、与网民的互动程度及社会影响力等方面均存在一定差异，2012年7月统计，粉丝数、微博发布总数、微博日均发布量居首位的分别是：50万粉丝（广东）、近5000条微博数（甘肃）、日均15条发布（广西、湖南、重庆）；相对，活跃度较低的官博，粉丝最少的不足1千人（西藏），微博发布总数几十条（西藏、贵州），且日常较少更新（西藏、江西）（表1）。

2　气象微博“危机四伏”

气象微博是网民及媒体讨论气象相关信息的主要平台，《中国气象局2013年度舆情分析报告》显示，2013年，气象类话题相关微博885，280条，占互联网气象信息总量的67%，微博月最高信息量达到214，840条，由微博热议引发的气象舆情呈增长趋势，负面舆情信息很容易集中

发生在微博热议的事件中，加上前文所述气象微博账号众多、运营水平参差不齐，极易发生负面舆情信息、产生危机事件。

2.1 什么是品牌危机

所谓危机，是指在某种情景状态下，其决策主体的根本目标受到威胁且做出决策的反应时间很有限，其发生也出乎决策主体的意料。或者说，危机是一个会引起潜在负面影响的、具有不确定性的事件，这种事件及后果可能对组织及其员工、产品、资产和声誉造成巨大的伤害。

气象微博主要发布内容为预警、预报、实况、新闻、提示、科普，均为实用性服务信息。一旦发生危机事件、处理不当，必将对气象系统的形象及信誉造成负面影响；如因人为原因，信息发布有误，将会严重影响气象服务质量，对社会公众造成不便或损失。

表 1 各省、自治区、直辖市气象部门官方微博运行数据(统计时间为 2012 年 7 月)

省份	微博地址	粉丝数	微博数	日均微博数	主要内容
安徽	http://weibo.com/u/2240099322	21265	1320	5	预报预警
北京	http://weibo.com/u/2611704935	47365	723	4	预报预警
福建	http://weibo.com/u/2729096334	40271	697	3	预报预警
甘肃	http://weibo.com/gsqx	211725	4946	4	预报预警
广东	http://weibo.com/910620121	528073	2840	6	预报预警+生活旅游
广西	http://weibo.com/guangxiweather	48013	4099	15	预报预警+生活旅游
贵州	http://weibo.com/u/2735745062	62262	61	较少更新	
海南	http://weibo.com/hnmo	39631	108	较少更新	
河北	http://weibo.com/hebeiqixiang	104725	2284	5	预报预警+转发
河南	http://weibo.com/u/2202083193	74262	1952	5	预报预警+气象指数
黑龙江	http://weibo.com/hljqxfw	39212	143	1	预报实况
湖北	http://weibo.com/u/2384152914	76607	2077	5	预报预警+实况信息
湖南	http://weibo.com/hunanweather001	62918	966	15	预报预警
吉林	http://weibo.com/u/2506600245	5766	646	3	预报（文字截图）
江苏	http://weibo.com/jsqx	88630	2152	5	预报预警+气象视频
江西	http://weibo.com/u/2730752854	26151	157	基本不更新	
辽宁	http://weibo.com/u/1948750172	81053	2092	8	预报预警+科普
内蒙古	http://weibo.com/u/2735907942	35823	439	3	预报
宁夏	http://weibo.com/u/2642215773	23423	611	3	预报预警
青海	http://weibo.com/qhqxj	32389	97	较少更新	
山东	http://weibo.com/sdqx	14177	95	较少更新	
山西	http://weibo.com/u/2396585524	50098	294	1	预报
陕西	http://weibo.com/u/2513683302	66609	614	4	预报+新闻+生活提醒
上海	http://weibo.com/u/2635818911	67395	629	8	预报预警+科普
四川	http://weibo.com/scqx	63981	832	2	预报预警
天津	http://weibo.com/qxfwzx	26667	850	2	预报预警
西藏	http://weibo.com/xzqxgov	570	39	基本不更新	
新疆	http://weibo.com/u/2268282742	72625	4482	10	预报预警
云南	http://weibo.com/u/2592786632	48113	719	3	预报预警+生活旅游
浙江	http://weibo.com/u/1917050314	3481	3884	10	预报预警实况
重庆	http://weibo.com/u/2143462671	91748	2391	15	预报预警实况
深圳	http://weibo.com/szmb	171692	4569	6	预报预警实况

气象微博自运营以来，尚没有发生影响较大的危机事件，但引发媒体及公众指责、批评的事件常有发生，如 2011 年 11 月@南京气象 超出业务范围误发 pm2.5 数据，2012 年 9 月@中国气象 发布关于下半年可能发生大地震，2013 年 7 月 31 日江苏建湖县气象局在发布气象信息时，将当日最高温度误写为 234 度……以上事件均在短时间内引发网民及媒体的热议，多为负面信息。

2.2 气象微博危机的"易发性"

微博上信息的传播特点和传播规律跟任何媒体都有所不同，它将网络论坛、即时通讯、网络社区等媒体形式的优势进行了整合，让信息源更加广泛、传播更加迅速、影响更加深远。首先，微博平台的信息发布便捷，可以在短时间内高频率发送，并能快速引起更多关注和反馈；其次，微博的转发功能又可快速将信息精准发送，再进行裂变式扩散、传播。

微博篇幅限定 140 字，气象信息如果没有经过很好的通俗化处理和深入解读，以相对专业化的、简单化的方式进行表达，微博用户在不理解、不了解的情况下，更容易出现误读，并附上"误解"信息进行二次转发、多次转发。另外，天气预报的准确性、气象服务信息的实用性、发布的及时性等，无法达到公众百分之百的满意，所以一旦遇有天气预报有误，或某种气象灾害损失严重时，微博平台上的批评、投诉、抱怨更容易形成规模，甚至信息在传递过程中经过损耗或情绪发酵后变为虚假信息不断传播。

3 @中国气象 发布新“四大火炉”微博的“危机”始末

@中国气象 为中国气象视频网官方微博，截至2013年底，账号粉丝数超过18万人，主要发布内容为气象服务信息、新闻资讯、科普等。

3.1 事件概述

2013年7月15日，@中国气象 发布了内地新“四大火炉”排名，福州成为高温“冠军”，重庆、杭州、海口位列二、三、四名。名单一出，即遭到了广大网民的强烈“吐槽”，质疑排名的“客观性”。短短两天时间，该微博被转发4000多次、阅读量达180多万次。微博网民高度关注，又引起了媒体的参与报道及热评，指出@中国气象 只统计高温天数不科学。

迫于媒体及公众的压力，@中国气象 于7月17日删除该条微博，此行为再次引发网民质疑，媒体及网民的热议点从“四大火炉”统计不科学转移到了官方微博删帖行为上。随后，@中国气象 针对网民及媒体的来电询问，均转至中国气象局宣传处统一解释，@中国气象 对“四大火炉”不再做任何信息反应。

3.2 事件影响

自7月15日发布微博至7月17日删除微博后第三天，@中国气象 关于新“四大火炉”的信息发布，引起媒体参与报道累计2649条，微博讨论累计75571条，论坛、博客参与讨论397条(图1)，多为负面评价。

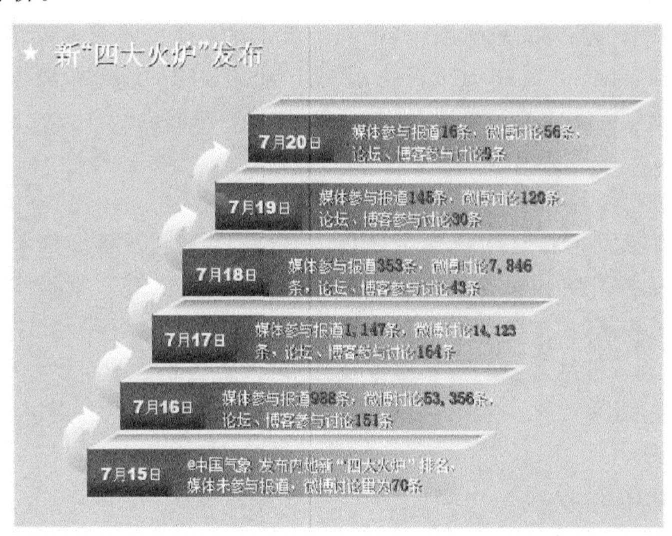

图1 @中国气象 新“四大火炉”事件过程发展图

在百度搜索“气象微博 四大火炉”关键词，获得相关结果170多万条，多为质疑和讨论“四大火炉”的客观性；微博删除后，引起新一轮媒体议论，百度搜索“气象微博 四大火炉 删除”关键词，获得相关结果300多万条，因为得不到具体的说明、解释，此轮报道中，媒体多将重点放在了

@中国气象 的身份、背景及官方针对“四大火炉”的认定方面，指@中国气象 非官方、统计数据滞后、承认信息有误所以删除。

3.3 事件反思

@中国气象 发布四大火炉排行的初衷，是统计、公布 1981 年至 2010 年这 30 年间，增幅明显的内地高温日数。但微博发布后的效果事与愿违，且引起负面口碑。分析原因有以下两点：

一、发布者对“四大火炉”的敏感性和热度估计不足，网民见到这条微博时，注意力只在“火炉名次”上，加上微博没有进行类似“该排名只是从高温日数进行排序，如果兼顾温度等，排名将会有所变化”的解释说明。

二、微博引起网民及媒体热议及质疑后，不应采取简单的删除行为，应及时承认原创微博缺少了必要的解释，并借机进行相关科普。

4 气象微博的危机处理

美国《危机管理》一书的作者菲克曾对《幸福》杂志排名前 500 名的大公司董事长和总经理进行过一项关于企业危机的调查，从作者的调查我们可以认识到，几乎所有的组织都可能遇到危机，这甚至是无法避免的。虽然如此，危机仍然可以通过规范化的管理有效降低其发生率或损害程度。

4.1 如何规避或减少危机?

4.1.1 强化危机意识

古语“生于忧患，死于安乐”非常形象地告诉我们，日常工作中要保持品牌危机意识，未雨绸缪。部门管理者及员工都要建立危机意识，微软公司创始人比尔·盖茨曾说道:“微软离破产永远只有 18 个月”，提醒自己和员工，时刻警惕、严谨。海尔集团的总裁张瑞敏曾当着全体员工的面，将 76 台有轻微质量问题的冰箱砸毁，使员工产生了一种危机干预责任感，由此创造出了一套独具特色的海尔式产品质量和服务。

4.1.2 建立预警管理制度

关于做好微博气象服务工作的通知(气减函〔2011〕112 号)，对各级气象部门开展微博气象服务工作提出五点要求，第四点便是要求加强组织管理，提高微博气象服务效能。建立健全微博气象服务业务流程和规范，加强微博气象服务信息发布的安全管理，组建专业的微博服务和保障团队，将微博气象服务纳入公共气象服务业务，纳入对各单位的年度目标考核。笔者认为，关于危机的预警管理制度，应至少包括，发布内容指南、发布信息流程、审核制度、预警上报及反映规范、危机处理程序。

4.1.3 敏感选题的处理

遇重大事件或灾害性天气、环保、经济利益等敏感话题时，需至少二级审核，并要有气象专业人员参与。通过日常积累，建立“敏感”选题操作指南，例如“火炉”、“暖冬”、“极寒”、“雾霾”等。

4.2 危机的处理

4.2.1 启动危机处理小组制度

危机发生第一时间，处理危机小组制度启动，小组成员立即到位、各司其职，小组结构应包括负责人、策划、信息、执行、后勤等人员。负责人是最高决策者，职责是听取小组各岗位人员意见、建议后做出最终决策，并监督执行；策划岗应包括气象专业、传播专业、管理专业等多方向业务人员，主要给出专业意见及应对策划；信息岗主要负责收集危机信息、进行媒介公关等；执行岗应包括气象专业、传播专业、文案等业务人员，负责实施具体方案；后勤岗负责危机小组的各方面支持。

4.2.2　收集危机信息

信息是危机化解管理中最为重要的依据，获得充分、及时、有效的信息，是成功克服危机的重要保证。所要收集的信息主要有：危机事件的起因；危机事件损害或影响的人群、对象及其反应，损害或影响的程度；媒体的报道态度及程度；公众对该事件的看法；部门内部气象专业等业务及管理人员看法；气象部门有没有过往相关案例等。

需要强调的是信息来源的真实性和客观性，避免信息错误导致决策及方案的偏差。

4.2.3　及时控制危机

掌握相关信息后，危机处理小组要争取时间尽快把危机消灭在初始阶段，否则危机蔓延，将会造成更大的负面影响，处理难度也会同时加大。

危机的及时控制，要制定、实施全面的危机处理计划，包括客观、策略地解释说明，隔离危机的进一步传播，调动各项资源进行善后处理。

危机处理过程中，通行的策略有：端正态度，包括开诚布公、积极主动、承担责任；迅速反应；有效沟通，尤其要处理好与媒介的关系，积极配合媒体、提供可信一致的消息。除以上对外协调的工作内容外，还要在内部进行统一说明、统一认识、统一口径。

4.2.4　争取化“危”为“机”

危机是一把双刃剑，具有鲜明的两面性，处理得当，可以成为“机会”，重新提升品牌形象，化“危”为“机”。

以@中国气象“四大火炉”事件为例，短时间内@中国气象账号受到广泛关注，不到一周时间涨粉1000多人，在众多媒体曝光，引起公众对“火炉”界定的热议。如果借此机会进行有效说明及科普，可以让危机良性延伸成为效果突出的“品牌推广”。过后，@中国天气、气象爱好者@气象彪哥及新浪@天气预报等微博账号适时推出了“火炉”的科普微博或相关话题，为公众进行及时科普，取得了较好的效果及口碑。

4.3　危机后的评估、总结

每一次危机的结束后，都需要进行评估和总结，作为宝贵的财富，指导后续工作。

危机结束后，需要及时进行危机损失及危机管理效果的评估，主要目的是完善危机管理机制，提高组织的应对能力，防止同类危机再次发生。具体的操作包括，从源头分析危机发生的原因，按时间顺序理清事件的发展及处理手段，查找危机管理漏洞，完善危机管理制度。其中，对过程中人为出错的环节进行详细分析，并追究相关人员责任。

参考文献

舒咏平. 1999. 公关托乎名牌. 武汉：武汉大学出版社.

舒咏平，郑伶俐. 2008. 品牌传播与管理. 北京：首都经济贸易大学出版社.

《网罗天气》节目创作构想

张亚男　张　欣

（河北省气象服务中心，石家庄 050021）

摘　要

随着网络用户的不断增加，气象科普节目应该关注到这一广大群体，制作符合网络传播特点的节目。节目应简短明快，并适当加入趣味化的处理，符合网络用户多为年轻人的口味，使节目更容易被接受。开展线下活动，增强互动性。适当扩大科普的范围，加入气象衍生内容的科普知识。

关键词：气象科普　网络节目　趣味化　专业性　互动　广义科普

1　现状

1.1　电视天气预报节目发展现状

目前随着移动网络的飞速发展，电视媒体受到巨大冲击，真正在电视上观看电视节目的人越来越少，更多人尤其是年轻人，多是在电脑甚至手机上看电视节目，一个年轻人曾在微博上说"我经常看电视节目，但从不在电视上看。"乍一看这句话有点绕，但却真实而直白地向电视媒体发出了警告。

电视天气预报节目，虽然是关注度和收视率都比较高的节目，但目前固定收视人群也大为缩减，而且多是老年观众。针对越来越多的年轻人转向网络获取信息的现状，传统的纸媒、电视媒体都越来越注重向网络传媒的发展，各大媒体的网站都为其自身的发展提供了更加广阔的空间。天气预报作为信息，也应该兼顾到最广的接收群体。

天气预报节目应该打破只在电视播出的局面，针对更愿意从手机、电脑上随时随地接收信息的年轻人，打造符合网络传播的天气预报节目。河北省气象影视中心筹划的网络气象节目《网罗天气》，正是基于这层原因，立足于打造一档针对年轻人的网络气象节目。

1.2　公众获取气象信息的方式转向网络

2014 年 4 月，中国天气网日均流量 1177 万，日均独立用户 623 万个，河北天气网日均流量 24 万，公众获取气象信息的途径正在从电视向网络逐渐转移。台湾谷歌在首页发布一分钟气象节目，为此谷歌公司支付制作公司每年 150 万美金，网络平台也越来越认识到气象信息的重要性。墨迹天气用户目前已经超过一亿，充分表明了手机上网用户对天气信息的海量需求。所以网络气象节目有着很大的发展空间。

然而，目前网上气象信息以实况和预警预报为主，《网罗天气》则定位以科普为主，开拓了制作领域，也更具专业性。

2 河北网络节目制作基础

2.1 科普素材的积累

河北省气象服务中心多年来积累了大量的科普素材，其中包括文稿、图片、动画、视频等，集合成科普素材库，对于网络气象科普栏目《网罗天气》的制作能够形成强有力的支撑。

制作完成上百期《气象百科》节目。该节目时长5分钟，以气象科普知识为重点，通过大量的视频资料、详细的气象数据、生动直观的动画场景、通俗易懂的解说词，向观众解读天气现象、气象知识。

比如《"冀"语天气之二十四节气》，突出本省气候特征。该片分为24集，每集介绍一个节气，时长5分钟，语言通俗易懂，并使用大量浅显直观的动画素材展现节气特点，同时重点分析节气所反映的河北气候特征，突出节气对农事生产、公众衣食住行、养生方面的指导，特别是气象灾害防御措施。

2.2 专业性支撑

依托河北省气象台和河北省专业气象台实时发布的预报预警信息和多项指数预报，与现有网络天气预报软件和手机客户端相比，网络天气预报节目在实况数据的准确性和短时预报的精细化方面更具优势。

河北省气象服务中心的气象服务专家对于气象话题的深度解析，让网络气象节目更加专业性和权威性。weather central 等专业软件制作的图形，使数据的表现更加准确。

2.3 发布平台"河北天气"微博受众面广

"河北天气"微博自2011年3月创办以来，已经拥有170万粉丝。自开通以来，获得多项荣誉。无论是政府层面还是普通网友，都充分肯定了"河北天气"微博的社会功效。同时这也充分表明网络气象信息传播在当前时期的重要性。

"河北天气"微博注重实况和预警预报发布，网络气象科普栏目《网罗天气》的制作，正好与之形成强有力的补充，让网络气象信息更加全面丰富。

3 创新点

3.1 打造专门的网络天气预报节目

不再简单地直接将电视天气预报节目上传网络，而是针对网络传播特点，专门制作适合网络点播的天气预报节目，以天气形势分析、热点天气话题解析、与节气相关的气象内容等科普内容为主。节目主要追求内容上的"重点突出"，随时关注与天气相关的话题，并深入挖掘。主要关注高影响天气和热点天气事件的原因，以通俗易懂的语言和形式加以表现。

3.2 对节目做趣味化处理

除专家出镜解读天气之外，其他内容都可以做趣味化处理。在风趣幽默中传递信息，能够让人加深印象，起到更好的传播效果。

3.2.1　诙谐的主持方式

主持人摆脱常规节目中规中矩的主持方式，以轻松甚至诙谐的姿态，对科普信息进行解说。把“告知”变为“告诉”，拉近和观众的距离。

3.2.2　个性化的表现形式

使用音效、小动画等辅助表现形式，让节目在听觉和视觉上都更加具有冲击性。鲜明突出的表现形式，更能给人留下深刻的印象。使用电影、电视剧或其他节目中符合科普节目内容的片段，对整个节目进行串接。让已知的故事情节引发观众对节目的联想，以达到加深印象的效果。

3.2.3　丰富的拍摄手段

借助航拍飞行器、摇臂、轨道等多种拍摄工具，展示丰富的视觉效果，弥补单纯的摄像机拍摄造成的图像和景别的单一，让画面变得丰富多彩，更具视觉冲击性和可视性。

3.2.4　多样的录制现场

不拘泥于在演播室录制，可根据节目需要，把录制场景搬到适于表现内容的场所。比如在有重要天气过程来临时，可选择在会商室，顺便可以采访预报员，对天气做简单介绍；气象新闻则一定要亲临现场，现场的实际情况会比任何的描述都更直接更生动，同时还可以采访当事群众。

3.2.5　生动的语言表达

加入编导个性灵活的解读，旁征博引，使表述语言更加生动风趣，不流于说教，让本身略显枯燥的科普内容生动起来，把专业性的内容变得生动有趣，才能吸引人，也更容易被人接受和记住。

3.3　互动性增强

3.2.1　征集网友提问

节目编导策划的节目内容，多是从气象人的视角，发现当下最为热点的气象话题。这就避免不了会和普通观众的视角存在一定的差异。对于气象工作者可能很简单很普通的一个话题，在普通观众看来并不十分明了。

为充分满足气象爱好者和热心观众对气象知识的获取，策划征集活动，由网友提出自己最感兴趣的气象话题，根据问题制作节目，最大程度保证观众需求和节目制作的统一性。

网友提问可以是针对气象话题的文字留言，也可以上传自己拍摄的视频。把网友提供的视频作为节目开场，针对视频中的天气现象进行解答。

3.2.2　与微博、网站联合，组织线下活动

线下活动与网络中的线上活动相对而言，指现实生活中的一些活动，一般是通过网上报名，然后到指定的活动地点参加活动。现在各大网站和电视台都注重线下活动的组织，以增强和观众的联系。

《网罗天气》作为一档气象信息类节目，更应注重与观众的联系，随时了解观众对现有节目的意见和对节目内容的新需求。与线上互动相比，面对面的交流也会让节目制作人员与观众拉近距离，同时可以播放一些创意节目，让观众了解现有的制作水平，也能更有针对性地提出建议。

3.2.3 设定气象专家在线日

设定每周一气象预报、服务专家在线，为观众和网友解答问题，进行互动。并且就上一周天气进行回顾和总结，与常年同时期天气做出对比；对本周天气做出展望，提示高影响天气出现的时段，为一周的生活、出行做好服务。

观众可以就关心的天气问题，与专家进行交流，在这里可以得到最专业、最权威的解答，可以满足文化层次较高、对气象知识有一定了解的观众的需求。

3.2.4 从狭义的科普扩展到广义的科普

现有的科普内容多是就气象专业知识进行深入浅出的讲解，让公众听懂常用的气象名词和概念。而与气象相关的外延性内容还有很多，如涉及生活、农业、交通、旅游等方面的，都可以从气象的角度进行解析，使气象科普的内容更加丰富。当然这些外延性的内容，在一定程度上，也可以理解为专业气象服务产品。如2013年业务评比《河北交通天气》中，发生水滑时积水深度与车速的对应关系，《相约天气》中驱鸟剂的喷洒与气温的关系，都可以视为气象外延性科普。

4 与现有网络天气预报节目和天气插件相比的优势

4.1 制作上传更加灵活

4.1.1 时效性更强

现有的网络天气预报节目，多是电视天气预报节目制作完成后，上传到网络。节目不需要等候电视节目的制作，有热点天气时随时制作节目上传到网络，做到随时发现热点、随时制作、随时上传，打破了电视天气预报节目在播出时间上的限制，满足了信息类节目的时效性，也满足了网络用户对天气预报视频的需求。

4.1.2 节目时长依内容而定

节目时长限定在20秒到60秒，既保证了内容的全面完整，又兼顾了网络传播简洁明快的特点。

4.2 专业数据、图形的解读

4.2.1 详尽的实况数据解读

实况方面，灾害性天气的严重程度，如果没能亲身体会，只有数据的罗列，并不能让人有具体形象的感受，像降水量、气温等，深入地讲解和剖析可以让公众有切实的感知。此时加入防范措施等服务内容，更能让人接受和记住，起到事半功倍的效果。

4.2.2 深入浅出的专业图形解读

对于云图、雷达，多数用户不能完全理解它的意义。由主持人来进行讲解，可以加深公众对这些专业图形的了解程度。一方面体现了节目的专业性，另一方面也起到了科普的作用。

4.3 反馈互动更具专业性

网络维护人员还要随时在网上与网友进行互动，对网友的关注进行反馈，在互动过程中，针对网友的具体问题进行解答，能够更加具体、更加有针对性地进行科普。

另外，还可以随时了解节目的关注度，便于对节目随时做出调整。

5 结语

天气、气候与生产生活息息相关，气象灾害的多发，让公众对气象知识的需求不断增加。网络作为主要的传播媒介之一，用户群体甚广，应该更好地被利用起来，作为气象科普的新渠道，开发出电视观众之外的新的受众群体，让更多的人了解气象，了解防灾减灾知识。

新媒体 APP 冲击气象影视节目受众的对策初探

吴坤悌

（海南省气象服务中心，海口 570203）

摘　要

中国气象影视节目经过近 30 年的发展，已经培育了一定的收视群体，但随着 2008 年以 iPhone 为代表的智能手机和终端的推出，改变了人们获取信息的方式；气象影视节目的受众已面临新媒体 APP 的冲击。本文通过分析新媒体 APP 的发展，探索气象影视节目的改进和能力提升等对策，探讨了气象影视节目必须紧跟信息技术发展的重要性和必要性，电视、网络、手机的三网融合势不可挡，通过智能终端实现气象信息的互联互通，为用户提供更加丰富的气象影视信息服务。

关键词：新媒体 APP　冲击　气象影视节目　受众　对策初探

引言

气象影视节目作为气象预报预警信息发布的渠道和方式之一，多年来深受广大公众的喜爱，在提高公共气象服务能力、防灾减灾及气象科普与宣传等方面均发挥了重要的作用。但随着信息技术的发展和在中国气象局践行的全面提升公共气象服务能力及扩大气象预报预警信息覆盖面的要求下，特别是在 2008 年以 iPhone 为代表的智能手机的推出，新媒体 APP 随之兴起，改变了人们获取信息的方式，人们随时随地很方便就能获取到最新的气象预报预警信息。近年来的社会调查表明，人们通过电视渠道获取气象信息的比例在逐年萎缩；气象影视节目的发展和收视群面临着新媒体 APP 等的冲击和挑战；新技术的发展让电视、网络、手机的三网融合势不可挡，并将通过智能终端（包括智能手机、平板电脑、智能电视等）实现包括气象预报预警信息在内的信息互联互通，为用户提供更多的综合信息服务。本文通过分析新媒体（新媒体是相对电视等传统媒体而言，以数字化为特征的媒体，包括网络宽频、数字电视、IPTV、手机电视、移动电视和 APP 等，它们改变了人们接收、使用信息的方式，给以电视为龙头的传统媒体既带来了挑战也创造了新的机遇）、APP（第三方应用程序，应用程序 application program 的简称，由于 iPhone 等智能手机的流行，现在的 APP 多指第三方智能手机的应用程序）的发展和探索气象影视节目制作质量的改进和能力提升，提高气象影视节目的生产效率，并突破传统电视渠道，将气象影视节目产品融入到新信息技术的发展浪潮中，让气象影视节目在以穿戴式电子设备为载体的新媒体中兴起和发展。

1　新媒体 APP 的迅猛发展带来的便利及对气象影视节目的冲击

1.1　新媒体 APP 业务的发展概况

2008 年以 iPhone 为代表的智能手机和终端的推出，带动了新媒体 APP 业务的兴起和发展。据中国互联网络信息中心公布的信息，2012 年我国移动互联用户规模为 4.2 亿，占网民的比重达 74.5%，2013 年我国移动智能手机拥有率达 35%，据预测到 2016 年全球可支持 IP V6（IP V6 是 Internet Protocol Version 6 的缩写）互联网协议的智能手机和平板电脑将达 16 亿台以上，年复合增长率约 42%，发展迅猛；移动互联网的发展，较好地体现在智能手机和平板电脑的普及上。一端是移动互联发展的大跃进，一端是新媒体 APP 开发运用的超火热，作为 3G 行业近年流行的一个新词汇，新媒体 APP 业务依托 3G、4G 技术终端的普及得到了迅猛的发展，由于 APP 业务涉及工作、生活、消费、健康和娱乐等人们生活的方方面面，且具有界面友好、操控性好、信息量大、娱乐性强和使用便捷等特性，所以深受用户的喜爱和追捧。随着免费 Wi-Fi 在工作区、生活区和公共场所的不断覆盖，消除了人们增加上网的流量消费的顾虑，智能手机和平板电脑得到了空前的运用和普及，促成了 APP 市场开发和运用的蓬勃发展。而智能手机 APP 市场的火爆和多屏合一进程的加速，又推动了 APP 向智能电视、平板电脑、数码相机等智能设备的"迁移"，涉及面在不断扩大，方兴未艾的移动智能终端 APP 业务以个人运用为中心得到了快速发展，同时，包括家庭娱乐、部门和公司的运用也在逐渐得到发展。

1.2 新媒体 APP 的发展给气象影视节目带来的冲击

智能手机和平板电脑客户端与电视、电脑端最大的区别在于：手机和平板电脑的操作通常在不确定的环境下即可完成，用户可边行走、边吃饭、边聊天、边操作，使用非常便捷。随着通信等信息技术的不断发展，智能手机和平板电脑的普及让"指尖生活"变成了广大用户的一种习惯，新媒体 APP 业务的发展让"低头族"也越来越壮大，所以当时间走到了 2014 年，当井喷的 APP 市场需求遇上了发展迅猛的移动互联网时代，就造就了社会公众和各行各业在生活消费、新闻资讯、娱乐办公等各类 APP 发展最理想的时机环境，各家不同背景的电影、电视、广播、商业、娱乐、新闻、办公和资信等公司的需求在不断搅热市场，各类 APP 的开发运用遍地开花、应有尽有。因门槛低，市场热，各家不同领域、不同基因的公司都在做气象信息类 APP 业务，同质化竞争苗头已现，中国天气通、墨迹天气、新浪天气、黄历天气等智能手机气象信息客户端作为新媒体 APP 服务业务之一，近年来也得到了迅速的发展，尽管仍需相关部门进一步规范。人们正在体验到从未有过的获取气象预报预警信息和天气实况的便捷性、及时性和丰富性，并且各类丰富的、更加具有人性化的智能 APP 气象信息应用程序仍在不断推出，人们的日常生活和工作也越来越离不开它；由于传统的电视天气预报节目存在不可检索性、播出时间的固定性和信息的极限性等问题，人们从电视气象节目渠道获取气象信息的群体在不断减少和逐渐老龄化，传统的电视天气预报节目面临着新媒体气象信息 APP 的冲击，电视天气预报节目的受众在不断减少，受众的减少并不必然导致传统电视气象节目收视率的降低，比例与基数是两个不同的概念。新技术的发展告诉我们一个事实，现代媒体传播是一个"分众"的时代，任何一种媒体都不可能面向所有的受众，所有这些都要求天气预报节目的改革创新，并积极融入新媒体 APP 的服务中，才能抓住更多的受众和用户，我们有理由坚信，气象信息（含气象节目）＋移动互联网，必将碰撞出气象信息类 APP 的新蓝海，并将给电视气象节目注入新的生机与活力。尽管气象节目制作的内功仍需不断改进和提高。

2 应对新媒体 APP 冲击气象影视节目受众的内部对策

自 20 世纪 80 年代中期以来，气象影视节目作为公共气象服务体系的重要组成部分，以人们对电视的钟爱，在公共气象服务方面占有主要地位，得到了社会公众的广泛关注和认可。但随着通信网络技术的发展，特别是自2008年后新媒体APP的兴起，其内容的自动及时更新和主动推送，为公众提供了非常丰富和便捷获取气象信息的途径，严重冲击着气象影视节目的收视量。电视气象节目在方便性、及时性和广泛性等方面的优势已经不再，气象影视节目的策划、制作和主持等内在的弊端也日显突出，亟须改进和加强。

2.1 应具备气象影视节目内容的快速策划能力

内容是气象影视节目的灵魂，必须具有良好的实用性、针对性和可看性，才能赢得更多的观众和用户，在"快速"策划的前提下，重点突出"实用性"和"可看性"。气象部门拥有气象信息资源的独有性、权威性、专业性和行业性，如何让公众看到更加准确、更加及时、更加具有生产生活指导作用的天气预报信息，切实需要一支能够快速策划气象影视服务信息的人才团队，重点突出"快"和人才策划"能力"；策划不快，气象新闻就成旧闻，气象预报就会失效。通常情况下，目前的气象节目从策划到录制成节目，少则需1～2小时，多则需要数小时，甚至1天时间，这不仅仅是由影视节目制作的特性所决定的，也与内容的策划快慢息息相关；直播节目也同样受到策划内容的快慢影响。快速策划成为主观能动亟须提高的关键。快速策划气象影视节目内容，必须具备五个条件：一是能第一时间获取最新的预报、实况信息和具有对未来预报信息的"预知"能力，二是了解最新的预报、实况信息对生产生活的影响和指导作用，三是了解各行各业及社会公众对气象信息的关注点，四是了解本省区和相关省区的气象热点，五是具有良好的文字组织编撰能力和配图、配景能力。具备了这些条件，快速策划才成为可能，才能保证气象影视节目策划的快捷性、实用性和可看性，才能最终保证气象信息发布的"及时性"。

2.2 应具备快速制作气象影视节目的能力

气象影视节目的快速播出，除了应具备气象影视节目内容的快速策划能力外，还应具备快速制作气象影视节目的能力，突出"快速"制作，只有快速制作，才能为节目的尽快播出赢得更多的时间，才能做到气象节目的"及时"播出。快速制作节目应具备五个条件：一是具有良好的气象影视制作装备和包装系统，二是具有熟练运用和掌控影视制作装备和包装系统的人才，三是具有良好的摄像、摄影和灯光师，四是具有较好的对气象信息内容的影视演绎能力，五是具有良好的美术审美、卡通艺术、三维制作和版面设计能力。具备了这些条件和能力，才能保证气象影视节目的快速制作和节目质量，才能为观众提供一个完美视听的气象节目。

2.3 应具有优秀的气象影视节目主持人

气象影视节目主持人的引入，无疑会增加节目的可看性和亮点，具有图文、声音无法表达的信息和特质，能引导观众更好地领会和运用气象信息，甚至会增强与观众的互动感和亲和力，对拉近气象与生活、加强气象节目的品牌效应起到积极的作用，因而深受广大受众的喜爱；气象影视节目主持人的重要性得到普遍的认可。主持人作为节目连接观众最直接、最能沟通情感的中介，作为电视节目最积极、最能传情达意的主导人物，要能够在不同的气象栏目中表现自我的"才华"、气质和语言特色，使节目"附加"产生的艺术魅力能吸引更多的观众、赢得更多观众的喜爱，应具备以下六个方面的素质和能力：首先应具有正确的职业导向和政治素质；二是具有良好的业务素质，包括主持人的形象语言表达素质、现场表现能力和良好的"采编播合作"（就是编辑为主持人写稿，主持人照稿播讲，或主持人以出场主持为主、部分参与节目制作）与"采编播一体”(指整个节目由主持人单独完成,主持人参与节目的采编播全过程)的能力;三是具有良好的文化素质和良好的记忆能力,没有深厚的知识水平、艺术修养、法律观念、行为准则等为基奠,主持人即使有娴熟的表达技巧也是一个花架子,不被观众所追捧,良好的记忆能力有助于节目录制效率的提高;四是应明确自己的形象定位设计,必须区别于综艺类主持的形象设计,在造型上应该随意和自然,所谓形象,并不是单指主持人的相貌特征,而是指综合意义的整体形象,是一个主持人在具体节目中的思想感情、言谈举止、让观众喜闻乐见的整体印象;五是主持人如果要成为节目的标志,就必须与节目的形象风格相统一,主持人在主持气象节目之前,应该对节目的内容,有全面深刻的了解,掌握一些最鲜活、最有价值的信息素材,针对天气实况和预报准确地把握,以朴实、善解人意的心态诠释预报,让观众在和谐亲近的屏幕上有所感悟和接受;另外,气象节目主持人要突出儒雅、严谨、幽默、甜美等气质,讲究气象为民的思想情感及审美倾向,能驾驭在不同天气影响下的语言表达风格,不同的天气影响,有着不同的主持特色和风格,也需要运用不同的语气和语调来诠释,让观众通过其语言表达和肢体动作领会到天气带来的愉悦或影响。

3 应对新媒体 APP 冲击气象影视节目受众的外部对策

3.1 在传统电视频道的对策

气象影视节目除在中国气象频道播出外,全国各省市的气象影视节目必须依托当地广播电视部门的平台播出,在当地电视台的主导和支配下,节目的套数、节目的时长、播出的时间和灵活机动等方面受限极大,只能在“固、少、短”的合作中生存,气象信息播出的及时性、完整性和高频次受到极大的影响,在“别人”的平台上很难做大做强。这需要我们转变发展思路,寻求最大化的合作共赢模式。首先应清楚我们的目标是什么?是公共服务;广告增值服务是节目带来的“附加”效益,不是我们工作的重点;其次,气象节目信息一方面涉及广大民众的生活、生产与工作,另一方面是每日的新闻和看点之一,颇受受众的青睐,在众多的频道节目收视调查中,气象节目的收视率始终排名较高就是最好的佐证;再次,一方面必须运用好气象服务的政策法规,另一方面要从基本的共赢诉求去寻求与电视台的合作和发展,稳定和挖掘传统电视频道的受众量,第四,要敢于消减或放弃节目带来的附加经济效益,追求气象服务社会效益的最大化。

3.2 在中国气象频道的对策

中国气象频道自 2006 年开播以来,其影响力和受众面得到了较好的发展,知名度也在不断扩大,其气象科普、气象与养生、“本地化”预报、“实时”天气实况和天气预警等栏目深受广大观众的喜爱;随着新技术的发展,特别是智能手机、平板电脑等终端的普及和新媒体 APP 的兴起,直接影响到人们通过电视端的中国气象频道等获取气象资讯的受众数量。中国气象频道的发展面临着前所未有的挑战与竞争,面对新媒体 APP 竞争,中国气象频道应采取何种对策呢?作者认为,应采取如下八个方面的措施:一是加强节目内容的实用性、趣味性、科普性和生活生产工作的指导性;二是利用气象部门的专有资源,加强天气实况的快速传播与更新,由原来的 1 小时更新一次调整为 10 分钟更新一次,更新要素扩展到温、压、湿、风和雨量,增强天气的现实感;三是加强本地化预报节目播出的频次,把原来 30 分一次播出改为 10 分钟播出一次,时长由 3 分钟调整到 1 分钟或 1 分 30 秒;四是增加短临(0～3 小时)短时(0～6 小时)预报和预警节目的制作和播出，丰富预报时效的层次和服务内容；五是一天内，非重大性、转折性和灾害性天气预报预警节目，重播不宜超过2次，不断增强预报的实用性和针对性；六是加强中国气象频道智能手机、平板电脑版的开发和播出，让中国气象频道融入新媒体中发展，并确保播出的稳定性和流畅性，不要让初用的人们体会到应用的“麻烦”；七是满足不同阶层人员的需求；八是通过各种渠道加强中国气象频道节目与功能等各方面的宣传，让中国气象频道从城市到乡村均得到很好的普及和运用，知晓率和收视率更高，树立中国气象频道优良的服务品牌。

3.3 气象影视节目自身的应对策略

面对APP影响下的气象影视节目的改进和应对措施，除了应加强在本文第2节阐述的策划、制作和主持等能力的提升外，对专业人才队伍的培养建设和资金的有效投入是气象影视节目应对新媒体APP冲击的关键，并应紧跟预报预警业务频次的需要，解除固定的气象影视节目录制时间和机制，采用更加灵活的办法和模式，使每一次最新的预报预警均能在气象影视节目中体现出来，凸显气象影视节目播出的“及时性”、制作的“快捷性”、内容的“实用性”和视听的“可看性”。另外，应将节目通过气象部门的门户网站、电视台、中国气象频道、新媒体APP智能客户端、微博和微信等多渠道向社会公众播放，增强气象影视节目的覆盖面、渗透率和影响力，进而吸引更多的受众。

4 结语

新媒体APP的发展给气象影视节目受众带来的冲击，无疑是新技术发展下，电视、网络、手机的三网融合带来的挑战，我们不能回避，必须面对这种挑战和变革，我们的应对能力和策略必须得到全面的提升、机制得到灵活的运用、人才得到全面的落实、资金投入有效到位等才能引领气象影视服务融入新技术发展的浪潮中走向更好的未来。我们必须全渠道多方宣传和落实，气象信息节目才能渗透到我们生活和工作的方方面面。同时，全国气象影视服务必须走集约化发展的模式，以求资源资讯共享、节约能耗、减少资金和人员的投入，最大化地促进气象影视节目的社会影响力和效益，推动全国及各省的气象影视集约化发展和与外部门合作共赢的新局面，绘制气象影视全面发展的美好蓝图。

新媒体影响下的气象影视出路

何　虹

（海南省气象服务中心，海口 570203）

摘　要

如今传统的电视媒体正经受着前所未有的巨大冲击，网络电视、手机电视、移动电视等新媒体对传统的传媒市场虎视眈眈。气象影视节目似乎路越走越窄，本文分析了海南气象影视的现况及未来如何迎接新媒体的挑战，阐述了如何谋划海南气象影视发展之路。

关键词：新媒体　气象影视　挑战　出路

2014 年初，一条爆炸性的新闻出现在各媒体的头条，"APP 毁了电视：美卫视运营商停播气象频道"。美国媒体分析指出，这一案例意味着传统的电视媒体，在移动互联网的大背景下面临两难处境。如果不推出 APP 则无法获得代表未来的年轻用户，如果推出 APP 则将对传统业务造成伤害。何为 APP ？APP 指的是应用软件，现在主要指的都是 ios、mac、android 等系统下的应用软件，本文中的 APP 指的则是天气应用软件。目前国内的天气应用软件使用较多的有天气通、墨迹天气等。

美国气象频道在全球气象影视行业一直具有引领的作用，它的停播迫使气象影视从业人员重新思考在新媒体迅猛发展，消费者有更多选项的今天，气象影视发展路在何方？

1　传统气象影视节目面临的困境

天气 APP、网络电视、手机电视、移动电视纷纷盯上了天气信息这块大蛋糕，它们表现手段新颖、内容随时更新、获取极为便捷，使得越来越多的人选择了从新媒体上获得天气信息，这不仅给传统媒体造成了压力，也使其隐藏在背后的弊端逐渐显露。

1.1　时空受限

目前海南气象部门每天发布的常规预报至少在 3 次以上，目前海南省气象台每天早、中、晚固定发布 3 次天气预报，遇到热带气旋、冷空气等重大灾害性天气，每天发布 7 次预报，但这些气象信息的更新都无法在电视上得到及时的传播。收视方式、时间使得电视台播出的气象节目吸引力越来越小，年轻收视群体流失严重。

1.2　内容相对单调

目前的气象影视节目承担着本地气象信息发布、气象科普宣传、气象防灾减灾服务这些重大的社会服务职责。但是受到电视台对节目播出时间和节目时长的限制，大部分的节目很难表现出气象节目的深度，特别是遇到重大灾害性天气时，信息量大，但节目时长固定，因此，只能对信息进行压缩、精简，传播最主要的气象信息。这让电视天气预报节目内容及表现形式的创新空间不大。

1.3 新媒体加大“进攻”的力度

与电视媒体上的天气预报节目信息滞后、形式单调不同，新媒体除了吸收传统媒体大部分的内容表达形式，还融合了多媒体、动画、互动技术、数字内容等多种形式，扩大优势，逐渐发展成为公众获取信息的重要平台。以墨迹天气的时景功能为例，它的最初设计是“人人都是天气播报员”的一个思路。因为天气预报确实时有不准，如果大家在看天气的时候可以实时看到外面的人拍摄到的景色，可以获取到最真实的天气信息，这种人人参与的方式，极大地激发了年轻人无限的热情和关注，从而潜移默化地改变了受众的文化消费方式。这在很大程度上导致传统电视中的天气预报节目收视下降，主流观众老龄化。

2 积极应对 共谋发展

在人们越来越习惯于从新媒体上获得天气信息的形势下，传统的电视节目应该积极应对，共谋发展。本着合作多于对抗、互补多于抵触、变则通的理念，顺利实现新旧媒体间的平稳过渡。

2.1 大小屏幕握手，新旧媒体言欢

尽管大屏幕小屏幕抢夺激烈，但是新旧媒体的交互和融合已是不争事实。当人们的时间和空间高度分散后，媒体之间的融合才能为受众提供更好的服务和体验。

例如，目前，许多电视气象节目打破了传统电视和观众单一的联系模式，利用手机移动端的便捷性，通过二维码连接电视屏和手机屏，紧密捆绑了当地的电视气象节目，创造了一种全新的电视和用户互动的模式。

又比如，2010 年中国天气网省级网陆续上线，地方特色浓郁，其中就有气象影视版块，大大提高了各地气象影视节目的知名度，扩大了宣传。通过电视台的网站或其他气象网站，还开设了形式多样的互动环节，提高受众参与的兴趣和热情，从而稳定收视群体。

以数字化为特征的新技术媒体发展，推动了数字电视的发展。数字电视能够提供更为清晰的图像资料和优美音质，提高节目质量，还能进一步丰富节目内容，提高气象影视节目的服务性和功能性，满足观众多样化的需要。为适应发展，2009 年底开始，海南省气象局的数字化影视设备改造完成，实现了节目的数字化制作，节目图像的清晰度、音质都有明显提高。未来随着高清技术的发展，一些新技术新设备还将被引进，从而提升电视气象节目的收视效果。

2.2 整合资源，寻找突破

气象信息和人们的生产生活息息相关，气象影视节目的多样性也成了今后发展的必由之路。依托气象部门的信息、专家等资源优势，积极地加以整合、改进，寻找新媒体上气象影视节目的发展机遇，大胆进行尝试。

在新媒体环境下，气象影视部门要理清思路，从传统的气象影视节目生产者转变为数字视频产品的生产者，树立与其他各类数字新媒体竞争中合作、整合中传播的创作理念；根据新媒体的特性开发新的内容产品，构建新的节目形态，实现新媒体的多赢共荣。比如，新媒体环境下的

气象影视节目要遵循视听、互动和多终端的发展战略，因此，节目要从以图文为核心的内容转变为以视频为核心的内容，从电视为终端的单一产品变为PC、手机、IP电视等多终端并举的产品形式，从而打造一流的视听平台，实现气象信息传播的随时随地、无所不在，推动气象影视节目的多媒体综合发展。

2006年中国气象频道正式开播，除了延续传统的气象节目内容以外，该频道也利用新媒体的特征开发了许多新节目，如实现了台风、暴雨等重大灾害性天气的数字电视、网络直播以及IPTV气象服务。受条件所限，海南省气象影视节目大多数采用录播的形式，而随着数字化设备的改造完成以及新媒体时代的发展需要，今后可以和当地电视台、广播媒体进行一些重大灾害性天气的现场直播、连线等，并联合网站上的博客、播客、微博等形式与气象专家进行在线交流，满足受众需要，从而扩大影响力；也可以在一些重要的节日、活动中，在新旧媒体上进行联合传播。比如每年的“3·23”世界气象日，中国气象局与各省市气象部门都会联合广播、电视、网络、报纸、手机等多种媒体进行气象科普宣传，形成全方位的传播态势，提升气象部门的公众服务形象。

2.3 利用新技术，找准立足点

新技术的支持和发展，会为传统的电视气象节目开辟出一条全新的发展模式。积极采用新技术，实现大屏幕电视气象节目网络版和电子版的完美融合，开创传统电视气象节目新的“春天”就不是梦想。

因为传媒产业的未来并不是新媒体，而是支撑在新媒体后面的新技术。网络媒体的出现，就很好地证明了这一点。正是由于互联网的飞速发展，才给了网络媒体亮相和一展身手的机会，是互联网这个新技术打造了网络媒体的强势。

截止到2013年底，中国气象频道已经在全国29个省(区、市)和4个单列市实现了本地化节目的插播，高密度的插播解决了气象影视节目时间、次数、时长受限的被动局面，而且可以在重大天气事件发生时及时更新节目。比如可以自主决定实现重大灾害性天气、突发天气的直播等，同时还把这些节目及时传输到中国天气网的省级网站上，实现资源共享。在解决了发射、接收、更新的技术难题后，就可以把电视气象节目从大屏幕“移植”到小屏幕上；在实际创作中，要根据新媒体的收视特点、观众实际需求，进行针对性的研发、改动，像公交车、楼宇电视这些开放性环境的媒体，采用图文信息来制作天气预报节目，收视效果良好；而手机电视则适宜播出含有最重要的浓缩的气象信息，制作一些具有地域特色、又有防灾科普教育意义的气象短节目，供网站或电视媒体使用，意义也很大。

3 结语

今天，新媒体和传统媒体已经从相互对峙到相互融合，传统媒体积极拥抱新媒体，新媒体也需要传统媒体的渠道平台作为支撑。但无论是新媒体还是老媒体，都只是一种形式，哪一种都不会永久持续，而真正赢得受众的还要靠高质量的信息。海南气象影视业的发展，既要寻找新旧媒体间的切合点，又要扩大自身优势，开辟气象影视更为广阔的发展空间。

用互联网思维思考公众气象服务的未来

胡　芳　蔡春园　俞晓东

（上海市公共气象服务中心，上海 200030）

摘　要

气象服务在气象部门越来越被重视，随着各地气象服务中心的组建，服务被提到了与预报基本同等重要的地位。本文主要关注公众气象服务，公众气象服务是通过某种载体直接面对广大市民的，因各种媒介载体的特性、各类新媒体的产生，而对其形式、传播效率等提出了更高的要求。

关键字：互联网思维　公众气象服务　新媒体　全媒体

公众气象服务，究其本质，是一种气象信息的再加工与传播。与气象台相比，它不直接参与天气预报结论制作，而是对气象台所做出的天气预报内容的再加工与全网传播。在传播之前它会被加工成一种形态，比如在电视媒体上播放时，它是电视天气预报节目的形态。一般来说，服务内容中都会包含天气预报信息内容以及其衍生产品，比如在各档电视天气预报节目中除了有今明天气、五天预报等预报产品之外，还会加入生活指数、实况、体感温度等。从信息传播形式或者说媒介载体来划分，大致可以划分为报纸、杂志、电视、广播等传统媒介，以及网站、移动媒介（如微博、微信、APP 应用）等新媒体。作为信息的加工传播，它也必然会随着科技发展与时代的推进而不断演化。

1　新媒体带给传统公众气象服务载体的冲击

早在十年、二十年前，那时气象部门的天气预报信息有着“独孤求败”的态势。原因主要有几个：气象部门这样一个“官”字背景，使得人们对其的信任感及忠诚度极高；如果想了解天气预报信息，基本只有这几个途径，定时收听广播天气预报，或守在电视屏幕前定时收看电视天气预报，或买份当天的报纸，总之，媒体渠道单一使得气象信息变成“稀缺资源”；而来源也是“垄断”的，在中国能到达大众视野中的气象信息就这一个地方生产。

进入 21 世纪，互联网新媒体强势兴起。有数据表明，2012 年老百姓花在电视上的时间第一次低于电脑和手机，在电视上每周花的时间平均是 7.2 小时，在电脑互联网上花 7.3 小时，手机上花 7.8 小时。其实也可以从身边找到一些蛛丝马迹，在饭桌上、公交上、地铁上鲜有人还在看报纸和杂志。大多数人都在看手机，刷微博、玩微信、看新闻。

嗅觉最为敏锐的广告主们早就意识到这种现象，并已经做出反应。2014 年 1 月底海尔宣布停止投放杂志硬广告，同时还停掉了报纸和电视硬广告。相信大家也留意到，刚过去的这个央视春晚，并没有太多海尔的广告与小米、微信红包、格力等同时出现。广告主大量流失的结果是，一些更为传统的报纸、杂志等纸质媒体已经面临停刊或转型，2014 年 1 月 1 日停刊的上海《新闻晚报》或许就是众多传统媒体面临严峻局面的征兆。

新旧媒体的渠道之战也给气象部门带来了极大的冲击。首先面临的就是渠道的多样化，稀缺性不再。这本不是什么坏事，有时多一个渠道，能使气象信息的到达率提高，但气象部门在传统媒体上布局极深，相比而言，新媒体上则显得单薄很多。而新媒体在各种领域逐渐超越传统媒体，吸引住了更多的眼球，使得主要依附于传统媒体的气象信息也逐渐被边缘化，在年轻人市场尤其突出。其次，互联网“免费”的冲击也不小，随着 WiFi 的普及，一个免费安装的 APP 就能完败每月付费定制的气象短信，更别谈声讯电话费等收费项目了。这些盈利项目的业界下滑也是普遍的现象。再次，互联网开阔了人们的眼界，坐在家里也能浏览国外网站，“天气在线”等网络渠道增加了气象信息的来源，国内气象部门的“信息垄断”也已经很难做到。社会效益弱化，经济效益滑坡，气象部门和传统媒体一起，承受着互联网大潮带来的冲击。

2 “互联网思维”的由来

传统媒体内很多人坐不住了，其中有一个人叫黎瑞刚。他最新的头衔是上海文化广播影视集团党委副书记、总裁。2014 年新年伊始，上海文广的改革拉开了序幕。他在集团内部的干部大会上做了一次意义重大的发言，花大量篇幅讲互联网带来的冲击，并且不止一次的提到一个词“互联网思维”。

说到这个词，最早的提及者应该是百度的李彦宏，意思是指要基于互联网的特征来思考。之后小米的雷军不断引用，“互联网思维”在 2013 年大热，牢牢霸占当年科技热词榜第一的位置，还衍生出“互联网思维改造制造业”、“互联网思维经营餐饮业”等大热话题。

那互联网思维究竟是什么呢？有许多关于互联网便捷、参与性强、免费、体验、互动性等的文章，都从各方面描述了互联网的特征。互联网突破了地理位置的局限，免费地解决了信息对称的问题。社交媒体时代，我们的传播更加注重与用户的互动沟通，注重用户的反馈和感受，这也是互联网变革所带来的。另外，在移动互联的时代，任何环节的信息交流均会被加速，互联网改变了信息传输的效能。

作为一种全新的方法论，“互联网思维”用更开放的平台、更多元化的沟通渠道、更上佳的用户体验改变着信息交互。

3 全媒体策略

在传统媒体行业，一些有着求变诉求及能力的人试图搭上“互联网思维”这辆快车，用它来拯救传统媒体。他们制造了一个概念，即“全媒体”。所谓“全媒体”，指的是媒介单位通过业务融合的方式，整合电视、出版、网站、微博、微信、移动网络等近乎全部的传播载体，实现终端渠道上的高覆盖率。

公众气象服务领域也在借鉴这种方式，传统媒体的全媒体之路是多渠道融合信息共享，气象部门则是多渠道拓展，争取“一个都不能少”，把各种终端一网打尽。比如上海气象部门在布局了电视、手机短信、声讯电话、杂志专栏等传播手段之后，又陆续开设了自己的门户网站——上海天气网；在四大门户网站上都建立了公众微博账号——上海市天气；研发了天气软件 APP，登陆苹果商 APP 店以供免费下载；微信横行的这两年，也开通了微信公众号；接下来还将通过 QQ 弹窗、网页弹窗等方式，及时发布预警信号，将天气预报及预警等信息通过更广泛的渠道推送出去。这就是公众气象服务的“全媒体”策略。

这个看似新颖的“全媒体”概念，其理论基础源自美国道琼斯的“波纹理论”，同样是在面对新媒体的冲击时，道琼斯将自己的经营策略从独家新闻垄断转变成为多级内容倾销：当一个新闻事件发生时，首先是道琼斯通讯社，然后是华尔街日报新闻网站，接下来是电视台，再其次是其公司旗下的系列刊物、《华尔街日报》等，最后将新闻信息录入商业资讯数据库。将同一条新闻卖上七次，从而最大限度地降低边际生产成本，最大化地产出综合收益。

按照设计者和建设者的想象，理想的全媒体平台就是个中央厨房，可以用同一种原材料加工生产出各种形态的产品，满足多种媒体需求，使一次信息采集以最低成本产生最大效益。

不过这种模式未免过于理想化，不是哪里都能套用。试想一下，只有一种材料胡萝卜，要做成不同的十几种菜肴，口味还得不一样，难度可想而知。不同形态的媒体对内容的要求都是不一样的，电视要求形象，报纸要求深度，广播要求感染力，网站要求快捷丰富，手机报要求简洁……光靠一份素材怎能满足这些千差万别的需求呢。事实上，《纽约时报》，曾迷信建立多条渠道的法则，在 2005 年耗资 4.1 亿美元收购了问答网站 About.com，却无力做好运营，在眼睁睁地坐看 Quora 崛起之后，将 About.com 贬值为 3 亿美元出售。

众多的强势媒体握有强大记者群，信息辐射范围之广原非只有单一气象信息的气象服务部门可比，他们尚且因为或过于理想化、难实施，或表面风光、内容雷同等原因举步维艰，我们单靠这一“全媒体”概念的框架，只握有气象这唯一信息，在汹涌澎湃的互联网新媒体浪潮中，最终能被冲刷得剩下多少骨头？

4 用“互联网思维”改造公众气象服务的一些思考

当然，事情回过头来讲，“全媒体”概念并不是一无是处，它事实上给整日面对传统媒体，多年如一日的很多疲惫的气象服务从业者们一记当头棒喝，新媒体浪潮冲来了；它也给虽然面对互联网新媒体浪潮有所触动但却无所适从的部分气象服务敏感者们一个前进的方向；它更给善于独立思考不是人云亦云的少数气象服务设计者们垫了个基石，去思索公众气象服务的真正未来。

一、我们要清醒地认识自己，我们不握有强大的媒体。我们有的顶多就是一个专业类的垂直领域网站，一个能独立运营的公众号，一个每年都要谈判的节目时段，一个依托各大运营商建立的电话号码、服务号码而已。清楚地认清自己，有助于在做应对时摆正自己的位置。作为对立面，那自然是各大媒体渠道，所谓的“平台”，平台之所以相较我们而言是强势的，那是因为他们对于我们来说是不可或缺的，每一个平台我们都想占领，而绝不会有放弃任何一个平台的想法。而我们对于他们来说，并不是稀缺的。虽然天气信息对于老百姓来说是必需的，这从以前到现在一直支撑着气象部门。但是必须要看到，随着互联网的发展，“地球村”的概念越来越被认可，或许在国内，依托行政命令、政策法规等手段，我们仍然可以号称“信息垄断”，但是只要一个搜索，就能从无数国际国内网页上获取想要的天气信息。各大“平台”，尤其是非主流平台对于我们的渴求原非我们想象得那么大。如果我们还抱着权威感以及无比优越的想法，那么很快就会被证明是愚蠢的，因为互联网大潮带来的改革比之前历史上任何一次改革都来得迅速以及彻底。这一点，从以余额宝为代表的互联网金融仅用一年时间就把传统金融业搅得天翻地覆中不难看出。

基于此，一方面，气象部门应保持与主流媒体的强势合作。主流媒体有政策因素及百姓需求等影响，在未来仍将是气象信息的主阵地，与之进行更为广度与深度的合作，尤其在重大天气事件时，主动以各种形式积极参与。在这个层面上，主要注重社会效益的提升，提高公信力以及提升公众对气象部门的忠诚度；另一方面，不轻视任何一个新媒体，以开放合作的心态早早介入大有潜力的新兴媒体，以共同开发的理念在媒体初创期就占领它，今后等它成长了，相对话语权也会更多。像早期的墨迹 APP 天气，就是一个很值得尊敬的对手。

二、从传播学角度上来说，气象部门是一个十足的内容提供者，我们拥有的是自制、独家并且每日更新的气象信息，这些信息包括各类预报、预警、实况、生活指数等内容。作为一个内容制造商，其根本任务就是扎扎实实地做好每一个内容，在我国气象信息被作为内容进行包装加工，在电视台播出也就三十多年。而更多的时候它是以简单信息的方式推送给对象，有限的加工更多的是以文字、图文等方式，表现手段单一，在各渠道的呈现也大同小异，往往一篇通稿要发好几个地方。而这些正如前述所讲“一个胡萝卜做十几道菜，口味都差不多”的具体表现。长而久之，食客怎可能爱吃胡萝卜？只有细化研究各个渠道特性，研制符合其特性的产品，提供差异化服务，提供适于各载体的服务方式，才是做内容的人的本分。

实际上，这要解决两个问题，一是产品研发的问题，二是内容加工的问题，往往后一个问题被讨论的更多。在此，笔者就不赘述了，有大量的文字在讨论这一领域。而笔者认为，产品研发是个不容忽视的方向。这里要套用一句老话“以需求牵引，带动产品研发”，这在注重用户需求及用户体验的互联网领域是一条金科玉律。如果能在科技水平许可的范围内研制针对各大载体的独特产品，并以一定的包装推出市场，这水波纹才能传得远。

三、当然，如果能借此契机，推动改革，鼓励创新，鼓励办实事讲效益，用市场化的手段到市场中去竞争，定能收到事半功倍的效果。2014 年上海文广的改革首先从建立“东方卫视中心”开始，其中有一项重要的举措，即引入“独立制片人”概念，这有点类似于互联网界的“产品经理”的角色。独立制片人享有创意自主、项目竞标、团队组建、经费支配、收益分享、资源使用等“特权”。这样的设置从根本上摒弃了“集团领导—台领导—制片人——线编导”这样行政机关式的管理模式，而改为以内容生产为核心，围绕内容的产生搭班子建团队做创意。这样的举措不可谓不大，到底能收到怎样的效果我们拭目以待，但是起码反映出改革者的思路，即以内容生产为核心，管理机制等都将去适应这样的转变。

以上是我们对用“互联网思维”改造公众气象服务的一些思考。诚如上面所述，我们的公众气象服务必然要顺应趋势潮流、顺应时代发展。如何做才能更好地满足公众不断提高的社会需要，是需要我们不断思考、实践的问题。新媒体时代本身就对我们提出了新的要求。

我国视频网站分析与气象视频节目运营思考

李党红　王启威　赵　凡　邹倩倩

（辽宁省气象服务中心，沈阳 110166）

摘　要

从内容分类、延伸服务、优势与问题、经营战略等方面对我国几大民营视频网站进行分析并得出气象影视行业发展的一些启示：气象影视行业需要加大网络气象视频节目的研发和制作，并争取与各大视频网站合作，在未来的主流视频播放渠道占据一席之地，利用视频网站庞大的用户群提高气象视频服务的覆盖。

关键词：视频网站　网络气象视频节目

引言

2005 年，世界上第一个视频网站 Youtube 诞生，同年，我国也出现了视频网站。七八年间，视频网站发展飞速，现今已经发展成了人们平时观看电影、电视，获取信息的重要媒介。目前我国气象影视节目的播出渠道仍然是传统电视媒体，随着越来越多电视观众向网络视频用户的分流，电视气象节目的服务效果和经济效益都会大打折扣。因此，气象影视服务如何适应新媒体环境以保持发展也是我们必须面对的一个课题。本文尝试通过对我国几大视频网站进行综合分析，希望能对气象影视的发展带来一些启示。

1　我国视频网站分析

根据艾瑞 iUserTracker 最新数据显示，截至 2014 年 7 月，中国网络视频用户已达 5.12 亿，比 2013 年底增长 8400 万。2013 年 12 月底，用户规模在 10%以上的网站有十几家，绝大多数为民营视频网站，在国资的视频网站中，用户规模超过 10%的只有中国网络电视台（13.6%）。优酷土豆、爱奇艺 PPS、腾讯视频分别以 70.4%、63.8%、43.9%的用户规模占据了前三甲的位置（图 1）。

下面将主要从内容分类、延伸服务、优势与问题、经营战略等方面对这几大视频网站进行分析。

1.1　视频网站内容

表 1 列出了优酷、土豆、爱奇艺 PPS、腾讯几大视频网站的内容分类，从中可以看出，各视频网站内容差别不大，可以概括为 2 大类：娱乐与资讯。视频网站内容的设置也反映了网络视频用户的收看喜好。优酷联合市场监测机构开展的“中国网络视频用户媒体及消费行为调查”结果也表明，用户观看视频的目的以休闲、娱乐为主，比例达到 86.3%，以获取信息为目的比例为

68.3%,与别人分享信息和内容的占 53.2%,最主要收看内容为电影、电视剧、综艺节目。

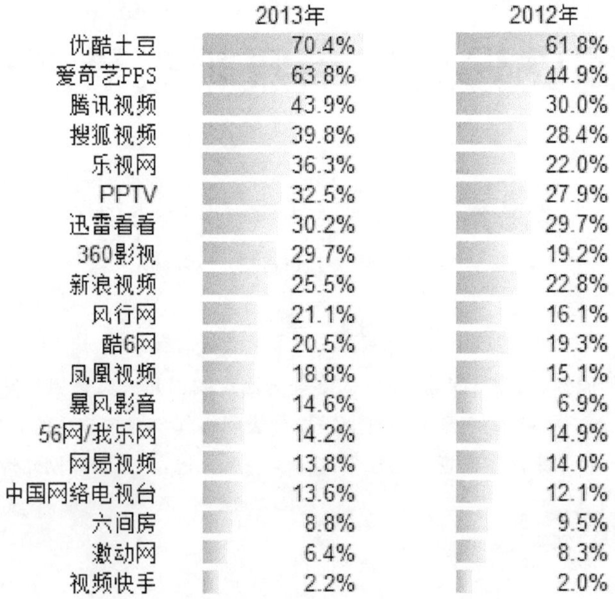

	2013年	2012年
优酷土豆	70.4%	61.8%
爱奇艺PPS	63.8%	44.9%
腾讯视频	43.9%	30.0%
搜狐视频	39.8%	28.4%
乐视网	36.3%	22.0%
PPTV	32.5%	27.9%
迅雷看看	30.2%	29.7%
360影视	29.7%	19.2%
新浪视频	25.5%	22.8%
风行网	21.1%	16.1%
酷6网	20.5%	19.3%
凤凰视频	18.8%	15.1%
暴风影音	14.6%	6.9%
56网/我乐网	14.2%	14.9%
网易视频	13.8%	14.0%
中国网络电视台	13.6%	12.1%
六间房	8.8%	9.5%
激动网	6.4%	8.3%
视频快手	2.2%	2.0%

图 1 视频网站用户规模对比(PC、移动端合并)

表 1 各大视频网站内容一览

内容分类	娱乐													资讯									
	电视剧	电影	综艺	动漫	音乐	拍客	搞笑	游戏	纪录片	微电影	原创	娱乐	体育	新闻资讯	汽车	科技	生活	时尚	旅游	教育	财经	母婴少儿	军事
优酷	√	√	√	√	√	√	√	√	√	√	√	√	√	√	√	√	√	√	√	√	√	√	
土豆	√	√	√	√	√		√	√				√	√		√	√		√					
爱奇艺 PPS	√	√	√	√	√	√	√	√	√	√	√	√	√	√	√		√	√	√	√	√	√	√
腾讯视频	√	√	√	√	√	√	√	√	√	√		√	√	√			√	√	√	√		√	

从视频内容来源上看,分为购买、自制和网友上传三种渠道(盗版除外)。在政府对版权监管力度日益加大的情况下,各大视频网站都加强了节目的购买力度,如优酷网为了提供热门的节目内容,与多家影视媒体等专业传媒机构合作,购买其版权和内容。2013 年第一季度优酷土豆内容购买成本支出达到 2.69 亿元,预计全年内容总投入将超过 10 亿元。

搜狐视频是中国第一家以正版、高清、长视频为主要特色的综合性视频网站。搜狐学习 Hulu 的成功经验,花大资金购买影视剧版权,大力推广高清影视剧,并成立了专门委员会对影视剧的质量和潜力进行评估,购买独家内容和非独家内容。据央视索福瑞媒介研究有限公司的收视统计数字,搜狐视频拥有 2011 年全国省级卫视黄金档收视率前 30 名热播剧中的 21 部。

在版权价格越来越高以及内容同质化的情况下,各视频网站开始探索自制内容的出路。目前来看,视频网站自制内容以 3 大类为主:微电影、自制网络剧和自制综艺。网络剧的制作流程相对简单,时间也比较短,而且可以资源共享,这样就可以大大节约成本。通常网络自制剧在拍摄前就已经达成了广告的意向,自制剧的收益率较高。一些视频网站甚至开始尝试制播分离的模式，使网络剧有了继续发行和营销的可能。

目前网络自制综艺主要形态有两种：一种是大型活动类综艺节目，以土豆网、优酷网为主；另一种是演播室综艺，主要有爱奇艺网和酷六网等，制作的节目涉及养生、情感、时尚等。

此外，UGC 即用户上传分享视频也是视频网站一个重要的内容来源，多数视频网站都提供了上传视频功能，而且还提供了视频上传客户端软件和拍客软件供用户下载使用。

优酷网拍客频道推出了我在现场、我有话说、民间擂台、运动牛人、生活秀场、纪实短片、明星拍客、主题季、影像馆、看世界等专题，还推出了主题征集活动，如成长季主题，用户可以拍摄上传自己或家人的生活视频、才艺秀视频；家庭录主题，拍摄上传用户眼中的家庭幸福时刻；影像节主题，优酷土豆联合首届丝绸之路电影节国际短片展暨第五届西安国际影像节，征集优秀拍客和原创作品，同时征集相关主题内容作品。优酷创始人古永锵称，“目前优酷的内容中，70%是来自版权方的内容，20%是用户自己制造、拍摄上传，10%是优酷出品。但就是这占小块的 30%，却在改变着你我”。

用户原创上传的节目，不仅可以满足网民的观看习惯，也使得各种视频营销手段都能通过视频传播得到有效实现。但是由于用户知识层次和需求不同，一些用户制作的内容过于低俗和粗劣，缺乏一定的社会价值，上传的内容影响网站整体质量。

1.2　视频网站的延伸服务

视频网站的延伸业务主要包括：视频上传分享、离线缓存下载、APP 下载、游戏下载等。各大视频网站都提供了在线视频上传功能，此外，还提供了 PC 版及移动版的视频上传客户端等 APP，用户可以通过多种终端随时随地拍摄视频并上传到视频网站。

1.2.1　视频上传分享

视频网站和视频客户端是观看网络视频的两种途径，视频客户端采用 P2P 流媒体技术，这种技术可以降低宽带的成本以满足海量用户观看视频的需求，观看的人越多，播放越流畅。目前各主要视频网站都提供了这两种观看方式，如优酷网提供了优酷移动、优酷 PC、优酷拍客、优酷助手、优酷 XL、优酷 iDo 等客户端软件下载和使用。优酷 iDo 具有图片生成视频、视频剪辑、增加字幕、动画、音效以及视频上传等功能，用户可以轻松编辑制作视频上传。而腾讯视频网的 PC 版客户端还具有互动分享功能，用户可分享喜欢的视频到 QQ 空间、微博。移动客户端则覆盖了 iPhone、Android、Wphone 三大智能手机平台，并具有视频云服务、高速缓存视频、多平台互动等功能。爱奇艺的 APP 覆盖了电脑、手机、PAD、电视等终端，而移动端 APP 不仅覆盖 iPhone/Android/Wphone、iPAD、WINPAD，还包括了爱奇艺音乐、爱奇艺动画片、爱奇艺动漫、爱奇艺啪啪奇、爱奇艺纪录片、爱奇艺精选等。

1.2.2　离线缓存下载功能

下载视频能够保存，以后可以随时收看，且不受网络环境的影响，因此，下载视频观看也是当前用户看视频的主要方式之一，而离线缓存功能可以让用户不受网络限制，随时、随地收看最新视频，受到了用户追捧。除了专门的视频下载网站和搜索引擎搜索视频之外，使用在线视频网站的离线缓存/下载功能成为下载视频的主要来源。在线视频网站资源丰富，对于常用的视频下载资源来源，有 54.1%的用户使用在线视频网站的离线缓存/下载功能。

1.3 视频网站优势与存在问题分析

1.3.1 视频网站优势

视频网站，尤其是民营视频网站在资本、技术、带宽、运营、版权积累等方面具有突出的优势，经过几年的运营，各大视频网站已经拥有了众多的用户，并有较大的市场影响力。

充足的资本是视频网站发展基础，优酷、土豆、乐视、酷6网等通过风投或上市融到了大量的资本，用于改进带宽、技术研发、内容购买和节目制作等。在流量方面，现在每天土豆网的视频播放量最高超过1亿次，每天独立用户数超过1500万。PPTV已经拥有超过2亿的庞大用户群体，2010年，PPTV成为南非世界杯官方授权的中国唯一的直播客户端软件，收视突破亿万人大关。

在盈利模式上，除了广告之外，各视频网站都积极探索多元化的盈利模式：如付费频道、与电子商务合作、网台合作、版权分销、游戏平台、多终端模式等。优酷、搜狐、CNTV都建立了付费频道，用户可以通过付费频道收看没有广告、高画质的影片。在与电子商务合作方面，优酷与淘宝网共推出“视频电子商务”技术，PPTV开建了网上商城“PP购物街”；在游戏频道的建设上，优酷和PPTV都有各自的游戏频道，CNTV与盛大合建游戏平台；在网台合作方面，优酷、搜狐都有网台合作计划，既提高了网站的点击率还提升了电视台的收视率，实现了双赢。在多终端模式上，优酷等网站还进行多终端布局，与手机厂商合作，以出厂内置的方式在3G新机中嵌入优酷网视频客户端，使3G手机终端视频内容与PC端同步更新，并为手机用户提供视频浏览、分类视频和搜索功能等服务，用户可通过平板电脑、智能手机直接访问优酷主站，满足用户需求并提升用户体验。此外，搜狐视频还挺进院线创新行业盈利模式。通过与上海晶茂的合作，搜狐视频成功地将营销平台从互联网延伸至电影院，从而为广告主提供更加立体的跨媒体营销方案。

1.3.2 视频网站存在问题

同质化现象严重　首要表现为网站形式的同质化，包括界面和功能。各大网站主页的结构都差不多，基本为电视剧、电影、综艺、动漫、原创等频道栏目，而且功能上无非都是在提供原创、影视、音乐等视频的上传和下载服务等。其次是内容上同质，以电视剧为例，各网站上的电视剧大同小异。同质化现象必定会导致个性化的缺失，缺乏个性就难在市场竞争中脱颖而出。

版权成本日益加重　为了争取更多的利益以及抢占更多的市场份额，有经济实力、有影响力的视频网站开始从“独家视频”的角度出发，希望通过购买视频版权的方式来获取更多的利益，创造更有影响力的视频网上形象。为了正版长视频效应以及吸引大品牌广告的注意，各家视频网站在版权方面的争夺越来越激烈。比如为了购买一部热播剧不惜重金，这就导致了各大网站对于影视剧集的版权的所属的纷争时有发生，版权价格不断攀升，使版权费在视频网站运营成本中的比重变大，大大增加了网站运营负担。

1.4 视频网站发展战略

1.4.1 网台合作

视频网站和传统电视媒体作为受众接触视频的两种渠道，具有类似的广告盈利模式和重合的受众，使两者之间必然会处于竞争与合作参半的关系。面对这种局势，电视台对视频网站还保有戒备的状态，不过只有合作才是双赢的前提，视频网站和电视台各有自己的优劣势，二者互相依赖，都在探索尝试的阶段，因此，网台互动也是主流发展趋势。现在越来越多的电视综艺节目开始与视频网站合作,授予视频网站在线直播权,因为两者是高度互补的、共赢的。

1.4.2 内容自制化

高居不下的版权成本压力和内容同质化现象成为视频网站发力自制内容的直接动力。优酷土豆制定了"优酷出品"、"优酷自制综艺"和"土豆映像"自制战略;目前优酷的自制节目主要集中在综艺和微电影两类,《优酷娱乐播报》、《优酷全娱乐》、《原创精选》等节目已成为非常具有影响力的互联网原创综艺节目,同时还有《嘻哈三部曲》、《嘻哈四重奏》等知名度颇高的微电影。腾讯视频将建成投入使用3000平方米演播群,启动以"打造属于腾讯视频的独家精品栏目"为口号的自制节目矩阵计划;搜狐视频则在6月针对自制内容推出"梦工厂"战略;爱奇艺推出"奇艺出品"战略以来,已上线了20多档自制综艺娱乐节目;乐视网也已制定了2014年300集的自制剧计划。由腾讯视频研发出品、唯众传媒联合制作的全国首档大型调查类真人秀《你正常吗?》网络播放量已突破2亿大关。同样,其他视频网站的自制综艺节目也都开始崭露头角。

视频网站的内容自制也聚拢了大量的专业电视人才,随着传统领域知名的导演、制片人和演员等重量级人物越来越多地加盟到网络自制剧的创作中,自制内容也正朝着传统电视节目的水准发展。各大视频网站的网络自制节目开始出现在电视荧屏上,如优酷的自制节目《晓说》、《优酷全娱乐》、爱奇艺的人物访谈类节目《青春那些事儿》等已分别登录浙江、北京、上海、河北等卫视频道。

目前来看电视台仍然占据着内容制作的优势,但如果视频网站不断加强自制内容投入,完成从传输渠道到视频媒体的转型,届时,视频网站将从策划、制作、营销、渠道、广告、互动形式等环节再造流程和模式,传统电视台与受众、广告主、相关合作方之间的传统纽带将被彻底斩断[9]。

2 气象视频节目发展启示

从以上分析可以看出,民营视频网站不但在资本、技术、带宽、运营、版权积累等方面具有明显的优势,且用户规模日益扩大。随着视频网站不断加强自制内容的投入,未来视频网站将完成从传输渠道到视频媒体的转型,视频网站为了摆脱对电视台的内容依赖,实施差异化,也势必会寻找更多的合作方式。这也许可以给气象影视节目的未来发展提供一些启示:第一,在内容上加大网络气象视频节目的研发和制作;第二,在渠道上积极拓展与各大视频网站的合作方式,利用主流视频网站庞大的用户群提高气象视频服务的覆盖。

2.1 加大网络气象视频节目研发和制作力度

目前,视频网站和电视媒体对用户、广告主、合作方的争夺异常激烈,有关业界人士预测,在未来视频网站一定会超越传统电视,视频内容的播放模式已经演变成多屏时代,作为内容制作方如果不顺势而为或者没有看到整个市场的发展、仍然依附传统媒体生存的话,当传统媒体在收视率、广告收入各个方面萎缩时,内容制作方也会跟着势微,很快被市场淘汰。因此,开发制作适合网络用户的气象视频节目,将成为气象影视持续发展必须面临的选择。

所谓适合网络用户的气象视频节目,就是要了解网络视频用户的喜好,制作出他们喜欢的气象视频节目类型。市场调查结果显示,用户观看的视频内容主要为电影、电视剧和综艺节目,而观看视频目的以休闲、娱乐为主,比例达到86.3%,此外,以获取信息为目的比例也较高,为68.3%,综观各大网站,生活、旅游、时尚等资讯类内容也占有一定比例,显然,在互联网上单纯播报天气的视频节目无法引起用户的收看兴趣,网络气象视频在内容上可以从生活、旅游、时尚等这些内容入手。此外，纪录片、重大天气事件新闻也可尝试。

在节目的形式上，则需要融合娱乐性与互动性。2000年优酷在网络上征集有创意的天气预报视频，邀请网络红人后舍男生、dodo look，拍摄“雨过天晴”系列天气预报恶搞视频，很大程度上激发了网友参与活动。虽然这是优酷与宝洁公司合作推出的营销活动，但是，由此可以看出，网友对于具有娱乐特征的视频内容兴趣最高。气象节目娱乐化在几年前被气象部门和电视部门尝试过，但最终逐渐淡出观众视线，然而，在网络视频的世界，娱乐元素是吸引用户的重要内容，关键在于如何利用和掌握度。网络气象视频应充分挖掘节目中可以吸引人的元素，如主持人环节，可以是有个性的语言风格、穿衣风格、兴趣爱好等具有强烈个性化的特征，以拉近用户与主持人之间的距离。

网络节目的播出灵活性和互动性强，不受具体播出时间和时长的限制，网络节目的制作在技术和互动性上也有独特的优势。用户的搜索、观看、评论以及关联行为等都可作为数据进入后台分析，以大数据为核心，创新内容制作方式，随时根据网友的意见反馈来调整节目形式和内容，制作更符合网民口味的内容。Netflix推出的网络剧《纸牌屋》大获成功，为大数据分析在视频网站行业应用提供了成功的经典案例。Netflix在拍摄前就事先分析了订阅用户们的观影数据和操作习惯，保证令其首部原创剧集可以精确命中最大量的潜在观众。用户只要登录Netflix，其每一次点击、播放、暂停甚至看了几分钟就关闭视频，都会被作为数据进入后台分析。这样一来，Netflix就能精确定位观众的偏好。

2.2 加强与主要视频网站合作

目前，气象部门已经建立了气象视频网站，但是在资本、技术、带宽、运营等方面较民营视频网站还存在较大差距。而要做大做强势必须投入巨资，但是否会取得预期的效果还未可知，毕竟，太专业性的网站很难拥有规模较大的用户。而如果能够在这些主流视频网站上开设气象频道，提供符合网络用户习惯的气象视频节目，既有助于视频网站实现差异化战略，同时，又可扩大气象视频节目的覆盖面，是双赢的。

面对媒体格局的变化，全国气象影视部门还需要上下形成合力，节目制作模式上，采取国家级影视部门牵头、省级影视部门参与共同研发气象网络视频节目的形态与制作模式，各省按照统一模式分别制作本地化的节目，将国家级和省级气象视频节目集成在一个视频网站平台播出。

3 结语

视频网站日益壮大，传统电视媒体风光不再。面对这种局面和趋势，气象影视行业需要加大网络气象视频节目的研发和制作，并争取与各大视频网站合作，在未来的主流视频播放渠道占据一席之地，利用视频网站庞大的用户群提高气象视频服务的覆盖。

二、气象节目创新

《看天出行》节目评析

黄莉娜

（重庆市气象服务中心，重庆 401147）

摘　要

墨守成规 不进则退！在近两届的全国气象影视服务业务竞赛中，我们看到各地的气象影视作品都在不断寻求着突破与创新。第九届全国气象影视服务业务竞赛中，重庆市气象局报送的《看天出行》节目是基于原有气象旅游节目之上的一次大胆尝试，从节目的定位、构思、内容、包装等多个方面都有了较大“变革”，旨在将气象服务打造地更加精致，更加深入人心。本文将通过对《看天出行》节目的剖析，深入思考气象旅游类节目的发展方向。

关键词：气象旅游节目　创新　精细化服务　受众本位

1　引言

重庆是全国较早开始制作气象旅游类节目的省市，为迎合不断变化着的观众口味，我们的气象旅游节目也在不断推陈出新，从最初形式单一的播报类《风景区预报》到如今内容丰富的《气象与旅游》，节目形式、表现手法等各个方面都有了较大改变。但是时间一长，诸多不足也随之暴露了出来。例如：定位不够明确，容易与电视台的其他旅游节目同质化，不能很好体现出专业平台的独有性；涉及面太宽，缺失了更为精细化的服务等。如何才能打造出一档服务性更强、更有“看头”的气象旅游节目呢？《看天出行》节目便是在以往节目基础上进行的一次大胆尝试。

2　“窄播”时代 定位应对象化

以往我们在做节目的时候，常常会认为范围定的越宽越容易笼络更多受众，实则不然。在这个受众细分的时代，电视节目要想生存和发展，就必须走对象化、专业化的道路，而节目对象化、专业化要想成功，要么满足具有特定要求的群体，要么满足特定市场上的群体要求。而眼下，各地的气象旅游节目不外乎几种形式，要么结合景区气候资源说旅游，要么是在旅途中说气象，服务面都相对比较宽泛，收视效果都不太理想。我国大众传播已由传统的“广播”向“窄播”发展。我们的节目想要突破必须随主流，只有经过精确的节目定位才能吸引特定的受众群体，才能更好地服务，达到传播目的。

为了顺应“窄播”趋势，《看天出行》节目将定位范围作了“缩减”。从古代时候人们出门前看云识天气开始，气象信息就一直被出行的人们时刻关注着。换个角度思考，人们为什么会如此需要这些气象信息呢？想必还是为了出行安全。本着这个出发点，我们将《看天出行》定位为一档从气象的角度出发，关注热点旅游资讯，传播防灾避险知识的气象服务类节目。这不仅让我们的服务方向更加明确，同时，也可以让有需求的受众能够清晰地获取到更多实用的服务信息。

3 用观众的眼睛去寻找选题

有人说过，电视节目要抓住观众，不能只是盯住他们的眼球，必须抓住他们的心灵，只有抓住电视观众的心灵，才能赢得他们的“共鸣”！将这句话应用到气象节目中也一样受用，要想把节目做好、做精，就必须让节目的主题与受众的需求相一致，这样才能引起“共鸣”。而要做到这一点，首先要认真思考受众在当前想了解什么，喜欢什么，其次是我们又有什么想要告诉给他们的。

虽然旅途中的风霜雨雪都与旅行安全息息相关，但是如何找准受众需求巧妙引入合适的选题？这也需要精心策划。在第九届全国气象影视服务业务竞赛中，我们选送的这一期《看天出行》节目是有关雨季进入峡谷游玩如何防御暴雨山洪的话题，之所以会选择这个选题，基于三个方面。一是筛选热点天气。从5月开始重庆就进入了雨季，雨季户外旅行的安全隐患处处可见，尤其是暴雨山洪。二是聚焦旅游新闻资讯。现在的电视节目都讲究故事性，一些重大新闻事件或是正在发生的热点事件都可以当作很好的故事来抓人眼球。近几年来，由暴雨引发山洪危及游客生命安全的新闻屡屡见于报端，足以引起大家的重视。因此，在节目开头我们便以轰动全国的“潭獐峡事件”做引导，勾起观众对这个话题的关注与兴趣。三是结合地方特色，突出服务指导性。重庆是典型的山水之城，旅游资源大都以峡谷为主，山高坡陡，溪河密集，如果遇上来势凶猛的暴雨就容易形成山洪、泥石流，给旅途中的人们带来极大威胁。我们特意将服务面缩小，锁定在了峡谷旅游上，这样指向性更强，也凸显了服务的精细化。

4 避免同质化 延展服务突出优势

一档服务性和实用性强的电视节目往往是以“内容为王”，要力避同质化的趋势，栏目之间不能有过多的“交集”，从而出现替代的现象。虽然气象旅游节目基于资源的独特性，在电视节目中占据了一定的优势，但在以前节目中我们常常会出现说天气就单说天气，说旅游就单说旅游的两张皮现象，很容易让人分不清楚，这到底是个什么节目？因此，要想在同类节目中脱颖而出，就必须突出差异性，将自己的专业优势最大化，节目中除了不可或缺的基本天气信息和必要服务信息之外，还必须扩充气象信息量、延展服务内容，提高节目的服务价值，并充分运用精细化服务手段，为公众提供无微不至的关怀。

在这一期的《看天出行》节目中，我们谈了雨季进入峡谷游玩如何防御暴雨山洪的话题，但是节目中并不只是为观众提供了相关的天气信息和如何防灾避险知识，在内容上还加入了重庆雨季的降雨特点、山区峡谷的气候特点，以及山洪是如何形成的科普知识。一来是为了突出气象节目的专业性，二来也能让观众在获取必要信息的同时，扩充知识储备。此外，我们还通过字幕、短片等形式添加了如何及时获取气象信息、如何利用一些小物件逃生等实用信息，旨在让观众能够更多感受到气象服务的贴心关怀。

5 轻松讲述严肃话题

在受众收视情况调查中显示，70％观众看电视是想要减压放松，大部分的观众在看电视时，都在寻找娱乐。故而，现如今电视节目娱乐化已经成为一种风潮，大部分的电视节目或多或少都会加入一些娱乐元素，气象服务节目也应该紧跟“潮流”，让观众在轻松愉悦的氛围中获取到节目想要传递出的信息。《看天出行》节目的重点尽管落在传播防灾避险知识上，但是旅游本身就是一种休闲、娱乐的方式，如果做的跟科教片一样的一板一眼，不仅会让可视性大打折扣，也势必难以留住观众。因此，我们在节目包装、主持风格、表现手法等多个方面都注入了娱乐化元素，力图将原本严肃的话题通过轻松的方式给观众娓娓道来。

《看天出行》节目的整体包装运用了比较明快清新的色调。片头以一种比较立体时尚的手法将气象元素融合在大自然中，紧扣主题的同时，也让人耳目一新。

主持人是电视节目的代言人，他们的穿衣打扮、说话语气、举止动作等都牵引着整个节目的风格走向。为了让节目更加生动好看，我们的主持人也是下了不少功夫，配合着每期节目的不同主题，他们演绎着不同角色，登山者、自驾车司机、徒步人、遇难者等等，以体验的方式，边走边说，从而来增强节目的真实感，也更能使观众置身事中。

《看天出行》节目的表现手法上，我们也进行了多元化处理。将一些难以用语言表述清楚的信息，通过背景短片、达人采访、科普动画等方式来展现，既生动有趣又通俗易懂。

6 结语

在当下这个信息高速发展的时代，只要人们拿起手机，拿出平板电脑，动一动手指，随时随地就能搜索到想要了解的各类气象信息。面对新媒体的强势来袭，我们的气象旅游节目要想在这个没有硝烟的战场中立于不败之地，必须与时俱进，不断自省寻求突破与创新。节目编导们要跳出固有的思维模式，坚持“受众本位”原则，在注重专业性的同时将气象服务做得更加精细化，以不可或缺的独家优势和无微不至的关怀去抓住人心，让观众愿意坐在电视机前为我们的节目守候。

参考文献

侯亚红. 2007.论电视气象编导的多元化思维.黑龙江气象，(01).
孟旭舒. 2010.气象节目新浪潮——推进地方电视台天气预报节目改革的思考.新闻知识，(11).

把握电视声画节奏 传播走心气象服务

林春蕾　周　武　余　艳　崔　喆

（福建省气象服务中心，福州 350001）

摘　要

在第九届全国气象影视服务业务竞赛中，福建省选送的《全省天气预报》获得"省、地市级天气预报类的常规节目"综合一等奖，两位主创人员还荣获"全国气象行业技术能手"称号，这对福建气象影视来说，是一个历史性的突破。我们用心制作的节目，能得到专家、评委的肯定和大赛组委会的认可，可以说大家的辛勤付出和对气象影视的热爱与坚持，终于得到了回报。本文对参赛节目的创作思路做一个梳理，与大家共勉。

关键词：节奏　起承转合　气象服务

1　研究节目赛制，构思节目内容

本次业务竞赛省、地市级天气预报类节目的赛制让负责这个节目的小组成员度过了忐忑、艰辛的7月，因为准备参赛，每天制作节目都像是箭在弦上。节目组的编导，首先将福建7月的气候历史资料及2013年7月气候的预测信息做了详尽地分析，最终将选题锁定高温和台风。高温的选题侧重于高温实况、带来的影响及避暑纳凉新主张，值得一提的是我们制作了一期福建首个纳凉避暑防空洞的节目，备受青睐。而台风则是根据所处不同阶段各有侧重，台风登陆前着重台风特点、路径预测及灾害防御，台风登陆后着重登陆实况、台风的风雨影响及持续时间、灾害防御等等。对于各种可能，小组成员都做了充分的准备工作，包括新闻热点搜集、外拍采访、画面设计等等。

这次竞赛选定的节目日期是7月13日。7月13日是入伏的第一天，晚间节目播出时间又正值第7号台风"苏力"刚刚在福建省登陆，"苏力"是当年首个正面登陆福建的台风，福建省首次通过中国气象频道福建本地插播对"苏力"进行了直播报道，可以说组委会选定这个日期的节目正是"撞到枪口上了"，很有文章可做。

"苏力"自7月8日生成之初就倍受气象人和媒体人的关注，因为它清晰的风眼、健硕的身形以及强度发展之快，被冠上了一系列超级头衔。诸如历史罕见、影响最强等词语不绝于耳。让人如临强敌的"苏力"已经来了，它的真面目到底是个什么状况？"苏力"登陆后的风雨影响如何？影响持续时间有多久？民众如何趋利避害？……这些都是观众迫切想要从气象部门权威发布的信息中得到的。节目只有短短三分多钟，如何在多如牛毛的气象信息中梳理出一个清晰的脉络，选择什么，舍弃什么，强调什么，弱化什么，在极有限的节目时间内做到位的气象服务，对节目组，特别是节目编导是一个考验。

经过仔细考量，编导确定了节目内容框架。以"苏力"登陆实况作为引子，凸显节目的新闻性；正文是台风登陆后风雨预报，这是节目的重头戏，体现节目的服务性；结尾是对于"苏力"台风利大于弊的评论作为心理升华，彰显节目的人文性。在城市天气预报之后，主持人再度出场，为中国气象频道《直击“苏力”》直播报道做宣传。加上这段“结语”之后，使得节目更加完整，也呈现了我们对于“苏力”的立体多维报道，为打造气象影视“第一时间，权威发布”的气象服务品牌助力。

2 运用起承转合，实现声画节奏和谐统一

在节目创作之时，编导需对影响电视节目视觉与听觉效果的各种因素和节奏进行综合把握。也就是说，要使文字的节奏、画面和声音的节奏以及主持人的节奏等统一于节目的主旨之下。

2.1 节目文稿的节奏

起承转合是诗文写作结构章法方面的术语，将其运用在电视天气预报节目的编导工作中亦能收到良好的效果，这对实现节目整体节奏的和谐统一很有裨益。本节目文稿的节奏先抑后扬，从新闻报道的快到讲述天气的不紧不慢再到小曲奇的甜美可爱，让人意犹未尽。节目文稿的“起”自于苏力的登陆，首先对苏力的登陆情况做简单而又直观的报道，文字简洁明了直达主题，并有台风云图、路径及场外追风小组拍摄的画面相配合。“承”在于台风登陆的地点备受关注，但更需关注的是台风影响的区域。实况的陈述，预报的详尽，突出风雨影响时段，可能造成的灾害及防御提示，基本采用短句式，配合雨情实况数据及预报画面、雷达回波图、风场数据等。“转”之于“苏力”影响的重头戏多在 7 月 13 日的夜间，而后快速离去，风雨减弱。“合”寓于“苏力”在入伏第一天送来的清凉，如同“小曲奇”一般甜美可爱，希望苏力轻轻地走，不留下一点灾情。在此阶段，用抒情的文字、较长的句式，点出“苏力”对我省的正面影响，让节目开始的紧张气氛得以舒缓。

2.2 节目画面节奏

这次《天气预报》参赛节目的版面是为报道“苏力”台风正面袭击福建省而特别设计的，与日常的节目相比，在场景和色彩等方面对版面进行了精心调整，并专门制作了与其匹配的图片与动画，以使观众能更直观地了解“苏力”台风。场景的具体形式与日常的节目相比没有太大变化，但我们调整了主持人的入场的方式(图 1)。平时主持人是直接进入场景，此次我们先通过移动摄像头，使得画面由大场景到局部场景进行移动切换，并配以快节奏的音乐，增加了节目的动感和紧张的节奏。另外，画面中温和的灯火和浩瀚的夜空映衬了节目的空间和时间，提升了画面的整体格局。场景中的图片为重点突出台风，将画面中的圆盘贴图换成了台风，而背景则采用台风来临前的拍摄到的伴有美丽云彩的平静天空图片。整个画面动静结合，并与节目的主题相互呼应。主持人的服饰选择亮丽的玫瑰红，与蓝色的星空背景起到了很强的撞色效果。整个节目画面色彩明快、层次分明，让人赏心悦目。此外，特别制作了三维动画用以体现降雨量和台风可能引发的地质灾害等等。通过三维动画，使得观众对台风的视觉表现更为直观，另外又增强了与主持人的互动性，使得节目生动活泼。

连续的短镜头往往可造成视觉上和心理上的快节奏，而连续的长镜头则往往造成视觉上和心理上的慢节奏。在节目的“起”、“承”阶段，画面图表的切换以及音乐、音效的配搭可以说是快节奏的，到了“转”的阶段，画面就慢下来，而“合”之时，只用了一个画面，配合镜头的拉伸及舒缓

的音乐,让节目有张有弛,浑然一体。

图1　主持人入场时的场景转换

2.3　主持人的节奏

有主持人的节目,主持人对节奏的把控很关键。根据内容的变化及时调整状态、情感、语气、节奏,只有做到张弛有度、恰如其分,才能诠释出编导的创意,达到预期的效果。这不仅要求主持人必须具有扎实的主持功底,还要对天气有深刻的理解。在节目的“起”阶段,主持人的出场稳重得体,语气沉着,声音节奏铿锵有力,严谨而不失严肃,既营造出现场紧张感,又呈现出节目的权威性。在节目的“承”和“转”阶段,播讲预报时融入情感,做到自然亲切,节奏和缓,随着预报说到台风的影响消散,天气转好,主持人也适时调整状态。在“合”的阶段轻松引出节目的小亮点“曲奇”,给人以清新甜美的感觉。

3　发布权威气象信息,传播走心气象服务

在以往的台风报道中,我们总是强调台风带来的狂风暴雨,宣传的都是台风极具破坏力的一面,而对于台风能缓解酷热,给陆地带来丰沛的淡水资源等这些气象人都了然于心的事实却鲜有提及。

2013年福建雨季结束以来,强盛的副热带高压霸气十足地盘踞在福建上空,八闽大地一直在经受着高温酷暑的煎熬。7月12日,在“苏力”到来的前一天,全省的气温继续飙升,在台风外围的焚风效应作用下,大部地区都烧过38～39℃,空气中弥漫着火辣辣的味道。对于饱受高温炙烤半月有余的八闽大地,民众对于这个台风的欢迎程度,在我们的街头采访中可见一斑。而在副高的引导下,“苏力”这个听话的台风乖乖地按照数值预报的模式在移动!所以气象部门早早就将“苏力”未来行径和登陆地段锁定在我省福州地区北部沿海。7月13日,台风在福建省正面登陆。所以,对于“苏力”这个路径稳定而又相对来说利大于弊的台风,气象节目报道的度的把握,很有必要细细思量。

早两年王则柯先生在《南方都市报》上一篇关于天气预报的文字——《学乖了的天气预报》,引起了广泛反响。气象部门“学乖了”,表现出“往狠里报”的趋势,以“趋利避害”。因为报厉害了,虽然不准,但毕竟灾害性天气没有出现,人们的怨气不会太大;但如果预报轻了,灾害重了,民众的呼声,就不那么容易消解了。而且近年来,随着极端天气的频繁发生,使得政府部门对于决策气象服务非常关注和重视,可以说这给离天气预报最近的预报员们也增加了一重无形的压

力。须承认王先生以及“不信者”对气象部门肯定存在误解，但这误解的产生，我们作为公共气象服务部门也要承担一定的责任。因为每个人头顶就那么一片天，对于天气的关注是很有局限性的，所以常常会有对天气预报信息的误解，而这样的误解，通过有效的服务来解除就能事半功倍。如果预报准确了，气象服务只是照本宣科，没有做到位，天气预报的公众形象还是面临“减分”，而有时即便预报有误差，但气象服务做到位了，一样能为天气预报的公众形象“加分”。

这次参赛节目站在观众的立场对台风登陆后的气象信息做了贴心的服务，走进观众的心里，引起共鸣是制胜的关键。“13 级的狂风，掀起惊涛骇浪，而这样的狂风，也让路边的电线杆，很受伤！所幸的是当地人员已经提前撤离……”用实况画面告诉观众苏力暴虐的一面，而点出当地人员已经提前撤离，让观众放心。“今天夜间，台风中心经过的陆地，会刮起 7～10 级风，我省沿海还会有 9～12 级的大风，已经回港避风的渔民朋友，千万不可麻痹大意，还是要多些耐心，做好防范工作。一夜的疾风骤雨过后，到了明天风雨就会明显减弱了……” 这是节目中特别针对渔民朋友做的提示。台风对于沿海鱼排养殖户、海水养殖户的影响极大，有时候甚至是毁灭性的，台风登陆后，风雨减弱，渔民、养殖户为身家财产焦急的心理，最容易冒险返还查看，有针对性的气象服务，让渔民耐心、安心。有关“苏力”的气象信息解读完后，对于这个解暑利器来一番中肯的评价，让观众舒心。“在这个酷热对清凉极度渴望的季节，苏力就这样携风带雨地来了。有人说，台风就像卫星云图上的曲奇饼，在入伏的第一天，苏力送来的清凉，就如同小 cookie 一样甜美，而水库里增加的雨水将带来更多的正能量！希望苏力轻轻地走，不留下一点灾情……”。

其实做电视气象服务，实际上是在气象和观众之搭起一座桥梁，先站在受众的角度上感同身受，再到纷繁的高、大、上的气象信息中找到答案。用尽可能通俗、平实、幽默又不失优美的语言、有冲击力好看的画面，通过电视这座桥梁呈现在广大观众面前，让人看得懂、记得住、用得着。让气象服务走进观众的心间，让权威发布更接地气，更多些引起共鸣的言语。还原气象为民众服务的真实面貌，实实在在地走进观众的心中，让他们始终爱看《天气预报》。

4 结语

《天气预报》在观众眼里也许只是几分钟，或许只有几秒钟的停留，但我们却用心认真对待这短暂的呈现。气象影视，一个非主流专业，一个徘徊在气象与影视之间的行业，是偏气象多一点，还是偏影视多一些，都是日常挂在嘴边的话题、争论的主题，但即便是这样，大家还是愿意倾其所有，奉献着自己的激情与青春。目前，气象影视可以说已经过了发展的黄金时期，面对众多新媒体对电视媒体带来的冲击，气象服务也由电视一支独大变得多元化，电视气象服务应该何去何从，是竞争或是利用新媒体的传播特性来保持固有阵地，这是我们气象影视人要面临的新的挑战。

承载传统文化　盘活气象节目

——开发新媒体不如让传统媒体新生

胡　清

（湖南省气象服务中心，长沙 410118）

摘　要

本文针对目前全国电视气象节目的现状：同类型气象节目及相关联节目的数量大幅增加；智能电子时代，受众需求不再单一；电子科技和全媒体发展带来的冲击，使得电视气象节目的收视率逐年得到削弱等，从国内几家电视台优秀创新案例出发，探求一条电视气象节目的新出路和更高要求：即从传统文化角度解读天气现象，探寻文学知识包装下的气象节目，寻根传统文化与气象元素之间的影响、关联。

关键词：电视气象节目　传统文化　农耕文化　诗歌文学　文化竞争力

1　前言

电视气象节目一直被誉为是收视率最高的一档节目，但在新媒体的不断冲击下，同类型的产品层出不穷，智能电子的发展更是颠覆了传统电视受众接收信息的习惯。全媒体时代下，观众的选择不再单一，传统的气象节目寻求突破，已是迫在眉睫，我们如何另辟蹊径？眼下的现状是，各大传媒集团争相开发新媒体，抢占市场份额，相对比而言，传统媒体就显得有些力不从心了。但笔者认为，新媒体和传统媒体，区别不在于一个是新，一个是旧，它们之间的界线也不是那么截然的。很多新媒体一出生就老了，而很多传统媒体突然间又新生了，关键在于是否赋予节目最有价值的信息，而这些价值恰好是被需求的。在感受优先，画面占主导的电视节目面前，我们不能满足于只是让观众在画面灵动间获取信息，还应该借由电视媒体这一出口让观众收获高于生活的艺术享受。以下是笔者根据自己工作中的一些创新尝试，联系到目前国家在文化产业上的加大投入，以此入手，在节目中加入一些传统文化的元素，利用文学做包装外衣，试图找出一条可探寻可尝试的道路。

2　增强气象节目的文学比重

2.1　二十四节气是传统农耕文化的缩影

农历二十四节气是劳动人民根据农事活动制定的时间表，是中国古代农业文明的集中展现。其中大部分节气名称都经过了文学的提炼。因而每一个节气到来时，我们都能为节目注入文学的力量。例如“白露”“寒露”“霜降”这三个节气形象比拟了水汽的凝结和凝华，实质上反映的是气温下降的过程和程度。因此，我们在节目中可制作二十四节气专题。“白露”、“寒露”、“霜降”等带有表象性的名词可以使文字融入了画面，而美的图片又能反作用于文字，让文字更丰富；另外，用水的形态对应天气现象也可以制作一档节目，由此加深受众对节气的理解。比如说，“谷雨”取自“雨生百谷”，是殷勤人民充满希望的寄语，也反映了谷雨时节，雨水对农作物的重要性。在谷雨时节做降水的专题，能够直达农民朋友的内心……

2.2 诗歌文学描述天气如何“入木三分”

2.2.1 场景文学 直观丰富视觉画面

电视画面是电视语言的基本要素，是组成节目的基本单位，是电视艺术的主要载体。一般电视节目中，电视画面表现的空间是二维的，而现实空间却是三维的。在这里，我们可以运用场景文学来丰富节目，让观众加以想象，可以瞬间让节目“立体”起来。比如，我们气象节目中经常会提到春雨，在 2013 年 3 月 24 日笔者在《午间气象站》的一期节目中就采用了“梨花一枝春带雨”来形容春雨的细腻、娇羞，用“山雨欲来风满楼”的紧张激烈来形容强对流天气横行时天空的变化。这些诗句直接取自大家耳熟能详的诗作，让节目在接地气的同时，做出了一盘有声有韵的“古典佳肴”。另外，在做“雨”的科普专题中，讲到雨强和雨量这一节时，我们引用了白居易的诗句“大弦嘈嘈如急雨，小弦切切如私语”来轻松化解专业知识的乏味。

2.2.2 营造文学意境 深入感受画面

电视画面不仅是视听同步的，也是时空一体的。电视画面不仅要能再现客观现实的空间感和立体感，还要能再现物体的速度和节奏。所以，它是空间艺术，同时又是时间艺术。在节目中，如果能给观众以文化的熏陶，制造出文学意境，就会让观众收获更深一层的含义。还是以湖南的春季为例，在《午间气象站》的一期节目中(图 1)，节目视角从春季身边逐渐活跃起来的小动物—小鸟着笔，展现春天的欣欣向荣：“‘啭声冷然而美’的画眉、公园里从湖面掠过的野鸭、抬头长长一线划过的飞鸟，还有那鸣声比以往更清脆的麻雀儿……所有的鸟类几乎都出现了，爱鸟者进入了真正的观赏之旅……”。一幅美好的春日图，因为营造出对鸟儿灵动的想象跃然而生了。

图 1　2013 年 3 月 28 日《午间气象站》节目

2.2.3　深入中华文化精髓 通过物象直击文化

一般节目中，我们通过物候来反映季节变化，而通过文学中的“物象”则能结合视听和时空体验，更深入到具体的事物上来。中华传统文化带有浓重的含蓄色彩，意在深入浅出，更曲折迂回来求得新意。这里还可以举个例子：在我们制作的一期节目中（图2），讲到春日百花争艳，没有直接对百花展开描述，而是从“卖花声”这一文学物象引出了中华民族对花的喜爱，连对“卖花声”也有所偏爱：“清代顾禄说姑苏卖花女深巷的叫卖声是‘紫韵红腔’；现代作家周瘦鹃的小令《浣溪纱》描述卖花女的声音是‘莺声嘹呖破喧哗’……”。“卖花声”源于文人敏锐的审美，在那个时期，“卖花声”是一个时代的记忆，是一座城市的标签，也是传统民间文化的缩影。通过这样的文学物象，挖掘它与气象元素的内在联系，给观众再现的是纵深感很强的文学现象，以及季节物候背后的文化。

图2　2013年3月31日《午间气象站》节目

3　生活文学来源于生活点滴

对于文化的概念，几乎没有一个标准答案。它无所不包，在人类学的定义里，它代表一种生活方式，所以也有人认为它就是人生活的“累积”。而文学创作应该是人人都能企及的生活方式，文学跟生活是密不可分的。

3.1　古时文人的文学生活

古人常借天气现象直抒情怀，这样创作的文学作品又能折射出他们独特的生活文学。清代文人张潮是个生活逸趣颇多的人，他的《幽梦影》中有“读经宜冬，其神专也；读史宜夏，其时久也；读诸子宜秋，其致别也；读诸集宜春，其机畅也”这样一句，他简单地把四季特点跟书籍特点相结合，算是一种生活智慧的提炼。我们在节目中不妨抛砖引玉推出“阅读指数”，让学生观众或者有学习需要的人根据季节、气候和天气特点来合理安排阅读……

3.2 电视气象节目前辈眼中的“能力技巧”

中国电视天气预报主持人宋英杰曾经在他自己编著的《气象节目主持纵论》中单独就“生活情趣”这方面讲述了它带给气象节目主持人思想意境和业务能力上的提升。笔者认为，他表达也是这样一个意思：一个有雅致生活情趣的人绝对是一个细腻敏感的观察者，也必定是一个生动，有激情的传播者。这一点，笔者在自己的工作岗位上也有着与他不谋而合的一致看法，这个技巧需要我们平时多积累，多在点滴生活中感悟和挖掘。

4 从文化底蕴出发 增强节目竞争力

中华传统的传承和保护，传统文化的传播和弘扬，对于电视媒体人来说应该是义不容辞的责任。

4.1 细化电视资源 找准方向

电视可以承载的资源很多，要达到“文化”的传播，我们需要细化这些资源：“全民扫盲”式的科普知识、时事辩论式的咨询、专业统计学下的数据……这些资源在前人的尝试中不乏优秀之作。像深圳卫视的《气象万千》将气象科普知识用大众体验的方式真实、直观地展现；凤凰卫视的《凤凰气象站》就像是一个午后栖息的小驿站，温暖、亲切，又网罗了各种咨询…而纵观目前国内电视气象节目中，尚没有一档真正把传统文化与气象相结合的气象节目。因此，在同质化日趋严重的形势下，这是一个考验，也是一个机遇，我们要提升节目的竞争力，就应该做不可复制的气象节目。

4.2 承载传统文化 融会贯通做节目

把气象节目做成不仅仅是一档单纯的预报或者服务型节目，而是中华传统文化走向复兴和辉煌的牵引者。历史长河中，文人的生活感悟融入到了每一个艺术作品，我们能检索的文学资源纷繁多样。而在四季、节气、物候、风云变幻中，这些文学资源都可以化作我们强有力的包装，坚硬的外衣。但如果原封不动、原汁原味地继承传统，就如同大家满口的“之乎者也”去适应日常生活一样可笑。因此，在继承的同时，首先要理解传统文化的精髓，并且在现实实践中不断创新、让古人和今人、过去和现在、传统和流行这几者融会贯通，这样的方式让传统发扬光大，才是我们对传承传统文化应持有的态度。

有继承，才有发展的物质基础，才有时代真正的创新。为气象节目注入传统文化新的生命力，应该是我们应对新媒体冲击下，守住传统媒体的新思维；同时也是盘活传统媒体，为传统媒体新生输送的新鲜血液。

参考文献

华风气象影视集团. 2005.电视气象基础.北京：气象出版社.
高桂莲，施连芳. 2010.气象谚语与历法节气趣谈.北京：中国社会出版社.
龚鹏程. 2006.中国传统文化十五讲.北京：北京大学出版社.
宋英杰. 1994.气象节目主持纵论.北京：气象出版社.
叶笃正，周家斌. 2009.气象预报怎么做如何用.北京：清华大学出版社.
游洁. 2009.电视文艺编导基础.北京：中国国际广播出版社.

道具在电视气象节目中的创新应用

罗桂湘[1]　朱定真[2]

（1 广西气象服务中心，南宁 530022；2 中国气象局公共气象服务中心，北京 100081）

摘　要

本文分析道具在我国电视气象节目中的应用实践与不足，借鉴国内外其他电视节目对道具的应用经验，提出在新媒体时代，电视气象节目中创新应用道具的思路。

关键词：电视气象节目　道具　虚拟　可视化　气象服务

绪言

道具的概念来源于舞台戏剧艺术，原指“与表演者直接发生关联的器物”，后来逐渐拓展应用到影视艺术等领域，“将演出中一切用具统称为道具”。道具按照形状大小可分为大道具、小道具；按照存在的形态可分为虚拟道具和实物道具等。电视节目有六大元素：人、声、词、画、音、字。道具主要以除“人”以外的视觉元素的面貌呈现，它与播报者相辅相成，对传播活动具有重要的辅助作用，能够强化传播效果，有时道具本身甚至能够成为节目创新的主要因素之一。观摩分析国内外多种电视节目中道具的应用，能够给我国电视气象节目体现多元化提供良好的借鉴思路。

1　我国电视气象节目中道具的应用实践

电视气象节目中道具的应用，与公众需求及同时期的传媒业和气象服务业务的发展紧密相连。从“拉洋片”到实景悬挂图表，以及主持人手持道具，再到抠像叠加、虚拟场景、触摸屏互动、虚实结合等，电视气象节目中的道具经历了从简陋到复杂、从表现形式单一到形式多样、从原始手工到高科技表达的历程。

1.1　我国早期电视气象节目中道具的应用

早期，受当时条件所限，道具在我国电视节目中的应用比较简陋。

我国最早的电视气象节目开播于 1980 年 7 月 7 日，当时是用简单的手绘图板给全国观众讲解和播送天气预报。1983 年，气象部门研制的“城市灯光闪烁图板”正式在节目中亮相；1984—1985 年，天气形势图上增加了用磁铁制作的天气符号；1985 年之后，通过计算机图形软件设计、编辑录像机合成技术的运用，更加美观实用的天气图表派上了用场，比如 1986 年 7 月第七号超强台风来袭，黑白的动画云图给广东省政府领导提供了非常重要的决策参考。

1993 年 3 月，中央电视台天气预报节目进行重大改版，通过使用“抠像”等新技术，实现了主持人与复杂多变的卫星云图、天气形势图叠加的效果，主持人手执“教鞭”（小棍子）在图前指点风云。

1.2 我国近期电视气象节目中道具的应用

近期，随着传媒技术的飞速发展和气象服务技术的进步，道具在我国电视气象节目中的应用比例和应用水平均有所提升，其中预报类节目中虚拟道具应用较多，在服务类、科普类节目中实物道具应用较多。

1.2.1 虚拟道具的应用

在气象预报类节目中，我国气象部门通过引入美国 WSI、Weather Central 等气象图形制作系统或自主研发图形图像系统，让大量的气象数据形成可视化图表，以虚拟道具的形式出现在主持人身边，其中，大多数出现在主持人身后，极少数以“虚拟前景”的形式出现在主持人身前。主持人用手来指图，系统可以捕捉主持人手势与虚拟图表叠加，形成虚实结合的效果。

1.2.2 实物道具的应用

在气象服务类节目中，由专业人士或出镜记者应用专业仪器测量气温、风速、大气负氧离子、酸雨酸碱度、土壤湿度等，可以增强节目的权威性与可信度，满足人们“眼见为实”的心理。有的节目运用特定的场景和道具，营造某种氛围，比如，《凤凰气象站》某期节目对茶具的应用；2014 年世界杯足球赛期间，中国气象频道将演播室铺上仿制草皮、摆放足球等道具，可以让观众和到场嘉宾在这个环境中体会浓浓的足球情结。

在气象科普类节目中，以实验为形式，应用实物道具演示科学原理，加强与观众的互动，有利于增强观众的理解、加深记忆。例如，某省某期节目为小学一年级学生讲解防范暴雨灾害的知识，应用了该年龄段孩子熟悉的器物做道具(表 1)，带领孩子们做游戏，生动演绎相关原理和防范措施，让孩子们在体验式活动中理解和记忆防灾知识，科普效果较好。

表 1 某期防范暴雨灾害节目应用的部分道具

项 目	内 容			
所用道具	20 cm 口径汤锅	芭比娃娃	花洒洒水	婴儿浴盆、水、碎树叶
演示作用	雨量筒	行人	暴雨	漩涡的形成、下水道井盖缺失的危害
项 目	内 容			
所用道具	网兜装几个气排球、泡沫板	跳绳	红领巾、哨子	拼起来的课桌
演示作用	救生飘浮物	固定绳	求救物	躲避洪水的高处

此外，中国气象频道某期节目运用玻璃盒、水槽、矿泉水瓶等道具讲解“1 mm 的雨到底意味着什么”；台湾气象主播用电线与电子屏里的画面相结合讲解气流形势(图 1)，这些都是气象节目中道具应用的有益尝试。

1.3 道具在我国电视气象节目中应用的不足

尽管道具在我国电视气象节目中的应用取得了长足的进步，然而，存在的不足仍然比较明显。

其一，编创人员未能充分认识道具的辅助传播作用，对道具应用重视不够。

其二，节目中道具的应用量少。一部分原因可能是大多数电视气象节目时长较短，容量有限，同时节目制作时间紧，道具未能有充分展示的时空；一部分原因可能是主持人对道具使用习

图1　台湾气象主播用电线讲解气流形势

惯缺乏。

其三，部分道具应用设计不合理。有的节目中道具应用效果欠佳，有的道具纯粹作为摆设，有的道具甚至喧宾夺主，成为传播过程的"噪音"，分散观众注意力，干扰他们对主要信息的接收。

其四，道具应用的高科技含量不足，其中，虚实结合、虚拟道具的应用对高科技的依赖性较大，亟需增强。

2　国内外其他电视节目中道具的应用经验

要改变电视节目的枯燥单调，可以适当地运用道具，让电视传播活动更加生动、形象、准确，增强节目的真实性。如今，传媒业以大数据、全媒体、多时空交互等为最新趋势，在这样的背景下，对电视节目中道具的应用提出了更高的要求。

在电视业相对发达的国家，对道具的应用比较重视，所应用的技术也是炉火纯青，在有些大型节目中不惜血本制作各种道具，成为节目内容的重要组成部分，强化了节目的可视性、趣味性。我国虽说电视业起步较晚，但是近年来通过技术研发和引进国外优秀节目模式，电视节目新颖多样，对道具应用的理念和技术也渐趋成熟，有不少的经验值得电视气象节目编创人员参考。

2.1　新闻类节目中道具的应用

在新闻类节目中，对道具的应用值得借鉴的主要有这么几个方面：数据的可视化、虚实结合、多媒体多时空相结合、体验式报道与通俗化表达等。

在美国等国家，总统选举时，在电视节目中将大量的数据进行了可视化表达。有的节目中使用全息技术，将身处异地的记者投影到现场，与主持人在同一个场景里交谈，此时，"全息人"可以视为特殊的道具。

我国近年来也比较重视新闻类节目中对数据的可视化表达，应用先进的技术，做到虚实结合。比如2014年"两会"召开期间，中央电视台《两会解码》节目中，主持人从虚拟的屏幕中取出了真实的水果在手中掂着(图2)。

图 2　中央电视台《两会解码》节目展示虚实结合技术

目前我国不少新闻演播室设置了大屏幕，主持人通过触摸大屏幕调取各种资讯，并且实现与手机等移动多媒体资讯共享，主持人与外景记者、专家学者以及场外观众互动，交换信息、交流看法、收集意见等。

国内外不少记者在报道新闻时采用体验式报道和通俗化表达，并擅于在现场合理利用道具。比如，将手伸进干旱的裂缝，这时，手充当了特殊的道具。台湾有记者手执油条让风吹折，给观众展示大风的威力。中央电视台报道某国拥有核原料的危害，记者拿着一个苹果说，像这么大的一块核原料，就能够生产多少的核武器。韩国发生沉船事故后，在打捞阶段，韩国记者为了阐述海里暗流的冲击力，在一艘船上设置的水槽里走动，水槽里有人工制造的水流，记者通过亲身体验，将体重、冲击力等通过换算告诉观众，潜水员在水下多少米工作的时候相当于被几袋多少公斤的面粉压着，通俗易懂。

2.2　娱乐类节目中道具的应用

娱乐类节目中道具的应用最为广泛，尤其与戏剧舞台接近的晚会类型的场合应用最多。这些道具很好地烘托了现场气氛，并且体现出人性化、互动性等特点。近年来随着高科技元素的加入，让道具在节目中焕发出无穷的魅力。

在奥运会开、闭幕式等大型演出活动中，各国纷纷结合本国文化特性设计道具，结合声、光、电以及新媒体技术，让演出展现唯美的视觉效果。在我国中央电视台的春节联欢晚会，某些节目中演员与虚拟画面和虚拟人物的互动让人印象深刻。

美国的《SO YOU THINK YOU CAN DANCE》(有译者译为《舞魅天下》)，是舞蹈真人秀节目，里边的场景和道具设计得美轮美奂，对烘托舞蹈情节、展示舞者功力起到不可轻视的作用，有的设计获得了“艾美奖”。虽说我国引进了这个节目模式，但是在舞美和道具设计方面有时候还是与美国有差距。

我国江苏卫视《最强大脑》节目对道具的要求相当高，要有强烈的视觉冲击力，要有新潮的感觉，要突出科技感，要方便在现场操作和检验，还要可以循环利用，其中不少道具的准备时间长达数月。101 只斑点狗(图 3)、2500 个魔方组成的魔方墙、由 5 cm×5 cm 小块组成的 100 幅油画的油画墙、激光隧道等，都成为节目中不可忽视的亮点。有的道具设置结合了最新的科技，比如，人脸识别项目运用了人脸同步合成专利技术；听小提琴辨歌曲名项目，小提琴演奏师的身上和琴上都布满热点，方便电脑实时捕捉生物运动信息；还有打响指项目，运用声音仪器，通过分贝捕捉测量选手打高频的响指次数。

图 3　江苏卫视《最强大脑》节目应用斑点狗为道具

湖南卫视的纪实真人秀节目《爸爸去哪儿》，常常充分利用周围环境和条件，别具匠心地设置道具，比如用农家脚桶当船、用饮料瓶当保龄球等，出其不意地营造出各种效果，或搞笑或惊耸，看起来很有意思。

在一部分节目中，运用观众的手持道具，增强节目的互动性。比如不少演唱会观众手中有荧光棒、鼓掌器等道具；湖南卫视《快乐大本营》节目运用观众的手机将意见或建议发上微博墙；广西卫视《一声所爱大地飞歌》节目观众运用新媒体现场给选手投票，一方面，使投票更快捷，另一方面，增强了参与感与仪式感。

2.3　访谈类节目中道具的应用

访谈类节目中对道具恰到好处的应用，有利于制造情境、调动嘉宾的情绪，对访谈的顺利进行、推动高潮的到来具有十分重要的作用。

在美国 CBS 著名的新闻杂志节目《60 分钟》里，出镜记者往往能自如地运用道具，特别是在访谈的过程中，经常可以看到迈克·华莱士等记者运用道具，对访谈起到良好的推波助澜作用。

在我国，室内的访谈节目中，中央电视台《艺术人生》对道具的使用表现比较突出。节目组精心寻找和重现一些嘉宾在成长和生活过程中重要的、具有特殊意义的物件，常会使嘉宾触物生情，打开话匣子。比如，采访豫剧名家常香玉，复原了香玉号飞机；采访电影导演陈凯歌，巧妙地选择了蓝天牌牙膏、父亲的录像带、书籍《格林童话》、书籍《唐诗 300 首》、陕西的一把黄土等道具，果然引出了他滔滔不绝的讲述。

在我国，室外的访谈节目中，中央电视台《乡约》别具特色。这是针对农民朋友的访谈节目，特色鲜明，节目组在原生态的场所中，将农民朋友熟悉的劳动器具、农产品、养的动物等作为道具，乡土气息浓郁，让农民朋友在轻松自在的环境中做最真实的自己，获得良好的访谈效果。

2.4 服务类节目中道具的应用

服务类节目中道具的应用有助于辅助观众理解信息、增强节目可信度。

英国探险家贝尔·格里尔斯的《荒野求生》节目吸引了超过150个国家和地区的人们收看。贝尔携带简单的装备深入人迹罕至的地区，因地制宜利用所处环境中多种物品作为道具，向人们演示如何求生。比如，用藤条作为绳索，用树枝制作鱼叉，用石块、沙子等作为净水装置，用雪块搭建雪屋等。他还录制了针对城市环境的《绝境求生手册》节目（又名：《日常生存自救手册》），运用了许多逼真的物品演示人们可能面临的危险情境。比如演示在被洪水冲走的汽车里、被困在冰库或其他极寒冷的环境中，应当如何应对和自救。

国外的电视气象节目很早就应用过冰淇淋、雨伞、星星模型、月亮模型之类的小道具，也应用过测量温度、湿度等气象要素的仪器，为了增强节目的趣味性，还用过土拨鼠来测天气。近年来，多媒体设备也在节目中应用，如美国ACCUWEATHER气象节目中，主持人利用触摸屏显示手机信息与观众即时互动（图4）。

图4 美国ACCUWEATHER节目通过触摸屏显示手机信息

我国中央电视台《是不是真的》《原来如此》《生活早参考》等节目，通过实验的方法展示生活知识和服务信息、改变人们的误区。有些还使用权威机构的测量仪器，比如测量瓜果的含糖量、鸡蛋的营养等。《厨王争霸》等节目展示多国美食的制作过程，各种食材、厨具都成为厨师一展风采的绝佳道具。体育节目《历史上的今天》演播室场景中道具很丰富。

2.5 科普类节目中道具的应用

科普类节目中道具的重要作用毋庸置疑，尤其是互动式环节道具的应用让人印象深刻。

国外的科普类节目中道具的应用非常普遍。比如《探索》系列片，有不少节目运用道具还原和演示当时情境、运用道具讲解科学原理。《比克曼的科学世界》是青少年幽默科教影视作品，通过喜剧演员表演，卡通人物加盟，以短剧的形式对中小学生进行科普教育，以实验的方法解说自然现象和科学原理。《没有石油的世界》节目中应用了网络游戏与电视的互动功能。

我国电视节目中专门的科普节目不多，但是涉及科普内容的节目不算少。“神舟十号太空科普课”荣获“2013年度中国十大科普事件”，在太空特殊的条件下，宇航员老师精心设计的道具，对讲课取得良好效果功不可没。中央电视台每次重大航空航天事件的报道，都会在演播室里摆放火箭、卫星、太空仓等模型，还有动画展示，通过这些实体和虚拟的道具，帮助观众理解相关科学知识。中央电视台少儿频道《科学泡泡》、《哈利波特的魔法工厂》等节目中道具也是设计得有趣和实用。比如用矿泉水瓶和软木塞，讲解为什么小朋友出门口不要挤、要排队(图 5)。

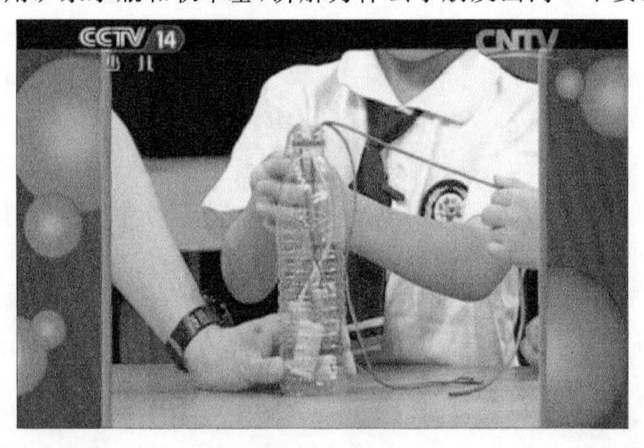

图 5　中央电视台少儿频道《科学泡泡》节目讲解排队的原理

北京卫视纪实性栏目《档案》，引入戏剧舞台的概念，将一千平方米的摄影棚，划分出大屏幕区、档案原件区、幻灯区、16 mm 电影放映区、录音区、沙盘区、中央演示区和景片区等 8 个功能各异、特点不同的区域，将放映机、幻灯机、录音机、沙盘、投影、档案等仿真或真实的道具放进摄影棚，让主持人自如、充分、最大化地运用这些道具，体现出运动感和操控感，强化了传播效果。

3　未来我国电视气象节目中道具使用前景

未来电视气象节目编创人员要充分认识形象直观的道具对于解读生涩科学知识的辅助传播作用，合理设计和创新应用道具，让节目焕发出更美的光彩。

3.1　强化道具应用意识

编创人员要强化道具应用意识，特别在天气预报节目仍然以播报形式为主的相当长时期内，编导和主持人要充分认识道具的辅助传播作用，它对于张扬主持人的个性，避免节目同质化，都是具有独特魅力的创新元素。编创人员可以参考其他电视节目对道具的应用经验，建立起气象节目中道具应用的有效思路和可操作性强的规范，加大道具的应用量。

3.2　虚实结合合理设计道具

向国内外优秀节目学习(图 6)，继续通过引进先进技术或自主研发，加大节目中道具虚实结合应用的高科技含量，因地制宜合理设计和运用道具。

根据传播目的、人力、物力、时间等条件，综合考虑节目的定位、受众的认知水平等因素，合理设计道具。比如，本地常用的地形图可以制成沙盘，方便有时候讲解天气系统对当地的影响。各种测量仪器、宝贵的历史资料(气象资料、老照片)、气象科普互动装置、甚至日常用品等，都可以应用到节目中去。如果要实现电视节目与网络游戏的互动，我们可以设计《全球变暖的世界》，分享玩家的体会，并针对某些环节设置专家答疑等。有条件的制作单位可以引进“小球大世界”那个球体，通过实时数据转换和 4 路外投影设备的无缝投射，直观展示气象信息。

图6　国外气象节目中前景虚拟道具的应用

在多次国内外气象节目观摩、评比中，呈现出很多富有创意的实景、实物、虚拟场景、虚拟场景＋实景、主持人角色化＋实物道具等技术运用，相信未来这些技术能够越来越多地在日常节目中实现。如果再配以应用互动触屏系统，进行人机交互的智能现场控制，实时调取三维流场、水汽、地形图等信息，为观众呈现的必然是科学性、趣味性、可视性、服务性更强的电视气象节目。

参考文献

吴永庭. 2002. 道具在影视艺术空间的作用. 文化时空，**4**.
秦祥士. 2011. 镜头背后的记忆——电视天气预报30年. 北京：气象出版社.
曹金焰. 2007. 电视访谈类节目的情境设置. 新闻界，**5**.
王桂喜. 2011. 探索纪实性电视栏目的戏剧化表现空间. 中国电视，**4**.

第九届全国气象影视服务业务竞赛节目浅析

秦　晔

（浙江省气象服务中心，杭州 310017）

摘　要

通过对第九届全国气象影视服务业务竞赛获奖作品的观摩分析，结合对获奖节目《天气预报》策划制作经验，本文从气象节目的整体包装、主持风格和节目内容这三个方面对气象影视节目进行了分析和总结，为日后更好地提升节目品质，服务大众梳理了思路。

关键词：气象影视　业务竞赛　节目包装　主持风格　节目内容

2013年第九届全国气象影视服务业务竞赛在北京举行，共有179档节目参加了7个类别的比赛。在这次竞赛中，我们浙江省气象服务中心获得了省、地市级天气预报类节目的三等奖。虽然我们获了奖，但还是组织对各省参赛及获奖节目进行了多次观摩，发现了诸多值得研究学习和借鉴之处，这为今后我省节目品质的提升明确了方向。

1　气象节目的整体包装

1.1　片头动画

片头动画作为一个节目的"门面"决定了是否能在一开始就吸引住观众的目光，引发观众对于节目主体内容的观看兴趣，对节目的顺利铺展起到了非常重要的引导作用。

《新闻联播》天气预报节目的片头体现出了大师级的配色和元素组合能力，四季主题和地球旋转从创意角度来看都很常见，但在如此短的时间内将如此繁多的色彩和元素相互搭配融合，从而创造出了和谐明丽的自然景观。根据四季的不同，片头动画中的最终定版文字坐落的季节也对应改变，每一个定版在细节上都精致非凡，准确地抓住了不同季节的气候特点。活泼生动的动物元素更为这一派生机勃勃的自然风光增添了野趣。如此精良的片头也与央视频道一脉相承，秉持了央视一贯高质量的制作水平，成为整档节目包装中不可或缺的点睛之笔（图1）。

我们的《天气预报》节目片头则独树一帜，将传统的水墨风格和别致的剪纸风格相结合，同样以四季更替为主题，配以极具江南特色的场景和国画元素，具有很强的观赏性。每个季节还有相对应的题字小结，犹如在古画上挥墨题词，尽显文雅风韵。这些元素与天气现象相结合，如同徐徐拉开的画卷一般，呈现了"烟花三月，春雨靡靡"、"六月点降，莲叶轻摇"、"八月桂香，秋意浓浓"，"初冬清雪，晨雾茫茫"的意境之美。这种雅致又不失新颖的包装风格，也与人文艺术气息浓厚的浙江卫视相辅相成，与"中国蓝"这一品牌风格相一致（图2）。

图 1　央视《新闻联播》天气预报节目夏季片头

图 2　浙江《天气预报》节目片头画面

1.2　色彩运用

色彩作为电视包装的最基本也是最重要的元素之一，其运用直接影响观众对于整档节目的印象。色彩运用既要注重其与节目和播出平台风格的协调性和一致性，又要保持视觉上的鲜明，从而推动节目整体的规范化，加深观众对节目的识别。

单纯的色彩容易被识别和记忆，目前国际上普遍的配色方法有两种：简单色彩体系和复杂色彩体系。简单色彩体系是以一种或两种色彩为主色调，配以其他辅助色的搭配方法。以湖南省气象局的《卫视气象站》为例，节目总体采取了蓝色为主色调，橙色为辅助色。蓝色和橙色可以说是最清爽"年轻"的补色对比，与其他补色相比，更明亮新鲜，利落洋气。当然，橙色也可以算是湖南卫视的"当家色"，非常贴合播放平台的特质。

色彩还担负着渲染气氛和表达情感的重任。在这点上，《凤凰气象站》提供了很好的范例。在讲述台风"苏力"经过台湾海峡开始影响沿海地区时，画面从清爽的蓝白色系转为了深重的墨绿色系，从色彩上最直观地体现了其灾害性天气的本质，给予"苏力"会对我国造成深重影响的视觉暗示。

1.3　虚拟演播室设计

《凤凰气象站》在整体包装、讲解内容以及主持人配合上都非常出彩，其开阔大气的虚拟演播室更是给人留下了深刻的印象。虚拟演播室在近年来的气象影视节目中可谓是屡见不鲜。虚拟演播室系统用 3D 软件搭建实际中难以实现的场景，使制作人员摆脱了时间、空间、道具等不利因素的制约，获得了更多的幻想和创作空间。《凤凰气象站》中蓝白相间的虚拟演播室干净清透，而且还将演播室直接搭建在了海面上，感觉视野更加开阔，远处的海平面更在无形中平添了纵深感。地面和海平面采用的都是圆弧形设计，在给人以圆润精致感觉的同时也起到了视觉引导作用，将视线不知不觉地引向主持人和讲述内容上去(图 3)。

1.4　版面设计

若要将抽象的天气展现给大众，最简单的方式就是使用图像。人类的大脑对于图像的记忆能力远高于对于文字的记忆力，然而面对气象节目中经常出现的专业地图、雷达图、卫星云图等，单纯的只使用图像是行不通的。因此，描述图像信息的文字也是气象节目中不可缺少的元素。将两者有机地结合起来才能够更直观准确地把天气信息传达给观众。

福建省气象局《全省天气预报》节目中描述中部地区雨量时使用的图文非常直观简明，伴随主持人的讲解和手势层层凸起，层次分明。而描述山洪地质灾害时也用了类似的手法，危险较大的地区用凸出的红色柱状图来体现(图 4)。

图 3 《凤凰气象站》的虚拟演播室

图 4 福建《全省天气预报》版面设计

湖南省气象局的《卫视气象站》则提供了另一种设计思路。它的很多图形并不立体，反而平面化，但是非常清爽简洁，和节目的整体风格相一致。其实，现今很多网站和手机应用软件都兴起了平面化设计之风，这源于微软推崇的极简之风、内容为王的概念。虽然网站或者 APP 与电视节目在表现形式上有诸多不同，但这档节目至少证明了简洁的图形图像也可以将气象信息传达得很完美。节目中还使用了动画来辅助主持人的解说。主持人用热水壶做比喻来解释湖南的天气热是由于副热带高压把热浪扣在了头上，与此同时地图上直接出现了一个热水壶动画，显得生动形象，值得借鉴(图 5)。

《凤凰气象站》中展现台风路径的方法非常别致，台风路径直接在主持人脚下的地面上呈现，主持人配合台风路径走位，既直观又富有新意(图 6)。

图 5 湖南《卫视气象站》版面设计

图 6 《凤凰气象站》台风路径版面设计

1.5 背景配乐

在诸多节目的背景配乐中,《凤凰气象站》中城市天气预报的背景配乐最让人难忘。大多数天气预报节目的配乐都是固定的,而《凤凰气象站》的城市背景配乐每次节目都会更换,且多为流行音乐(编者注:这是应凤凰卫视要求)。这种更换很大程度上保持了节目的新鲜感,也可以说是节目吸引观众的一个小亮点。优秀的配乐能够增强画面的感染力,在使得画面变得更加充实的同时传达感情。此类节目中配乐既柔美动听,歌词中又与风雨相关,非常贴合主题,能够引起观众对于之前节目内容的回忆和联想。这也在细节上展现出了节目制作者的用心,而很多时候细节是决定成败的重要因素。

2 主持风格

主持人的风格是由主持人在长期的节目主持中不断实践,再加上自身的个性气质和人文素养锤炼而成的。它对于节目的整体风格和评价都有着不可忽视的影响。比如说,此次竞赛中获得省、地市级天气预报节目一等奖的福建省气象局的节目主持人,其形象风格温婉大方,内容讲述连贯流畅。主持人的背景也应景地从暗色调的虚拟演播室转变为明丽的水墨画,配以主持人更加明朗的笑容,让人不由眼前一亮。相比之下,《新闻联播》主持人风格则更加庄重大气,而我们《天气预报》节目主持人风格则偏向于亲切自然。

3 内容为王

任何一档节目若要想长久地生存下去,都离不开节目内容。绚丽的包装固然吸引眼球,但节目内容才是创造高品质节目的核心。作为与日常生活息息相关的气象节目,更需要站在普通观众的角度去思考,发掘观众对于天气的疑问和兴趣点,将天气要点从复杂的图文数据中简化提炼出来,用通俗易懂的语言向观众普及气象知识,激发观众对于节目的收看兴趣。在此次竞赛中,有很多获奖节目在内容上都有着明显的亮点,做到了内容为王。

在陕西省气象局《午间天气预报》中贯穿整个节目的暴雨主线讲述得非常清楚,条理分明。特别是开头讲述暴雨所带来的灾害时,其"延长突发山体滑坡"的实况视频令人印象深刻,整辆轿车瞬间被埋的画面给人带来的视觉冲击力非常强烈,让观众对于暴雨的危害有了最直观的感受。

江苏省气象局的《天气预报》则提到了体感温度这一概念,通过不同环境下测量的温度的差异,解答了观众对于体感温度比预报气温高这一疑问。

广东省气象局的《天气预报》节目中普及了城市涉水线和水尺的相关知识,从另一个方面讲述暴雨对日常生活造成的影响。此档节目与我们的《天气预报》节目一样,都在末尾处提及了海岛游的相关内容,为大众在酷热的高温中寻找清凉之地提供了有力支持。

除了海岛游,我们还在节目中介绍了热射病的相关知识和防暑降温的方法,积极地为大众排忧解难。

南京市气象局的《标点气象》是一档为体育赛事提供气象资讯的预报节目。它从"东边日出西边雨,雨水分布不均"这一天气现象引出了气象局为赛事准备所使用的各种高科技设备和精细化的预报,很好地展现了气象部门的科技水平和业务能力。

结语

通过对此次诸多参赛节目的分析，发现了我们在图形版面设计上确实存在不足，图文搭配不够精致准确。在主持人的服装上，黄绿撞色的服饰搭配也略显突兀。但总体来说，浙江省这次的参赛节目，剪纸式水墨画片头独具一格，新闻式的开场引人注意，清晰的分段标题引导内容的顺利铺开，最重要的是抓住了时下最新的气象热点信息，贴合百姓生活需求，很“接地气”。我们会以此次竞赛为契机，不断地学习和进步，改进不足之处，提升技术水平和创新能力，更好地为大众服务。

参考文献

王磊. 2013. 虚拟演播技术在气象影视节目制作的应用. 中国科技博览，**31**：523.

吴天明. 2006. 浅析电视气象节目包装“三步曲”. 电视字幕. 特技与动画，**12**：25-26.

谢志博. 2012. 关于电视节目配乐的主要作用和特点分析. 中国科技博览，**34**：412.

余跃等. 2010. 如何丰富电视气象节目内容浅谈. 中国科技信息，**18**：172.

张梅等. 2005.《天气预报》节目片头创意与制作. 电视字幕. 特技与动画，**3**：18.

第九届全国气象影视服务业务竞赛节目观摩体会

胡小羽　刘莉坤　涂　伟

（江西省气象服务中心，南昌 330046）

摘　要

在当前电视节目同质化趋势严重的现状下，电视天气预报节目因其固有模式及表达方式，也面临着同样的问题，甚至更为紧迫。通过对参赛的卫视气象预报节目在形式、内容、包装、影视技术等各方面新尝试和突破的分析，寻找和挖掘未来电视气象预报节目的发展趋势和方向。

关键词：同质化　新媒体融合　极简主义

在第九届全国气象影视服务业务竞赛中，涌现出了众多优秀的电视气象预报节目。其中，不少参赛节目在节目形式、内容、包装以及影视技术上都有所创新和尝试，探讨了气象影视节目发展的新趋势，对未来同类节目制作有着重要的借鉴意义。有利于制作出观众喜爱、富有特色的电视气象预报节目，也有助于进一步加强全国气象影视服务能力。

1　节目形式

电视是一种高度类型化的媒体，在经过演变及发展后，电视栏目类型化十分明显。电视气象预报节目作为一种特殊的电视节目类型，也有着其类型化的节目形式。

一般而言，传统气象预报节目有自己的片头、片尾，节目主体由主持人口播和城市预报两个部分构成，是一档完整的电视节目，在表现形式上采用较专业的气象数据图表（如累积雨量图、500 hPa 高度场、雷达回波图等），呈现给观众以科学、专业、权威的节目形象，但亲和力稍显不足，与观众之间容易形成心理距离。

此次参赛的卫视气象预报节目大多都延续了这种传统的节目形式，但值得注意的是，一部分参赛节目做出了不同程度的尝试，总体上呈现了“新闻化”的趋势（图 1）。

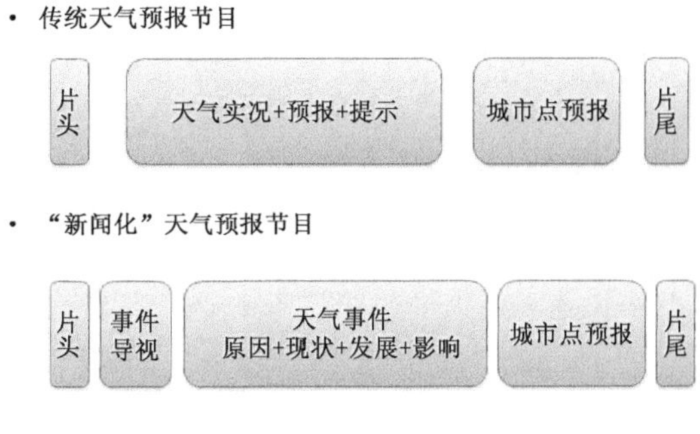

图 1　传统与“新闻化”天气预报节目形式对比

有的节目开辟了用导视概括气象事件，有的节目将天气作为新闻事件，从起因、现状、影响等角度，用剖析新闻事件或新闻热点问答的方式传播预报和科普信息，充分体现出了气象预报节目的“新闻化”倾向。这种“新闻化”的转变究其根本是将天气预报节目去特殊化，使节目融入观众更为熟悉的传统电视节目类型当中，更加有利于观众对预报和科普信息的理解和接受，以达到更有效的传播。

2 节目内容

当前，随着广播电视的不断发展，国内电视栏目同质化越发明显，如何通过节目内容的取舍和编排提高节目区分度，使人“过目不忘”，成为决定一档节目优秀与否的关键因素之一。

天气预报类节目也面临着此类的问题，因为传统电视天气预报节目除了在节目形式上高度类型化以外，其在内容编排上也有其较为固定的模式。主持人口播部分普遍由天气实况、天气预报和天气影响提示这三类内容组成，而城市预报则单纯是城市加天气预报，各地除了地理信息的不同以外，在内容上难以形成明显的差异性。

在追求节目特色和差异化中，此次参赛的众多节目都选择在节目内容上进行尝试，其中有些尝试达到了不错的节目效果，为各省日常气象预报节目提供了新的方向，显现了未来同类节目发展的新趋势。

2.1 强化语言亲和力，深化情感色彩

为了追求科学性、准确性，天气预报节目往往语言简洁、严谨，多使用气象专业词语(如：过程、切变、低槽、高压脊等)，这会与观众产生了一定的距离感，难以有较大的情绪感染。

在此次的比赛中，不少节目都对节目语言风格有较大改变，在保证科学的前提下，语言上尽量的生活化和平民化。“烧烤模式”、“爆表”、“正能量”等接地气的词语在气象节目中频频现身，既能形象贴切的形容天气现状，又能给节目增添了亲和力，使人耳目一新。

同时，一些节目在内容编排上也加强了人文关怀，疾风骤雨时关注人们的安全，糟糕的天气里抚慰人们的心情，给严肃理性的节目中加入了一些温情，增强了节目的感染力。像福建省气象局在节目最后从宏观和人文的角度提及台风带来的影响，又从观众的角度出发希望台风不带来一点灾害，贴合人心。

2.2 新媒体融合

如今，微博、微信等新媒体正逐步渗透到生活的方方面面，成为大众获取信息和抒发心声的重要途径，其传播的即时性、内容的丰富性都远胜于传统的电视媒体。如今，全媒体融合正成为大势所趋，电视节目开始利用多种媒体的优势来扩大传播广度和深度，在优势互补的基础上形成整合，以产生任何单一媒体无法具有的强大传播能力。

在此背景下，融合新媒体的电视节目正不断涌现，在此次参赛的不少节目中，微信、微博等新媒体频繁现身。在黑龙江的节目中观众运用微信平台提问并发表意见，在北京的节目中运用微博表现预警信息的发布，这大大增强了节目的互动参与性，也在一定程度上表现了气象服务的个性化和及时性。

2.3 日常生活提示的数据支持

在天气预报节目中天气提示更多针对的是灾害性天气，强调其影响(如干旱、地质灾害等)及相应的防御措施。而日常的生活提示通常只是在结尾顺带一句，篇幅较小，内容挖掘较浅，对观众的指导意义不大，难以达到预期的效果。

一些节目增加了提示板块的篇幅，像广东和浙江就在旅行提示中采用了气象实况数据或预报数据，使得提示言之有理，不仅提出建议，还解释了这样建议的科学道理，使节目更加严谨和科学，同时也加强了服务的针对性和人性化。

3 栏目包装

电视作为视听媒体，节目的优秀与否不仅在于形式和内容，栏目包装同样重要。通常而言，电视栏目包装主要包括设计和画面艺术两大部分，以视觉为第一要素，同时恰当的音乐彰显了节目的节奏和个性表现力。因此电视栏目的包装设计与画面设计、视听等各种艺术有着紧密的联系。

3.1 设计艺术

设计艺术包括基本的构成要素点、线、面。无论多烦琐的视觉形象和绘画风格，电视栏目包装设计者都可用点、线、面的构成原理来进行组合与取舍，最终架构成具有设计理念的包装作品。此外，设计艺术也包括 VI 理念的导入，包括栏目标识、字体设计等具体的设计内容。湖南的节目在 VI 理念的导入方面很成功，其栏目标识、版式规划、字体设计具有整体性和统一的风格，辅助图形也没有多余的地方，线条、数据设计都体现了节目的风格——时尚轻松清晰，有利于栏目形象的识别和树立品牌意识。

湖南节目在 VI 方面主要体现的是色彩的成功应用，主色调是黄灰蓝。黄色是最主要的标准色，它的选用，第一是因为其已经成为湖南卫视的品牌色。第二，最鲜艳的色彩组合通常中央都有原色——黄色。黄色代表带给万物生机的太阳，活力和永恒的动感。当黄色加入了灰白色，正好中和了白色极高的明度，柔和感增强，同时增添了时尚感。

在设计中，色彩的选用是体现设计师想要通过此设计表达出怎样的情感，同时也是想唤起观众对于其设计的理解和共鸣。可以说色彩是有灵性的，所以在确定好主色后，辅助色的选用也是很重要的。

蓝色，是最为大众所接受的颜色之一。蓝色是橙色的补色，橙色是黄色的叠加色，在色彩的视觉上是不冲突且融合的，采用这种颜色的色彩组合可解释成可靠、值得信赖的色彩。选用蓝色作为背景色在天气预报节目中被广泛使用。

高度对比的配色设计，像黄色和它的补色紫色，就含有活力和行动的意味，尤其是出现在圆形的空间里面。身处在黄色或它的任何一个明色的环境，几乎是不可能会感到沮丧的。

湖南的整套节目中，色彩的出现，可以说多但也不多，多只能说它都是在其标准色的基础上衍生的，叠加色、补色、类比色运用在整篇文稿。说不多也是对的，从视觉上来看，它就是黄灰蓝的不断运用。

另外，设计发展到现在，“极简”风格已经慢慢走进了广大观众的审美中。这一设计发源于19 世纪 50 年代的欧洲，其后几十年的不断蓬勃发展，风潮几乎波及全球。极简风格所主张的就是简洁和明了，所主张的就是一种无杂质的艺术效果。这几年新媒体的发展如猛虎般跃入消费者视线，电视行业也都在纷纷改版，从改版风格不难看出，极简设计的融入成了必然性。不难看出湖南此次的节目融入了极简风格，“少即是多”，以传统的天气预报节目来看，湖南此次是减少了很多元素，在出现地图的时候并没有地理信息，都是以辅助图形为主展示抽象的表达。色彩和形上都是选用的灰白透明当下比较流行时尚的元素构成，其实减少比增加更难，在减少的同时也要让观众看得懂看得明白，并且画面效果要美。

3.2 绘画艺术

绘画艺术对电视栏目包装设计来说，主要的影响在造型、色彩、构图和画种风格方面。

造型：电视栏目包装设计是在创造视觉形象，这就是造型的基本状态。通过绘画的基础我们将要创作的构成要素描绘出来，是抽象的还是具象的，是立体的还是平面的，是简单的还是复杂的，造型的确立是电视栏目包装设计视觉形成的第一步。

色彩：电视栏目包装设计应根据频道、栏目、节目的定位，确定包装设计的主色调。

构图：从欣赏的角度来讲，应注意把握宾主关系，位置安排得当。主要的视觉形象、主要的造型形态、主要的色彩面积等都制约了构图的形制。

画种：画的种类很多，如油画、国画、壁画等等，这些画种使用的材料不同，产生的画面效果也不同。现在国内的包装设计有中国特色的就是国画水墨视觉效果。每一种绘画的类别都会给包装设计带来全新的视角，也形成了电视栏目包装的视觉风格，创造了包装设计的意境。浙江的节目此次就是运用了水墨风格，从片头就能看出，把水墨设计化，简单化。而它们一直以来的节目风格都围绕水墨为元素再改造，形成了它们自己的特色。

3.3 视听艺术

包装风格化的创立主要是通过视觉形象和视听节奏来完成的。特别是包装中的重要组成部分——片头，更是将视听的技巧运用的淋漓尽致。视听技巧要有镜头概念，镜头的组接和镜头画面内图形的调度构成了包装的运动效果。广东和浙江的片头都比较有自己的特色。在片头中景别、虚拟机位的镜头运动以及剪辑与音乐节奏的关系在视听艺术的框架内完整地组合起来，来完善电视栏目包装设计，使其成为影视艺术的整体形式。

这一次有很多省都运用了虚拟演技术，在景别上就有更多发挥的空间。在景别的切换上面分为两种，中景和全景，一般中景常用于叙事性的描写，交代人与物之间的关系。而全景常用于表现场景的全貌和全身动作，全景的作用在于表现人、物与环境的关系。以广东节目为例，他们利用中景主要讲的是具体的天气实况和预报，用这样景别的用意是使观众的注意力增强，同时增加感染力。他们使用全景表达文稿的内容，同时表示与之相呼应的周围环境的变化。不同景别的组合使用，显示的是丰富的想象力和表现力。

音乐方面，福建的节目是一个亮点。节目刚开始是说台风来临，与之相配的入场音乐节奏快，有应景感和严肃性。片尾的音乐以柔和缓慢为主，与主持人充满人情味的祝愿相迎合。整个节目从试听方面来说是很统一的，是有目的性的设计。

4 影视技术

影视技术是电视节目制作的基础，先进的技术和手段能为节目提供更广阔的创作空间。虚拟演播室是近年发展起来的一种电视节目制作技术，它将计算机制作的虚拟三维场景与电视摄像机拍摄的人物活动图像进行数字化的实时合成，使人物与虚拟背景能够同步变化，从而实现两者天衣无缝的融合，以获得完美的合成画面。由于其可以制造丰富多彩的演播室场景，并且花费的成本相对较低，因此虚拟演播室越来越多地出现在主流电视节目中。

在此次参赛节目中，不少节目运用了虚拟技术，像《凤凰气象站》就将虚拟技术运用的非常成熟，配合镜头的推拉摇移，节目效果非常好。不少省级节目中也使用了虚拟录制技术，让主持人置身于美观的场景之中。不过，有的节目中景别的转换并非出自主持人的移动，而是多镜头的切换，可见并没有使用完全的虚拟技术。但可预见的是，未来虚拟技术在电视气象预报节目中的运用将越发成熟和频繁，气象预报节目将向着更加美观、数字化的方向发展。

总体而言，此次众多的参赛节目在形式、内容、包装和影视技术等多方面都做出了各自的尝试，一定程度上体现了未来电视气象预报节目发展的新趋势和新方向。通过对优秀作品的分析和借鉴，将会对各省气象预报节目的改进和发展带去思路和参考，有利于制作出更加科学美观、通俗好看的电视节目，有助于气象影视业务的进一步发展和创新。

参考文献

金蓓雷. 2013. 巧用网络传播手段 丰富电视节目形式. 新闻传播，**9**：109.

卢琳. 2013. 电视相亲节目的同质化因素与异质性创新研究. 重庆邮电大学学报（社会科学版），**25**(6)：80-84.

苗莉娜. 2011. 电视新闻节目形式的艺术性探究. 新闻传播，**5**：40.

齐永光 武文颖 周垄. 2013. 试论媒介融合时代的电视媒体发展之路. 新闻传播，**9**：121.

吴晓恩. 2010. 电视节目同质化和网络山寨文化的兴起. 中国广播电视学刊，**1**：44-46.

约翰·菲斯克. 2005. 电视文化，祁阿红，张鲲，译. 北京：商务印书馆.

朱宝. 2013. 浅论新媒体时代电视传媒的生存与发展. 商情，**50**：124.

电视气象旅游节目如何应对市场服务大众

王　轶　郭　帆　俞卡莉

（浙江省气象服务中心，杭州 310017）

摘　要

在电视节目日益丰富的今天，如何让电视气象节目在众多不同类型的电视节目中占到一席之地，做好我们的气象服务，得到受众的认可，是需要我们气象影视工作者不断思考的问题。本文试图以气象旅游节目为例，从节目的基本理念、策略、内容和推广办法进行分析，就气象旅游节目如何结合行业需求、应对市场的挑战、做好信息服务提出一些见解。

关键词：旅游　电视节目　气象服务　受众　收视市场

旅游作为现代人的一种休闲、娱乐、健身需求，已经引起越来越多人的兴趣和积极参与。各级政府也越来越重视这一绿色新兴产业的发展和培育。旅游业作为中国国民经济新的增长点和休闲经济的主力军，在新世纪中国休闲经济的发展中担负着重要的任务。

在日益增长的旅游大军中，人们渴望了解更多的旅游相关信息。各地电视台都围绕着旅游做文章，推出了形式多样的旅游节目。而气象旅游节目作为众多电视节目中的一种类型，在紧扣旅游产业市场的同时，更多地要考虑如何实现节目的传播效果、提升传播力，获取观众的认可和支持。本文结合旅游市场分析，就气象旅游节目的发展提出一些见解。

1　基本理念：脱离市场，节目再精彩也无处落脚

旅游节目当然必须紧扣旅游行业市场，而作为电视媒体也应当融入到行业市场中去，让节目参与到行业市场中，通过运作市场来支持本地旅游的发展。作为旅游行业重要的宣传平台—电视气象旅游节目更应该注重收视市场的发展。一档节目有了观众才有收视市场；收视市场好说明观众多；观众多了，节目的影响力就大了，节目的价值才有真正的体现。所以，从做好节目到做大市场，基本的出发点还是节目做得要有人看。

随着电视事业的不断发展，电视节目也越来越具有对象化。这就使得节目在面向社会的选择与表现上分工越来越细化，观众择其需求也逐步分流成越来越固定的收视群体，这样的分流自然使得收看某类特定节目的潜在观众数量在下降。而在这种大环境下，想要创办一个面向不同观众群体，能唤起不同年龄层次、不同职业和不同文化素养的观众共同感兴趣的，从而能提高收视率的旅游栏目，显然是我们节目制作方首要思考的问题。

旅游类节目是旅游行业促销的一个窗口，是政府、业者与百姓之间联系的桥梁。旅游节目主要对象是旅游爱好者、旅游主管部门和旅游行业的从业人员。三类受众人群都离不开市场：旅游爱好者可以从节目中了解相关的旅游市场信息和目的地的情况，希望通过观看节目而得到更多受益；旅游主管部门则希望通过节目宣传旅游政策，提升旅游形象，推动旅游行业发展；旅

游从业人员则希望通过旅游节目推销企业产品，提高本企业的知名度。因此，节目的制作方只有紧扣市场，才可能让旅游节目同时满足不同人群的不同诉求，进而获得社会效益、经济效益的双丰收。

2 基本策略：结合行业市场，占领收视市场

我们的电视节目无时无刻不处于市场竞争的夹缝中，要面向市场，立于不败之地，并非易事。这就需要栏目谋求与众不同的策略方向，从而起到事半功倍的效果。本文认为，深入旅游行业进行多方合作，及时宣传市场动态并结合气象信息的专业化、人性化服务，才是我们旅游气象节目的立足之本。

2.1 与旅游主管部门合作，获得节目支撑

旅游主管部门掌管着旅游政策，掌握着大量的旅游信息，主要职责就是推动旅游市场的发展。旅游类节目是旅游宣传的平台，影响着人们出游的热情和旅游市场的发展，两者合作可以达到“1＋1＞2”的效果。旅游局不仅在信息、资金上支持，还为节目在政策上给予把关；节目则将旅游市场的前景、信息、旅游宣传活动等通过电视宣传出去，吸引本地市民积极参与，通过共同参与市场，使旅游工作和节目运行都步入良性循环发展的轨道。

2.2 与战略合作伙伴共同开拓市场，解决资金瓶颈

旅游企业要想做大做强，必须深入了解旅游市场，了解游客所思所想；旅游类节目不仅可以提供这些市场信息，还可以塑造企业形象，其中一些前瞻性的报道还可以作为企业明确前进方向的参考，双方非常具有互补性。合作企业包括旅游景区景点、旅行社，以及其他旅游的相关企业，它们不仅在资金上支持节目的发展，而且还可以配合节目采访制作，通过提供丰富多彩的节目源，使节目更具可看性。

2.3 围绕旅游产业开展气象服务，提升节目的专业化

公共气象服务是衡量旅游服务质量的重要指标。随着我国旅游业的迅速发展，一些旅游部门和旅游景区充分意识到旅游和气象的紧密关系，气象防灾减灾已经成为旅游安全的重要保障。企业在旅游线路的设计及相关营销产品的制定过程中，会更多地参照气象条件的影响，以确保出游行程的安全顺畅。同时气象服务的运用也对旅游服务行业的质量得到了进一步提升。在当前深化旅游产业的气象服务过程中，旅游行业积极与气象部门展开合作，进行了旅游景区气象观测系统的建设，开发了旅游景区特殊气象景观，研制了旅游气象类指数预报。这些举措使旅游气象服务的精细化和个性化程度有了很大的提高。同时更多的气象成果正被转化到电视气象服务中来。

2.4 与受众互动，提高节目的收视率和影响力

节目互动无疑是提高影响力、增强参与性的重要手段之一。作为本土化节目的优势就体现在节目与观众心理距离近，本地人、本地事、本地的活动，参与进来较为方便、踏实。在旅游淡季与企业合作推出优惠活动，推动淡季的本地旅游市场；与本地旅行社合作组团出游，增强了节目的可看性。旅行社、景区景点等给予节目的优惠政策、活动支持，节目则通过市场让观众获得更

多的旅游优惠，将观众变成游客。通过这样的互动，企业增加了收入、节目培养了忠实的收视群体，提高了收视率增强了影响力。

3 基本内容：为旅游爱好者提供人性化服务

电视节目的可看性是节目的灵魂。求知、求实、求奇则是目前广大电视观众对所有电视节目在内容上的基本要求。而要如何丰富气象旅游节目的内容，笔者认为，应从以下几个方面入手。

3.1 把握好旅游的区域性与气象的服务性

旅游的区域性是旅游最突出的特征之一，旅游者往往希望离开常居地到比较陌生的环境里去看看，以满足自身的好奇心理。而目前的旅游类节目往往依托当地的旅游资源，以宣传和推介本地旅游为目标，这种本土制造的模式使节目内容受到了局限，很难对本地观众产生共鸣，同时区域外的观众由于受到本土文化传媒的影响，一般也只会局限于观看本土的电视节目，不会费力去搜索其他区域的旅游电视节目，这就使得节目的生命力越来越短。所以在节目的制作过程中我们要结合旅游的出行特点，做到本土自由行与远途组团游相结合，做到既宣传好本地旅游又能让观众领略不同地域的旅游特色。在气象服务上运用以异地天气预报及本省的中长期预报，针对远方的旅游目的地和旅游行程的安排做好天气服务。同时运用本省的短期预报为双休日或短时间在本地自由行的游客服务。

3.2 做好旅游的综合化与气象的人性化服务

旅游是一个涉及面比较广的综合行业，包含了“食、住、行、游、购、娱”等一些基本要素。我们的节目除了满足观众视觉上的美感需要之外，还要给观众提供一些具有实用性、可行性的服务信息。如一些线路设计、价格及行程中的注意事项。除此之外，天气作为旅游的影响因素，也不容人们小视。外出旅游往往由于天气的变化会对老人和小孩的健康产生一定的影响，所以在节目中可以增加一些提示版块，发布一些穿衣及疾病防御类的指数预报，这类指数预报可以对人们的衣食住行起到指导和参考作用。旅游是一项观光活动，其实，大自然的风光与气候条件密切相关，如日出、云海、雾凇、海市蜃楼等。在受到气候条件的影响下，不同类型的旅游区有不同的景色，同一个旅游区在不同的季节天气也不一样，适宜的天气、气候不仅具有特殊的景观功能，而且可以增添富有特色的旅游内容，扩展旅游活动的时空分布。在节目中对某些特色气象景观做一些气候背景的描述，不但丰富了节目内容，也提升了景点的观赏性。

4 基本办法：合理安排节目结构，结合旅游的体验性，突出节目的观赏性

电视节目以传播速度快、形象生动的特点，优于其他传播媒体对观众的影响，恰当的节目结构和形式不仅可以让人眼前一亮，还可以和人们的社会心灵相呼应，拉近节目与受众间的距离。

4.1 节目要有科学的布局，合理安排节目结构

现在旅游资源丰富，出游周期也长短不一。在时间或经济条件允许的情况下，大多会以远

途旅游或境外游为主。而双休日或短期假日，人们往往会选择近郊出游。所以，根据不同的市场行情，不同的出行方式，不同的出行人群，需要对节目进行科学安排，合理布局，达到信息的有效传达。同时，由于电视自身表现的艺术性，需要选取旅途中的闪光点进行诠释。电视旅游节目中在几秒钟内闪过的几幅画面，在现实的旅游过程中可能需要进行几个小时的跋涉才可以实现。一期节目很难展现一个地方的所有特色，这就要做到整体开发和细节开发相结合。

4.2 要有多样的表现形式

想要让电视旅游节目做得有特色，就应该注重节目形式上的创新。电视旅游节目传统的形式主要是介绍式、主持式、单景式，后又逐渐丰富为纪实式、行走发现式、访谈加介绍式、记者体验式、甚至是大型谈话类旅游节目等多种类型。单一的形式常常使节目显得呆板，如果让不同的表现形式组合在一起，就可能达到出奇制胜的效果。就如现在旅游节目中常用的“演播室＋外景拍摄”以及“外景体验式”的节目方式。在演播室内，通过主持人与嘉宾的交流，将旅途中的体验过程和心得体会娓娓道来，并通过外景拍摄作为实景的补充，这样的形式，既加深了节目的可信度和人文深度，又能避免纯说教式的副作用。“外景体验式”的形式，表面上看，去掉了演播室，实际上，节目制作者是把演播室搬到了环境现场，每一个现场参与者都有自己的经历和感受，通过镜头告诉大家自己的所感所想，这种让观众从被动接受到主动参与的形式，不但能让观众信服还能激发观众的出游动机。

5 结束语

总之，气象旅游节目依附于旅游产业蓬勃发展的大背景，拥有独特的节目资源，我们只有积极加以专业化、信息化、服务化的开发利用，形成独到的栏目品牌，才能在目前的市场竞争中获得更强大的融合力、传播力和影响力。才能使我们的气象栏目在媒体多元化、电视节目多元化的时代中占有一席之地。

参考文献

何银春. 2009. 中国电视旅游节日的发展及对策. 东南传播，(12).
张恒翀. 2011. 发展旅游气象服务探析. 科技论坛，(8).
赵舟敏. 2010. 电视旅游节目的发展方向探析. 东南传播，(6).

电视气象节目的静止灵魂
——浅谈电视气象节目场景色彩

王玲燕　黄　程　许莎莎　胡映君

(浙江省气象服务中心,杭州 310017)

摘　要

一个成功的电视场景设计绝不可能脱离节目本身而存在,而是紧紧围绕节目内容,提炼出最具有代表性的图形、色彩基调等元素,然后再通过技术手段有机组合在一起。而电视气象节目作为一种视觉艺术产品,色彩在电视场景设计中的作用举足轻重,视觉冲击力很强,带动观众情感波动的强度高。本文以各地的气象影视节目为主线,对气象类电视节目设计中的视觉审美及各种视觉的构成要素(场景、色彩等)分析的基础上,结合大众的视觉习惯,探讨气象类电视节目如何达到更有效、合理的传达效果。

关键词:场景　电视气象　色彩

电视节目作为一种视觉艺术,色彩更能直接的抒发创作者的情感,使观众第一时间接收到创作者所表达的情感,引发自身情感的共鸣,使原本不具有生命的东西获得新生命,使其具有情感和思维。场景色彩在影视设计中具有极大的功能价值,能增强气象信息的传播,增加设计艺术的感染力,能使设计的节目产生视觉冲击力;让观众对节目以及内容有极强的认知性,并通过视觉作用,使受众产生各种色彩联想,有助于节目将气象信息传达给受众。

如果场景是相对静止的,那么色彩便是让场景附有生命力和情感的关键,场景色彩可以说是电视气象节目的静止灵魂。

1　色彩

1.1　色彩的概述

色彩在生活中随处可见,我们的生活无法离开色彩的应用,色彩是美的一种象征。

我们都收看过中央电视台新闻联播之后的天气预报节目,给无数人留下了深刻的印象,成为许多家庭多年来晚间的生活习惯。它在节目中也注重运用一些色彩的变化,以蓝色为主色调,并辅助绿色协调统一,沉稳厚重一些,增加了节目的视觉冲击力和感染力。因此,作为气象节目几大视觉因素之一的场景成为研究的重中之重,场景色彩在节目中的作用和地位是不可小觑的。色彩赋予场景生命力和情感,如同人的灵魂一般重要,人没有灵魂就如行尸走肉,而场景没有了色彩也就淡而无味了,色彩便可称为场景的灵魂。因此,有更多的影视创作者,投入并研究场景色彩的运用。

节目中的色彩,由于融入了时代背景的特点和创作者的主观情感,色彩的视觉冲击力才更强,从而具有了特殊情感和独特风格,更容易感染欣赏者。色彩给世界穿上美丽的衣服,不断编织着令人向往的美丽。电视节目更是与色彩的运用无法分开的。

1.2 色彩的视觉感受

色彩的视觉感受主要受色彩自身的色相和色度的影响。色彩的色相对人的情感影响最明显。色彩自身没有情感、寒冷或温暖的感觉,是人们将自己的情感投射到色彩身上。每个人的内心感受,对色彩的独特理解和感知,才使得色彩具有情感和冷暖。在暖色调中,红色、黄色、橙色等颜色视觉冲击力比较强大,让人产生温暖、兴奋、热烈、烦躁等感觉或心理感受。在冷色调中,蓝色、墨绿、绿色、紫色等颜色视觉冲击力比较弱,便让人产生寒冷、阴森、害怕等感觉或心理感受。即使一件物体大小相同、形状相同所处的环境也相同,因为运用的色彩不一样,便让人产生不一样的视觉感受和内心情感。

色彩的视觉感受和色彩的明度也有关联。明度比较高的色彩使人联想到白雪、彩虹、棉花等,使人产生轻松、快乐、自由、温柔等感觉。明度比较低的色彩易使人联想到煤炭、地狱、山脉或深渊等,使人产生沉重、恐惧、低落等感觉。

地球上的万物都有丰富的色彩,在电视气象节目中,我们也都见过表现春、夏、秋、冬的不同色彩,那么为什么要用这些色彩表达季节的变迁、寒暑的更替呢?

自然界有它的四季更替,春夏秋冬呈现和谐的周期变化,色彩也随之变化,表现出了万物生命力的存在。这些都是色彩给予我们的视觉感受。人的视觉对于色彩的印象是感性和理性的结合体,它既具有客观性又具有主观性。只有将感性和理性相结合起来认识色彩,才能有效地分析色彩的视觉印象,从而把握色彩的表现规律。

2 电视场景

2.1 概念

电视场景是一种立体的空间艺术和视觉艺术,从传统的戏曲、戏剧舞台中广泛吸收营养,艺术语言和表现手段非常丰富,包括空间、比例、节奏、色彩、材料等因素共同构筑了电视场景艺术的造型美。

2.2 在电视气象节目中的地位

电视场景制作是电视节目制作中不可缺少的元素之一,不应该简单地理解为放置一些悦目的影片或是背景和平台的组合,它所体现的不仅是审美价值,还能完成诸多功能上的需求。电视场景让节目更加立体,使观众更直接地领悟到节目所要传达的情感,引起共鸣。场景制作对整个节目氛围的营造和情感的推进有着非常重要的作用。

3 电视气象节目的场景色彩

气象节目的总体定位是:生活化的、通俗易懂的气象科技服务类电视节目,而不同的栏目根据不同的收视群体,应该有各自的具体定位。不同节目的性质和艺术定位,采取不同的表现方法,以满足观众的要求。因此,科学、合理地设计电视气象类节目中场景的色彩,是保证节目质量的前提条件。电视场景的色彩运用，直接反映了节目的制作水平，是影响收视率的重要因素之一。

3.1 场景色彩

作为视听产品的电视气象节目，场景无疑具有重要的作用，而色彩是构成场景的重要因素。场景色彩可以更为形象地展示不同天气的个性特点，强化感知力度，使人留下深刻的印象和记忆，另外，搭配合理、色彩协调的场景能够在传递信息的同时给人以美的享受。

3.2 场景色彩在电视气象节目中的作用

场景的奇幻、浪漫、美丽、情感主要靠色彩来塑造。色彩就像化妆品，化腐朽为神奇，让不美变得美丽，让美丽的更美丽。电视场景色彩为节目增添美感，场景色彩的运用决定了节目是否能够对观众产生创作者所希望的强烈冲击力，以及是否能够引起观众相应的感情反应与变化。

电视场景设计中，场景的色彩再怎么变化始终是要为节目服务的，起到衬托与暗示作用的。暖色系的颜色搭配在一起，营造出一种活泼的起伏；色调一致，大面积的弱对比营造一种恬静的气氛；众多的深色，尤其大面积的黑色营造出一种深邃的气氛等。大面积的色彩与色块在第一时间烘托了场景中的气氛，为当时的节目内容奠定了基调。感情也会随着色彩所烘托的气氛融入画面，色彩的变化就像探照灯的意义，引导着我们慢慢地在节目中前进。

例如《凤凰气象站》一期节目中，为表现台风来袭时天气变幻的情景，从万里晴空到灰蒙蒙的天空，在短短的几秒钟，场景色彩的色调从蓝到灰，不断转换色彩带给观众强烈的视觉冲击力，观众激动的情绪也被带动起来，从而感受到节目所要传达的情感。

因此，场景色彩的处理，直接影响节目内容的表达，为了使场景与电视节目的主题、内容及气氛紧密结合，生动、鲜明地表达主题思想，给观众深刻的印象和强烈的感染力，在色彩的应用上，要精心设计，充分发挥色彩艺术对电视节目的表现力。

4 在气象影视类节目中如何合理运用场景色彩

色彩的自然属性是复杂且繁多的。因此，在电视气象类节目中，色彩视觉感受的运用就要根据节目的风格以及受众年龄等而设计并灵活运用。这就要求创作者在具体实例中根据具体情况进行解析和设计。场景色彩要给人和谐、舒适的感觉，要尊重观众的文化传统和生活习惯，要满足不同观众在不同季节、不同时段的不同需求。

4.1 场景色彩的选择

在色彩选择设计方面，注重色彩视觉冲击力。色彩设计是节目个性和品质的象征。

色彩运用简洁、单纯、概括，不拘泥于自然色。大胆对比，使画面活泼生动、重点突出，非常醒目，产生视觉上的平衡美。通过色彩明度、彩度、纯度的变化，产生跳跃性的节律和艺术韵味。

4.1.1 根据色彩的情感选用场景颜色

气象节目中天气符号所表现的色彩与观众之间长期自然的已经形成了一种内在的联系，每一种符号的色彩在观众的印象中都有根深蒂固的“概念色”、“形象色”、“惯用色”。例如在节目中使用红色的箭头，让人一眼就想到升温，蓝色箭头让人想到降温。这一视觉特点是由于观众长期的感性积累，由感性上升为理性而形成的特定概念，因此，它对节目场景色彩设计有着重要的影响。

不同的节目内容拥有不同的情感氛围，场景色彩是氛围营造的重点。色彩视觉感受的正确使用，创作者便能够绘制出属于那一刻的情感氛围，平静、悲伤、欢乐或激动等。例如，中国气象频道的《天气在变化》是一档资讯类气象节目，不仅为时尚潮人指点天气变化对生活的影响，更会以一种时尚的生活方式和眼光去注目天气的变化。在节目主题风格上强调一种生活情感的表达氛围，图形搭配上突出韵律节奏，色彩上突出一种清新亮丽，以求感染观众，得到轻松愉快浪漫的审美感受。场景氛围的正确营造对节目的情感表达体现有强大的衬托作用。通过场景氛围的营造，可以推动节目的节奏、主题的表现，让观众感受到节目传达出的情感，使节目的整体风格更加鲜明，更独具特色。

4.1.2　根据节目的整体策划选用场景颜色

每一档节目场景的设计要以基本色调元素进行设计，做气象类节目应该有自己的地域特色，针对不同类型和内容的气象节目，色彩的选择应该是多变的。

场景色彩的风格必须与节目的整体风格相匹配。不同的风格展现出形态各异的画面效果。明确场景色彩的风格，能使节目的整体风格更鲜明、更直观。

例如《谈风说水》节目，在场景上运用了水墨效果，以人与自然的水墨场景，解读了我国“天人合一”的传统地理学，浓浓的江南水乡的诗情画意，使观众的怀旧情怀油然而生，水墨之间的柔情和水灵，让观众体会到清新自然的感觉。

4.1.3　根据节目的收视观众定位选用不同的场景颜色

由于生活环境及文化背景、年龄、生理、性格、性别、受教育水平等因素都会影响人们对色彩的偏好，使人产生不同的情绪。以性别为例，男性多喜欢冷色调、低明度的色彩，而女性则偏向于暖色调，高明度的色彩。因此，每一档节目都应根据自己节目的观众定位、节目的内容、形式以及风格选择不同的色彩基调。

现在的气象节目场景以蓝色居多，可以表现出科技感，例如《天气体育》这档节目在CCTV－5黄金新闻节目《体育新闻》中播出，它将权威的天气信息结合体育频道特点，为时尚运动人群量体裁衣，以实用、实时、时尚的目标去创作节目。

根据每天最新气象信息提供不同天气情况下的运动健身指南，因男性看的较多，在色彩上大量使用蓝色派生出的邻近色和同类色，整个节目的视觉连贯上形成了和谐、统一的效果，使静止的场景仿佛涌动一种韵律的动感节奏。另外，在“数”说世界杯的时候，场景变换成了体育运动场地，场景与节目所讲的内容相呼应，对节目主题起协调和衬托的作用。合理的设计、运用场景色彩，既是节目创作者主观感受的表达，也是观众收看节目的客观需求。

4.2　“整体统一、局部活跃”的用色方法

一个好的场景视觉感受，取决于整体色彩的色调。在场景中大面积的颜色的性质决定整体色彩的特征，依照调和的配色方法，就可以得到不同的色调效果。在一个场景中颜色尽量控制在3～5种之内，用色要恰到好处，以少胜多，配色组合要合理、巧妙。在有限的配色范围中对创作者要求更高。巧妙、合理、高度概括地传播气象信息，必须让受众对信息易于识别和认同，必须从整体出发注重色彩对比与协调关系。

影视色调如同音乐主旋律，创作者只有将变幻莫测的色彩统一于有序的主调中，才能使节目更具感染力。为了改进整体设计单调、平淡、乏味的状况增加活力，在搭配色调过程中须强调主次变化、平衡与节奏的变化，在节目的某个地方设计强调、突出的颜色，以起到画龙点睛的作

用。重点色一般选用比基调色更强烈或相对比的色彩，设置不宜过多，否则多重点既无重点，只有恰当面积的重点色才能使色调显得既统一又活泼，彼此相得益彰。

5 小结

寒来暑往，阴晴冷暖，气象万千，预报天天不同，一档好的气象节目不但要有好的内容作为支撑，视觉上的美感也是其立于不败之地的重要因素。经过对气象节目场景色彩的解析，场景色彩对节目氛围的渲染和情感的传达都是不可缺少的。色彩有无限可能，它能织锦的美丽与所代表的情感都要靠喜爱之人去探讨和发展，制作出更多更好的节目，而色彩给节目穿上美丽的衣服，使它更加动人。

场景色彩之道，在于运用。在场景色彩运用方面，仁者见仁，智者见智。气象节目制作从节目主题内容和天气特征出发，把握色彩变化的时代特征，打破各种常规或习惯用色的限制或禁忌，大胆探索与创新，以设计出新颖、独创的色彩格调。

参考文献

张联. 2004. 电视节目策划技巧背景. 北京：中国广播电视出版社.

电视天气预报节目要注重“接地气”

李玉华[1]　黄 敏[2]

（1 山东省气象服务中心，2 山东气象学会，济南 250031）

摘　要

本文对电视天气预报节目的现状、存在的问题进行了分析，虽然新媒体技术的飞速发展对气象影视业务产生了影响，使电视天气预报节目收视率有所下降，然而就我国国情而言电视天气预报节目仍然是受众获取气象信息的重要途径之一。为此，电视天气预报节目要“接地气”，关注高影响天气，在有限的时间内，向观众展示结合当地经济社会发展特点，反映当时天气热点的信息，并发挥气象科普宣传作用。为此，需要在节目编导上加强技术支撑，在节目制作上提高技术水平。

关键词：电视天气预报　高影响天气　信息量　技术支撑

引言

作为一名天气预报员，由于职业特点，很少关心电视天气预报节目，因为想知道的天气信息，都可以在专业天气图中获取。然而，随着对电视天气预报节目关注度的增加，越来越感觉到电视天气预报的内容过于程式化，里面的大部分内容是照搬气象台短期天气预报文本内容，而这些内容并不是预报员想要告诉公众的全部，因而，必然导致电视天气预报节目的定式与枯燥。有时，扪心自问：你也是一个观众，你了解这些气象信息就够了吗？最近一直干旱，何时下雨？天气回暖了，还会再降温吗？由谁来给我们答疑解惑？电视天气预报节目来源于气象部门，观众对天气的种种疑问和探求，都应该由我们来解答，这也是公众接受气象部门制作电视天气预报的原因。然而，我们的大部分气象影视节目还不够“接地气”，长此下去，路子必然会越走越窄，受新兴气象服务方式所冲击也是难免的。

1　定式电视天气预报正在拉开与观众的距离

1.1　电视天气预报仍是公众获取天气信息的重要途径

随着新媒体的发展，获取气象信息的渠道更加广泛，互联网、手机气象短信、手机客户端等已经成为青年人获取气象信息的重要来源。然而，传统的气象媒介，如报纸、电台、12121 气象咨询电话、电视等仍然有较多的受众，尤其是电视天气预报节目以其视听兼备、图文并茂、通俗易懂、形象直观等特点，更容易受到观众的喜爱。以降水为例，电视天气预报节目中展示的一张降水落区预报图，看一眼就能记在心里，如果用语言描述，则很难记住播音员表述的内容。在农村进行气象信息获取途径调查时发现，目前我国农村大部分农民是通过观看电视天气预报来获取气象信息的。有些农民将手机闹钟设置到当地电视天气预报播出前的 5 分钟，定时收看电视天气预报。

1.2 电视天气预报不“接地气”,造成了观众的流失

最近,在与省电视台沟通时,有关人员提出,现在的电视天气预报收视率明显下降了。一方面的原因是新媒体的发展,造成互联网、手机气象短信、手机客户端等分流了一部分观众;另一方面的原因是电视天气预报节目不够“接地气”,使传统受众对电视天气预报的依赖程度下降了。主要表现:一是定式电视天气预报自身提供的信息量不足,且与其他气象传播途径中的气象信息雷同,使观众不必仅依赖电视天气预报;二是电视天气预报没有发挥视听兼备、图文并茂、通俗易懂、形象直观等特点,因而抓不住观众的心理,让观众感觉单调乏味;三是没能与观众“心有灵犀”,观众想了解的气象信息我们没有提供。

2 电视天气预报节目存在问题分析

2.1 电视天气预报程式化

由于电视天气预报的时间非常短,一般在 3 分钟左右,给主持人的时间一般在 1 分钟到 1 分 30 秒,为了便于掌握时间,各地电视天气预报一般都是以固定模板方式制作,受模板的制约,每天的电视天气预报只能做微小调整,因此,观众的感觉基本都是一个模式。同时,由于程式化的模板,难以与当前观众关心的天气热点相结合,脱离了观众需求,不接地气。

2.2 内容与其他气象媒介雷同

电视天气预报一般播发 3 天内的天气预报,其内容基本与互联网、12121 气象答询电话等内容雷同。由于互联网的普及,公众可以方便获取更多的各类气象信息,从而使电视天气预报失去了优势。

2.3 大量的气象信息未被展示

气象万千,风云变幻,天气每天都在发生变化,就像预报员很难找到一个与历史上完全相同的天气个例。然而,这些变化的信息并未完全展示给观众。如,当天的天气特点、与气候值的对比、未来走势分析、近期的天气关注热点等,这些信息都是可以抓住观众的很好素材。一方面,由于编导不从事预报值班工作,很难将这些素材提供给主持人;另一方面,一旦提供了大量素材,在较短的时间内,制作人员很难将其融合,因此造成了信息单一的现状。

2.4 没有发挥应有的气象科普作用

对大多数观众来说,气象工作很神秘,因而对气象充满了探求和向往。每年在 3 月 23 日“世界气象日”气象部门对外开放时,都能遇到很多气象迷提出各类问题。电视天气预报是一个很好的气象科普宣传阵地,要通过天气形势变化满足观众的求知欲,而我们还没有做到这一点。

3 电视天气预报节目“接地气”的几点建议

3.1 重视高影响天气，明确受影响的群体

电视天气预报应该重点关注对人们生活质量和社会经济带来严重影响的天气过程，同时要清楚那类天气现象对那些社会群体是高影响天气，这样才能给受影响的社会群体提出有针对性的防御对策，让观众感到天气预报与观众心身相印。

3.2 关注当地的经济社会发展，提出恰当的对策建议

“气象工作对国民经济各行各业都有重要影响，经济越发展，气象服务的效益越明显。气象部门在开展气象服务时，始终坚持把为各级政府和有关部门指挥生产、防灾减灾等重大决策的专项服务放在首位”；“在为国民经济各行各业开展的气象服务中，突出把为农业服务放在首位。”因此，电视天气预报作为气象服务的重要窗口，要密切关注当地的经济社会发展，提出符合实际的意见建议，绝不能脱离实际。从事气象影视工作年轻人较多，思路也比较活跃，虽然增加了电视天气预报的活力和灵性，但如果运用不当，就会出现相反的结果。如某地十分干旱，几乎每天都是晴天，农民急切盼望下雨，而我们的节目是“今天又是一个大晴天，又会给您带来好心情，可以外出郊游、健身。”在这个时候提出这样的建议就不妥当，而是要提出城市、工业生产如何节水，农业生产抗旱、保苗的建议措施。

3.3 充分发挥电视媒体的特性，培养观众对气象的兴趣

利用最新的电视表现手法，将气象工作中的新成果、新技术展示给观众，让观众身临其境，走进气象，从而培育观众对气象工作的兴趣，增强对气象工作的理解。如，运用二、三、四维技术，展示大气环流的演变过程等；采用 3D、4D 技术，展示高影响天气的生、消演变过程，以及对重点行业的影响等。

3.4 注重气象信息的充分利用，想观众所想

了解不同群体的需求和关注点，抓住重大灾害性、关键性、转折性天气过程的时机，开展深入分析，提出对策建议；注重实况气象信息的使用，从气象要素的现在、过去、将来三个方面展示天气气候特点，展现电视媒体的特性，使观众感受到只有在电视天气预报节目中才能够获取想知道的气象信息。

3.5 适时增加气象科普知识，抓住观众求知的心理

当遇到天气比较简单的情况时，我们的电视天气预报过于简单，而这正是开展气象科普宣传的好时机。一方面可以融入简单的气象专业知识，让观众了解大气环流的演变过程，增强对气象工作的兴趣。另一方面，应加强气象对各行业影响的科普宣传，普及气象灾害防御知识，满足观众的求知欲望。

4 加强技术支撑，提升电视天气预报节目的编导制作水平

4.1 用现代技术为编导、制作人员提供素材

4.1.1 建立编导技术支持系统

开发气象信息分析系统，实现自动生成编导人员关心的相关气象信息。包括：气象要素实况、与历史同期的对比、历史极值、平均值等，能够自动生成文字与图形图像等；建立预报员与编导人员的定时沟通机制，由预报员定时制作生成对未来天气的分析预测文本，供编导人员调阅。

建立高影响天气数据库，包括高影响天气的种类、易受影响的敏感群体、相应的对策建议等，为编导人员提供信息支持。

4.1.2 建立制作技术支持系统

开发图形图像生成系统，实现软件生成大气环流（流场）三维动画图形图像，生成卫星云图、天气雷达等探测信息与降水落区的多维叠加动画等，为节目制作人员提供素材。

4.1.3 建立多模板制作系统

根据不同天气，制作有针对性的模板，建立天气预报制作模板库，从而既能满足业务要求，又能实现灵活多样的节目制作。

4.2 提高制作人员技术水平

电视天气预报节目是一个视听兼备、综合技术含量高的电视节目，既要求节目内容丰富，又要求声、光、美的完美组合，提高制作人员的技术水平十分关键。然而，作为一个部门的影视业务，培养高技术的制作人员十分困难，尤其是在基层气象台站。因此，要运用现代技术，多为制作人员开发、生成必要的素材，帮助制作人员提高制作质量。同时，要注重加强业务人员的技术培训。

5 小结

新媒体的发展，对电视天气预报带来了冲击。但是，电视天气预报仍然是公众获取气象信息的重要窗口，让电视天气预报节目接地气，更加贴近当地经济社会发展和公众需求，是气象影视的重要任务。同时，适应新媒体发展的要求，将节目主动融入新媒体中，如接入 IPTV、OTT 业务等，也是气象影视的拓展方向。

建立必要的气象影视制作支持系统，为节目制作提供必要的基础素材，是提高节目可用性、扩大气象信息量的手段之一；同时，开发满足不同天气特点的多模板制作系统，将会提升节目的灵活性和观赏性。

电视天气预报节目应发挥气象科普宣传的作用，积极宣传气象在防灾减灾中的作用，培育观众对气象科学的兴趣，增进公众对气象工作的了解和理解。

关于厦视直播室《气象连线》节目改进的思考

余　贞

（厦门市气象服务中心，厦门 361000）

摘　要

《气象连线》自开播以来得到厦门市委市政府的充分肯定，也得到社会公众的高度评价。但节目形态老旧，没有大的进步和突破。气象专家的水平提高也存在瓶颈。本文对这档节目的改进进行思考，建议节目的全新改版不仅要从演播厅改造、引进互动触摸屏、版面设计等方面开始，特别要加强处于节目核心地位的气象专家的技术培训、出镜培训和语言培训，培养和提升专家的综合素质。

关键词：连线直播　技术培训　节目改进

1 《气象连线》的发展现状

《气象连线》自 2005 年 2 月 21 日晚在“厦视新闻直播室”栏目中开播到现在已走过了将近 9 个春秋，该节目依旧在每天晚上 20 点 05 分前后（黄金时间）播出，时长 3～5 分钟，采用电视台演播厅的主持人与厦门市气象局影视中心演播厅的气象主播现场直接对话的方式，由气象专家担任气象主播，解读天气背后的原因、提供气象生活资讯、传播气象科普和防灾减灾知识，及时发布厦门权威的气象预警信息，结合气候变化宣传节能减排、保护厦门环境。

节目一经播出，立刻成为厦门市民了解天气情况、获取气象信息的重要方式，也是气象部门开展气象科普宣传的重要渠道，同时也是地方政府防灾减灾的重要窗口。特别是在历年严重影响厦门的台风过程中，与电视台一起展开了一小时一次的“抗击台风防御台风特别节目一气象直播连线”，连续最长连线时间达到 40 个小时，为厦门市民、来厦游客、停靠厦门港的大小船舶、防台抗台第一线的各级政府部门提供了最新、最快、最可靠的台风动态和防御信息。由于气象连线在厦门抗击台风应急处置工作中发挥着重要的信息窗口作用，已明确被写入《厦门市防洪防台风应急预案》，成为厦门市在防抗台风过程中，从各级政府部门到广大市民了解台风信息的一个重要手段。

经过几年的运行，《气象连线》节目品牌形象不断提高，赢得了显著的社会效益和经济效益。不仅得到市委市政府的充分肯定，也得到社会公众的高度评价。该节目在厦门市 60 个数字频道的所有节目中，收视率名列前茅。气象专家的名字为多数民众所熟知，成为名副其实的“气象明星”。如今在厦门一谈起气象，人们都少不了围绕《气象连线》聊几个话题。节目培养了一支具有较高综合素质的气象专家队伍，为电视气象节目探索创新积累了一定经验。

2 《气象连线》节目存在的问题

厦门的这档天气预报电视直播节目在全国首开先河。但是，随着近几年全国各地专家直播气象节目的发展，厦门的《气象连线》节目反而发展缓慢，节目形态老旧，没有大的进步和突破。

2.1 整体风格形态包装没有创新

9年来随着制作技术和设备的更新改进，以及电视台《厦视直播室》的改版，《气象连线》所谓的改版，无非就是换换节目背景，即配合专家解说时图形或动画等表现形式方面的一些改进，但整体形式没有改变，依旧是专家坐在演播厅蓝布前的桌子后面，采用抠像技术使专家与节目背景合成，专家说专家的，而所有的图形图像的动作及切换都是由导控室的制作人员通过切换台来操纵，图形、气象信息和专家三者之间仍然各自为战。在如今智能手机、ipad等盛行的人屏交互时代，《气象连线》更显得形态老旧、叙述乏味，影响观众视觉满意度。

2.2 气象图形产品自动化程度不高、美观度不足、种类不丰富

Weather central 的使用虽然实现了一些气象业务产品如气象自动站数据、micaps等在影视业务中的运用，但种类有限，且缺乏专门人才研究开发新自动化应用，无法充分展示气象业务现代化建设成果。使用的图形自动化程度低，加上直播节目准备的时间有限，图形美观度欠缺，使得节目看上去不够精致，专业程度打了折扣。另外，图形美观度还受广告效益制约，图形改进的空间有限。

2.3 气象专家的水平提高存在瓶颈

目前，气象专家无论在气象专业素质、稿件内容、语言风格还是节目主持技巧方面都存在可以提升的空间。新人素质的提高全凭自身摸索，有经验的专家素质的继续提升也遇到了瓶颈。

另外，也缺乏对节目品牌及气象专家的包装与宣传，影响节目影响力的提升。

3 对《气象连线》节目改进的思考

《气象连线》传统模式已持续了9年，观众早已审美疲劳，节目急需突破，寻找新的收视亮点以增加节目的吸引力。引进互动触摸屏，加强气象专家整体素质的培养和提升，促进技术与内容的创新，势在必行。

3.1 引进互动触摸屏，打破传统节目形式，增加节目吸引力

节目一直采用抠像技术将气象专家与厦门特色风景背景结合，根据专家的叙述，由制作人员通过切换台变换各种图形图表，气象专家貌似有效贯穿起了图形和气象信息，实际上图形、气象信息和气象专家三者之间是各自为战。我们要进行节目的创新，就必须强化图形与内容的配合、主持人与内容的交互，强化视觉效果和气象信息之间的关联性，让气象专家能够得心应手地"玩转"手中的气象信息，让气象专家与气象信息之间能够"无缝衔接"，让气象信息向着"好看""想看"方向去发展。

使用触摸互动系统以后，专家可以自由地对大屏幕中的图形图像进行拖拽，这些物体可以被拉伸放大缩小、可以被移动和旋转。更可以通过点选屏幕上的虚拟菜单来配合节目进程触发某些动画效果，并随着这些动作进行同步解说。互动触摸屏的使用让气象信息"重点突出"，凸现信息之间的关联性和逻辑性，尤其是对于气象科普信息的表达，更能做到"层层剖析"的效果。通过互动触摸屏的使用，能凸显气象专家的主观能动性，增强节目的可信度，增加节目的竞

争力。

3.2 互动触摸屏的应用思考

3.2.1 气象专家改为站位

目前的《气象连线》节目专家背景一直都是厦门特色风景，虽然每隔一段时间从静态转为动态，但给人的感觉是换汤不换药，并无特色。且连线时电视台主持人是站立，而气象专家则是端坐，画面很不协调。以演播厅触摸显示屏为背景，气象专家改为站位，会给观众全新的视觉感受。

3.2.2 需接入切换台的信号

演播厅可以设置两台摄像机，信号均接入切换台，1 号摄像机显示连线刚开始时专家和触摸屏屏幕全景信号，2 号摄像机仅显示屏幕的演播厅范围。触摸屏屏幕内容可单独接一路信号给切换台。当气象专家讲解时，根据具体情况需要，可由切换台或切换出屏幕内容信号，或切换 2 号摄像机信号，区别在于 2 号摄像机可同时展示屏幕内容和专家在屏幕上“指点江山”的动作。

3.2.3 连线刚开始触摸屏屏幕内容设计

连线开始，电视台切入气象台信号，主持人开始对话，提问第一个问题时，专家旁边的屏幕内容可以设计虚拟菜单。配合着节目进程，电视台主持人每个提问，专家解答时都可以根据菜单触发下一张图形动画。

当然，互动触摸屏的应用对演播厅灯光也提出了更高的要求。不管哪个摄像机角度，都要有完美的灯光来配合。

3.3 气象专家面临新的挑战

气象专家一人肩负气象编导、电视编导、出镜主持三种角色，负责天气信息分析和解读、信息组织、图形设计制作以及节目主持等全方位的工作环节。气象服务水平和节目质量的提高某种意义上就是气象信息解读和有效传播能力的提高，而这些归根到底是由处于节目核心地位的气象专家综合素质所决定。

《气象连线》节目的改版创新势必对气象专家提出更高的要求。气象专家不仅要进行互动触摸屏的培训，熟悉其应用，还要加强出镜培训，打造出自己的品牌特色。更要提升气象专业实力，加强气象信息的解读和包装，做到气象服务内容更深入、角度更新颖，气象信息更好地转化为服务信息。

3.3.1 加强气象专家技术培训

互动触摸屏主要特色就是气象专家与触摸屏的“人屏”互动，气象专家掌握互动触摸屏的应用是最基本的要求。只有熟练掌握触摸屏应用，不依赖题词器，才能“玩转”气象信息，提升自身魅力，增加节目的吸引力。

这一点对于气象专家来说是有难度的。他们来做这档节目都是牺牲自己的休息时间来维持日复一日的《气象连线》。要掌握互动触摸屏这项他们自身专业之外的“技术活”，除了需要他们在百忙之中抽出时间，更需要取得领导的重视和支持，并建立一系列相应机制。

3.3.2 加强气象专家出镜培训

与一般的气象主持人相比，气象专家有着明显的专业优势，但是在出镜技巧方面却明显不足。虽然在形象、普通话等方面，目前对于专家型主持人的要求有所降低，但从节目发展来看，气象专家也需要形成自己特定的主持风格。

从《气象连线》节目的定位来看，首先需要的是严谨的专家型主持人。在严谨这个大前提下，各位专家可以各具特色，自成一体。

目前专家的主持风格可分为四种：学术严谨型、谈吐幽默型、言语亲和型、墨守成规型。

学术严谨型：分析全面、可信度高，是电视气象节目权威化发展的需要，主持人的权威性同观众对传播信息的信任感成正比。

谈吐幽默型：此类专家往往具有把复杂天气简单化的能力，善用比喻，通过幽默的口吻深入浅出地为大家传递气象信息。

言语亲和型：此类专家亲切、自然，给人以亲和感，遇到灾害性天气时，气象信息的外延服务提醒较为到位。

墨守成规型：此类专家较为稳重，往往不会有错误，讲解时平铺直叙，不会给观众留下深刻的印象。

调查显示，除了墨守成规型，观众对各个类型的偏好都占有一定比重，其中以言语亲和型在所有风格中占的比例最高。

气象专家应根据自身的特点，进行有意识的训练和总结，塑造自己的电视形象，这也是个自我发展和完善的过程，在不断的摸索中，才能得到提高。

3.3.3　加强气象专家语言培训

3.3.3.1　稿件内容解读更亲民

无论哪一类型的气象节目，共同的一个发展趋势都是更亲民，做老百姓看得懂的，喜闻乐见的天气节目。这需要对天气，不论是预报、实况还是形势分析都需要进行很好的解读。解读的一个重要内涵是进行天气评价和人文关怀。我们不仅要传递气象信息，更要做好服务。服务不能只是停留在简单的像“注意安全”“注意保暖”这样过于空洞乏力的提醒。观众更需要听到一些更有实用价值，能够为衣食住行、防灾减灾等提供实用帮助的提示。这就需要我们在服务方面做一些深度的挖掘。比如：冰雪天气行车，要防止追尾。建议增大行车间距，与前车拉开距离，一般应拉开正常行驶距离的 2 倍以上。再比如，气温下降的时候，除了“注意保暖”这句话，我们不妨将降温和养生结合起来。

我们要换一种角度看天气。从气象专业立场转换为观众的立场，转变思维和观察角度，从普通人的角度看待天气，善于观察生活细节，并能从枯燥的数据中解读出对天气的感受。要贴近观众、贴近生活，善于抓住观众普遍关心的与气象有关的热点问题。比如春运期间，郭工程师讲到“近期北方大部分地区的气温比常年偏高 2～6℃，近一周内这种状态还会维持。”很贴切提醒大家，“北方一些冰封的河面、湖面冰层厚度可能比往年要薄，大家去北方进行冰雪之旅时，不要随意在这些地方溜冰、行走或驾车，以免发生事故。”再如夏季炎热的高温要持续多久，冬季的冷空气及寒潮天气会给人们身体健康造成哪些危害，降雨过程对工农业生产交通带来的影响等等。提醒人们关注天气变化，在转折性天气时，安排好生产和生活等。另外在节目中适时加入气象谚语、气象知识和重大节假日天气预报。这样既普及了气象科学知识，又拓宽了服务范围，使观众喜闻乐见。节目文稿方面，避免惯性思维，减少专业术语的使用，语言更通俗化、形象化、趣味化。这就需要气象专家在语言上下功夫。

有时候，不仅要解读，还需要进行解释工作。当预报出现较大的偏差，必要的解释和承认错误是需要的。虽然气象部门一直在宣传天气预报不能保证百分百正确，但民众毕竟是相信天气预报的，所以一旦出现较大误差，还需要进行诚恳的说明、解释。有人呼吁“与其说我们很在意天气预报的准确率，不如说我们更在意气象部门在准确率上的姿态与情怀。”

3.3.3.2　多进行科普宣传

天气预报确实是不可能百分百准确，这里有太多未知的科学因素，但民众都能了解吗？这需要我们多进行科普宣传工作。比如夏季降水的局地性，夏季降水经常来得快去得也快，需要我们在节目里多进行分析说明，讲述其特点，进行科普宣传。天气预报的一些用语也与普通民众的理解有一定偏差，例如大雨、暴雨，有时候，人们看到雨下得又急又大，就以为是大雨，但也许因为时间太短，实际上降雨量只有几毫米。这种认识的对接就需要在节目中长期进行科普宣传。

3.4　提高气象图形的表现力

一个富有表现力的画面胜过千言万语。要提升节目的观赏性和服务性，必须在画面表达方面进行强化。因此，在增加气象预报和服务产品的基础上，应不断扩宽思路，提高气象图形产品的表现力。例如开发更多美观、简洁、形象的天气系统元件，借鉴国外的天气图形产品的经验，开发符合我国国情的灾害性天气科普动画等，并建立图形产品库，随时调取动画产品。

4　小结

厦门影视中心正面临演播厅全新高清改造，正是考虑为厦门本地气象影视产品的发展求新求变的好时机。《气象连线》作为厦门气象专家直播首开先河的节目，不能一直原地踏步。而《气象连线》的全新改版离不开处于核心地位的气象专家综合素质的突破和提升，离不开领导的重视和支持，离不开气象影视人员的不断思考和努力。

参考文献

刘亚玲．2013．气象信息的无缝交互式表达．气象影视技术论文集(九)．北京：气象出版社．

庄婧，袁东敏．2013．关于专家类气象节目的调查分析和思考．气象影视技术论文集(九)．北京：气象出版社．

《湖北省气象影视周年服务方案》的策划

万康玲　王天奇　李雨谦

（湖北省公众气象服务中心，武汉 430074）

摘　要

近年来，全国气象影视事业发展迅速，气象影视队伍正在逐渐壮大，从事气象影视工作的非气象专业人员也在日益增多。为了尽快培养气象节目编导人员，使气象影视更好地服务于各行各业，作者从近20年气象影视编导工作的实际出发，策划、编制了《湖北省气象影视周年服务方案》。按照每年不同月份、湖北省的主要气象灾害、天气气候特点、农事活动等服务内容，从气象与防灾减灾、气象与农业、气象与生活、气象与交通以及重大活动等十多个方面，为公众提供较为详细的气象服务。

关键词：气象影视　服务方案　策划

引言

电视气象节目是服务类的节目。从电视传播的角度来看，电视气象节目属于指导型的时令性服务类节目。所谓指导型，就是针对不同观众的多层次需求，提供各种气象信息和指导建议，其知识性和科学内涵是通过各种具体的指导作用来得到体现的。关于时令性服务，在《中国电视论纲》一书中对电视气象节目的服务性也有明确的阐述："气象预报节目就是时令性很强的服务节目，它的时令性在某种程度上已经接近新闻节目或可以与新闻节目等同。在当今电视已经普及的时代，利用电视发布天气预报和警报已经成为气象服务的主要手段，并且具有明显的社会效益和经济效益。气象预报节目是服务行业最广，人数最多的节目。"

近年来，全国气象影视事业发展迅速。随着中央、省、地市各级气象部门制作的气象节目在电视台相继播出，气象影视队伍正在逐渐壮大，从事气象影视工作的非气象专业人员也在日益增多。非气象专业人员，尤其是懂新闻、懂影视的制作人员，给气象影视带来了开阔的思路，注入了勃勃的生机。但是，由于气象节目具有的科学性和服务性，决定了从事气象影视这项工作，特别是气象节目的编导和策划人员，需要了解最基本的气象知识和气象服务意识。节目编导、策划人员，看不懂天气图，不了解一年四季气象条件对农业生产的影响、不知道气象为防汛抗旱服务的重要性，不懂得如何进行气象服务，对气象节目的策划、撰稿就会无从下手，制作出来的气象节目不仅抓不到服务重点，有时候甚至让人啼笑皆非。

有这样的一个例子，2014年夏季正当鄂北伏旱最严重时期，作为气象节目编导应该及时了解旱情，在节目中介绍后期高温天气走势以及对抗旱的利弊影响，应该特别关注旱区何时会有雨水降临。但是有些年轻的编导，却想在节目中大谈社会上正在进行的"冰桶挑战"，使节目偏离了气象服务主题，根本没有起到为旱区农民服务的作用（因为有总编审稿，这样的节目内容最终被修改）。

在武汉，有一位忠实的观众，他几乎每天都关注我们的气象节目。而且他还很内行，节目做得好，服务到位，他会写信或在微博上表扬我们，但是节目中如果中有一点差错他也会及时指出。可以说，他成了我们气象节目的义务监播。

如果我们的节目总是关注不到天气和气候的热点，经常游走在气象服务之外，观众怎么能够信服我们的节目，又怎么体现气象节目的服务性和科学性呢。

笔者作为在气象业务岗位上工作了10多年，又是湖北气象影视中心成立20多年来，最早从事气象影视节目策划、创意的编导，有责任把自己30多年积累的气象服务的经验总结出来，为年轻人熟悉气象服务，尽快地走向气象影视编导岗位做一点工作。所以，策划、编制了《湖北省气象影视周年服务方案》(以下简称《方案》)。《方案》按照每年不同月份，归纳、总结了一年四季湖北省的主要气象灾害、天气气候特点、农事活动等气象影视服务内容，从气象与防灾减灾、气象与农业、气象与生活、气象与交通、气象与旅游、气象与健康以及二十四节气、重要节日和重大活动等十多个方面，提供了较为详细的气象服务。

1　气象与防灾减灾

湖北是气象灾害多发和频发的省份之一，直接危害人民生命财产和经济建设的气象灾害就有20多种。按照一年四季分布有：冬季寒潮大风、低温冻害、雪灾、雨雪冰冻、道路结冰、大雾、霾、干旱、冬春季城市和森林防火、雷电灾害、倒春寒、春季低温阴雨、雷雨大风、冰雹等强对流天气、暴雨、高温、寒露风等等。气象灾害及其引发的滑坡、泥石流等次生灾害。在《方案》中都一一详细列出，以便在平时的电视气象服务中，宣传防御气象灾害知识，提高社会公众防灾减灾的安全意识及对气象灾害的预防、避险、自救、互救能力，对减轻气象灾害造成的经济损失和确保人民生命财产安全具有重要意义。

2　气象与农业

当今时代，虽然我国广大的农村已经部分实现了机械化，也在实行科学种田。但是靠天吃饭的现象还普遍存在。农业仍然是易受气象灾害影响的产业。农民中流传这样一句谚语："有收无收在于天，多收少收在于肥。"可以看到，天气对农业生产的重要。对于湖北来说，风调雨顺的天气气候，农业多半都是丰收的年景。但是遇到气象灾害，如何提高农民防御灾害的能力，保证农业丰收？《方案》都给出了较明确的答案。

春播、夏耘、秋收、冬藏。从春播到秋收再到冬藏，湖北一年四季的农事：冬小麦、油菜防干旱、防病虫害；如何利用天气条件喷洒农药；春播气象条件：早稻播种需要日平均气温在12℃以上连续三天或以上的晴朗天气，棉花播种需要日平均气温在15℃以上连续三天或以上的晴朗天气。冬季蔬菜大棚需要根据天气和气温的变化调节棚内的温、湿度(夏季，高温大于25℃时，要揭膜通风)；预防小麦"干热风"；5月中、下旬到6月，收油菜和小麦的夏收夏种天气；水产气象服务(强降雨前，需给鱼塘增氧等)；夏季气温大于35℃，防早稻高温逼熟；中稻防高温热害；晚稻如何防"寒露风"；收割中稻和晚稻、播种油菜和小麦，秋收秋种气象服务；深秋和初冬防霜冻灾害；冬季大风对设施农业的影响等等。根据《方案》的策划，气象影视可以在专门为农民服务的《垄上频道》上，进行针对性服务。

3 气象与生活

气象与人们的生活息息相关，大到室外开展各种大型活动，小到早晨起床穿衣、出门上班、旅行，关系到每个人下雨是否带伞，降温需要添衣这样的小事。天气无处不在，天气是我们每个人生活的背景。它直接影响到人们的衣食住行。

“数九寒天”水管、太阳能等室外设施以及家禽如何防冻；冬季晒太阳有何讲究；冬季居室怎样开窗通风、如何预防“静电”；睡眠怎样讲究气象学；“春捂”该怎么捂；如何看天收藏冬衣；怎样利用气象科学保护书籍字画；雷暴季节如何防护家用电器；梅雨期居家物品防潮、食物防霉变；居室舒适的温、湿度搭配；如何减轻城市“热岛效应”；钓鱼看天气；食品温度与味觉；为什么下雨前墙体、地面出“汗”；一天中何时空气最新鲜；秋季如何防燥；气温与花卉生长；干燥季节如何保养肌肤；冬季取暖、沐浴防一氧化碳（煤气）中毒等，《方案》里服务于生活的内容非常丰富。

气象服务于生活，或者说气象影视服务于生活涉及的内容非常广泛，包括气象与饮食、气象与服饰、气象与习俗、气象与建筑等。为民生服务，是我们气象影视工作者的一贯宗旨。

4 气象与交通

进入现代社会，汽车、火车、飞机等交通工具给人类带来便利快捷的服务，但是，它们对气象条件的依赖反而更加明显。大雾、大风、暴雨、低温、积雪、积冰，每年都造成数以万计的交通事故，车祸、空难、海难不绝于耳，给国家和人民造成不可估量的损失。

《方案》中给出了雾、道路结冰、雨雪天气对公路交通和航班有怎样的影响；雪天、道路结冰行车、行人注意事项；团雾对交通的危害；如何预防车窗结冰、霜；冰冻天气，开车怎样刹车？雾天出行注意事项；大风天气出行注意事项；强降雨引发的崩塌、滑坡、泥石流等地质灾害影响山区交通及旅游中如何躲避；暴雨中、积水行车涉水技巧；车辆水中熄火怎么办；高温天气开车注意事项；夏季高温时节，高速公路如何安全行驶等。

如何合理利用气候资源，减少交通事故的发生，确保交通安全，将成为交通、气象部门共同努力的方向，也是我们气象影视工作者努力的方向。

5 气象与旅游

随着生活水平的提高，人们已经不满足仅仅是吃好、穿好。出门旅游，是现阶段人们休闲度假最普遍的选择。而旅游离不开天气的保障，天气气候是旅游中不可缺少的一种资源。

首先，是天气气候现象本身的美。例如，冬日雪景是最壮丽的自然景色、夏日雷电则是最为惊心动魄的自然景观。秋高气爽使人心情平静，春暖花开会让人感到生机盎然。

《方案》里从冬季的梅花，到春季的樱花、迎春花、兰花、桃花、梨花，再到夏季的荷花，秋季的枫叶、桂花、菊花，一年四季赏花游；而这些花的花期与气候的关系；春游、踏青的气象条件；夏季漂流的气象条件等；

其次，在特殊气候条件下形成的特殊自然景观与人文景观，更是旅游的重要目标。比如沙漠景观也能使身居潮湿地带的游客感到新奇。秋季香山红叶、春季洛阳牡丹更是驰名中外。

最后，旅游是一项人类活动.也需要宜人的气候条件。我国阳光明媚的春季与天高气爽的秋季，是旅游最好的气候条件。春游、秋游在我国比较盛行，人们度假大多也都选在这两个季节。但是，也有些旅游项目必须有一定的季节性.如哈尔滨的冰灯节、吉林的雾凇，只能在气候十分寒冷的冬季；中秋赏月和九九登高利用了秋高气爽的气候条件。《方案》指导公众在不同的季节，如何选择有利的天气条件出游。为公众利用气候资源旅游度假，具有较高的参考价值。

6　气象与健康

气候的寒来暑往，形成了万千自然现象。人类生活在大自然中，气象因素（指大气的冷、热、干、湿、风、雨、雪等各种物理现象）与人体健康密切相关。空气的温度、湿度、风等气象因子的综合作用决定了人体的冷、暖、热、寒，这与祖国医学“天人合一”的理论是相通的。

气温的影响。四季气温突变，可以直接或者间接作用于人体。寒冷可致血管收缩、心脑血管病人病情加重；皮肤出现冻伤等。高温天气易诱发体温调节障碍，出现中暑。

空气湿度的影响。低温潮湿的空气可以诱发支气管炎及风湿病、关节炎、肾脏病、慢性腰腿痛等等。空气过于干燥，又会引起口、鼻出血、肺热咳嗽等疾病。

风的影响。温和的风可以使人精神焕发、轻松舒适；冬季风速过大可以使人体热量散发加快加大，机体极易受凉而发生感冒，甚至诱发心绞痛。而夏季有风则会给人体带来凉爽。

气压的影响。气压过低时，可以发生高山病或者航空病，出现全身疲乏无力，倦怠，不思饮食，睡眠障碍等。高气压的天气使人精神爽朗，对人体健康是有利的。

另外，还有春季花粉过敏；夏季如何预防太阳紫外线晒伤皮肤；冬病夏治敷贴；雾霾天气对健康的影响等。

气象条件与人体健康有密切联系，《方案》较全面地综合了气象与健康的各个方面，为如何利用气象条件防病、治病，提供了很好的参考作用。

7　气象科普

在电视媒体进行气象科普宣传，旨在面向公众普及气象科学知识，引导公众如何应对气候变化和防御气象灾害。

天气现象变化万千，《方案》介绍了一年四季各种天气现象产生的原因和气候变暖的相关知识，让人们了解气候变化趋势及应对措施。以满足不同文化层次观众的需求。

利用受众最多，影响最为广泛的电视媒体，进行气象知识和防御气象灾害科普宣传，让电视观众更多地了解气象知识，科学地应用气象预警、预报信息防御气象灾害，增强公众防灾减灾的安全意识，提高社会公众在灾害天气到来之前，如何预防、避险，气象灾害到来之时，如何自救、互救能力。对于公众正确地防御气象灾害，开展科学防灾减灾，保护国家和人民生命财产安全，具有重要的意义。

8　其他活动

电视气象节目之所以受到人们的广泛关注，是因为人们的活动，尤其是在室外开展的一切活动，几乎都与天气有关，都需要有好的天气做保障。

春夏秋冬、寒来暑往，气象影视要为公众防御气象灾害；为人们衣食住行、欢度节日；为春运、防汛抗洪；为夏收夏种、秋收秋播；为高考等等提供气象保障服务。无论是重要的节日，还是重大的活动；无论是气象条件影响人体的健康，还是二十四节气对农业生产的影响；无论是盛夏三伏天，还是隆冬三九严寒；一年四季怎样做好气象影视服务，在《方案》里都给出了明确的答案。

有了《湖北省气象影视周年服务方案》，湖北气象影视中心每周有节目策划，天天有服务重点。根据《方案》中的服务内容，再结合一周的天气形势、气候特点和气象台的预报结论，策划周内每一天节目的气象服务主题。年轻的、非气象专业的编导，根据一周节目策划，编辑每天的节目稿件，这样的稿件内容就不会脱离服务主题，做出来的节目也会接气象服务的地气。我们为农服务的夏收夏种节目做得好，服务很细致，还曾经得到了湖北省委领导的称赞。

关键是，一年四季的天气气候是周而复始的，气象服务每年也都是有规律可循的。《湖北省气象影视周年服务方案》里的服务内容，对于年轻的编导来说，头一年可能有点陌生，但是第二年、第三年就会慢慢熟悉。对于每一年的气象影视服务也就心中有数了。所以，此《方案》对于培养年轻的气象影视编导是非常实用的。同时，《湖北省气象影视周年服务方案》是湖北省公众气象服务中心，一年四季为全省工农业生产、经济建设以及人民群众生活、防御气象灾害提供电视气象服务较为详细的方案，涉及气象为十多个领域与行业的影视气象服务。《方案》列出了每个月的详细服务计划，内容翔实，服务周到，为湖北省各级气象影视乃至其他气象服务部门，做好公众气象服务也提供了有价值的参考。

将生态与气象完美演绎

徐　扬　高海虹

（黑龙江省气象服务中心，哈尔滨 150001）

摘　要

近年来，随着物质生活的丰富、社会经济的快速发展，对自然资源的掠夺式开发日益严重，我们赖以生存的自然环境正遭受着破坏，随之带来的各种问题正在逐渐影响人类生存以及生活质量。因此，生态环境问题受到了越来越多的关注。影视媒介作为面向社会公众的，具有较强科学性和广泛科普宣传能力的重要媒体资源窗口。气象作为一个与生态环境息息相关的行业，气象影视平台介入到生态环境保护与宣传的大军中，具有天然的优势，也是势在必行。目前，关于生态与气象紧密关系的节目刚刚开始被业界所关注，本文以此为出发点，从开发生态气象影视节目的必要性、生态气象节目如何服务于普通受众群体的角度，结合当地生态环境保护的需求，为生态气象进入气象影视平台进行一些梳理和思考。

关键词：生态文明　生态气象　气象影视节目

1　前言

随着社会经济生活的快速发展，人类物质生活水平不断提高，我们赖以生存的自然环境正遭受着破坏。党的十八大报告中提出生态文明理念后，生态问题日益受到社会各界的重视和关注。气象部门在生态文明建设中承担着服务和保障的作用，具体来说，承担着气象预测预报、防灾减灾、应对气候变化、开发利用气候资源等职责，在生态文明建设总体布局中发挥着基础性科技保障作用。黑龙江作为生态、农业大省，拥有丰富的自然生态资源，以及辽阔的原野和粮田。这是黑龙江的省情，也是我们宣传和服务的重点。我们有责任为地方经济发展、生态环境保护推波助澜。2013 年第九届全国气象影视服务业务竞赛，汇集的各省、地、市两百多部气象影视作品中，除了几部有针对性的生态气象节目以外，无论是主题还是内容上，关注生态环境、生态气象的作品寥寥无几。基于以上考虑，我们想从气象如何更好服务生态文明建设的层面上，深入思考和梳理一下。

2　开发生态气象影视服务节目的必要性和可行性

2.1　受众对环境问题、生存问题的关注程度与日俱增

随着社会经济的快速发展和人口的不断增加，人类面临的生态环境问题日益突出：耕地减少且质量下降、水土流失严重、荒漠化加重、水域生态失衡、森林覆盖率低、湿地破坏、草地退化、城市污染、海洋生物资源退化、酸雨增加、沙尘暴和地质灾害频发、生物多样性下降等。其次，在全球变暖背景下，气候灾害和极端气候事件，如洪涝、干旱、热浪、沙尘暴、暴风雪等频繁发生，对

生态安全、粮食安全、水资源安全等造成了重大影响，直接威胁到人类生存与可持续发展，已经引起了各国政府和科学家的高度关注。气候、气候变化及其影响问题，不仅仅是科学问题，也是关系人类生存、资源与环境保护、外交、可持续发展等方面的热点问题。

以雾、霾天气为例，2013 年，雾、霾波及 25 个省、100 多个城市。2013 年一季度我国共出现 11 次大范围雾、霾天气，20 个省份出现持续性雾、霾，全国平均雾、霾日数为 1961 年以来历史同期最多，影响人口约 6 亿。2013 年上半年，74 个城市平均超标天数比例为 45.2％，其中轻度污染占 25.4％，中度污染占 9.5％，重度污染占 7.5％，严重污染占 2.8％(图 1)。三季度京津冀平均超标天数比例高达 62.5％。，可以说雾、霾天气令人触目惊心。频繁到访的雾、霾天气让更多的普通百姓关注和忧虑，什么时候雾、霾能散去？这样的天气还要持续多久？微信朋友圈里更多的人每天睁开眼睛，最先关注和传递的是雾、霾的情况、空气污染指数以及如何防霾的妙招(图 2)。

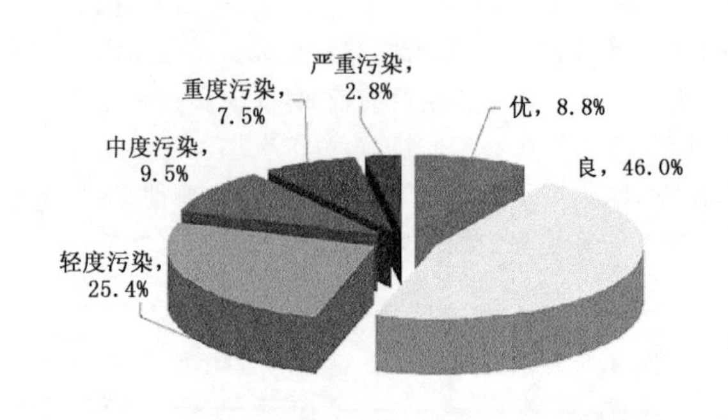

图 1　2013 年上半年 74 个城市日空气质量级别分布

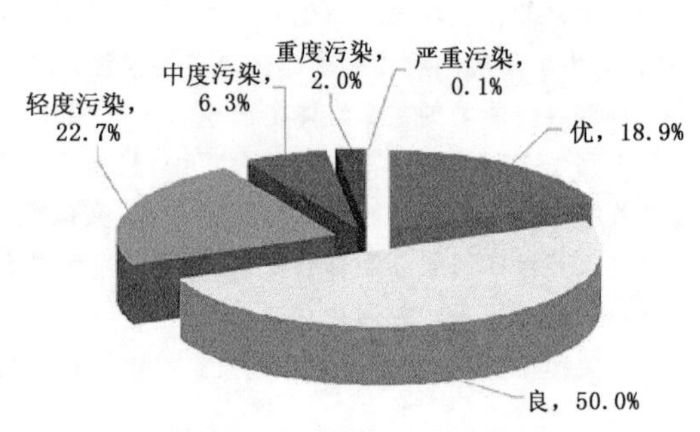

图 2　2013 年第 3 季度 74 个城市日空气质量级别分布

2.2　气象影视产品的权威性和公信力

在《2012 年全国电视观众抽样调查分析报告》中显示，尽管网络媒体、手机媒体等新型信息载体正在茁壮成长，但是调查分析结果显示受众最信任、媒体渗透率以及深度接触频率最高的依然是电视媒体。电视媒介中传递的气象信息其可信度远远高于网络产品。虽然互联网发达，信息传递快捷，但是电视媒体依然是大多数中国观众的首选。

2.3　气象影视平台的独特的优势

首先，各省气象影视制作平台经过多年的建设，都已具有相当的规模，在气象影视节目制作能力和人才培养方面，都有相当的力度，并且已经具有比较成熟的运作经营模式，在媒体行业已经拥有我们的声音。其次，气象影视节目的制作手段愈加成熟，无论从视觉图形图像，还是制作表现形式来看，各种制作手段基本能运用自如，尤其是对气象部门独家掌握的气象信息，有独到的制作加工能力，能用多种手段、多角度、多方面对气象信息加以详解。因此，气象影视节目的制作优势是很明显的。第三，气象影视产品有相对固定的受众群体，这类人群对于气象影视收视时间、收视内容相对固定，对气象信息的接受具有连续性，因此，气象信息更加容易被准确、快捷、深入地理解。

3 气象影视服务针对生态文明建设的具体思考

3.1 服务目标定位

气象影视是面对公众开放的平台，气象影视产品主要服务于普通受众，针对的是受众最为关心的生存环境、日常生活等方面。因此，我们有义务整合现有气象信息资源，结合气象预测、预报服务产品，探索生态气象服务理念，打响生态气象影视服务的品牌，增强这类节目的人性化与趣味性。创作出贴近实际、服务生活、“接地气”的优秀生态气象影视节目是我们的目标。

3.2 深入挖掘气象内部资源

气象影视为生态文明建设服务，首先要立足于本系统内部资源，深入了解现有生态、环境气象观测、预报预测、产品服务的系统框架。重点应该是农业气象、生态气象、环境气象等方面。

以黑龙江省为例，作为农业、生态大省，黑龙江拥有得天独厚的自然和地域资源，气象部门利用这种优势在生态气象科研产品的开发上走在前列。但是作为气象影视服务主体，我们对生态气象科研、预测、评价、服务的相关产品了解却不深入。正因如此，在创作生态气象影视节目时明显会感觉缺少支撑点，不明确该做些什么。

我们要加大创作、开发生态气象影视产品的力度，力求跟上服务产品开发的脚步，通过筛选后，选择老百姓有需求的生态气象信息，通过影视传播技术和视角，展现给观众。例如，农业气象信息，研究内容与服务范围根据需求正努力向生态环境领域拓展，一些生态气象研究与业务服务工作随之应运而生，服务产品也不断增多。通过对水稻、小麦、玉米、大豆等作物的生育期、长势、物候、土壤湿度等的观测，而开展的作物产量结构分析、农业气象灾害、病虫害调查、农业生产技术示范、农业科技推广等方面的内容，都是农民观众所急需的，这些内容恰恰是我们气象影视生态与农业节目应该着力打造的。同样，通过深入挖掘生态气象的内涵和进一步拓展其相关领域，生态气象所包含的林业、湿地、城市等方面，都可开发出受众喜闻乐见的生态气象影视服务产品。

3.3 各相关部门联动有助于开发生态气象影视服务产品

生态文明建设从职能、管理以及科研的层面上来看，并不是某一个部门独有的责任，需要更多部门的共同协作才能加快生态文明的脚步，强力促进受众生产、生活的改善。气象部门与农业、林业、水利、国土、环保等部门均有拓展生态气象服务的意愿。部门间的合作，可以使我们曾经单一的视角变得更加开阔。资源的共享，可为开发生态气象影视节目增加很多可以使用的信息，在节目形式、内容和服务方面的针对性会更强。

例如，2014 年 3 月 7 日，黑龙江省气象局与黑龙江省环境保护厅共同签订了《关于加强重污染天气预警预报合作协议》。双方以重污染天气质量预警预报为重点，建立健全气象部门和环境保护部门之间的合作与会商机制，发挥各自优势，为人民群众健康生活提供保障。由此，我们正筹备一档《天气·环境预警》节目，该节目是针对当前空气污染严重，整合两部门的优势产品，为群众健康提供保障。针对寻常百姓想知道的，今天是不是有蓝天？我出门要不要戴口罩？什么时候雾、霾能吹散？如果出现重污染天气你发了预警，我怎么防护？节目构思分为三部分内容：预报预警、成因过程分析、健康防护。从气象专家和环保专家不同的视角以及专业领域，获取更加客观的分析结果，为老百姓提供咨询和服务。并计划联合城市管理部门和建设部门针对雾、霾天气，从人为影响的角度来解析成因，寻求解决办法。联合相关医院的医生、养生专家从健康防护角度为百姓普及相关常识和支招，甚至也可以从观众中收集健康防护对抗雾、霾污染的妙招。

3.4 深度挖掘生态气象与生活相关联的内容

创作源于生活，并不是每一种生态气象服务产品都能适用于影视节目。深入了解生态气象服务产品的同时，更要了解观众的需求，提取能让普通观众感兴趣，而又容易接受的信息，是生态气象服务于生活的创作基础。

2013年初，我们着眼于生态、气象与旅游的关系，开发了《生态气象自由行》这样一档五分钟的节目。丰富的自然生态资源是我们源源不断的素材，将气象气候特点、良好的生态资源与旅游信息融合在一起，通过将良好生态环境的魅力展现在观众眼前，通过气象方面的知识，解密这种优秀生态环境存在的原因，让观众因了解而向往。并将生态环境保护、人与自然和谐相处等主题融入其中，达到了很好的宣传效果。其中一期是《鹤乡扎龙》，围绕丹顶鹤为什么选择在这里安家为主线，将扎龙良好的生态环境资源展现给观众，通过养鹤专家的解析以及气象条件的分析，解读了这个疑问。平实的语言，精美的画面，巧妙地将生态与气象紧密结合在一起，创作出一期赏心悦目的生态气象旅游节目。

3.5 通过公共服务平台，加强对生态气象的科普宣传力度

生态环境的破坏除了自然条件本身发生变化之外，人为破坏是重要的原因之一。利用气象影视平台，加强生态环境保护宣传是我们的责任也是我们的义务。前段时间北京环保局长在面对媒体时说，PM2.5三成以上来自机动车排放，可见生态环境保护就在我们身边。只有让更多的人重视生态环境保护，生态环境才可能得到改善。调动更多的人关心重视我们生存的空间，才能从根本上增强生态意识，才能处理好人与自然的关系。

3.6 节目向多媒体服务系统投放，可以提升增值空间

目前，气象信息已基本覆盖所有媒体，信息发布媒介越来越丰富。已经涉及数字、网络、手机电视和移动电视等这些新媒体资源，将生态气象影视节目从单一媒体向多媒体、从传统媒体向现代媒体投放，可以形成多元媒体联动播出，立体覆盖的服务格局。那么，生态气象影视节目覆盖面和影响面将成倍增长，同时收视率和播出覆盖人群数量也会随之上升。

4 结束语

我们有最权威、最精细的天气气候信息作保障，我们有完备的媒体制作能力，拥有覆盖广泛的媒体资源平台，以及稳定的收视人群等，这些优势使生态气象影视节目制作、播出成为可能。而我们要做的是增强紧跟时代步伐的意识和与时俱进的反应速度，进一步拓展视野，培养“眼高手低”的理念。“眼高手低”，在这里我们理解为，只有站的高才能看得远，可以允许自已在技能上、表现手法上存在暂时的差距，但是我们的创作、创新意识一定要先行。另外，我们应该积极主动去了解各种气象服务产品，了解百姓真正需求才能制作出受欢迎的气象影视节目。生态与气象的结合，恰恰给我们提供了这样的机会，虽然任重而道远，但是我们有能力也有信心将气象与生态的故事完美的演绎下去。

论气象服务类节目模式的嫁接与再生

杨　玲　陈玉贵　董子舟　梁　潇　胡　清

（湖南省气象服务中心，长沙 410118）

摘　要

生活服务类节目在近年来日益受到电视台和观众的关注与重视。气象节目作为生活服务类节目的重要组成部分，也正在朝多元化方向发展，不仅要提供给观众真实有用的信息，而且要为观众恰如其分地科普深奥的气象科学知识。借鉴优秀节目模式提供的成功经验，在形式嫁接、组织方式引进的基础上进行创新，做好实用性和娱乐化的内容再生，是气象服务节目的关键和重点。

关键词：生活服务类　气象节目　模式　嫁接　再生

纵观30年来中国生活服务类电视节目，综合内容、功能及形态特征演变，已经从服务生活到创造娱乐体验转向，实用内容融合娱乐表达是21世纪以来实用服务类的重要特征。生活服务类电视节目的策划、研发成了又一个新的亮点。气象节目作为生活服务类节目的重要组成部分，也正在朝多元化方向发展，不仅要提供给观众真实有用的信息，而且要为观众恰如其分地科普深奥的气象科学知识。随着专业化频道的出现，探索和寻找更生活化更有新意的表达，是气象服务类节目的目标。引进还是原创、"嫁接"后如何"再生"，如何增加创新元素成了气象服务类电视节目发展的关键。

1　"嫁接"形式外衣，"再生"独有内核

电视节目模式源自英文 television program format。例如《交换空间》就是借鉴了美国广播公司一档改造家居装修的电视节目《改头换面》的成熟且成功的节目样式、节目环节和收视市场。《交换空间》的推出，给生活服务类节目注入了新亮点，真实、实用、娱乐的概念吸引了大量观众。

近年来，各大电视台的实践证明，成熟节目模式的引进缩短了创新周期，但是引进节目模式并不是简单地照搬照抄，模仿、克隆的节目很难有后发优势。一个节目如何让受众看到就眼前一亮，要做到"新"，或者要在题材上抓别人从未涉足过的点，或者要在形态上颠覆以往模式。

湖南省气象服务中心制作的《气象大调查——空气负离子》（以下简称《气象大调查》）电视节目在2013年第九届全国气象影视服务业务竞赛中获得专业类二等奖，2014年又被湖南省科技厅评为优秀科普影视作品。《气象大调查》不仅颠覆传统说教方式，同时秉承"实用并娱乐着"的理念，通过外景拍摄融入省会长沙的特色景点，通过调查的方式科普"负离子"这个正在研究有待推广的科研新概念。在《气象大调查》中，也可以看到其他优秀节目的影子，比如《新闻大求真》（湖南卫视）标识鲜明的调查员求证实验、《交换空间》两组队员PK、《叼子策新鲜》（湖南经视）主持人"打油诗"总结节目主题等，但是无论从内容、形式、定位上都是与《气象大调查》不相

同的节目。因此，成功的本土化模式，首先有一个无人能模仿的精神内核，然后根据实际情况具体演绎。

2　策划研发重本土化“再生”

英国电视创意的产生以小组为单位，《气象大调查》作为一档新节目，其创意小组由监制、制片人、编导、摄像、两个主持人、包装人员等组成。在节目策划研发过程中，经历了从社会热点入手—发散联想—寻找开始点—向节目进发—完成节目架构和模式—继续跟进等六个阶段性头脑风暴。

第一步寻找社会热点。公众关注空气质量，空气负离子是新闻热点；生态气象正在兴起，因此空气负离子也是气象部门的科研课题，不仅新颖而且广受关注。

第二步发散联想。这个尚在研究且深奥的气象课题如何在节目中说清楚？创意小组疯狂的爆炸式出点子、听意见、求专家，从而总结出一个关于空气负离子在天气、季节、地域等方面的基本结论。并据此进行发散性联想，负离子与人们生活哪些方面相关。

第三步寻找开始点。如果只是平铺直叙空气负离子的概念、等级、作用和分布，节目相对单调乏味。带着观众一起去寻找空气负离子，则会增加节目互动性；以天气变化为一条线，另一条线索则是主持人的寻找轨迹，但是两个主持一起行动不如兵分两路加入竞争元素。于是，让主持人作为调查员去寻找去 PK，成为策划阶段大家公认最有趣的开始点。

第四步向节目进发。关于发布空气负离子的新闻在各大媒体铺天盖地，但缺乏深度报道。在节目中，不能生硬灌输知识，还要提起观众兴趣点、要把复杂的科学术语说得通俗易懂且让观众欣然接受。整个节目创意制作过程中最艰难最需要新意的地方就是节目成型的可能性和可行性。经过多次头脑风暴，策划在节目形态上综合运用调查体验—动画图解—“打油诗”概括等方式，层层递进、反复深入。

第五步完成节目架构和模式。节目通过调查来发现问题，解决问题，提供服务和普及科普知识。主持人是调查员，是体验者，也是科普宣传员，甚至是景点宣讲员，他们通过一周的深入调查，监测不同地点、不同天气下的负离子数据，为后面的分析和服务做基础，他们转述专家的分析，保持节目的快节奏。

第六步继续跟进。对节目方案进行完善、补充和再论证。通过一目了然地呈现调查结果加深观众的印象，通过寻找身边的负离子到如何改善身边的负离子，有限的时间内容如何更好地展现，每个环节都反复讨论，不断补充完善。

由此可见，题材的原创让生活服务类气象节目独具魅力。《气象大调查》不同于一般科教片，又不同于电视媒体的生活服务类节目，选择信息的标准必须与气象科学多少有关。探求结论的手段是带有娱乐气质的“调查”，在科普节目中兼容了旅游景点的介绍和生活服务的支招。其精神内核是对节目内容进行气象科学领域的本土化改造，以娱乐为载体传播知识、服务生活。

3　节目演绎“嫁接”娱乐与实用

气象服务类节目体现的不是单一的服务功能，需要不断地创新发展，站在受众的角度，以气象为切入点、用电视人的心态来策划制作节目。让观众不仅能接收气象信息，还能从中享受到趣味性、娱乐性等新内涵，在服务与娱乐之间找到平衡点。

3.1 增加表演性，用情节愉悦观众

电视节目的特点是声像并茂，视听同步，比较符合人们的收视习惯。而一些生活服务类节目，主持人多是在演播厅里或坐或站，只顾照本宣科地解说，这种形式应该得到改进。在笔者看来，所有的服务类节目本质上是一种叙述。娱乐也是一种叙述方式，要增加一些表演的成分，以增加节目的感染力，增加收视兴趣和加深理解，以此更好地传播气象信息、气象知识。《气象大调查》中的科学数据和结论，就是通过调查员 PK 的游戏方式，娱乐化地讲述岳麓山和天心阁两个地方不同天气的负离子监测情况，进而介绍负离子的日变化和季节变化，让观众快乐地接受知识。两位主持人的讲解是节目的精髓，由于时间有限，由主持人讲解代替专家的采访，不仅增加了表演性，愉悦了观众，又保证了节目节奏风格的一致性。

3.2 增加可视性，用细节惠及观众

目前，气象节目时长一般在 2～3 分钟之间，如此短的时间很难传递大量信息。《气象大调查》要通过电视的表现方式讲清楚"空气负离子"这个全新的气象术语的定义、作用、成因，地域、时间、天气、季节分布特点，以及如何通过负离子改善身边的空气质量。要充分在有限的时间内牢牢吸引观众，不仅要将大量的科研资料浓缩成精华信息，而且在编、拍、剪等方面更注重细节运用。首先，编导在解说文稿上进行创新，创造最佳的语言环境，用观众最熟悉的语言传播观众最需要的信息。比如最后的"打油诗"就是将整个调查分析服务的结论以"七字诀"的方式告诉观众，加深理解和记忆。第二是讲究拍摄技巧，注重节目特质，不仅统一主持人的服装、标识，运用各种拍摄手段、从各个角度快节奏地呈现调查的过程，以及沿途的风景，让观众在艺术欣赏中获取知识。第三是精心剪辑，展现节目的最佳样式和独特风格。比如多窗口、快节奏展示两条调查路线，轻松明快的配音，在介绍如何通过负离子改善空气环境时，不再用实拍效果拖延节奏，而是继续用图片配生动字幕的方式一气呵成，确保丰富的信息量。总之，气象服务类节目应该制作成一部精致的短片，没有拖沓冗长的文字解说，而是通过丰富的实用信息来实现节目的最大价值。

4 结语

气象服务类节目是生活服务类节目的一个重要组成部分。不仅要注重原创意识，传达创新理念，而且要有创新的表现手法，打破固定模式，在实践中"嫁接"出更多让观众感到愉悦又实用的气象节目，"再生"出更多具有行业本土特色的"实用并娱乐着"的气象服务节目模式，从而推进气象节目朝多元化方向快速发展。

参考文献

潘知常，孔德明. 2007. 讲"好故事"与"讲好"故事：从电视叙事看电视节目的策划. 北京：中国广播电视出版社.

宋尚琳，赵辉. 2012. 浅谈生活服务类节目的引进与创新. 今传媒，**7**：124-125.

于烜. 2013. 转向——中国电视生活服务节目之变迁. 北京：清华大学出版社.

张伟琨. 2012. 英国电视创新生态与移植. 视听界，**3**：67-69.

周欣欣. 2012. 本土化与时代性：模式类节目的发展趋势. 视听界，**2**：23-28.

借助旅游平台　提升气象文化

张亚男

（河北省气象服务中心，石家庄 050021）

摘　要

旅游气象节目要立足气象信息的运用和准确把握；在结构和表现形式上要突破传统天气预报节目的模式，根据内容选择最能突出重点的结构设置和表现形式；由于内容和形式的丰富，更加有利于主持人自身优势的发挥；通过对素材的积累和规范化使用，使旅游气象节目形成独特的风格；力争通过旅游气象节目，深度发掘和大力提升气象文化品牌。

关键词：旅游　气象元素　气象文化　结构　主持人　表现形式

与传统的天气预报节目相比，旅游气象节目需要做到在内容和表现形式上有所突破，才能更好地展示气象和旅游双重内涵，借助旅游平台，拓宽气象节目的发展空间，提升气象文化品牌形象。

1　把旅游气象节目打造成宣传气象文化的平台

天气预报属于信息，公众对于传统的天气预报节目的关注，更多侧重于信息的获取。而旅游气象节目中增加的旅游内容的介绍，可以让天气预报节目在信息传播的基础上，加入丰富的文化传播功能，打造出气象文化品牌。

旅游本身就是一种文化，而发掘其中和气象相关的部分，是旅游气象节目需要突破传统、实现创新的重要方面。

1.1　在自然资源中发掘气象文化

天气、气候给一个地区带来的不仅仅是阴晴雨雪的影响，它促成了当地植被、作物、建筑等多个方面的特色，甚至是风土人情的形成。河北有着多样的地形地貌，高原、山地、丘陵、盆地、平原，不同地形的气候特征，都是有待发掘的气象文化资源。关注当地的气候特色，介绍形成的原因，并与景区介绍相结合，既突出了景区的特色和优势，又为更深层次的气象资源做了宣传，增强了气象资源的影响力。

例如承德的避暑山庄和坝上草原，是夏季的避暑胜地。在介绍当地的气候特征时，不能简单地停留在气温的介绍上，可以通过它独特的气候特点，引申出对当地景色、植被甚至美食和人的性格的形成所具有的作用。人们去旅游，体会的不仅仅是美景，还有气候所带来多个层面的独特感受。

1.2　在历史传承中发掘气象文化

除了丰富的地形地貌，河北还具有悠久的文化历史。燕赵古国所流传下来的不仅仅是一个称谓，更多的是思想文化。河北属于温带季风气候，四季分明，造就了人的性格也是直爽醇厚，爱憎分明。所以有“燕赵之地多慷慨悲歌之士”。

在邯郸，有多处历史典故的发源地。一般的旅游节目，发掘的是文化层面。而气象节目，需要更深层关注的，是当地的气候特征对于人的品格的形成所起的作用，提升气象文化的认知度。

2 旅游气象节目对气象元素的把握

和天气、气候等气象元素的紧密结合，是气象部门所做的节目的优势之处。

2.1 针对出游做中长期预报展望

人们对于出行和旅游，通常会提前制定计划；而且距离较远的景区，花费的时间也会比较多些。所以对于出游天气，人们关注的不仅仅是短期内未来两三天的情况，更多的是未来一段时间的情况。

根据这一特点，旅游气象节目应该突破常规节目关注短期预报的侧重，把关注点放到中期预报上，主要介绍未来7～10天的天气趋势。

在网站上搜索到的中长期预报也是气象部门所具有的优势。网上搜索的预报，多是简单的天空状况加气温。而气象部门提供的中长期预报，有对天气形势的分析，比如会有几次冷空气影响，分别出现的时间段，以及带来的除降雨之外的其他影响，像大风、降温之类。此外还能提供污染物扩散条件、能见度以及诸多的气象指数预报。

2.2 关注对游玩有影响的天气

对于重要天气过程的关注，把着眼点主要放到对出行、游玩的影响上。介绍景区天气，也同样关注哪些天气是对游玩有影响的，根据特殊天气，再给出相应的提示。

例如在推荐夏季草原游的时候，如果遭遇到雷雨天气，最好推荐使用雨衣而不是雨伞。一方面草原地势开阔，雨伞很容易成为引雷的制高点，另外，下雨时草地相较于其他路面，会更加光滑，打伞不容易掌握平衡。

所以选择恰当的和游玩密切联系的天气以及服务内容，才是真正的针对旅游的天气节目。

2.3 突出气象统计、分析数据在节目中的地位

现在针对旅游的节目很多。和电视台以及制作公司相比，气象部门制作节目，在各方面都不具备优势。而我们唯一的优势就是在气象数据的掌握上。网络的发达，又让人们获取天气预报的途径变得更加便捷。气象部门想要在旅游节目中占得一席之地，预报内容是一个方面，历史气象数据的统计和分析，是更能让我们的节目区别于其他类型旅游节目的重要特征。而气候资料统计结论，也是景区吸引游客的重要方面，同时也显示出旅游气象节目的特色。

3 旅游气象节目讲述的内容是天气与旅游信息的结合

3.1 天气与景区的介绍相结合

需要根据景区的特点，在适宜的季节推荐出游。

3.1.1　季节性的景区

有些景区季节特征非常鲜明，像秦皇岛的海滨游和坝上草原游，在夏季是最适宜的，而在冬季是淡季。这样的景区，适合在旅游旺季即将到来的时候推荐。

另外这种景区可以重点介绍天气气候的特殊性。尤其像夏季多数地区天气炎热，这些景区正好可以作为避暑的去处进行推荐，所谓“躲游”。

3.1.2　季节特点不鲜明的景区

一些人文性的景观，比如红色旅游景点像西柏坡纪念馆、冉庄地道战遗址、八路军一二九师纪念馆等，不受季节的限制，只需要介绍该地未来天气就可以了。

3.1.3　同一季节同一景点会有不同的天气

对于很多人来说，出游是长时间的规划，尤其像路途比较远的景点，如果不是出现严重的灾害性天气，更不可能临时因为天气的原因而取消，像观赏花盛花期，如果遭遇阴雨或是雾霾天气，还是要尽量介绍在不同的天气条件下，出游需要注意的事项，真正做到针对天气的旅游服务。

3.2　关注出发地和景区的天气、气候差异

对于两地的气温甚至是气候上的差异，也是需要重点介绍的。如果是省内景点，重点关注一下气温就可以了。河北南北狭长，以 3 月份平均气温为例，北部的张家口(－0.2℃)、承德(1.4℃)和南部的邯郸(7.6℃)，还是会有 6、7 摄氏度的差距。所以在进行景点推介的时候，要充分考虑到温差给游客带来的不适。

另外，河北地域辽阔，北部的坝上、东部沿海、西部太行山东麓，都有着各自气候特点，尤其在季节转换时期，会有不同表现。尤其一些气候特征明显的景区，“气候特色”也是吸引旅游的重要方面。通过相关介绍，既突出了景区特色，又体现了气象节目的特点和专业性。

对于外省的景区，气候特征是节目的重要内容。而单纯介绍该地的气候，还不能完全展示出对河北游客的吸引，和河北的气候作对比，会更加凸显该地的不同之处，让观众在节目中体会到平时不曾有过的感受，最大程度发挥旅游气象节目的作用。

3.3　关注出行线路沿途天气

对于赴省外景区的自驾游客，不仅关注当地的天气，还会关注从河北出发所经省份或地区的天气。要为他们提供沿线的天气，从而选择最佳路线。

3.4　关注同一类型景区，做系列节目

同一类型的景区可做系列节目，既保持了节目的连贯性，又有出游的针对性。例如春季赏花游，就可以根据开花期的先后，做出一系列观赏地节目；夏季山区天气凉爽，也可以把燕山山脉、太行山脉和沿海一线的景区，按从东到西、从北到南的顺序，做一系列的避暑地节目。其间可以加入景区气候特征的介绍，以气象作为吸引游客的重要条件。

4　旅游气象节目有利于主持人自身能力的发挥

传统的天气预报节目，以气象信息为主，对于主持人的发挥来说，还是有一定的限制。而旅游节目，内容和形式都更加丰富多样，有利于主持人对节目的掌控。

4.1 节奏掌控

在节奏的把握上，景区介绍部分，可以把语速放慢，而在天气、气候的介绍上，语速可以恢复到播报的水平。

4.2 语言表现

在语言上，天气预报属于信息类，要求严谨精炼，而旅游气象节目可以加入“描述”或者“评述”的内容在里面，“说”的成分更多一些，相比于传统的预报信息类节目中的“告知”，旅游气象节目的“描述”或“评述”，更能拉近和观众的距离。

如果有亲身体验的话，将自身的真实感受介绍给公众，比起简单的介绍，更具有吸引力。另外遭遇一些特殊天气，比如在雨中或是雪中游览的经历，也能让正处于类似天气时段的节目能够自圆其说。

4.3 表现形式

旅游气象节目相对于传统的预报信息的播报，主持人的状态也可以更灵活一些，加入适当的表情或肢体语言，甚至可以加入道具，既让主持人有更多的自我表现空间，发挥主持人的个人魅力，也增加了节目的生动性。

内容和形式的丰富，让主持人有更多的发挥空间，当然，这也需要主持人有更多的状态和情感上的投入，真正理解天气和出游的关系，用情感来带动甚至是打动观众，才能真正实现旅游类天气预报节目的存在价值。

5 旅游气象节目的结构设置

目前的旅游节目，前半段多是延续传统天气预报的结构模式，后半段介绍景区天气，使得旅游节目的特点不够鲜明。而全国气象影视业务竞赛中的旅游节目，又多是以外景的形式，集中介绍景区天气，现场感强，但容易与天气相脱节，更像是纯粹的旅游节目，天气只是景区介绍的其中一个部分。

作为一档旅游气象节目，还是应该以天气为主线，将景区的介绍和天气融和，做到相互渗透，浑然一体。因此，在结构的设置安排上，就要打破传统的模式，找出能更好地将两者融合的结构安排。

5.1 景区天气→全省天气

该结构适合景区所在的局部地区的天气和省内其他地区不同时使用。

例如在北部和西部都有降雨，而东部的沧州、衡水一带多云时，推荐衡水湖旅游，可以先介绍衡水的短期天气预报，进而扩展至周边地区的多云天气，再扩大范围至其他地区的降雨。而相比其他地区的降雨，衡水湖还是适宜出游的。

另外，还可以提供自驾线路沿途地区的天气，在有降雨的路段做重点服务。

5.2 全省天气→景区天气

适宜全省大部出现恶劣天气，而推荐的景区与之相反的情况。例如在冬季全省大部分地区出现雾霾，维持重污染的情况下，位于西北部的张家口空气质量保持良好，可以推荐滑雪游。这种情况下，全省天气不需要太多介绍，因为大家都有切身感受，只需要做好雾霾预报。而接下来重点介绍张家口地区的空气质量和未来天气对出游的有利方面，做一期“躲雾霾游”。

6 旅游气象节目表现形式的创新运用

6.1 3天和7天天气模板的使用

在常规节目中，3天和7天天气模板一般用于某地未来几天预报的展示。分为城市名称、连续的日期、天空状况、最高气温和最低气温几个部分。

在旅游节目中，对某一天出发地和景区天气、气温的对比，也可以使用3天天气模板，将城市名称改为需要对比当天的日期，日期的位置改为几个城市的名称，在下面分别注明当地的天空状况和最高、最低气温。

需要介绍出发地到景区沿途天气时，可以使用7天天气模板，将途经城市的天气和气温同屏展示出来，使人一目了然。

6.2 交通线路图的使用

交通线路图同样可以用在介绍出发地到景区沿途天气的情况，将城市天气和气温放在小的提示框中，用箭头指向线路中的相应位置。和7天天气模板相比，这种表现形式显得更加立体直观，不仅能看到沿途的天气，还能了解大致的行驶方向。

6.3 景区面貌的展示

现在的节目多是在主持人场景部分使用图片，来展示景区的风景。观众一方面在看和听主持人的讲解，一方面还要看图，有时会忽略掉一些信息。在介绍景区情况时，不妨使用全屏图片加配音配乐，来展示风景，让观众完全沉浸在景区的美丽风光中，能起到更好地吸引效果。而且这样还能减少主持人背稿的负担。

另外，旅游节目对于图片的要求更高，一定要选择构图、色彩都非常美的图片，而且穿插剪辑精良的小片段，还可以缓解节目时长可能带给人的疲惫感。

7 旅游气象节目对日常内容和表现形式的积累

7.1 对气象图表的使用和积累

目前河北气象影视中心已经对日常使用的气象图表做出了规范化要求，并对制作的图表进行分类整理、归档，已经形成了一定的规模，便于日常节目的使用。而旅游气象节目需要更加灵活的样式，在色彩和图形的使用上更加多样和大胆。在原有图表的基础上进行创新，根据旅游气象节目的需要，建立专门的旅游节目素材库。

7.2 旅游相关内容的分类整理

在内容上，河北气象影视中心通过分类整理，已经完成气象科普、生活、交通、为农服务等几个方面素材的积累。随着旅游节目制作经验的积累，需要对旅游相关内容进行整理概括，便于日后工作的使用。

另外，因为旅游具有重复性，内容的积累，也有利于通过对原有内容的推敲，进行新的内容挖掘，让节目常变常新。

7.3 表现形式的规范

对于可以重复使用的素材，如季节转换、天气转换等制作完成的动画，分类归档，使用时只需要根据具体内容做细微处理，大大节省制作资源。

在字幕的使用上，分类进行模板化处理，根据内容编排直接调用。

景区介绍部分，设计完整的编排结构，对后期编辑的要求统一化，使节目具有一致的风格。

8 结语

旅游气象节目在传统天气预报节目的基础上，内容和形式都有全新的突破，但归根结底它还是一档气象节目。一定要以气象信息作为支撑，根据出行、旅游开发出更多的服务产品，才能让节目的内容不断丰富，让节目的表现形式更加多样。

和交通、旅游等部门的合作，也能让我们掌握更多的公众需求，从而使气象信息的提供和相应的服务更加有针对性，更加贴近出游者的实际需求。

旅游气象节目的服务更加专业化，对于传统天气预报节目是有利的补充，让气象服务更加的丰富，我们应该努力把它打造成最绚丽多姿的一档气象节目。

旅游天气预报节目创新与创收

刘冰之

（浙江省气象服务中心，杭州 310017）

摘　要

随着气象事业的发展，气象影视节目形成了越来越精细化的气象服务，细分了服务对象，细化了服务需求。国内各省市纷纷推出了针对农业、体育、交通、旅游等的专项气象节目。旅游天气预报节目因其能满足观众对于旅游天气的需求而具有巨大发展空间。由于节目题材新鲜有趣，最能和时尚、潮流搭边，相比其他天气预报节目更具可塑性。2010 年底浙江省气象服务中心推出一档日播的旅游天气节目《天气向导》，旨在为观众的旅游出行提供及时的天气资讯，为观众选择旅游景点出谋划策、提供参考。本文分析了现今“旅游天气预报节目”和“旅游业”现状，针对《天气向导》节目开播以来反映出的问题，提出了旅游天气预报节目直接和旅游网站合作创办节目的全新节目创意，并探讨了合作方式、节目形式以及如何达到双赢的创收方式等。

关键词：天气预报　旅游网站

1　国内旅游业的现状

1.1　旅游业发展概况

旅游业是第三产业的重要组成部分，是世界上发展最快的新兴产业之一，被誉为“朝阳产业”。中国旅游的发展在改革开放后短短的几十年间有了翻天覆地的变化。《国务院关于加快发展服务业的若干意见》提出，要围绕小康社会建设目标和消费结构转型升级的要求，大力发展旅游、文化、体育和休闲娱乐等面向民生的服务业。相关机构预测，到 2015 年，我国入境过夜旅游者将达到 1 亿人次，国内旅游将达到 28 亿人次，人均出游 2 次，出境旅游将达到 1 亿人次。三大市场游客总量达 30 亿人次，中国将成为世界上第一大旅游接待国、第四大旅游客源国和世界上最大的国内旅游市场。

1.2　旅游电子商务发展迅猛

除了传统的拥有实体店的旅行社之外，近年来旅游电子商务得到了迅猛的发展。20 世纪 90 年代末期，我国就提出了旅游电子信息化。21 世纪初期，国家更是开展了金旅阳光工程，大力推进旅游电子商务。中国目前有几千家旅游网站，大致可以分为三种类型：一种是以提供旅游信息服务为主的旅游咨询网站，如中华行知网；一种是旅行社开设的官方网站；还有一种是提供旅游产品在线预定在线支付等业务为主的专业旅游网站，如携程旅行网。而第三种类型正是旅游电子商务发展的主力军，尤其是 2004 年携程上市后，中国旅游行业电子信息化倍受关注，大批专业的线上旅游网站如雨后春笋不断涌现。

为了调查旅游者通过什么方式预订报名、安排行程，笔者做了一份问卷调查，发现旅游网站确实已经得到了一定的市场认可。网络预订的使用比例最高，参与调查者中93%会使用；其次是通过电话预订，使用比例为45%；再次为手机客户端预订，使用比例为39%，选择线下旅行社为17%。

1.3 面对业内竞争，旅游网站必须开启“智慧状态”

旅游电子商务发展迅猛，各旅游网站数不胜数，涌现出了携程旅行网、途牛网、去哪儿、驴妈妈、乐途旅游网、艺龙旅行网、同程旅游、马蜂窝旅游网、蚂蚁窝、悠哉旅游网等等。虽然旅游电子商务前景巨大，但是近年来各网站之间的竞争也是硝烟四起。要想从这些网站中脱颖而出、一鸣惊人，除了要有好的旅游产品和服务之外，如何宣传品牌，提高知名度，推介旅游产品就显得尤为重要了。而运用传统媒体手段，例如电视荧屏进行宣传造势，无疑是最直接最有效的方法之一。

目前国内旅游网站、旅行社经常会和广播电台进行一些互动，推出优惠的旅游线路，像浙江电台城市之声就联合旅行社就推出了“百场飞行计划”。但是由于在电视中投入广告成本巨大，目前还没有旅游网站和电视台长期合作的先例。因此，如果能借助气象节目的资源优势，实现性价比较高的电视广告投入，合作全国首档旅行社冠名的旅游天气预报节目，必定是一鸣惊人的举措。

2 浙江旅游天气预报节目现状及问题

2.1 《天气向导》节目现状

2010年底浙江省气象服务中心推出了一档日播的旅游生活类天气节目《天气向导》。节目总时长1分48秒，主持人出镜主持时长48秒。节目播出时段：周一至周五17:28，双休日17:35。长期合作的旅游景点主要有：澳门、龙岩古田景区、仙居神仙居、江山江郎山、丽水古堰画乡、永嘉楠溪江、诸暨十里坪景区、安吉灵峰度假景区、福建福安白云山、安吉江南天池、浦江仙华山、武义大红岩、武义牛头山、晋江围头景区等。

《天气向导》节目开播以来还没有做到把天气和旅游两者完美结合，应该为观众提供更丰富更实用的旅游天气资讯，更充分利用珍贵的媒体资源实现节目创收。

2.2 节目形式内容单调乏味

48秒的主持人出镜时间里只能口播不足300个文字。目前一般情况下1/3的篇幅用来介绍明天的天气，另外2/3就是景点的介绍。节目形式固定而单调。由于所介绍的旅游景点根据广告投入而定，资源有限，主持人无法自主选择，根据天气选择介绍相应的旅游点。因此，强硬地把两者凑在一起就造成了天气和景点之间很难达到完美过渡。节目只是信息的堆砌和拼凑。

2.3 节目画面呆板生硬

目前《天气向导》节目的画面元素由4张景区图片和景点介绍的滚动字幕组成。每期节目主持人播报时，挑选出的4张景区图片会在背景固定的画框中滚动播出。4张静态图片内容有限，无法完全展现景区美景。而且由于主持人搜索图片只能通过互联网，资源非常有限，有些下载的图片画质非常差。而且有的主持人做不到口播内容和图片信息吻合，缺少和背景图片的互动，更有甚者图片和口播内容完全无关，简直是牛头不对马嘴。

2.4 景区更新周期太长，景点资料有限

由于广告资源有限，往往几个月时间里都是10几个景区轮番介绍。一个月一个景点要介绍2～3次。而很多省内的小景区不会主动提供景点资讯或新闻，也没有专属的官方网站，主持人能搜索到的景点资料非常有限，所以造成节目内容不仅陈旧枯燥，没有时效性，而且隔三岔五地“炒冷饭”，让节目索然无味。

2.5 节目经济效益还有提升空间

由于节目的认知度不高，给节目招商也有一定的难度。节目的广告资源还有可开发空间。

3 《天气向导》与旅游网站合作草案

3.1 节目目标

打造国内首档由旅游网站冠名的旅游天气预报节目。

3.2 节目宗旨

根据季节、天气等因素，在该合作旅游网站海量的国内外旅游景点中选择最合适的旅游线路推荐给观众，真正为观众选择旅游线路提供帮助。辅以景点当地的天气预报及和天气相关的旅游小贴士等内容，为观众提升生活品质、旅游出行出谋划策、提供参考。

3.3 双方优势

3.3.1 让天气为旅游服务

天气和气候对于旅游来说至关重要。有些游客千里迢迢到一个景点旅游，当地却天天下雨，严重影响了旅游行程，让人失望而归。有些游客把握不好旅游景点的最佳旅游季节，没有欣赏到景区最佳的风貌，感到很可惜。因此由专业的气象部门在考虑季节、天气等因素之后为大家推荐旅游景点，是真正想百姓所想，实用性、可行性非常大。

《天气向导》节目的播出平台是浙江卫视。随着《爸爸回来了》、《第三季中国好声音》等知名节目的播出，浙江卫视经常稳坐收视率榜首。浙江卫视的广告费用也是逐年攀升，如果旅游网站想在浙江卫视投入广告，那么资金投入相当巨大。而想要冠名一档浙江卫视的节目，并且大篇幅介绍网站旅游产品更是不可能的。而《天气向导》节目正具有这份珍贵的资源。旅游网站冠名《天气向导》节目，在《天气向导》节目中投入广告，绝对是性价比最高的宣传投入。

3.3.2 旅游网站是《天气向导》的智囊团

成熟的旅游网站有丰富的旅游资源。包括国内外的经典旅游线路及旅游景点。这些资源更新较快，具有很强的时效性。旅游网站能准确把握旅游市场热点，并根据游客喜好推出旅游产品和促销活动，并且能提供景点最新的资讯信息。这些资源对于一档旅游天气预报节目来说是强大的智力支持。有了这个资源库，《天气向导》节目就能自如的根据季节和天气主动筛选合适景区，而不是被动介绍景区。并且容易符合观众口味，能让他们通过观看节目找到真正想去

的景点的相关资讯信息。

3.4 节目形式

节目可根据内容选择主持人演播室出镜，或者到景点进行外景主持。演播室主持人建议出全身，这样一来比半身出镜更具时尚感，和背景的配合会更自如。外景主持通过主持人亲身参与和感受，能最直观最真实地反映出景区风貌。由于时长限制，也可压缩主持人出镜后景点天气预报部分的时长，加长主持人出镜的时长。或将景点天气预报部分也改为由主持人入境播报的形式。

3.5 节目内容

根据季节、天气等因素，在该合作旅游网站海量的国内外旅游景点中选择最合适的旅游线路进行详细推荐介绍。辅以景点当地的天气预报及和天气相关的旅游小贴士等内容。

除此之外，要争取实现创收。我们可以把这档节目理解成一种更为新潮优雅的电视购物，只不过购入的不是普通商品而是旅游产品。节目中可以适当口播该网站针对当期景点的相关优惠活动。或用挂角、滚屏等方式宣传该网站该旅游线路的价格或优惠活动。或用字幕显示该旅游网站的热线电话或者产品编号或者产品二维码。观众可在观看节目的过程中直接拨打电话订购、预约旅游产品，并且通过观看电视拨打电话能得到额外的优惠。

3.6 节目背景制作

多使用视频素材，或者最新的景点图片。充分利用电视的视觉感官优势，达到推介景点的效果。合理排版该网站的其他旅游线路广告。达到画面不凌乱，但是最大程度利用空间。节目中应多使用时尚、炫目的特效。

3.7 社会效益

《天气向导》节目将因资讯实用，内容丰富，时效性强等优点扩大节目的知名度，树立节目品牌。合作的旅游网站也将通过电视荧屏扩大业内知名度，从众多旅游网站中脱颖而出。并且能最及时地推广销售网站的旅游产品。

3.8 经济效益

对于旅游网站来说，通过节目宣传增加了该网站的知名度，有助于提升网站的销售额，通过观看电视直接下订单，更可提高网站的经济效益。对于《天气向导》节目来说，除了该网站的冠名费广告费之外，还可协商从通过节目下的订单中收取一定提成。

4 结语

综上所述，旅游天气预报节目和旅游网站的合作创新举措具有可行性和现实意义。两者携手必能真正成为百姓的出游好帮手，将开创一种全新的电视节目模式，为气象服务民生开辟一条新的道路。气象服务将通过更有效、更新颖、更独特的方式深入到百姓的每个生活细节。

气象服务受众满意度调查量表的设计
——基于扎根理论的质性研究

林　鹏[1]　李　冰[2]

(1 大连市气象服务中心,大连 116001; 2 东北财经大学,大连 116021)

摘　要

目前,气象服务满意度调查在我国尚处于起步阶段。本文旨在基于扎根理论(Grounded Theory)的质性研究(the qualitative research),进行调查量表科学设计。本文首先提出了研究的主要问题,阐述了选题的研究背景和意义,并对相关文献进行梳理和回顾评价;其次,在核心的研究设计环节,分别详细介绍了扎根理论质性研究的主要思想和基本操作流程;在质性研究实施阶段,描述了量表的设计和对陈述句的比较、收集、整理、归纳,以及通过开放式和主轴编码得到的受众关注点;编制了兼具普查类题项和自编题项的气象服务受众满意度调查问卷;文章最后归纳了质、量结合的主要研究结论及研究前景和局限性。

关键词:气象服务　满意度　扎根理论　质性研究　量表设计

1　前言

气象信息是人们生活、生产的重要影响因素,人们对它的需求呈刚性增长的趋势。人们的需求到底是什么?通过什么样的渠道、手段和方式才将他们所需的服务产品及时有效地给以提供,以满足他们的需求。这就需要进行社会调查,就需要设计一份全面精准的调查问卷。而我国气象部门长久以来疏于系统地横纵向调查,更缺乏一份科学有效的气象服务受众满意度调查问卷。

从理论角度来看,将扎根理论质性研究应用于气象服务受众满意度量表设计,具有一定的新意。从实际意义方面而言,基于扎根理论设计的问卷既全面又精确,可在实际调查工作中推广和应用,形成的调查结果对提升服务质量,丰富服务内容,创新服务形式有着重要的指导作用。

满意度调查是受众的一种心理体验和心理指标。目前,我国有关气象服务满意度测评的研究尚处于起步阶段。其中具备可借鉴性和参考性的有价值文献极少。王大林曾提出要坚持定期或不定期开展气象影视客户满意度调查,但现阶段大多将注意力集中在影响客户满意度的因子界定和分析中。巢惟忐、米卫红等曾发表过一系列有关探索满意度影响因子的文章。他们利用数理统计中的结构方程 SEM(Structural Equation Model)方法,提出了影响受众满意度的六大维度。验证出在气象服务满意度评估中,准确性并非判别的唯一标准,公众对气象服务的认知和气象信息传播与沟通的有效性也是影响公众气象服务满意度的重要因子。在研究设计上,巢惟忐等使用了量化研究方法,用科学的数据和信效度因子分析结果支持其结论。但其量表的产生,是基于六大假设之下由作者自发编制形成,而非来源于受众所想。此外,其余有关气象服务满意度的文献,则集中采用以调查已有事实为主。

2　研究方法与研究设计

2.1　扎根理论(Grounded Theory)

扎根理论最早由 Glaser 和 Struss 于 1967 年提出，被评价为“当今社会科学中最有影响的研究范式”。扎根理论是建立在大量对复杂社会生活经验的资料收集和文献查阅的梳理基础之上；其次由于其宗旨是构建理论，因此，具备高度的理论敏感性；第三，对大量的资料进行比较，提炼原始资料间的相关属性；第四是在资料分析中，对理论进行反复验证和抽样；最后，扎根理论研究能够客观理性的述评以往文献，能够准确地借鉴有用信息，克服文献束缚，全面衡量经验型结论和知识的作用。

2.2　质性研究方法

扎根理论被誉为“质化研究领袖”。因为其明确提出了资料收集、分析、整理的过程和阶段步骤，给予研究者清晰指导。加之扎根理论大多被广泛应用于人类行为研究，因此，在满意度调查量表的设计中，给质性研究带来了创新性方法。基于扎根理论的质性研究的分析过程，是具备高弹性可以被不断咀嚼更新提炼。本文所采用的是 Struss 和 Corbin 的研究程序，即理论性抽样、资料收集、经常性比较、编码、构建及评价的过程。

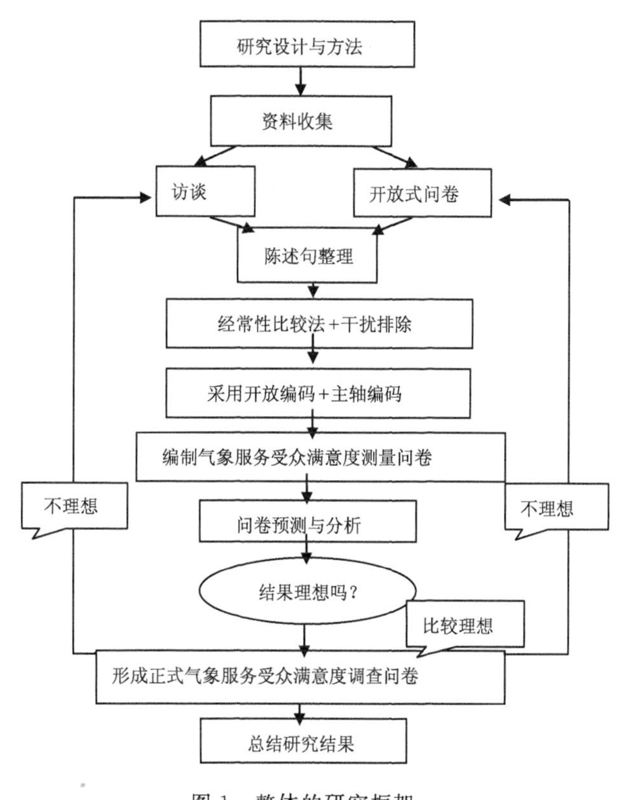

图 1　整体的研究框架

2.3　研究设计

鉴于气象服务满意度调查的特殊性，在资料的原始收集阶段，本文使用开放编码和主轴编码方式，结合了概念性序化和理论性序化。首先进行的概念性序化过程，是一个逐一对比陈述句和条目的过程，目的是发现资料间的属性相似度及差异度；理论性比较的过程包括比较类别(即抽象概念)和相似或相异的概念，将归纳和演绎相结合的交互运用(图 1)。

3　质性研究及量表设计

3.1　访谈与开放式调查问卷

扎根理论中，访谈是收集初始资料最直接的方式。气象信息牵涉社会各层级、各地区、各年龄段、各岗位的每一个人，因此，需要格外注重“理论抽样”。农渔业中，需要气象指导生产、筹划工作;商业中,气象信息关乎诸如大宗商品的价格走势等;生活中,气象指导人们的穿衣、出行等;极端天气有时甚至能直接影响一国的经济发展。鉴于此,本文在访谈对象的选取上,采取多层次多角度跨界选取的方式。在作者力所能及的范畴内,将访谈对象样本覆盖范围最大化,发展具有理论饱和度的类别。最终样本有 37 人,其中囊括不同性别、地区、年龄段、学历、工作类型,以及工作岗位等。如表 1 所示。

表 1　受访者情况汇总

基本类别	细分类别	受访人数	所占比例
性别	男	17	45.94%
	女	20	54.06%
学历	初中及以下	4	10.81%
	高中及中专	6	16.22%
	本科学历	20	54.05%
	研究生及以上	7	18.92%
年龄	18 岁以下	3	8.11%
	18 至 40 岁	16	43.24%
	40 至 65 岁	11	29.73%
	65 岁以上	7	18.92%
所在地区	北方	25	67.57%
	南方	12	32.43%
工作性质	学生	5	13.51%
	农渔业	6	16.22%
	企事业	14	37.84%
	无业	3	8.11%
	离退休	9	24.32%

访问内容涉及受访者对目前所在地区所提供的气象服务的综合和具体评价,通过何种渠道得到气象信息,查询气象信息的时间和频率,不同季节分别格外关注的天气因素,对气象名词和知识的理解,对现有服务提出的改建意见等。访问过程是一个循序渐进的,吸取受访者感受和评价的过程。受众对气象信息的理解普遍较为浅显且一致,访问时间不受任何限制,以受访者的回答为主,本文最短访问时间为 4 分钟,最长访问时间为 26 分钟。

开放式调查问卷的发放对象相对较为集中。问卷题目设置为“您认为什么才是令您满意的气象服务,您对现在气象服务的评价?请举例说明。”开放式问卷发放对象为大连银行 30 名员工,有效回收 29 份,有效回收率为 96.67%。

3.2　初始陈述句整理

通过上述两种原始资料收集方法,作者将访谈音频资料和开放式调查问卷的答案均整理成文本资料。而后对所形成的文字段落组合进行简单的陈述句拆分处理,即整理得出其中清晰准确表达受访者思想的陈述句，该过程中避免任何对语句和语义理解的深加工和挖掘过程。经整理共得到 1024 条初始陈述句。

例如，整理与其中一位受访者访谈音频资料过程，即将所听录音的同期声转化成文本格式。如表 2 所示。

表 2 初始陈述句整理节选列举

发言者	同期声	初始陈述句
作者	您好，感谢您接收我们的简短访谈，请您首先谈谈您理解什么是所谓的气象服务？	
受访者	别客气。1. 其实我不是很明白气象服务指什么，但是对于我个人来说，可能就是天气预报吧。2. 平时晚上会看看第二天天气。3. 给老公和孩子准备下第二天的衣服。4. 现在空气质量经常不好。5. 也会格外关注下空气污染指数。6. 雾霾的什么的。	1. 不是很明白气象服务指什么 2. 平时晚上看第二天天气 3. 为老公孩子准备衣服 4. 空气质量不好 5. 关注空气污染指数 6. 雾霾
作者	那对于现在的天气预报，您有什么看法呢？	
受访者	7. 整体来说我觉得挺好的。8. 就是有的时候不准啊。9. 现在科技先进，网络也发达，其实更多的时候，就是看手机里 APP 的天气提醒了。10. 看看最高最低温度。11. APP 里的信息简单明了。12. 咱们大连风大。13. 所以冬天会看看风力，下雨的话带雨伞，可能对于我们生活也就这样了。对于电视上播的天气预报，我觉得挺好的，14. 看背景好像和以前不一样，15. 改版了几次，16. 主持人也挺靓丽的。	7. 天气预报整体挺好 8. 有时不准 9. 使用手机 APP 天气提醒 10. 看最高最低气温 11. APP 提供信息简单明了 12. 大连风大 13. 冬天关注风力，降雨 14. 天气预报背景挺好 15. 天气预报改版了几次 16. 主持人靓丽
作者	您刚才提到会关注雾霾，冬天会格外关注风力，能再列举些么？	
受访者	当然可以，平时看的最多的肯定是 17. 气温、18. 风力 19. 和下雨。现在会关注 20. 雾霾，21. 冬天的道路结冰也很实用，给开车的人和行人提点醒。还有就是一些 22. 预警信号，23. 虽然有些词和知识我不是特别懂，24. 大概能猜到它们的意思，25. 也能给生活出行提供点意见。26. 像我孩子小，所以会格外关注天气一点，我老公经常出差，这时候，我就得 27. 上网给他查查 28. 未来好几天的天气预报。29. 天气肯定是每天都会关注的，现在养成习惯了，不看总觉得一天中少做了点什么事情。	17. 关注气温 18. 关注风力 19. 关注下雨 20. 关注雾霾 21. 冬天道路结冰预报 22. 关注相关预警信号 23. 有些词和知识晦涩难懂 24. 大致能猜到一些意思 25. 提供生活出行意见 26. 为了孩子，关注天气 27. 上网查询 28. 查询未来好几天的天气预报 29. 每天都关注

3.3 陈述句分析

首先对收集到的1024条初始陈述句提炼信息，采用的是“经常性比较法”及干扰排除、对资料加以分析比较、使其系统化的方法。在此过程中，为警惕自我偏见，除本文作者外，另外邀请一人（具有11年气象服务工作经验）共同协助完成。在初步识读1024条初始陈述句后，剔除了78条与气象服务完全不相关的陈述句，以及35条语义表达模糊不清难以判断的，剩余911条陈述句。

表3　陈述句分析整理过程节选

初始陈述句	整理后陈述句	陈述句归纳	编码
不是很明白气象服务指什么	对气象信息服务不了解	对气象服务认知不足	1. 对气象服务认知
平时晚上看第二天天气	晚间关注次天天气	关注气象服务的时间和频率	2. 气象服务的传播与沟通
为老公孩子准备衣服	对生活出行提供参考	气象服务的用途	3. 气象服务质量感知
空气质量不好	对气象的关注会不断改变	气象服务需求的变化	4. 获取渠道
关注空气污染指数	关注空气污染指数	关注空气污染及雾霾	5. 气象服务指导用途
雾霾	关注雾霾	借助新媒体了解天气	6. 使用时间
天气预报整体挺好	整体满意	依旧关注传统信息	7. 关注频率
有时不准	预报有时不准确	各地区各行业各季节关注点不同	8. 关注热点
使用手机APP天气提醒	使用手机APP查看天气	天气预报定制服务	9. 所需服务
看最高最低气温	关注传统信息（如气温、风力、降雨等）	气象影视背景社会较好	
APP提供信息简单明了	喜欢所提供信息简单明了	气象影视主持人较好	
大连风大	各地区所在地域特殊性，使得关注点不同	宽容同事的错误	
冬天关注风力，降雨	天气预报背景版面设计好	对于“不平等”的事件，淡然处之	
天气预报背景挺好	天气预报主持人形象好	尊重他人	
天气预报改版了几次	随季节变化，冬季关注道路结冰	善于运用创造性思维	
主持人靓丽	关注预警信号	吃苦耐劳	
关注气温	部分词语晦涩难懂	坚韧	
关注风力	借助新媒体了解天气	控制自己的情绪	
关注下雨	查询未来几天天气	理解他人的情绪	
关注雾霾			
冬天道路结冰预报			
关注相关预警信号			
有些词和知识晦涩难懂			
大致能猜到一些意思			
提供生活出行意见			
为了孩子，关注天气			
上网查询			
查询未来好几天的天气预报			
每天都关注			

第二步逐一分析比较陈述句的内在属性，寻找句与句之间的相似性和差异性，并进行初步分类。由于对公众服务的气象信息较为统一，因此，在这一阶段，对陈述句的属性归类较为整

齐，即被访谈对象对气象服务的理解和认知相对一致。在进行抽象概念和相似或相异的概念理论性比较时，将归纳和演绎相结合交互运用，形成粗略的分类框架。

最后对陈述句进行编码。编码采用了开放编码和主轴编码。开放编码是对定义类别以及其依据做进一步的分析；主轴编码则是参考各类别和层级之间的关系，进行重新组合的过程。该过程，着重剖析挖掘陈述句内涵和内在属性。仍旧以上述受访者为例，对于陈述句的整理分析过程见表 3。

4 气象服务受众满意度量表编制

4.1 质性研究结果

由扎根理论指导下的质性研究所得的原始资料，经抽象整理比较分析编码后，共得到有效陈述句 48 条。作者在对 48 条陈述句进行反复揣摩后，最终归纳成“普查”和“满意度”两大类，即一份成熟的气象服务受众满意度调查应该包含两个二阶维度。普查类二阶维度，包含获取气象信息服务渠道、关注频率、指导用途、关注焦点等 8 个一阶维度；满意度二阶维度，涵盖对气象服务的认知、传播与沟通和质量感知满意度 3 个一阶维度。

气象服务认知指受众对气象服务的认识程度与正确性，这是在受众个体上自然存在的认知。传播与沟通指气象服务信息传播过程的及时性、有效性、准确性和可接受性的综合。质量感知是指气象服务给受众带来的直观感受，涵盖了可观赏性、个人总体评价和对新媒体的态度等。

4.2 气象服务受众满意度量表题项编制

被试基本信息采集所选用统计信息为性别、年龄、教育背景、工作性质。因为成熟量表具有较高的推广性，且满意度调查通常是集中地区进行，因此，描述性统计中忽略了被试的所在地区和城市。

问卷正式部分，即气象服务受众满意度量表所有题项，均来源于扎根理论自编形成。其中普查类题项为第一部分，共 8 题，可多选。题项设计目的是为日后工作提供直接具体的指导。题目设计为选择性问题，可单选也有限制答案条数进行多项选择。满意度类题项为第二部分，共 20 题，其中气象服务认识对应 1 至 7 题，传播与沟通对应 8 至 12 题，质量感知对应 13 至 20 题。采用 Likert 式五点尺度量表评价法。顺序由低到高(即从 1 至 5)，每个题项的回答分别采用“非常不同意”、“较为不同意”、“一般(或说不清楚)”、“较为同意”以及“非常同意”。

5 气象服务受众满意度调查测评研究结论

5.1 质、量结合的研究结果

本文基于扎根理论质性研究，得到有效陈述句 48 条，归纳成“普查”和“满意度”两大类维度量表。普查类二阶维度，包含获取气象信息服务渠道、关注频率、指导用途、关注焦点等 8 个一阶维度；满意度二阶维度，涵盖对气象服务的认知、传播与沟通、和质量感知满意度 3 个一阶维度。本文所设计的科学量表，具备较高的科学性和有效性，为气象服务行业提供了一个高度结构化、步骤清晰的方法来检验、提炼、发展和提高受众满意度，可被广泛用于各地区的受众满意度调查中。

5.2　对气象服务实践工作的启示

在进行气象服务受众满意度测评的研究中，总结出对实际气象服务工作的几点启示，具体如下：

(1)转变思想，创新服务载体。为迎合科技浪潮及新媒体涌现，传统的气象服务必须加以突破提高。发展至今，气象服务已绝不仅仅是传统的“天气预报”。创新改进的基础和依据必须以受众的满意度为前提。气象人要树立以客户满意为目标的行业经营理念和文化，不断深化服务，创新载体。

(2)认识受众满意度调查的重要性，坚持开展调查。气象影视受众满意程度主要取决于其对气象影视产品与服务的实际感受，以及其心目中的理想产品与服务的比较。坚持定期和不定期开展满意度调查，可与时俱进了解受众的最新需求和动态变化，并帮助气象服务部门和人员调整工作思路和战略，促成气象服务工作者和气象服务接受者“双赢”的良性局面。

(3)调查样本普及化，形式多样化。不同职业群体对气象服务的个性化定制要求会存在些许差异，因此在进行调查时，应尽量扩大调查范围的横截面，进行横向和纵向相结合的面板数据采集。此外，也可配合特定场合，进行深度访谈，比如“3.23”世界气象日活动现场。

参考文献

陈向明. 2000. 质的研究方法与生活科学研究. 北京：教育科学出版社.

李冰. 2014. 本土情境下员工心理资本量表的重构——基于扎根理论的质性研究. 优秀硕士论文库.

米卫红，苏志侠、巢惟忐. 2012. 上海世博会公众气象服务效益评价及满意度影响因子浅析. 大气科学研究与应用，(1):85-93.

王大林. 2005. 坚持定期或不定期开展气象影视客户满意度调查. 湖北气象，(1):46-47.

王晓丽. 2013. 分析气象影视现状及提高影视服务能力的措施. 基础科学，(8):101-104.

吴金朝. 2006. “气象影视”不仅仅是“电视天气预报”. 东南传播，(5).

许小峰等. 2009. 气象服务效益评价理论方法与分析研究. 北京：气象出版社.

Hatch, J. A. 2007. 朱光明等译. 如何做质的研究. 北京：轻工业出版社.

George D, Mallery P. 2003. SPSS for Windows step by step: A simple guide and reference. 11.0 update (4th ed.). Boston: Allyn& Bacon.

Scjutte N S, Malouff J M, Hall L E et al. 1998. “Development and Validation of a Measure of Emotional Intelligence”. *Personaliy and Individual Differences*. **25**(2):167-177.

气象科普节目的多维创新与发展

王　琬　余　文

（华风气象传媒集团，北京 100081）

摘　要

本文通过对重点气象科普节目的内容及样式分析，结合科教电视节目的特点和节目策划的方法，提出了适合气象科普节目实际操作的策划原则和多维度策划策略。

关键词：气象科普节目　策划原则　策划策略

多年来，华风气象传媒集团面对影视行业内激烈竞争和外部市场需求的双重要求，一直努力提升气象科普电视节目的策划能力。笔者试图结合科教电视节目的特点和节目策划的普遍方法，总结出适合气象科教电视节目实际操作的策划原则和多维度的策划策略。

气象科普电视节目是以气象科学知识为基本内容，辅以其他自然科学、人文社会科学，运用多样化的电视传播手段宣传科学思想、普及科学知识、传播科学方法以及弘扬科学精神的节目。它独特的知识性和教育性，要求制作者把内容相对枯燥、抽象的气象知识，转化为观众接受和喜爱的形式。为了满足观众不断变化的收视口味和节目自身的发展要求，气象科普节目策划必须要走一条多维度创新的探索之路。本文将以《古气候探秘》《唐风诗雨》《气象与建筑》的节目内容、节目形式为例，就气象科普电视节目的策划原则、策划策略等问题进行粗浅的分析。

1　气象科普节目策划的原则

1.1　科学性原则

科学性原则是科教节目策划的根本出发点。科学性原则要求节目的内容符合科学事实，不存在知识性错误，节目始终要贯穿科学精神，这是科学性原则的重点，对科教节目策划理念的转变起着重要作用。

《古气候探秘》是在气候变化背景下，华风气象传媒集团向受众推出的一档科普栏目。以电视纪录片的方式来表达。每集时长为 30 分钟。以展现古气候、古环境的研究成果，展示该领域的研究方向为宗旨。用电视化的手段记录研究者的探索与求证过程，揭示科学精神，解读科学知识。同时也是历史和文献价值较高的科学探索类节目，是一部生动和全面的中国古气候、环境研究的影像志。

它从古气候学的角度，选取全国范围内有学术价值的并与古气候相关的考古发现、学术研究、学术争论等事件，制作专题节目。重点展示研究者针对古气候研究，用电视化的语言，来展示地球气候环境的变化规律。节目内容不仅是依托专家的研究来索引，而是从疑问出发，探索疑问背后的真相，将地理环境因素与当地人文情况有机联系在一起，强调地理环境对文化和人类生活的影响。节目内容利用中国独特的文化、历史、人文等诸多元素，立足于中国的本土文化，探索气候变化对人类的生活和社会发展的影响。对古气候研究的各个领域做深入地挖掘和分析，结合该领域的研究方向和成果，以系列化的方式推出电视节目。

由于《古气候探秘》涉及考古、地质环境学、实验分析等各个环节，这就迫使它为推进节目的每一个假设，每一个场景设置包括再现和动画复原，对抗性设问来源必须有科学依据，必须均来自历史文献、科学论文等，而不是出自编导的主观臆想推断。

1.2 对象性原则

气象科普节目策划应把握好定位，对收视的群体充分分析，针对不同知识层次的人群，了解其兴趣、爱好、智能构成及特殊要求。气象科普节目的策划只有针对不同对象的特点，设计对象性的节目形式和节目内容，针对不同对象的喜好和收视习惯来设计相应的传播策略，才能争取较多的观众，提高节目的收视率。

如《古气候探秘》，栏目定位为非虚构科学探索类纪录片。通过考古、地质科考、实验、文献对比等方式，将某一地域的古气候环境进行复原并探寻气候演变和环境变迁的原因。在最初策划时，就明确了节目应有如下诉求：

(1)探索探秘：展现地球生物是怎样在46亿年来急剧变迁的环境里生存发展灭亡的。节目致力于表现气候变迁中的历史、地理、文化故事，以此来增强其艺术的观赏性。

(2)故事元素：电视是用来讲述故事、用来呈现细节的一种艺术，戏剧性的特点不仅是具有可观赏性的一种手段，更是故事呈现所必不可少的载体。

(3)富有感染力：声画的结合寻求还原自然、历史、科学的真实原貌，以及它们传达给观众的表现力。

这样的一种节目特点决定了它的受众至少是具有高中以上文化程度和较高审美水平的，才会对相关的古气候知识感兴趣，并通过观众反馈进一步提高节目质量。

另一档气象科普节目《唐风诗雨》则又是另一番景象。《唐风诗雨》共52集，每集5分钟，每一集推出唐朝的一位诗人和一篇代表作。用一种唯美的艺术表现手法，把国画、水墨和唐诗等中国元素融入节目的三维动画制作之中，实现与唐诗这一文化国粹的水乳交融，力求使之成为中华文化的一个缩影。节目旨在与观众一起赏析唐代文人墨客所留下的脍炙人口的优美诗篇的同时，了解诗者的人生变故和情感意图，认识古诗词与气候、气象以及自然地理环境的联系，培养观众的气象文化意识。

节目将艺术、文学、历史、气象学、自然地理学和媒体有机结合为一个整体，是一档集艺术性、知识性、科学性为一体的全新节目。

由于该节目大胆采用动画和唐诗结合的形式，受众群除了唐诗爱好者和对气象感兴趣的人，还囊括了中小学生这个庞大的群体，毕竟他们是最易接受这种节目形式的。

1.3 创新性原则

气象科普电视节目要重视整体策划，体现品牌与创新。创新策划，也就是策划过程中要设计一些让所策划的节目与众不同的亮点，可以在形式、内容、包装等多方面、多角度地进行突破。可以从节目题材的开拓、节目样式的更新、节目表现手法的选择、节目传播策略的使用等方面进行创新。

以《唐风诗雨》为例，古诗词不仅在文学艺术上有极高的研究和欣赏价值，而且包含了大量的自然科学知识，尤其是对我国气候、气象和地理知识的真实反映和精辟分析。诗歌中不少诗句有的借雨雪，有的写雾霜，有的说风云，总之，它们都是天气状况的真实写照，堪称气象日记。

《唐风诗雨》是综合了国画美学、水墨艺术、诗歌艺术与气象知识的科学文化类系列专题节目。节目采用百人百集的独立形式，详细而全面的收罗百位诗人的百部经典佳作，诗风迥异，各具特色，尽显唐代诗词文化的繁华鼎盛和人才辈出。从介绍诗人的生平故事入手，以重温诗人的优美诗句为基调，再现诗人们经典佳作中的场景，探索古诗词中蕴含着丰富的气候气象、自然地理和人文历史。在欣赏、探讨诗句的同时，指导观众科学认识古代自然气候、地理环境。

古诗词中的知识包罗万象、丰富多彩，节目大胆创新地采用中国传统艺术结合现代三维技术手法，从自然气候、地理角度去阅读并描绘诗歌，让观众耳目一新，从诗歌中不断获得新的认识和对中国文化的理解。节目使用大量的水墨动画和后期特效的形式来表现，生动再现诗人所处时期的古代历史文化、历史事件、自然地理地貌与迥异的气候气象知识。在丰富观众的知识的同时展现了中华文化的博大精深，提高节目对观众的艺术感染力。不但能够把中华诗词文化用一种最中国化的形式传承下来，而且也迎合了全球艺术领域中不断唱响的一股中国风。

1.4 灵活性原则

气象科普电视节目策划时应尽量预测各种突发情况，设计的策划方案要有一定的灵活性，一般可设计几个不同的策划方案以备不同情况下使用。要利用现有资源，激发创意。制定可灵活操作和能解决实际问题的策划案，这些方案既要服务于实际情况，又要考虑实际操作的变化性。

1.5 可行性原则

气象科普电视节目策划人创造的是可执行方案，不能只是展示专业的文本，策划不仅仅只是研究规划，它应该有很强的行动性，方案的可操作性最重要。策划方案只有充分考虑现实拍摄和制作节目的条件和限制，才能制作出执行度较高的策划方案。

1.6 效益性原则

气象科普电视节目在强调教育性、知识性和服务性的同时，也要考虑一定的经济效益。科教电视节目策划的效益性指的是社会效益与经济效益的双优。在策划时要考虑节目播出效果和收视率，也要注意节目的社会收益。

以《唐风诗雨》为例：

(1)文化价值：宣传部门一直在大力推行继承传统文化，来应对目前不断变化的文化市场，同时弘扬中国国粹也是媒体宣传的主流方向，节目的推出可谓顺应文化潮流、符合观众心声。

(2)科普价值：本节目不同于其他科学类的节目，在欣赏、探讨诗句的同时指导观众科学认识古代自然气候、地理环境；解读气象点、分析气候变化，培养观众的气象文化意识，塑造气象古文化形象。

(3)收视价值：节目从不同诗作的气象点切入，以探索性的方式引导观众，用极具视觉感染力的画面和音乐风格贯穿全片，提升收视率。

(4)商业价值：因唐诗的艺术价值和历史价值可使节目在国内电视节目的基础上，还可以配套开发相应国际节目和光盘。市场前景非常广阔。

2　气象科普电视节目策划的策略

2.1　加强气象科普电视栏目的策划

一般来说,栏目由一个个的电视节目构成,每个节目限定在栏目特定的表现空间里,遵循栏目的宗旨、样式、风格、对象等规则。电视栏目的策划具有导向作用,在对栏目的策划中,栏目的定位策划尤为重要。准确定位是办好节目的基础。科教电视栏目的策划,主要考虑节目的定位和节目的个性特点。每个节目既要遵循栏目的共性,又要具有自己鲜明的个性。

如《古气候探秘》栏目,在开始策划时就对节目要素构成及表现手法作了明确的阐述:为了保证节目的收视率,将每五分钟设置戏剧化因素;真实记录科研人员的论证过程和心理推论过程;多时空交错,包括现实场景的真实记录,复原古气候环境,模拟未来气候环境,以此来凸显人类与环境应如何相适应;将一些抽象的科学原理通过动画的方式直观表现。在复原古气候环境的过程中,采用拟人化的手法,演绎动植物的生长和消亡过程,以保证节目趣味性。如将表现手法具体化,分为以下几类:

(1)悬念导入:以事件为线索引入发现含有古气候信息的物证过程。

以递进方式结构全篇:通过科学家推理论证古气候环境的过程,复原古气候场景,探索古气候变化的原因。

(2)关联信息提炼:为了丰富节目的层次,加强纵深感,在节目叙事过程中,加入相关联的人文历史信息。

纪实元素导入:对实际操作性强的过程采用及时跟拍的方式,以加强节目的现场感。

(3)故事化叙事:强调故事化的叙事,采用讲故事的手法展现科学家对物证即大自然留给我们的遗迹进行推理的思索过程和印证过程。通过对科研人员的访问和拍摄,找到具有戏剧化的细节或段落,真实再现古气候环境的全貌以及古气候环境的变迁。

资料参考:资料主要指历史文献。

(4)现场拍摄:现场主要指科学家在推理论证过程中所到访的工作场所。

(5)人物采访:采访人物为主要的研究人员及参与者。采访的形式分为两类,一为室内背景板下固定访问,这一类采访主要用于科学性较强的解释;第二以行为作为采访的载体,并不采用摆拍,而是自然状态下进行叙述。

(6)动画及再现扮演:动画的介入用以增加画面的直观性,让抽象的想象成为直观的视觉;再现扮演在某种程度上可以增加趣味性,并在某些方面营造一种真实客观的氛围。

2.2　注意题材的开拓

气象科普节目策划者要注意节目题材上的突破,在开拓题材方面,一般从以下几个方面着手。

2.2.1　关注热点

注意关注一段时间的社会热点,为观众的"兴奋点"作追踪报道和知识传播。例如《古气候探秘》中的《尘封历史》这一集,就探讨了古代是否有沙尘暴这样一个有趣的话题,通过缜密的逻辑和事实证明了现代黄土分布图与古代沙尘的关系。这样的节目本身立足于观众的关注热点,只要策划得当,就能成功打动观众。

关注新知识、新技术的传播。现代社会科学技术日新月异，我们的题材也要针对大众生活、思想的需要，保证传播知识的有用性和实用性。将这些新知识、新技术通过策划，给它们赋予好的包装，自然可以获得观众喜爱。

2.2.2　关注本土"话题"

中国有上、下五千年的历史，有深厚的文化积累、独特的民族特点，农耕民族和游牧民族的文化差异、丰富的物产资源、奇幻的风景地貌等都是气象科普节目的好题材。中华民族光辉灿烂的文明，本身就是一座璀璨博大的文化宝库。在这座宝库中，古诗词更是一颗光彩夺目的明珠。古往今来，诗人们身处千差万别的自然地理和历史人文环境中，激发灵感，汲取创作源泉，写出了无数脍炙人口的诗词佳作。他们精炼的语言，描绘出一幅优美的画面，一种感人的情境，道出一段意味深长的人生哲学。节目在视觉上采用泼墨山水的画面风格，更是渲染了这样欲语还休的诗画意境，力求达到一种诗在文中，文在画中，画在片中的艺术效果。

如李商隐的《夜雨寄北》诗中一句"巴山夜雨涨秋池"，生动形象地点明了雨水的时间、季节、地点、强度，反映了当时四川盆地夜雨强度较大的气候特征。经过了 1000 多年后的今天，巴山的气候变化又是怎样的？杜牧的一句"清明时节雨纷纷"，把江南清明时节因准静止锋形成的这种阴雨连绵的天气描述得淋漓尽致。

2.3　对节目进行多元化设计

2.3.1　多种表现手法结合

在做气象科普节目策划时，我们也要考虑对同一主题不同手法的结合。如《古气候探秘》，在节目中观众不单单看到所拍摄的外景画面，更有大量制作精良、通俗性很强的科学动画演示，有时编导还会加入现场实验来印证科学结论。观众通过这样节目，不仅能够知其然，还能知其所以然。

2.3.2　利用新技术来表现内容

科教电视节目策划时也要注意利用现代科学技术。如利用虚拟演播室系统来制作节目，只需演员和道具，不需要实际场景，既可以节约节目成本，也可以带来真实的三维视觉效果，甚至可以用电脑技术模拟主持人。运用好电视语言、重视用形象化手段传播知识、以声画结合和有立体信息的形象来展现科教节目的独特魅力，也是策划工作的创新点。

2.3.3　教育性、知识性与娱乐性的结合

教育性、知识性与娱乐性的结合，是科教电视节目的一种趋势和突破。将娱乐性与故事性结合起来，这种处理手段不仅使节目在内容上结合了新的教育思维，同时也摆脱了传统教育节目说教性过重的尴尬。

2.4　立足于观众

电视节目策划应立足于观众，从观众的视角来对节目的内容、形式等方面作相应的策划。科教电视节目的制作也要打破"闭门造车"的模式，从过去的"以我为中心"转变到"以观众为中心"上来，在策划时具体要注意：

(1)分析观众的收视趣味

策划人必须充分了解节目在观众心目中的相对位置，才能加以强化或改变定位。关注观众的收视趣味对节目策划有很好的导向作用。观众的收视趣味就是观众对某种或某些节目内容或节目形式的偏好。

(2)发展对象性节目

对象性节目是为特定观众群体服务的节目。由于科教电视节目内容和题材的广泛性、观众层次的多元化等原因,造成了“众口难调”的尴尬局面。在策划对象性节目时就要考虑到节目观众层的定位,找出最大观众层,重点设计。

(3)加强观众同节目的沟通

过去很多科教片只呈现教学内容或节目相关主题的资料,很少重视同观众的沟通,以至于形成一种“我说你听”的单向的传播模式,这种模式不能达到很好的传播效果。电视节目策划的交互性将打破单向的传播过程,融合互动传播的理念,促进参与性。这种参与一般表现为两种形式:一种是传播者引导受播者参与信息的认知和接受,一种是受众真正参与到节目的传播过程之中,如短信互动、电话连线。

(4)重视观众信息的调查和反馈

电视节目策划的第一个社会行动是调查观众需求,调查要有科学周密的计划,力戒主观臆想。节目推出后的第一个社会行动即测试观众反应,要及时收集观众的反馈,以便做出客观的评估。在节目策划时注意对观众信息的调查分析,有利于减少节目的市场风险,有利于策划方案实施的实际化,通过分析判断对策划进行修改、补充,形成节目策划的良性循环。

(5)将传播知识与传播观念相结合

科教电视节目在传播知识时的同时也要注意传播新的观念,很多节目在这一方面做了很多尝试。例如《探索·发现》,让观众随节目一起沿着事物的蛛丝马迹不断探索,从中体验一项研究费尽心力后又豁然开朗的探究过程。这样的节目不仅好看,也提倡和传播了科学研究的方法和精神。从《科技博览》等科教电视节目看,他们不仅可以普及自然科学、社会科学以及军事科学等知识,也可以让公众在感受科技乃至社会进步的同时,培养其渴求科学知识、关注科学技术的新观念。更为重要的是,这类节目可以引导公众用科学思想、科学方法去看待和促进客观事物的发展与变革。

(6)重视传播策略的设计

气象科教节目不仅要重视节目内容、形式、表现手法,也要重视节目传播策略甚至经营策略的设计。播出时间要合理,要针对节目的性质与观众的特点安排播出时间,做好播出前的舆论宣传,要适当缩短节目和观众的距离,要加强一些传播细节上的设计。传播策略设计须结合观众分析和收视情况的资料来做,设计符合和突出节目特点的宣传词以及宣传片,甚至可以利用专题网站为节目造势。

3 结语

纵观当前的节目策划,大多集中在政治、经济、体育等领域,对于科教类尤其与气象相关的电视节目的策划明显不足,优秀的气象科普电视节目策划对节目传播效果的优化、节目资源的合理利用、节目品牌的创立都有着明显的作用,也会为气象科教电视节目的发展带来新的生机。

气象影视如何为“三农”服务

万康玲　郑　蓉　彭　雯

（湖北省公众气象服务中心，武汉 430074）

摘　要

农村是防御气象灾害的薄弱环节，农业是最易受天气气候影响的脆弱行业。本文结合《湖北省气象影视为农服务周年方案》的编制和实施，研究了气象影视如何服务“三农”的对策，提出了气象影视进一步深入服务“三农”的3个方面的具体措施，包括：利用二十四节气、农时与天气气候的关系，对农事活动提出合理化建议；了解湖北农业气候区划、农作物生育期及气象条件对作物生长的利弊影响；关注农业气象灾害，为农民防灾减灾未雨绸缪。经过近3年的研究和实践，探索出一条行之有效的气象影视服务“三农”的途径。

关键词：气象　影视　服务三农

1　引言

湖北是农业大省，为湖北的农业生产服务，是湖北气象部门为社会服务的重要组成部分，电视媒体则是气象部门为公众服务的重要窗口。根据2009年中国气象局针对气象服务开展的调查以及湖北省公众中心深入农村调查，电视媒体是农民获取信息的主要渠道，农民是收看电视节目的第一大众群体，农村是防御气象灾害的薄弱环节，农业是最易受天气气候影响的脆弱行业。借助气象影视这个平台和载体，做好为农民、农村和农业（以下简称“三农”）气象服务，已成为湖北气象影视工作的重要内容。为了回答气象影视如何服务“三农”的问题，自2011年以来，作者根据“湖北省气象影视为农服务周年方案”的编制和实施，研究探索了气象影视深入服务“三农”的对策，提出了具体措施。

2　到农村进行影视气象服务需求调查，策划为农服务周年方案

湖北气象影视中心分别于2011年3月和2012年3月派出调查小分队，到地处江汉平原，素有“天下粮仓”之称的荆州、荆门、钟祥和随州、孝感等地进行为农服务调查。

调查组广泛收集了农民对电视天气预报节目的意见和需求。通过调查得知，他们一般看CCTV－1、湖北卫视、湖北经视和当地的气象节目，习惯每天晚上都看《湖北卫视》18点50左右和CCTV－1 7点半的天气预报节目，了解的内容重点是未来三天的天气预报和一周天气预告，也喜欢看一些气象科普知识和气象与生活方面的节目。在田间地头，针对电视气象节目的收视率和满意度，我们还对农民进行了问卷调查。问卷调查表明，习惯每天收看电视天气预报节目的占95％以上，并且对电视气象节目的满意度要远远高于城市。这两次问卷调查，为今后公众服务中心更好制作为农服务的电视气象节目奠定了基础，指明了方向。

为了满足广大农民对天气预报及相关电视气象节目的需求，更好地为“三农”服务，湖北气象影视中心于 2011 年研究、策划并制定了《湖北省气象影视为农服务周年方案》(以下简称《周年方案》)。在“周年方案”里，根据湖北省一年四季农业生产的特点，提出了气象影视如何更好地为“三农”服务的措施。

3 利用二十四节气、农时与天气气候的关系，对农事活动提出合理化建议

提高气象影视为农服务的质量，只有建立在了解农村、熟悉农事活动的基础上，才能把天气变化与农业生产结合起来，服务才有针对性。二十四节气是我国劳动人民独创的文化遗产，它能够完整地反映季节的交替、天气气候的变化和物候的更新与农业生产的关系，指导农事活动。《周年方案》第一、二部分就是介绍二十四节气和农事民俗。

由于古代我国文化中心在黄河流域，二十四节气是以黄河流域的气候、物候为依据建立的，而且直到现在仍然符合这个地区的自然和物候现象。对于地处长江中游的湖北省来说，在介绍每个节气时，应该与湖北的天气、气候特点、农事活动紧密结合。《周年方案》里第二部分的农事民俗，就是结合湖北当地的农业生产特点和民俗习惯，对农事活动提出合理化的建议。

农事民俗是按照每月的节气，结合民俗、农时谚语等有针对性地进行农事服务。比如：一月小寒接大寒，薯窖保温防腐烂；立春雨水二月间，顶凌压麦种大蒜；三月过了惊蛰节，春耕不能歇。春分虫儿遍地走，农活催人快动手；四月清明和谷雨，种瓜点豆又种棉。清明玉米谷雨花，谷子抢种至立夏；五月立夏到小满，查苗补苗浇麦田。立夏到芒种，活路更繁重；芒种夏至六月天，除草防雹麦开镰。过了夏至节，锄头不能歇；小暑大暑七月间，追肥授粉种菜园；立秋处暑八月天，防治病虫管好棉；九月白露又秋分，秋收秋种忙不停。白露看花秋看稻；寒露播油菜，霜降种麦。十月寒露和霜降，秋耕繁忙连打场；立冬小雪十一月，小麦播种不过冬(立冬)；大雪冬至十二月，总结全年好经验。

4 了解湖北农业气候区划、农作物生育期及气象条件对作物生长的利弊影响

湖北省处在中纬度地区，处于我国的中部，具体的地理位置是：29°05′～33°20′N，108°21′～116°07′E，北纬 31°线横穿湖北省境内。由于北纬 31°线是我国农业生产的一条分界线，所以，湖北“气候型农业”特点十分明显。

4.1 北纬 31°线是双季稻和一季稻生产的分界线

北纬 31°以南地区适合双季稻生产。由于北纬 31°以北地区的热量资源不足，温度条件不能满足双季稻生长发育的需要，才形成了北纬 31°南部以双季稻生产为主，而北纬 31°北部以一季中稻生产为主的局面。

4.2 北纬 31°线是全国冬小麦种植的南界线

因为北纬 31°南、北降水有明显的差异，喜好旱地生长的农作物小麦，主要集中在北纬 31°以北雨水较少的地区种植。北纬 31°以南几乎没有小麦种植。

4.3 湖北省气候资源丰富，农作物种植兼有我国南、北方的特点

湖北省地处中原，北纬31°线横穿湖北省境内，气候资源十分丰富。"温、光、水"是农业生产中三个较为重要的农业气象要素，而湖北常年日照充足，温度适宜，雨量充沛，为农作物生长发育提供了理想的气候条件。北部雨水略偏少，适合小麦种植。南部雨量充沛，适宜双季稻种植。中部地区又适宜油菜种植，荆门一带还是全国油菜种植基地之一。湖北种植的农作物品种非常丰富，主要有双季水稻、一季水稻、小麦、棉花、油菜、玉米等。

从全国来看，湖北以北地区很少有双季水稻种植，湖北以南很少有小麦种植。而这些作物在湖北省都有种植。所以，湖北省农作物品种兼有我国南方和北方的种植特点。"湖广熟，天下足"，足以说明湖北省粮食生产在全国的地位是举足轻重的。

4.4 湖北省农作物种植区划

湖北省内农作物种植虽然品种丰富，有小麦、水稻、油菜、棉花、玉米等主要农作物，但是根据地理位置不同，也有一定的侧重点。鄂北地区以种植小麦、玉米为主；中部地区以种植油菜、小麦为主，而双季水稻主要集中在鄂东和鄂南地区。具体分布是：襄阳、十堰、随州等鄂北（北纬31°以北）地区，是湖北省小麦的主要种植生产区；荆州南部、黄冈南部和咸宁地区（北纬31°附近或以南）则是双季水稻种植生产区。

了解了湖北省的气候资源、气候特点以及主要农作物种植的区域分布，气象影视人员，尤其是编导人员，还要全面了解对主要农作物生长有利和不利的气象条件，要掌握农时关键季节，农作物播种和生长对气象条件的需求。比如：满足双季早稻播种的气象条件是：日平均气温大于12℃三天以上的晴朗天气；"寒露风"灾害是日平均气温连续三天≤20℃，就会对晚稻抽穗杨花有影响等等。只有知道这些气象条件与农作物生长的关系，才能按照各地的气候背景及天气变化，开展有针对性的气象影视为农服务。

5 关注农业气象灾害，为农民防灾减灾未雨绸缪

农业是对气象灾害最为敏感的行业。湖北省是气象灾害多发和重发省份之一，气象灾害具有种类多、范围广、频次高等特点。对于湖北省来说，在不同的时段，会有不同程度的气象灾害影响农业生产，农业气象灾害在湖北一年四季均有发生。

5.1 湖北省主要农业气象灾害种类

冬、春季主要农业气象灾害有：干旱、低温冻害、雪灾、寒潮大风、低温连阴雨、晚霜冻（倒春寒）、渍害、风雹灾害、森林火灾等。

夏、秋季主要农业气象灾害有：暴雨洪涝、麦收期连阴雨、高温热害、干热风、大风冰雹等强对流天气、伏旱、秋季低温连阴雨、低温冷害（寒露风）、早霜冻、（寒潮）冻害、干旱等。

5.2 灾害发生前气象影视及时传播灾害天气预警预报

气象影视人员本着"以人为本，无所不在，无微不至"的服务理念，在气象节目中，通过电视媒体把气象灾害预警预报信息及时、准确地向公众传播出去，尤其要在专门为农民服务的垄上

频道播出，为农民防灾减灾未雨绸缪。在发出气象灾害预警提示的同时，还应该通过科普的形式，向农民宣传防御气象灾害的具体措施。

5.3 防灾减灾和气象灾害科普知识在节目中要常态化

对于农业气象灾害，在不同的季节关注不同的防灾减灾重点。平时加强灾害预防知识宣传，在灾害性天气高发期到来之前要"重温"防灾减灾知识。将专业知识术语包装转化成农民看得懂、听得明、记得住的通俗易懂、形象生动的电视画面和语言，做到有效地传播防灾减灾信息。当农作物受到气象灾害、病虫害等影响之后，影视中心除了拍摄灾害视频资料，还应该联系农业、植保等部门，咨询有关专家，寻求减轻灾害的方法和措施，帮助农民积极应对灾情，尽量减轻作物因灾造成的损失。影视中心在农业气象节目中，要多制作防灾减灾专题系列节目，要加大气象灾害科普知识和天气气候知识的宣传。防御农业气象灾害的科普知识内容，在日常节目中要常态化，形成体系。

5.4 灾害发生后的气象影视服务

当农业气象灾害发生后，气象影视人员要在第一时间赶到现场，了解灾情，体察民情，用视频画面真实地报道灾情实况，为各级领导制定抗灾减灾决策，提供最快捷、最真实的第一手资料。同时还应该对灾害形成的原因、造成的危害、有否采取避灾措施等等进行分析总结，为广大的农民减灾避灾提供可借鉴的信息，增强农民的防灾意识，从而达到类似灾害再次发生时，把损失降到最低的目的。

气象影视服务要让广大的农民做到灾前有准备，灾后有措施，减轻气象灾害对农业生产的影响。但是目前由于受到技术条件等因素的限制，对于灾害发生过程中的报道以及相关信息的收集还不够及时，这也亟待全省气象影视网络的建成应用，这样会极大地提高气象新闻的采集和制播时效，提高防灾减灾效率。

气象影视服务是当前气象灾害预警、预报信息发布的重要途径。我省防灾减灾的严峻形势和气象事业加快发展的新形势，都对我省的气象影视工作提出了更高的要求。我们要增加防灾减灾的意识，做好气象和传媒的双重"内功"，才能为防灾减灾工作提供一流的影视服务。

随着农业、农村、农民对气象服务需求内容和形式多样化、精细化程度的上升，只有努力打造气象影视服务的专业化、个性化和精细化，才能满足广大农民乃至社会公众对气象防灾减灾服务的不同需求。

6 结语

气象服务于"三农"不仅一直是湖北省气象服务的重中之重，同时也正在成为媒体传播领域一个重要的主题。通过电视节目向广大农民提供信息量大、针对性强、及时准确的农业气象信息产品、防灾减灾预警预报产品，可以指导农业生产，趋利避害，提高农业产业效益，为农业增产、农民增收和农村发展当好参谋。利用影视媒体这块阵地，不断提高气象影视为农服务手段，拓宽气象影视服务的领域。

参考文献

冯明. 2013."湖广熟，天下足"——荆楚粮仓的气象支撑. 气象知识，**192**(4):16-17.

农业气象节目如何更好地为农服务

刘冰之

（浙江省气象服务中心，杭州 310017）

摘　要

电视天气预报节目是农民朋友获得天气信息的主要途径之一。农业气象节目在农民防灾减灾、提高产量等方面起着重大作用。本文针对农业气象节目存在的不足和发展前景，从丰富农业气象节目类型和预报内容，加强各部门之间的合作，提高农业气象节目工作人员的专业素养等方面入手，并结合了第九届全国气象影视服务业务竞赛的优秀案例，探讨如何挖掘农业气象节目的潜力更好的为农服务。

关键词：为农服务　节目制作　主持艺术

气象事业是基础型公益性事业，以服务经济建设和人民群众福祉为目的。气象服务工作与农业、工业以及人们的日常生活都有着密切的关系。气象影视节目作为气象产品对外输出的重要出口，在气象服务中起着重要的作用。目前气象影视节目越来越向着精细化服务发展，细分了服务对象，细化了服务需求。因此，国内各省市陆续推出了针对农业、旅游、体育等专项的气象节目。农业"靠天吃饭"，是气象因素影响最敏感的行业之一。能否充分利用气象资源，关系到作物的产量和品质，关系到农民朋友经济效益。因此怎样把气象信息更快更准的传送给农民朋友，有效指导农民朋友的生产生活，开发气象为农新产品，让气象服务更好地面向农村、针对农业、服务农民，为三农保驾护航，对农业气象节目提出了更高的要求。

1　农业气象节目的现状和不足

2006年6月26日中国气象局华风气象传媒集团在CCTV－7《农业气象》节目正式开播。省级以及部分地市气象服务中心也在当地电视台制作播出农业气象节目。例如2005年至今浙江省气象服务中心在浙江七套公共新农村频道制作播出《农情气象站节目》。随着中国气象频道在全国各地落地，农业气象专题片、农业气象新闻也得到了发展壮大。可见气象局、电视台乃至整个社会对于农业气象节目都给予了充分的重视和肯定。但是农业气象节目也存在着一些不足，主要有以下几点：

1.1　气象预报内容不够精细

农业天气预报除了常规的天气预报之外，应该根据不同的季节、地域、作物，有针对性地进行农用天气预报、灾害预警、干旱预警预报、土壤水分监测、春播服务、秋收秋种气象服务、关键农事气象服务、病虫害气象等级预报、作物专报等预报服务。往往各级气象局农业气象中心都有相关的预报产品，但是农业气象节目制作中没有把这些资源充分及时利用，造成预报内容不够精细。

1.2 农事建议不够专业

除了精细的天气预报内容之外，好的农业气象节目还应该结合天气给予农民朋友农事方面的建议。但是由于农业气象节目的工作人员，如编导、主持人都是农业方面的门外汉，更不了解本地的实际农业情况，因此节目中的农事提醒多从农业信息网上生搬硬套，东抄一点，西借一点。一方面，未经加工的书面文字尤其是一些生僻的术语拗口难懂，另一方面未经大脑理解的农事建议内容空泛，没有针对性和可操作性，有时甚至和本地实际农情不符。所以造成节目中的农事提醒变成了一种任务一种摆设，普通观众看不懂也不感兴趣，而对于农民朋友来说，真正有帮助的实用信息少之又少。

2 如何让农业气象节目更好地为农服务

2.1 加强和气象台、农业气象中心的合作

农业气象节目制作通常是由当地气象服务中心录制完成的。所用的气象预报材料来自于气象局的其他部门，主要有气象台和农业气象中心等。气象台每天都会分时段更新气象信息，并针对气象灾害给出服务决策，预警信息等服务产品；农业气象中心根据天气对农业的影响，有针对性地发布“农用天气预报”“农业气象旬报”“农业干旱监测预报”等服务产品，并配有各类图表图形。例如：早稻播种适宜等级分布图，茶叶霜冻灾害预测分布图，茶叶摘采适宜度划分图等等。以上这些信息都是农业气象节目的基础元素。如何最准确最及时最快速的得到第一手气象资料，实现不同部门之间信息无缝对接，充分利用好气象预报资料是做好农业气象节目的基础。所以一定要加强与气象台、农业气象中心的合作，积极建立先进有效的传输系统和信息共享平台。对于预报材料要互相监督检查，并且建立有效的应急机制，如果出现问题及时沟通解决，不推卸责任。使得信息传输不出错、无时差。另外，影视制作部门不仅要接收好预报资料，还要变被动为主动，勇于根据节目需要提出问题发出请求，向气象台、农业气象中心等相关单位索取节目需要的相关资料。

2.2 气象影视制作部门应该加强和所在地区农业部门的合作

农业和气象密不可分。各类农事活动的开展都要根据天气情况而定。这就决定了农业气象节目重要的组成部分——农事建议。农事建议是农业气象节目区别于其他天气预报节目的重要因素，也是节目最大的特色和亮点。因此，节目中的农事建议是否专业，是否实用，是否得到农民朋友肯定和关注，直接关系到节目是否成功。所以要做好农事服务，必须加强和农业部门的合作。

2.2.1 信息共享，加强交流沟通

气象影视制作部门也应积极和农业部门互动。以浙江为例，气象影视制作部门应该重视并参与每年3月春播、10月秋收冬种等重要时段举行的大农口联合会商，准确把握当季为农服务的重点和要点。另外，对农业政策法规、农业动态、农业技术等等农业部门发布的信息也应该准确及时地了解并把握。

2.2.2 人才共享，专业的事交给专业的人去做

在日常节目中电话连线农业专家，邀请农业专家到演播室。在专题片中采访农业专家，甚

至邀请专家下到田间地头，讲解病兆，解释病因，解决难题。农事建议从专家嘴里说出更具可信度更有说服力。主持人、编导要具备农业相关知识不假，但如果条件允许，专业的事交给专业的人去做效果更好。

2.2.3 加强和农业部门网络资源的共享和互惠宣传

各个省市地区都有天气网，也基本都有农网或农业信息网。在中国农业部信息中心主办的“中国农业信息网”首页，以及农业部与中国气象局联合主办的“中国气象农业频道”中，都醒目地设置了农业气象视频窗口。但笔者查询了多个省市的农业网站，却没有发现农业气象节目的相关视频链接。如果通过努力把这个“漏”补上，让浏览农网的朋友都能看到当天的农业气象节目，势必对节目宣传有帮助。收视率得到提升后，农业气象节目将能更广泛地为农服务。另外，在气象网，农网的“友情链接”里分别添加相互的网站链接，也能最大程度的利用资源优势，达到互相宣传，互惠双赢。

2.3 加强和农民之间的互动和合作

农业气象节目是做给农民朋友看的，需要调动起农民的积极性找到农民的兴趣点。

2.3.1 气象影视工作者应该开辟热线电话、微信、QQ、微博等信息交流平台

案例：在第九届全国气象影视服务业务竞赛中，海南省气象服务中心制作的《绿色农业气象》就在节目中公布了服务热线、微信公众号二维码、新浪微博账号等，给农民朋友提供了节目互动的空间。农民朋友可以和节目交流天气对作物的影响、应对灾害天气的经验、分享丰收喜悦等。一方面农民的反馈信息是农业气象节目的重要的选题和新闻线索。另一方面如果节目通过滚动字幕、挂角等方式在节目中展出农民朋友发来的信息，也可丰富节目内容。对于参与互动的农民来说，这种参与的喜悦会加固他对节目的忠实度。而对于其他观众来说也增加了趣味性。

2.3.2 邀请农民到镜头里来

对于农业气象节目来说，可以根据节目需要邀请农民朋友亲身参与到节目中来，说说自家面临的农业难题，传授应对灾害天气的经验等。由农民的故事和诉求引出节目内容，让农民朋友在节目中起到穿针引线的作用。

案例：黑龙江省参赛节目《农气帮女郎》，以农户求助为线索帮助解决了如何防治三代黏虫的问题。张连发等农户你一言我一语讲述了玉米遭受三代黏虫病害，“老上火了”、“灰老心了”、“吃溜光了”等方言土话使得节目通俗化、生活化和故事化。加强和农民之间的互动和合作，有助于将农业气象节目做好做活，不仅农民朋友爱看，而且节目提升了知名度和影响力，自然可以将农业气象预报信息、农事建议更好地传达给农民，更好地为农服务。

2.4 创新农业气象节目的表现形式

目前农业气象节目的类型主要有三大类：日常播出节目、气象频道专题片节目、农业气象新闻节目。我们要积极探索创新农业气象节目的表现形式。

案例一：四川省参赛节目《气象乐活帮》中创新设计了一个“专家很忙”版块。专家的头像被设计成了一个卡通形象，并配合较快的语速，用一种卡通风趣的风格说出了农事大道理，一旁还配有卡通黑板清晰地用文字写出了农事建议，很萌很有趣。

案例二：黑龙江省参赛节目《农气帮女郎》节目中，非常有创意地把防治三代黏虫病虫害的方法编成一个“防治口诀”，利用快板加口诀的形式将防治信息进行传递的方式给农业气象节目

赋予了活力。

2.5 丰富农业气象节目的内容

除了天气预报和农事建议之外，在一些天气稳定、农闲时分，还可以丰富气象节目的内容。例如，可以用滚动字幕在节目中普及气象防灾减灾知识、宣传国家农业政策、为农民朋友提供一些养生建议，帮农民朋友滞销的农产品打免费小广告等。

案例一：宁夏回族自治区的《农业天气预报》节目中用滚动字幕向枸杞种植户们介绍了最新的《国家枸杞种植财政支持政策》。

案例二：福建省《农业气象》节目联合福建中医学院通过节目中的滚动字幕为农民朋友推荐了消夏解暑良方，不仅丰富了节目内容，也更有人情味儿。

2.6 充分利用媒体平台宣传为农开发的新项目

为了更好地为农服务，气候中心、农业气象中心、农业部门都在积极的研发新项目新产品。农业气象节目是展示的最好窗口，要主动承担起宣传推广的责任和义务。

案例一：浙江省的《农情气象站》节目就宣传推广了"农产品气候品质认证"这一新兴事物。浙江省农产品气候品质认证是指为天气气候对农产品品质影响的优劣等级做出评定，这项工作为全国首创，从 2012 年起步至今已经免费向农户发出了近 50 万枚认证标签。通过节目更多的农民朋友知道了农产品气候品质认证，也看到了这枚小小的标签能给农民朋友带来了巨大的经济效益。

案例二：吉林省的《乡村气象站节目》介绍了农气专家最新研制的木耳种植户的好帮手"温湿度监控器"。

案例三：陕西省的《农情气象站》节目介绍了"果园小气候站监测系统"。这些节目都向农民朋友们介绍宣传了新项目新技术，对于农民朋友今后的农业生产起到了指导性的作用。

2.7 加强农业气象节目工作人员培训和培养

为了确保农业气象节目的实用性、科学性、贴近性和可看性，节目策划、主持人、制作等岗位人员必须要加强气象知识、农业知识的学习，这是做好农业气象节目的基础。要努力成为一个杂家，做到是媒体人中最懂气象最懂农业的，是气象工作者中最懂电视传播的。要把握机会参加相关的知识培训，要准时参加气象会商，要深入农村了解农民现状和需求，切实做到为农民服务.反映农民需求。

农业气象节目主持人在语言表达上要亲和、平实。要避免过于华丽的辞藻，要做好翻译官，把专业的气象语言、农业知识、复杂的图表数据"说"给农民朋友听。另外，要具备和人交谈沟通的能力。面对农民、农气专家、农业专家，如何把控节目节奏，如何提出好问题，如何总结归纳，都是一个优秀农业气象主持人需要修炼的技能。地方台农业气象主持甚至可以用方言主持，更容易被农民朋友接受。

3 打造节目品牌

很多人没有看过凤凰卫视，但知道吴小莉，听说过窦文涛，记住了闾丘露薇，这都源于凤凰卫视"名主持、名评论员、名记者"三名策略的成功。因此，一个优秀的主持人、记者、专家可以带活一档农业气象节目。

案例一：黑龙江省参赛节目《农气帮女郎》设定了4个帮女郎形象，每周派一名帮女郎到田间地里帮助农民解决问题。这种鲜明的、旗帜性的主持人就是节目的一张名片。

案例二：浙江民生休闲频道《钱塘老娘舅》大受追捧。节目的外景主持人都是非专业的热心大伯，他们用最质朴的市井语言，为老百姓调解纠纷化解矛盾。

借鉴这些案例，农业气象节目的外景主持、帮忙记者也可以大胆地启用具有生活阅历的中年人，他们和农民朋友交流起来没有代沟，更容易被农民朋友接受和信任。如果农民朋友接受喜爱了农业气象节目的一位主持人、记者、专家，那么肯定也会是这档节目的忠实观众。

4 节目制作的要求

农业气象节目在节目包装上应该推陈出新。农业气象节目的片头、节目背景的制作通常比较简易粗糙。应该在有农业元素的基础上追求创意和美感，有助于提升节目整体视觉效果。在节目中善用数据、图表和图片辅助，善用特效音效。

案例：北京的《京郊气象》中，运用了两个机位，并且演播室、背景图表、外景采访中切换自如。制作人员将樱桃损失1.6亿元用醒目的红色配以播出特效在屏幕正中跳出，给人视觉上心理上巨大的冲击，烘托了损失之惨重问题之严峻。节目中制作了门头沟6月上旬与常年同期降水量、日照时数的柱状对比图，将面对连阴雨天气如何减少樱桃损失的方法用文字、动画等方式客观形象地展现出来，这些精良的制作手段突出了节目内容，增强节目的可视性。

5 结语

农业生产对天气服务的精细化、多样化需求越来越高，这给农业气象节目带来压力的同时，也带来了巨大的挑战和发展空间。我们要不断探索挖掘农业气象节目巨大的潜力，把节目做精做好，通过制作播出农业气象节目，减少灾害性天气对农业造成的损失，最大限度地挖掘和利用有利的气候资源帮助高产丰收，为服务三农做出一份贡献。

参考文献

郑国光，矫梅燕. 2013. 为农服务天地宽. 北京：气象出版社.

郭庆光. 1999. 传播学教程. 北京：中国人民大学出版社.

张芸. 2009. 故事应该怎样孵化—谈访谈节目中故事氛围的营造. 新闻世界，(9).

练江帆. 2009. 电视气象节目专业性与通俗性的平衡. 广东气象，**31**(4)：35-37.

容军，黄玉梅. 2006. 论电视气象短节目的策划创新. 广西气象，**27**(增刊1)：112-113.

浅谈电视气象节目的包装艺术

王玲燕　黄　程

（浙江省气象服务中心，杭州 310017）

摘　要

气象类节目兼具了新闻、资讯、时效性和服务性的特点。与过去相比，当前的天气预报节目除了保存原有一般属性外，特别强调节目的服务性。在过去的“我告诉你天气的基础数值”的基础上，强调“真正的关心百姓冷暖，观众需要知道什么”。以及制作节目的环境和习惯等都发生了很大的变化，对节目制作人员和主持人都提出新的、更高的要求。本文从第九届全国气象影视服务业务竞赛节目观摩体会和实际工作经验出发，举例对比分析，并根据自己的切身体会提出一些粗浅的看法和感想。

关键字：气象影视　服务性　创新　形式

2013 年，第九届全国气象影视服务业务竞赛活动在北京举行。通过观摩，发现各地制作的气象影视节目内容新颖，包装也十分出色，真可谓是精彩荧屏，气象万千。

1　“精”——具体的气象预报精细、准确

1.1　虚拟演播室的运用

各地的气象节目都改变了单一的天气播报形式，在保证信息准确传达的基础上更加精炼，拍摄和包装也更加精良，细节处理更加精细化，不少气象节目采取虚拟演播室技术，主持人和虚拟场景形成有机的交互，在整体视觉效果上有较大冲击力。如凤凰卫视的《凤凰气象站》（图 1）、中国气象频道的《环境气象预报》（图 2）摆脱了制作布景的限制，虚拟演播室背景和真实前景三维透视关系完全一致，采用三维虚拟图文技术和实际场景的电视展现方式，全角度场景设计，体现出一种整体性，互动性强，避免生硬和不真实性，增加了表现力。

图 1　凤凰卫视的《凤凰气象站》

图 2　中国气象频道的《环境气象预报》

全方位的、多视点的节目制作创意，带来的是灵活多样的电视画面展现手法和实时全面的信息展现，给观众耳目一新的节目视听感受。此类节目提供的天气信息简洁、明确、信息量大。使观众在较短的时间了解并记住较多的有用信息。

1.2 采用新技术展现气象数据

加强对新技术的学习和使用是提高节目质量的有效途径，通过对云系、气流、雨雪、冰雹、泥石流等的三维立体化描述与实时显示，把这些元素落脚在三维地形上。将气象影视节目以更加精准真实的内容、更加生动形象的视觉效果呈现给观众，实现了气象影视节目由平面示意向三维写实跨越，这一直是气象影视制作人员追求的目标。从本次参赛的优秀节目中可以看出，三维地图和三维显示得到广泛应用。通过系统引进和本地开发相结合的方式，构建了气象影视节目三维制作平台，有效提升了节目的视觉表现水平。

2 “新”——具体的气象内容新颖

人们生活随着社会经济的不断发展而不断提高，我们应及时、大量、生动地提供观众所需的天气资料与信息，真正使观众通过节目获得收益。这些新情况、新问题就要求主持人须具有新的播报思维和认知方式与新的表现手段和新的节目形式匹配。那种传统的、狭隘的、局部的思维方式要让位于现代的、开发的、全面的观点，来维持节目的崭新形象。

同时，技术的进步必然带来新的节目制作手段，创新节目形态，并促使观念的转变，以及观众需求和审美的变化。在本届比赛中，很多节目增加了科普知识、生活常识、温馨提示等内容。

如《看天出行》，节目内容更为丰富，是一档以天气预报为主题，包含其他各类生活信息的全新资讯类节目。它的内容不但包括天气预报、出行参考、气象知识介绍，还有从生活资讯角度出发对新闻事件的追踪，以及健康、旅游、住房、汽车、饮食、家居等各类信息及实用知识；风格上，该节目是基于高品位的文化底蕴支撑之上的，具有较高的文化素养和较强的人文关怀意识，使观众在愉悦的心情下接受天气信息，进一步提升了节目的服务性，气象节目的品牌化得到了进一步加强。

3 “动”——天气符号和画面动起来

在电视天气预报中的画面，以平面字幕效果为主，表现形式上难免显得乏味和平淡，在短短的时间中，可视度较低。采用动态图形会使节目更加生动，不仅能让观众对表述的内容一目了然，还能给人美的享受，留下深刻的印象。

动画是一种艺术形式，它能充分发挥人们的想象力和创造力，具有幽默的特点，真人实物难以表现的东西可以通过动画形式表现出来，从而具有强烈的艺术感染力和艺术生命力。运用动画效果处理后，能对节目内容起到画龙点睛的作用。

如北京气象局的《京郊气象》以及湖南电视台都市频道的《气象大调查》，大量二维动画效果吸引观众眼球，突出主题，既生动活泼，画面又美观，增加了节目的可视性、趣味性、通俗性，让观众能够更加有效地接受信息，使节目内容更丰富。

与节目形式相符的动画演示也能使所讲解的内容更加直观。这种表现方法大多出现在科普模块和演示模块中，如《谈风说水》节目中山水巡游演示多是用三维动画表现。而在北京气象局的《生活气象》节目中，科普小动画则是运用手绘形式制作，无从断言哪种制作形式更好，但是可以判断哪种形式更加符合节目的整体风格和需求。多种多样的表现方式凝结了气象影视业务人员智慧的结晶，很多的创意都可以在我们日常业务工作中得到应用。

而黑龙江气象服务中心的《玩转天机》则利用手机作为节目的切入点，用多个手机的不同形式的拼接，展现各种天气信息，动画表现形式新颖。

4 "近"——具体的气象节目内容和语言贴近生活

4.1 内容语言通俗易懂

气象节目从内容、形式、包装等各方面来看，正在努力走向娱乐化，娱乐化不等于低俗化。贴近生活、贴近观众是电视天气节目娱乐化的方向。主持人改变了过去的播音腔，抛弃专业术语，用通俗易懂、大众化的语言来描述天气会更受老百姓的喜爱，增加了亲切感。如吉林省气象服务中心的《英子说天气》就运用了通俗的当地方言，用小品的演绎方式，凭借其先天优势，在内容上除了报道天气形势，还贯穿了气象科普知识和天气趣味，以通俗和有趣的聊天式语言以及个性化的手势轻松地与观众交流；在形式上，节目主持人穿着当地特色服饰，说着当地风格的语言，成功地打造出一个突破传统气象节目模式，把高深学术变成老百姓都能听懂、有兴趣、喜闻乐见的东西。深入浅出，使气象节目在内容和形式上都精彩呈现、趣味十足，增加了服务性，更贴近民心。

4.2 增加互动性

在节目的构成环节上，主持人与观众现场电话、短信互动，吸引观众主动参与。让公众与节目互动，科学与娱乐相映。设计更多观众喜闻乐见的电视气象节目娱乐模式，利用观众猜想、期待明天的好奇心，突出"气象万千"，给节目注入新鲜感和神秘感。安排不同形式的娱乐融于节目内容中，如猜气象谜语、短信评天气、巧设悬念等，引发观众的好奇心以牢记更多的天气信息。

气象节目要从严谨化向人性化、生活化发展，体现气象节目对观众无所不在、无微不至的关怀，节目才能深入人心，受到观众的欢迎和喜爱。

5 "特"——具体的气象表现形式有特色

节目的形式也要有地方特色，片头的设计、画面的运用以及播讲的内容都较好地体现当地特色，包括在气象节目中反映当地的人文风貌、气候特点。精心策划、精心制作，尽量使用当地素材。例如浙江卫视《天气预报》，在片头的设计上，剪纸和水墨效果相结合，用(春)烟花三月、(夏)六月点降、(秋)八月桂香、(冬)初冬清雪(图 3)充分地表现出不同季节的雷峰塔、三潭印月、断桥等特有的江南景色。以所在地的标志性建筑、特色旅游景观作为素材，内容贴近观众。

图 3 浙江卫视《天气预报》片头

观众所熟悉的、精美的画面能带给观众很强的亲切感。如果条件允许的话，可以走出演播室进行街头采访，还可以根据与天气相关的新闻事件以专家访谈形式作一些气候分析专题。如《谈风说水》中，邀请国家地理学家进行访谈，在内容和形式上都很新颖，有较强的说服力。

而在我们此次制作的《天气预报》节目中，还采用一段“新闻式”影像引出主持人画面。这段影像运用了快速的画面剪辑穿插着紧张气氛的背景音乐、配音与“杭州高温纪录再度刷新”事件相对应，并打出“浙江省气象台连续五天发布高温橙色预警”字幕，集中表现了近期浙江天气特点——高温，且持续高温不退的状况。用带有冲击力的视听和大家关心的天气热点做引子，力求从节目伊始就抓住观众的眼球。

相对于其他电视节目来说，天气预报节目在创新和趣味性上有较大困难，如添加进类似特别的表现形式，以引出后面的气象内容也能使节目更有可看性和节奏感。

6 “调”—— 对比色调搭配及构图

6.1 整个版面的构图及布局

对节目的色彩搭配和各小版块位置的归属进行合理的设计，将直接影响到节目的制作质量。

城市天气预报版面的内容主要有广告画面、预报站点名称、天气符号和气温等。要确定预报站点名称、天气符号、气温三要素的位置，各元素位置的构图能直接影响到整体画面的美感与信息的传达。

6.2 画面色彩搭配

电视画面色彩的运用直接反映了节目制作的水平，是影响节目质量的因素之一。首先要选定一个主色调作为节目的背景，在此基础上挑选与主色调相匹配的色彩进行画面色彩搭配。以湖南卫视的《天气预报》节目为例，这档节目的背景以蓝色为主，采用由深蓝到浅蓝的渐变方式。主要运用橙色与蓝色的对比色关系，主持人名、地图区域分布和提示框等都采用了橙色系，与湖南卫视台标的主色相呼应，使整个画面具有整体感。使用对比色的作用是能够让整体画面看起来更加鲜亮夺目，在蓝色的衬托下能更加凸显出橙色。同时为了中和对比色之间可能会带来的过于强烈的视觉冲击感，节目中大量使用了渐变色，进行了透明度调整，再加入一些中间色粉紫色元素，显得更通透自然，整体色彩更加和谐美观。在提示板处，运用白色透明框，配上圆形闪烁光点的动画做陪衬，又使版面整体不失单调和呆板。

主持人在服装上也选择了相应的粉紫色系，与整体色调融合，大方，让观众把主要视线都集中到前方的讲解内容上。版面中的画面层次分明，色彩明快和谐，构图布局合理，整个画面具有美感。这种色调上的搭配运用十分巧妙，看起来简洁但又不单调。

总之，天气预报节目作为一种比较独特的电视节目，整个画面的色彩搭配要协调，让人的感官舒适。

7 结语

此次业务竞赛不仅是各单位气象影视服务水平的大比拼，更是全国气象影视服务发展成果的大展示。通过对竞赛优秀作品的学习观摩和总结，我们拓宽了思路，发现了不足，明确了进一步提升气象影视服务质量的前进方向。

天气预报不可能每天换一种形式，但也不能一成不变，让观众在视觉和听觉上感到疲乏。为了让观众看到新鲜的元素，除了主持人服饰和语言的变化外，更要求编辑制作人员在节目中将版面做得更有新意，画面更漂亮，音乐更动听，节目整体感更强，版面更丰富又具有生气，这就对制作人员的制作水平提出了更高的要求。

总之，要做好电视气象节目包装，必须根据不同的节目特点、不同的电视频道特征、不同的收视群体来实现“精准化”“一体化”“差异化”的包装理念，从而提高天气预报节目质量，获得更高的收视效率。希望我们的气象节目在保持权威性的同时，更充分地体现它的大众性；在保持专业性的同时，更充分的体现它的服务性；在保持可信性的同时，更充分地体现它的多样性！

参考文献

练江帆. 2008. 电视气象节目的服务性与竞争力的提升. 广东气象, **30**(2):45-46.

李宏虹. 电视节目产业化与电视节目包装实践. 依马狮网. 北京:2004 年 6 月.

仇如英, 吴婉萍. 2006. 关于电视天气节目娱乐化的思考. 广东气象, **28**(4):52-54.

唐星宇, 林良根. 2008. 气象新闻的专业化与通俗化的比较分析. 广东气象, **30**(3):44-45.

浅谈文字设计艺术在电视气象节目包装中的运用

吴铠华

（广西壮族自治区气象服务中心，南宁 530022）

摘　要

文字是电视节目包装中的重要元素之一，除了传达信息的基本功能外，经常起到决定整体效果的关键作用。本文将结合部分参赛节目，主要分析文字设计艺术在气象节目包装中的运用。

关键词：节目包装　节目片头　文字设计

引言

电视节目包装是指对节目、栏目、频道甚至是电视台的整体形象包括声音、图像、文字、色彩等要素的包装。在电视节目包装中，由于文字具有存储容量小、传输速度快的优势，成为信息传达的重要载体。文字设计体现在电视节目包装上，经过适当变化和有趣的修饰可以突出节目、栏目、频道的个性特征，使包装的形式和节目、栏目、频道融为有机的整体，从而成为赏心悦目的艺术品。

1　文字设计的概念和在节目包装中的重要性

1.1　文字设计的概念

文字设计是增强视觉传达效果，提高作品的诉求力，赋予版面审美价值的一种重要构成技术。

1.2　文字设计在节目包装中的重要性

文字是电视节目包装中视觉传达的重要因素之一，因为文字除了传情达意之外，还具有图形形式，既能传达概念又能激发观众想象力，获得一种情感的表达。不论是中文字体还是外文字体，每种字体都有独特的结构特征，还可以有不同的粗细和宽度，各种文字经过设计组合形成千变万化的视觉效果。电脑排版的各种字体认读性高，以新闻、专业知识内容为主的电视节目包装中文字应使用一般字体，变化修饰少，即使是文艺类节目，包装中也要依据文字变化的规律，不能过于修饰而导致难以识别，在设计中应注重文字的可读性，因为它的根本目的还是为了更好、更有效地传播与沟通信息。

电视节目包装的制作必须从整体效果出发，一档节目包装包括文字、音乐、色彩等元素，这些识别元素需形成统一的整体设计效果。运用非线性编辑技术和计算机三维特技等手段大大丰富了节目的可视性，在对节目主旨的总体把握下营造氛围，这种氛围是与节目内容相匹配的，更注重思想观念的传达。例如第九届全国气象影视服务业务竞赛（以下简称“业务竞赛”）天气预报创意类节目《英子说天气》的片头，将雪花、云朵、太阳等天气元素图形化，巧妙地与节目名称“英子说天气”结合，运用夸张、明暗、增减笔画形象、装饰等手法，以丰富的想象力重新构成字形，形成一个完整的形象标志，背景音乐是很欢快的东北二人转，高饱和度的节目标志颜色与暗色调的背景形成强烈对比，给人眼前一亮的视觉冲击，从而体现了节目诙谐、幽默、欢快的氛围。

2 节目包装中文字的组合

2.1 遵从一般人阅读的顺序习惯

在文字的组合中，一定要注意遵从阅读的顺序习惯，人们一般的阅读习惯是：

在水平方向上，人们的视线一般是从左向右流动；在垂直方向时，视线一般是从上向下流动；大于45度斜度时，视线是从上而下的；小于45度时，视线是从下向上流动的。

在字体的外形特征上，不同的字体具有不同的视觉动向，例如：扁体字有左右流动的动感，长体字有上下流动的感觉，斜字体有向前或向斜流动的动感。因此，在组合时，要充分考虑不同的字体视觉动向上的差异，而进行不同的组合处理。比如：扁体字适合横向编排组合，长体字适合作竖向的组合，斜体字适合作横向或倾斜的排列。合理运用文字的视觉动向，有利于突出设计的主题，引导观众的视线按主次轻重流动。

2.2 把握好文字在画面中的设计基调

对于电视天气预报节目画面而言，每一幅画面都有其特有的风格。在这个前提下，一幅画面版面上的各种不同字体的组合，一定要具有一种符合整个画面的风格倾向，形成总体的情调和感情倾向，不能各种文字自成一种风格，各行其是。总的基调应该是整体上的协调和局部的对比，于统一之中又具有灵动的变化，从而具有对比和谐的效果。这样，整个画面才会产生视觉上的美感，符合人们的欣赏心理。

除了以统一文字个性的方法来达到设计的基调外，也可以从方向性上来形成文字统一的基调，以及色彩方面的心理感觉来达到统一基调的效果等等。

业务竞赛天气预报创意类节目《天天豪天气》，就是以清爽、可爱的卡通风格字体贯穿始末，与整体画面轻松活泼的设计基调相统一，给人赏心悦目的感觉。

2.3 图形、图像与包装文字的组合设计

电视节目包装中，文字常和图像配合起来使用，用照片、象形文字、符号等来说服和吸引观众，能提高视觉传达的效果。图像有不同风格并能传达不同信息，从写实主义到象征主义、抽象主义等，每种模式都有自己的使用价值和美学价值，设计师根据节目内容要求，挑选合适的图形配上合适的文字共同完成设计任务。电视节目包装中，好的图文组合很具视觉冲击力，吸引观众坐下来接着看下去。

业务竞赛天气预报创意类节目《玩转天机》的片头，将人物抠像技术与“雷、风、雹、雨”等图像相结合，以幽默的方式表现出人物在毫无任何准备的情况下遇到不良天气状况时的狼狈与愤怒，这些图像和快节奏的音乐联系成了一个整体，只要深入理解，就会发现其中微妙的逻辑关系，节目标题在最后出现，但并不妨碍信息的传达。

业务竞赛天气预报创意类节目《舞动天气》，把具有民族特色的主持人形象和经过精心设计的节目标题放在一起，这也是节目包装的手段之一。经过艺术处理的文字和翩翩起舞的主持人形象之间联系起来，观众的眼睛在图和文之间来回跳动，视觉上引人注目，给人以美的享受。图像和文字相结合最接近于要表达的事物，使人容易理解传达的信息，而且显得有趣，图像最容易被解读，并且和文字互相补充来传播意义。

业务竞赛天气预报创意类节目《世界天气》节目片头中，用三维动画造型的地球作为背景，节目标题文字在画面的第一层出现，这种图文结合是很有效的传播形式之一，因为我们不仅看了，同时也在思考，图像的陈述性帮助观众理解文字，文字的叙事性帮助观众记忆 。

2.4 书法艺术与节目包装文字设计

中国书法是一门古老的艺术，从甲骨文、金文演变而为大篆、小篆、隶书，至定型于东汉、魏、晋的草书、楷书、行书诸体，书法一直散发着艺术的魅力。中国书法历史悠久，以不同的风貌反映出时代的精神，艺术青春常在。浏览历代书法，“晋人尚韵，唐人尚法，宋人尚意，元、明尚态”。追寻三千年书法发展的轨迹，我们清晰地看到它与中国社会的法发展同步，强烈地反映出每个时代的精神风貌。书法艺术是世界上独一无二的瑰宝，是中华文化的灿烂之花。书法艺术最典型地体现了东方艺术之美和东方文化的优秀，是我们民族永远值得自豪的艺术瑰宝。它具有世界上任何艺术都无与伦比的深厚群众基础和艺术特征。书法艺术愈加受到大家的青睐。中国书法史的分期，从总的划分，可将唐代的颜真卿作为一个分界点，以前称作“书体沿革时期”，以后称作“风格流变时期”。书体沿革时期，书法的发展主要倾向为书体的沿革，书法家艺术风格的展现往往与书体相连。风格流变时期的书体已经具备，无须再创一种新的字体。于是书法家就提出“尚意”的主张，“书体”已经固定，而“意”是活的，这就进一步加强了作者的主体作用。如第九届全国气象影视服务业务竞赛天气预报创意类节目《天气在现》节目包装中，运用了彝族的古典图案强调了节目独特的地域性，经典的书法文字与背后的黑夜中随风飘起的火苗产生强烈的视觉冲击力，让观众能感受到楚雄彝族火把节的震撼魅力，演播室的背景同样以彝族传统图案叠加古老书法文字的淡入淡出为视觉中心，将书法字体的魅力在节目包装中表现得淋漓尽致。

3 文字的色彩在气象节目包装中的定位及运用

3.1 根据节目定位确定文字的色彩

影视色彩设计的目的在于传播信息，在设计过程中，如何运用色彩语言和文字使影视作品引人注目，已成为影视色彩设计的首要问题。在色彩选择方面，必须精心考究 ，注重色彩视觉冲击力。色彩设计是节目个性和品质的象征，严肃的节目不使用俗艳的色彩。在气象类节目配色中应注意以下几种情况：首先，不要将所有颜色都用到，尽量控制在三种色彩以内；其次，背景和前文的对比尽量要大（绝对不要用复杂的图案作背景），以便突出主要文字内容；此外，色彩还涉及物理学、生理学、心理学、美学等多个学科，不同的色彩引发不一样的心理效应，比如红、白、蓝三色的排列是美国和法国的象征，朝鲜崇尚白色，中国受传统文化影响，青、黄、赤、白、黑被确定为正色，其他色定为中间色，其中正色代表正统的地位。

每一个栏目都有其节目定位，设计者必须围绕这个节目定位进行文字色彩的设计创作。

业务竞赛省级专业气象服务类节目《雅安芦山地震专题天气预报》，其节目定位是严肃、严谨的专题类天气预报，片头中标题文字的色彩，根据节目定位设计成灰色的渐变色与黑色相结合，给受众的视觉造成冲击的同时将节目的情感直观醒目的传达出去。

3.2 通过色彩的运用提升文字的易见度

对于气象类节目.最重要的是要传达给受众天气信息。除了简洁明了的图例说明外，大多数传达信息的方式还是以文字为主，文字的颜色选择及搭配是节目质量高低的重要表现。人眼识别色彩的能力有一定的限度，由于色的同化作用，色与色之间对比强者易分辨，弱者难分辨，色彩学称为易见度。版面上的色彩通常与文字结合在一起，在制作节目的过程中必须注意文字的可识别性。通过对文字可见度的应用与分析，黄色与白色搭配 的易见度最低，橙色与任何一种颜色搭配都很清楚，它兼具红色与黄色的优点，柔和明快，易于被人们接受。红色的易见度也很高。黄—白、绿—红、绿—灰、青—红、紫—红、紫—黑、青—黑等几种搭配的易见度低，是应该避免的组合。此外，在分析文字易见度时，还要充分注意到色彩的前进后退性。观察红、橙、黄、绿、青、蓝、紫、灰、白等色彩条时，首先映入眼中的是红、黄、橙、白四种颜色，因为这几种颜色明度高、纯度也高，给受众一种前进的感觉，称为颜色的前进性，其他颜色明度高、纯度低，称为后退性。前进色不宜作背景色。为了使文字突出，使用文字描边的技巧，在选择描边的颜色时，也要考虑背景色与文字的颜色 ，描边的色彩即要与背景色形成对比，又要与文字的颜色形成反差。

业务竞赛天气预报创意类节目《英子说天气》的片头，将节目标题文字设计成节目形象标志，运用紫色和蓝色进行搭配，这两种颜色在色相上属于邻近色，在明度上都很高，从视觉上给人一种清爽、活泼、朝气蓬勃的感觉，使文字的易见度得到了很大的提升。

4 结束语

文字设计无处不在。电视气象节目包装是服务于生活并丰富生活的，随着电视气象节目的快速发展和电视频道的迅速增加，广大群众的欣赏水平逐步提高，欣赏的口味和兴奋点也随着社会的多元化、价值观的多元化更加趋于多样化。因此，用文字设计艺术来美化和丰富电视天气预报节目包装是必然的，只有不断创新文字设计的理念，才能满足广大观众的不同要求。

浅析制作节日节目背景动画的必要性与经验

黄 程 王玲燕 胡映君 程 莹

(浙江省气象服务中心,杭州 310017)

摘 要

传媒产业,特别是电视产业,说到底是吸引眼球的经济,经营效益取决于收视率,这就要求媒体在吸引观众眼球方面做足文章。整个工作流程中,每个环节都要把观众视为上帝,围绕吸引观众眼球这个中心,这就需要创作人员在节目制作过程中不断丰富和创新节目内容和表现手法。电视天气预报是一档服务性很强的电视栏目,它拥有广泛的受众面,关注度也一直较高,随着人们不断提高的艺术欣赏水平,对我们天气预报节目中的声画艺术也提出了更高的要求。

关键词: 气象影视 趣味性 人性化 形式

任何一档电视节目都有视觉美观的要求,而对于日播气象节目,在表现形式上更需加强视觉效果。除片头包装外,首先映入观众眼帘的便是节目背景,背景在一定程度上体现了节目的风格和情调,对节目的内容以及主题起到衬托和协调作用。一方面可以吸引观众的注意力,增加审美效果;另一方面也有助于体现节目的主题,为节目整体视觉定下大体基调。在节日时,制作其相应的节日背景,有哪些优势和必要性呢?

1 制作节日天气预报背景动画的优势与必要性

1.1 视觉更新,增加节目画面的美感和可视性

随着审美水平的提高,人们对电视气象节目的表达方式和内容提出了更高的要求,不再仅仅满足于知晓未来天气信息,还要求气象节目在视听方面能赏心悦目,版面更有新意,画面更美观,音乐更动听。节目整体感强又富有变化,版面丰富又具有生气。但是,天气预报在电视媒体播出,不可能保证每天换一种形式。为了让观众在视觉和听觉上不感到疲乏,看到新鲜的元素,除了在节目的大体包装创新上做更多努力,更应抓住有利时机和条件在视觉上做一些“变动不大”的推陈出新。

节日背景动画的制作播出不仅能打破气象节目常年不变的表现形式,给观众以视觉上的新鲜感,也能在心理上达到一定的惊喜度。动画本身是一种艺术形式,它能充分发挥人们的想象力和创造力,它本身就有幽默的特点,具有强烈的艺术感染力和艺术生命力。运用动画效果处理后,能对节目起到画龙点睛的作用,大大提高节目的可视性。

1.2 节日应景,增加节目亲和力

以服务为宗旨的天气预报节目,一定要体现浓浓的平民化色彩。就目前而言,气象节目从

内容、形式、包装等各方面，正在努力走上娱阅化道路，娱阅化不等于低俗化。贴近生活、贴近观众这才是电视天气节目娱阅化的方向。而节日背景动画的制播也在向更贴近生活、贴近观众，使节目更接地气、增加亲和力等方面进行尝试和努力。中国人自古以来就有着浓重的节日情怀，特别是我们的传统佳节，如：春节、端午节、中秋节等。在节日期间，制播相对应的节日背景动画，不仅应景，更重要的是喜庆的节日氛围拉近了原本严肃的气象节目和观众之间的距离，使节目更具亲和力。而对应的节日天气趋势，提前告诉观众节日期间的具体天气以安排出行也更添人性化。

1.3 增添节目趣味性

我国的电视气象节目大多显得单调，缺乏多样的节目形式，难以改变观众对于天气预报节目严肃枯燥的印象，而在背景中加入一些动画，能更加吸引观众的注意力，增加节目趣味性，在节目开始就给人耳目一新的感觉。

2 节日天气预报背景动画的制作经验总结

2.1 了解节日来历、特点和风俗习惯，选择对应的动画元素

制作节日背景动画首先要了解节日来历、特点和风俗习惯，制作出的画面应能尽量体现传统节日特色。因而，在选择组成动画画面的元素时就要格外注意这一点，选用能体现传统节日特色的动画元素。首先，我们要了解各个传统节日的节日特点，譬如中秋节，《长安玩月诗序》有云："八月于秋。季始孟终；十五于夜，又月云中。稽于天道，则寒暑均，取于月数，则蟾魂圆，故曰中秋"。可知中秋八月的秋天、十五的夜晚、月躲在云里面、月圆等特点，因此我们在收集动画素材时，尽量选取能表现夜晚圆月、云彩等元素。另一方面，了解节日来历也能更加帮助我们制作出体现其特色和氛围的节日动画背景。我们都知道，1949 年 10 月 1 日，新中国宣告正式成立，每年的 10 月 1 日就成为全国各族人民隆重欢庆的节日。于是，我们在选取制作国庆节的节日动画背景元素时，就抓住举国欢庆的大体氛围，选择大气威严的元素如天安门城楼、国旗，搭配烟火等能体现喜庆和美好祝愿的小元素(图 1)。

图 1 国庆节背景动画

其次，也要了解每个传统节日不同的风俗习惯。以端午节（图 2）和元宵节（图 3）为例，民间对于端午节的称呼多有不同，但总体上说，各地人民过节的习俗还是同多于异的。比如赛龙舟、吃粽子、吃艾团等，因此可多选取这一类的动画元素。说到元宵节，人们则会最先想到赏花灯、河灯，吃元宵等，可结合画面需要选取美观合适的元素。

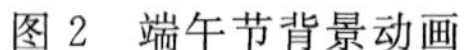
图 2　端午节背景动画

图 3　元宵节背景动画

2.2　适当融入地域特点，精巧构图，凸显雅致大气意境

尊重观众审美情趣，满足观众文化需要。适当在画面中融入地域特点，在版式上更贴近生活、贴近观众，符合当地群众的文化取向和欣赏习惯，才能使观众产生文化上的亲和力、地域上的亲近感和思想上的共鸣，获得审美认同。我们在选择节日动画元素时已选取了和节日来历、特点和风俗习惯等相符合的节日素材，但是各省各地的地域风情各不相同，为了能更好地体现地域情感，我们在制作时也要适当加入一些凸显地域特点的元素。以浙江卫视《天气预报》2013 年中秋节日动画背景（图 4）为例，在日常节目原本的背景画面（图 5）中，一片远山近水，是浙江省会杭州市的代表景点西湖之景。利用已有画面，在画面动画元素中加入一些随风舒展的柳条（因栽种于西湖边妆点风景的垂柳们同样属于西湖景色重要的风景线，为市民所爱和熟悉），再在画面中搭配代表中秋节的满月，遮盖后又慢慢散去的云彩，渐变过渡的夜色等元素，整体画面上就营造了一种好似站在西湖岸边柳树下吹着夜风赏月的美好意境。而在元素中加入一些应季的植物等，也能增强真实感。

图 4　2013 年中秋节背景动画

图 5　浙江卫视《天气预报》日常背景

2.3 与主持人的关系

在构图设计上，要考虑到主持人的站位，主持人一般站在画面左侧，为避免遮挡背景画面，也为了平衡画面布局，我们尽量多地把动画元素放在画面的右侧。要遵循构图法则，营造美感，避免出现过多的堆砌感，注意构图时各个元素之间的前后大小对比关系，使画面看起来更加雅致大气和美观。主持人着装最好能和画面色调、意境和谐统一，使得两者相得益彰。

2.4 画面色彩搭配，选用与节目整体风格协调的色彩，避免画面太过突兀

色彩是影视语言的一部分，我们使用色彩表达不同的情感和感受。节日背景动画是在节目原有背景基础上制作的画面，所以在画面的色彩搭配上一定要与整体节目风格和色彩相协调，使之融合、不突兀。天气预报节目因其自身具有的权威性，它的节目背景大多以蓝色居多，蓝色能表现出一定的科技感，在视觉上也较清爽舒适。我们的卫视天气预报节目整体基调是以蓝色为主，在选择元素和考虑整体配色时，都要考虑到与整体蓝色的搭配效果。从前面的例图中不难看出，在多个节日动画背景中，我们大部分都使用了与蓝色搭配较为和谐的深蓝、黄色、绿色或者白色的元素，画面主体色仍然是蓝色系，与整体节目包装协调，既凸显了节日氛围同时也保持了原来的节目风格。

然而每种色彩所包含的色彩情感不同，每一种节日感情也不同，比如国庆节和春节，在我们心中最能体现浓浓的节日情和节日氛围的一定非红色莫属，但是，我们的节目背景是蓝色系，怎样协调色彩最大程度表现出节日喜庆氛围，又不会使色彩搭配太突兀呢？首先，节目背景色系是整体的蓝色，我们不能把节日动画背景全部改为红色，这样显得太过突兀，这时就可以运用渐变色，取红色和蓝色都能搭配协调的玫红、橙红或者黄红色系慢慢渐变到想要的喜庆红上，从而在视觉上形成一个过渡，能淡化两个不同色系颜色混搭在一起的冲突感，使画面更加柔和自然。另外，在小的版块，如主持人名字条、文字板甚至主持人服装上也同样加入一些与之呼应的红色，就能让画面看起来更加完整和谐，也更加促进了节日气氛的表现。

2.5 整体动画速度应和节目整体速度一致

节日动画背景是出现在天气预报节目伊始主持人的问候语处，所以动画长度基本和主持人问候语长度相当。根据具体情况，在制作时我们一般将节日背景动画长度控制在5秒左右。5秒的动画时间并不算长，但足够把需表达的动画内容表达完整。背景主要对视觉主题起衬托协调作用，动画的节奏和速度都应和主持人语速、节目整体包装运动速度保持大体一致，才会在视觉上显得更加和谐完整，不会产生格格不入的画面效果。

在制作动画的软件挑选上，由于制作人员个人的操作习惯和动画风格不同，所选择的制作工具也不尽相同。我们制作过程中选择的软件主要有Photoshop、AfterEffect和Illustrator，Photoshop和Illustrator主要负责画面元素的制作、调整和完善，而AfterEffect能制作和模拟很多实用的动画效果，可以用它来制作不同的动画画面。

3 结语

制作节日天气预报背景动画打破了天气预报节目背景常年不变的状况，大大提高了节目的可视性和趣味性。另一方面使受众感到尊重，在人文这个层面上，节日背景动画也展现了对人

的关怀、对现实生活的热爱。迎合尽可能多人们的收视心理欲求，努力把我们的电视天气预报节目制作成更受观众喜爱的精品节目。

参考文献

韩伟龙. 2012.增强节目亲和力，突出地域文化特色.金色年华(下)，**3**:187-188.

仇如英，吴婉萍. 2006.关于电视天气节目娱乐化的思考.广东气象，**28**(4):52-54.

余艳，罗秀娟，罗柳君. 2011.动画在电视天气预报中的运用.大众文学:学术版，**2**:221-222.

生活服务类气象节目写作的思考
——深挖掘 浅输出

田 蕾
(北京市气象局声像中心,北京 100089)

摘 要

生活服务类的气象节目,不同于传统的天气预报节目。在泛媒体时代,随着信息的分众化和多元化,分流效应日趋明显。笔者结合日常实际工作,从语言表达体系、写作方式及内容的把握等方面出发,探讨新兴的生活服务类气象节目如何在激烈的竞争中站稳脚跟。笔者认为,制作一档气象节目,气象信息、天气内容必然是节目的重点,在写作方式上应求变求新,节目中应该使用更贴近于受众、更便于理解的语言表达方式,用身边的共同经历拉近与受众的距离,尽量使一个日播节目不落俗套,从而得到受众的广泛认可与接纳。

关键词:生活服务　气象节目　分众化　贴近受众

前言

电视气象节目,作为具有很高的社会实用价值和高时效性气象信息传播的电视节目,得到了政府部门的关注和百姓的关心。随着时代的发展,电视气象节目内容也在不断地自我发掘。天气与百姓生活的各个方面都息息相关,如天气与交通、天气与旅游、天气与健康、天气与饮食等。

由于电视气象节目涉猎面广泛,节目的内涵越来越丰富,传统的以播报天气为主的天气预报节目,越来越显现出其承载能力的不足。且在当今的泛媒体时代,随着信息的分众化和多元化,分流效应日趋明显。在这种自身发展与时代发展的共同要求下,不同功用、更加细化和差异化的生活服务类电视气象节目应运而生。

然而,生活服务类的气象节目,不像资深的天气预报节目早已奠定了良好的收视习惯和收视人群,有着不可或缺的受众基础。这种气象节目在诞生初始就处在一个信息技术大爆炸的时代,仅从电视节目这一种传播媒介来看,各种服务类的节目层出不穷,且内容丰富、形式新颖、氛围活泼。与这些日新月异的电视节目在同一平台竞争,竞争之激烈可想而知。那么,这些新兴的生活服务类气象节目,怎样才能在这场激烈的竞争中站稳脚跟呢?作为日播型的气象节目,如何做到观众每天都爱看?

宋英杰从媒介及其传播特性、受众特征、监测和预测能力发展以及语言通义四个方面分析了电视气象节目的语言特征,认为只有贴近并契合这四个方面,才能更好地提高电视气象节目的传播效能并更好地满足社会需求。孙凡迪、王玲等讨论了电视气象节目主持人的语言,王月红探讨了电视气象节目的人性化发展,邓正良等讨论了如何写作电视天气预报演播稿,田冰等论述了气象编导在电视气象节目中的作用。下面笔者从语言表达、写作方式及内容把握等方面探讨新兴的生活服务类日播气象节目如何在激烈的竞争中站稳脚跟。

1 使用贴近受众、便于理解的语言表达

生活中，每个人都需要面对天气，也都有自身对于天气现象和规律的洞察和体验，也有着看待天气的眼光和谈论天气的习惯。作为电视气象节目，尤其是生活服务类的电视气象节目，不能游离于受众的习俗和习惯之外。为人服务的节目，不仅内容需要贴近受众；而且还要使用便于受众接纳的语言来表达，即：便于受众对气象预报信息理解的语言表达方式，也是电视气象节目的关键环节。所以电视气象节目的语言表达应以受众体验为导向，站在受众的视角去审视天气、解读预报内容。

有人说，专家的目光是盯着图上的系统走，而老百姓的目光是盯着头上的云彩走，这就是目光的差异。想要人们接受我们的气象服务，那么就要站到受众的立场上，来解读天气。

比如在对温度的表达上，以今天最高气温 14℃，明天最高气温 18℃为例。在节目时长允许的情况下，可以这样表述：

春天的脚步正向我们轻松地走来。虽然今天在屋里坐久了还会感觉有点凉，但在午后明媚的阳光下，京城已经平添了几分暖意。而明天暖阳继续，且白天的最高气温还要比今天高出 3 到 4℃，看来明天会是暖意倍增了。

有别于直白的播报，笔者使用了比较的方式。明天与今天相比，以今天为参照物。这样受众在不知道今天温度数据的情况下，有了比较，也就能自然地理解和体会到之后天气变化的趋势了。可见，节目语言比原本的预报语言针对关键要素的指向性在电视传播的环境中显得更为突出和鲜明。

该段播报语言方面比较平实。口语化的表达，是对天气预报信息的再解读。节目语言更加突出了“走暖”这一关键性的发展趋势。有别于传统天气预报节目中过于重视口播的刻板语言表述，也在一定程度上减缓了主持人以“机关枪”式的语速进行播报，从而提高了信息传播的有效性。

2 灵活多变的写作方式

2.1 由天气而生，紧抓重点

首先，作为一档气象节目，气象信息、天气内容必然是节目的重点。无论节目的内容是什么，都应紧扣当天的天气与预报形势。节目内容由天气而生，紧抓重点，拒绝超载式的信息播报。以《生活气象》(2014 年 3 月 12 日)的文稿为例：

“一九二九”不出手；“三九四九”冰上走；“五九六九”沿河看柳；“七九”河开；“八九”雁来。从冬至数九开始到今天整整八十一天，漫长的数“九”结束，今天也就正式“出九”了。老话有“九尽杨花开”的说法，非常应景，京城里的杨絮花近几天已经开始冒头了。一簇簇地煞是可爱。九尽春来，“出九”在农历中代表着冬去暖来。今天这刚一“出九”京城的气温就有了小幅的回升，不像昨天还有几分寒意。从今天起，夜间最低气温跃到了零度以上，且平均气温较昨天也有了 3℃左右的提升。今天午后暖阳当道，您不妨趁着晴天，到户外去足足地晒个太阳。就目前的天气形势来看，天气回暖的步伐极为稳健。未来三天北京地区以晴为主，气温方面回升较快，白天

的最高气温将在 16 到 19℃。

2014 年“出九日”当天，天气预报内容：一是天空转晴；二是气温小幅回升，且之后几天回升趋势稳健。天气回暖是当天的天气重点；而且冬春交替时节，天气什么时候回暖也正是人们最为关心的话题。

文稿以数九的结束，“出九日”为题，从而引出九尽春来，气温回暖的天气情况及未来的天气走势。用时令引出天气，并与实时的天气相结合，顺理成章，合情合理。说的虽是“出九”，却明确地表达且突出了气温回暖的天气重点。

2.2 用身边的共同经历，拉近与受众的距离

生活服务类的气象节目并不是简单的科学节目而是服务节目。服务节目就要以人为本，贴近群众生活。营养再丰富的信息内容，也要令人乐于咀嚼、便于消化。

继续以前文为例。第一段讲述完“出九”，马上引到老话有“九尽杨花开”。杨树在北京地区路边非常常见。“出九”前后，杨絮花刚开始生长。虽为常见，却不为人所注意。在节目中一句“京城里的杨絮花近几天已经开始冒头了，一簇簇地煞是可爱。”营造出了初春时节，人们生活中的贴身一景。使受众感知到春天的气息。这样的表述，简洁、自然、贴近生活，更容易引起观者的共鸣和关注，有利于受众对未来天气走势发展的理解和吸收。

2.3 分众化的写作方式

由于一个编导一天要制作多档节目，同一天的节目的天气情况相同，有时需要使用相同的内容，但节目性质不同，面对人群不同，写作方式自然也就不尽相同了。

前面的《生活气象》文稿，是以生活为基础，写作方式是一种娓娓道来的生活化的情景。如果换作更注重新闻性、以播报天气资讯为主的节目，就需要有另一种写作方式了。

仍然以 2014 年 3 月 12 日“出九”当天的节目为例。《区县天气联播》节目中，笔者开头也说“出九”，但内容上直切主题，“明天就“出九”了，所谓“出九”是指从冬至开始，一九、二九、三九……数了整整八十一天，漫长数九结束……”语言节奏明快，精准地切入到天气回暖的趋势。这种表达方式，更加符合现代快节奏生活人群的口味和需求；也更突出了资讯类节目的特质。

此外，开篇以“明天就是“出九”了”开头。由于“出九”与“初九”谐音，且“出九”的说法少有人提。因而观者在初听到“出九”时，心里会产生歧义，今天怎么会是“初九”？由于产生了这个问号，反而会引发受众的好奇心。之后，再谈九尽春来，“出九”后回暖天气的到来，就更能给受众留下深刻的印象了。

3 气象信息丰厚的服务内容

服务类的气象节目有了易于接受的语言表达，又有了灵活多样的写作方式。接下来，最重要的就是这些内容不应浮于表面。需要既有深度，又有力度的科学信息的支撑。这里的深度和力度，应该是气象节目所独有的科学性的表现；是气象节目有别于其他节目而存在的特征；也是气象信息服务大众的核心内容。

传统的预报型的天气预报节目，一般节目时长较短。因而服务性的提示内容简洁：天冷了，提示多穿衣；天热了，提示注意防暑降温。而生活服务类的气象节目较传统的天气预报节目，在时长上更有优势；且在节目设计之初，就被设定为以气象信息为主的服务类节目。因而，对科学

的气象信息的解读，并使之服务于民，自然是生活服务类气象节目的根本。那么，服务内容上简单的提示：多穿衣或注意防风防寒，就显得太过于单薄了。

以《午间气象服务》(2014 年 3 月 24 日)文稿中“春捂”这个话题为例：

一到春天春暖花开，很多人习惯性过早地脱去冬装；而另外一些人特别是老年人，早已经习惯了“春捂”，温度升高了也不肯改换单衣。这也就是“二八月乱穿衣”的原因了。那么，作为气象服务节目，自然要本着科学为依据，解决“春捂”如何来捂的问题。

春捂秋冻。这春捂，并非是要一直穿着厚衣服不脱不换，而是要根据气温变化来着装。日平均气温达到 15℃可以称作春捂的“临界温度”。也就是说，当日平均气温持续在 15℃以上且相对稳定时，就可以不捂了。而就目前的天气情况来看，从今天到周四北京地区气温偏高，平均气温可达到 15℃以上，可以适量的少穿一些，外出时可穿件夹克或风衣。而到了本周五，有 4 级左右的偏北风，气温将有所回落，届时您不妨再多穿上点。

这样，前面用科学知识告诉受众，春天什么时候“捂”，什么时候“不捂”。后一段结合实际天气情况，建议近期的穿衣状况。这样既普及了气象知识，又不枯燥生涩，还结合天气预报为受众提供了所需要的服务。营养丰富，也使人乐于接受。这才是气象科学服务于民的最好体现。

4 结语

尽管天气预报是气象专家每天的成果，但生活服务类的气象节目不是简单的天气预报结果的播报。受众所喜闻乐见的不是预报过程，而是预报结果与人们生活、工作各方面息息相关的影响。受众必然从感性和实际需求出发。在这个信息技术蓬勃发展的今天，人们得到气象信息的渠道众多，简单的播报天气预报信息的方式，越来越不能适应于当今时代的发展趋势。便于理解、易于接受、其内容和语言形式更贴近于人们生活的气象节目才能得到受众的认可，也才是生活服务类气象节目的生存之道。

运用更丰富的语言来描述、表达科学的天气预报内容，使电视气象节目更为人们所喜欢，就需要更多元的节目内容，更鲜明的节目风格，也要更加坚守天气预报的科学品质。深度挖掘气象信息中的科学内容，用浅显易懂的方式传递给广大的受众，在规范化的科学品质之内，提高节目与受众的契合度。

参考文献

宋英杰．2009．论电视气象节目语言特征．气象，**35**(7)：112-118．

孙凡迪．2010．电视气象节目主持人语言的审美分析．新闻世界，**4**：63-64．

邓正良，许伟彪，周海元．2011．浅谈电视天气预报演播稿写作．科技风，**19**：204．

田冰，周忠宁，韩隆青．2010．浅谈气象编导在电视气象节目中的作用．青海科技，**5**．

王玲，宋晓红，王丽．2000．气象节目主持人语言漫谈 河南气象，**5**：12．

鲁晓蕾．2006．浅议气象节目中的人文关怀，2006 年广西气象学会学术年会论文集．

王月红．2011．试析电视气象节目人性化发展．党史博采(理论)，**5**．

练江帆．2005．收放自如的思维舞蹈—浅谈气象电视编导的创造性思维．中国气象学会 2005 年年会论文集．

试论电视天气预报节目解说词的编写技巧

宗　猛　房　艳

（安徽省公共气象服务中心，合肥 230061）

摘　要

由于天气变化与人们的起居生活、各行各业的生产息息相关，及时了解天气是关乎人们生产和生活安全的大事。当今社会，随着科学技术的发展，人们获知天气信息的途径很多，如电视、广播、报纸、网络等。在这些传媒中，电视天气预报节目由于具有影音结合、形式多样、内容丰富等特点，一直是人们获得气象信息的主要途径。天气预报中的解说词更是与人民的生活息息相关，本文将从天气预报节目的基本概况出发，在分析天气预报解说词的相关内容和特点后，具体谈谈电视天气预报节目解说词的编写技巧。

关键字：电视　解说词　编写技巧

引言

解说词是电视节目音响中专门的一种语言表达，它是电视节目的重要组成部分。恰到好处的解说，会给电视节目润色不少，给观众留下深刻而难忘的印象。就解说词的写作而言，电视解说词是以画面内容为基础，根据画面内容需要来创作的，它不能脱离画面而单独存在。从文学角度来看，它很难断定属于哪种文学写作体裁。它断断续续，段落之间缺乏语言和形式上的连贯性，难于形成其他文学体裁那样的可阅读性、欣赏性。因此，解说词的写作有着自己的特殊性。天气预报节目的解说词写作更有特殊的技巧和要求。

1　电视天气预报节目的基本情况

我国的电视天气预报节目于 1980 年 7 月 7 日在中央电视台《新闻联播》节目后首次播出，自播出以来，很快赢得了较高收视率。天气预报节目一直是全国收视率最高、最受观众欢迎的电视节目之一。继中央电视台推出天气预报节目后，各省、市及地方电视台也相继推出了本地的天气预报，目前全国已有数百个地级市及近千个县级气象部门开展了电视天气预报服务。

经过 30 多年的发展，电视气象节目由单一的天气预报发展到包括气象新闻、专题、科普、直播等多样形式；服务内容由简单的城市预报和趋势预报拓展到重大灾害气象预警预报、气候预测预估、气象监测、气象新闻以及与公众生产生活密切相关的农业、旅游、健康、体育、交通等气象服务信息和资讯。目前各气象部门制作的天气预报节目丰富多彩，天气预报节目已形成了一定的播出风格与特点。

2　天气预报解说词概述

电视解说词一般依赖于电视画面而存在，因此，其写作不同于一般独立存在的文学作品。

在写作规律上，除与一般作品有立意清楚、层次分明、叙事准确、用词生动等共同的要求外，还存在着自身的特殊规律和特殊要求。例如“在山上有一个亭子”和“亭子在山上”两句解说虽然是文字顺序的颠倒，但在电视画面景别上却是“全景－特写”和“特写－全景”的景别搭配，所以电视解说词创作者既得有一定的文学功底，也得有相当的影视知识。

2.1 天气预报节目解说词的主要内容

形势分析：通过对卫星云图、天气形势图、雷达回波资料、数值预报产品等一系列专业图表的分析，阐明天气变化的主要原因。这一部分有很强的科学依据，让观众深刻体会到了天气预报的科学性和复杂性。

实况评述：让观众对刚刚过去的天气情况有大致的了解，并可以适时加入一些解释，以告诉观众天气预报虽然从科学的角度去预测阴晴冷暖，但由于天气预报是一门边缘科学，人类至今仍不能完全掌握大气的运动规律，偶尔预报与实况会有很大的出入。这样的解释会更好地引导观众合理收看和运用天气预报信息。

天气气候背景分析：分析气候特点，告诉观众朋友降水偏多、气温偏高等专业术语所表达的内容究竟与正常年份有多大差别。

气象服务：从当前的气候背景和预报出发，根据人类活动与气象条件的关系，提醒观众注意适时下种、抗病保健、防灾减灾等。

气象科普知识：如二十四节气；沙尘暴、雷、电、雾、霜的形成；解释一些气象谚语和科学术语，如“雷打秋，对半收”、热带气旋等。

天气预报：这是整个节目中观众最关心的部分了。我们不能简单地把深奥的气象术语宣读给观众，而要力求用大众化的语言，把专家的、专业的话变成老百姓爱听的、通俗的、听得懂的话。在保证基本结论与专家提供给我们的预报内容一致的情况下，力求语言更加贴近群众生活。

然而，因受节目时间等诸多因素制约，每天的节目不可能包含以上所有内容，这就要求我们按照实际情况，关注热点，突出重点，进行分析取舍。如 2012 年 11 月 3 日，编导曾编写过这样一份解说词：“偏高的气温，和暖的阳光，是近几天天气的主题。在这金色的季节里，农民朋友正忙着收获一年来的丰收果实，忙着把希望的麦种撒向大地。天公作美，近两天天气没有大的变化，阳光依然灿烂，对秋收秋种十分有利，大家可要抓紧时间啊！这是因为 11 月 6 日前后将有冷空气影响安徽，会带来降温、大风和少量的雨雪天气。农民朋友们可以根据天气情况安排好生产，并注意秋收作物的收晒。”到了 11 月 4 日，我们又用这样一段话来描述：“我们连续关注了几天的这股冷空气从明天下午到夜间开始自北向南影响我省，持续十天的晴好天气将告一段落，金秋十月在灿烂温和的阳光中离我们而去，姗姗而来的十一月带给人们的阳光是短暂的。随之而来的大风、降温、雨雪天气会让您感受到冬天来了。在此，我们提醒您在温度急剧下降以前注意添加衣服，预防感冒和呼吸系统疾病的入侵。”这两份解说词用流畅通俗的语言，将实用的气象信息体贴入微地传递给广大观众，朴实而不浮华，贴切而不牵强，达到了很好的服务效果。

2.2 天气预报节目解说词的特点

新闻性：电视天气预报既有丰富的科学信息内涵，也具有重要的新闻价值。写稿人必须掌握电视传播的规律和技巧，培养敏锐的新闻意识。撰写稿要增强气象新闻的敏感性，从气象知识、天气实况、气象热点找出预报重点并加以分析和挖掘,丰富解说词的深度和广度。一般来说灾害性天气、关键性天气、转折性天气、异常或罕见天气以及节假日期间的天气信息向来是公众普遍关注的热点,也是解说词中应该突出介绍的重点。

科学性:科学性和准确性是电视天气预报的基础,写稿人在撰写解说词时要有严谨的科学态度,认真参加每天的天气会商,与气象台预报人员认真分析天气形势,使解说词的每字每句都力争准确,集科学性和趣味性于一体。对气象专业术语要运用有佳,不仅要体现专业性还要考虑到观众的需求。在很大程度上增加了节目的真实性、针对性和适用性,这也是观众喜欢天气预报节目的重要原因之一。

专业性:电视天气预报是通过电视媒体为公众气象服务的,是气象部门的服务窗口。因此,首先要坚持节目内容的专业性,也就是坚持提供科学、准确、有意义的气象信息,其次要强调表现形式的通俗性,也就是用普通观众喜欢并且容易接受的方式,深入浅出地解读这些信息,以达到更好地传播气象信息、普及科学知识的目的。

服务性:电视天气预报是直接为老百姓的工作生活服务,因此,服务是电视天气预报的首要特性。撰写解说词时,从观众关心的气象热点出发,以通俗易懂的方式把气象信息传播给公众。当有重大影响的灾害性天气出现时,及时发布气象预警并提出防御建议和措施,使人们防患于未然,尽量把灾害性天气带来的损失减到最小。

连续性:一个天气事件从发生、发展到结束持续几天时间,尤其是重大天气事件更要给予急切地关注。灾害性天气、气候异常事件必须坚持“第一时间,第一发布”的原则,尤其是在灾害性事件发生之后有时还必须对它所造成的灾害损失进行统计分析,把最权威的数据发布出去。

3 天气预报节目解说词编写

3.1 天气预报解说词编写特点

3.1.1 融入感情色彩

通过人性化的解说,提高语言的亲和力,让观众感觉到和他们交流的是与他们风雨同舟的朋友,而不是捧着教科书的专家。如“层层云彩在天空排兵布阵,原本骄横的太阳不时被困其中,而我们享受到福利便是气温低调了很多……”

3.1.2 突出变化

夏天人们关心高温降雨,冬天人们关心低温降雪,编导、主持人平时多注意累积,用敏锐的目光从变化中去寻找并引出许多话题和素材,以吸引观众的目光。如“前几天,我省的气温就像坐上了过山车,从山顶飞落到山脚。那近几天我们又将经历气温第二次剧变的过程,这一次,气温将像一位体力充沛的运动员,手脚并用,会用超凡的速度再次登上山顶,并且这次攀顶的行动,从昨天下午就已经开始,更为关键的是,这还仅仅只是一个开始,在明后两天,我们将会明显感受到这次剧变。”

3.1.3 与日常生产生活的背景相联系

要特别注重天气变化对日常生产生活的影响。如有雾时我们常常会在节目最后加上一句“最后我要对开车出门的朋友提个醒,一定要注意交通安全,打开雾灯,减速慢行。”

如春运期间的一篇解说词:“眼下春运正在如火如荼地进行着,我相信并没有一个旅客愿意背着大包小包在湿漉漉地阴雨中赶路,不过,最近的天气阴雨确实要增多起来,好在气温不会明显下降，赶路的朋友至少不用穿得太臃肿。”

3.1.4 尽可能以生活语言代替专业语言

比如稿件中提到“风”时，可以不要生硬地说三四级、四五级，而是这样写道：“风对大家来说，并不陌生，伴随我们走过冬夏春秋，它可以是温和轻柔的，也可以是猛烈强劲的……”

3.1.5 语言要形象、生动、活泼

如“一阵秋风过后，呛人的空气变得清新，您会不由自主地深吸一口气，好像压抑了许久的心情一下子变得舒畅起来。”

3.1.6 用词要注意口语化

口语化的语言能让观众一听就懂。例如：“降雨”改用“下雨”、“此外”改用“还有”、“曾”改用“曾经”、“除……外”改用“除了……以外”等，语言搭配要适合于人的听觉习惯，尽量使用朴素自然的词语，而不要使用华丽的辞藻。

3.2 天气预报解说词编写技巧

3.2.1 适当地运用口语

口语接近生活，趋于自然，主持人讲起来朗朗上口，且容易被观众记住，在日常编写中使用的频率较高。在撰写时多增加一些“生活用语”，让主持人以朋友的方式来谈天气以及跟天气有关的信息，使观众在收看节目时有明显的交流感。当然这就要求编导、主持人理解吃透当天的天气形势，而且要懂得联系生活，要求主持人以个性的语言、动作和表情进行表达，而不是简单地对着题词器读稿子。

3.2.2 巧妙地借用谚语

谚语在用词上比较考究，且深入人心，容易引起观众的注意。农民朋友在长期的劳动生产中总结出了许多和气象农事有关的谚语和俗语。如二十四节气歌、九九歌、气象谚语等，许多人都能张口说上几句，适时地运用农谚俗语会使节目更生活化，不仅能让农民朋友更好地理解节目的内容，也易被接受。

解说词赏析：“俗话说‘春捂秋冻’，初春时节乍暖还寒、冷暖多变，宜捂不宜冻，提醒大家不要急于脱去冬衣，注意防寒保暖。”“夏至以前，有时久晴不雨，气温可升高到30℃以上。气温的急剧变化，人体一时难以适应，使人感到热得难受。但真正的高温是出现在入伏以后，因此，有‘夏至未过莫道热’的说法。”

3.2.3 合理夸张添情趣

在天气话题内容方面，就要想观众之所想，急观众之所急，不妨“小题大做”，抓住某个天气的特点加以夸大和强调，充分发挥好语言功能，往往能增加人情味，起到画龙点睛的作用。将气象信息转化为气象服务信息，可以提高观众的注意力，体现的则是人文关怀，拉近了与观众的距离，为节目增色添彩。应当注意的是，夸张要合理、适度，不可太过分。

解说词赏析：“今天终于见到了久违的阳光，身上暖洋洋的。只是春无三日好，未来三天，我市又将以阴雨天气为主，出门上班多有不便，不过春雨绵绵也多了一份情趣。气温变化不明显，虽然少了阳光的帮忙，但最高气温仍会保持在20℃左右。”

3.2.4 兼顾不同层次需求

不同行业、不同年龄、不同爱好的人，对天气有着越来越精细和特定的需求。除了最基本的天气形势和预报外，老人希望知道晨练时的空气质量，旅行者希望了解旅游景点和周边线路的天气，农民希望了解未来几天的天气状况，父母希望了解天气状况、风力、气温来安排孩子的衣食住行等。

解说词赏析："大暑是二十四节气中的第 12 个节气，大暑的意思是热的高峰，大暑时节，一般都是烈日炎炎，热浪滚滚，像今年这样，到了大暑仍阴雨未了，气温不高，实属少见。现在仍是农作物需要光和热的关键时期，今年的低温阴雨已严重影响了农作物的生长，在这特殊的天气条件下，农民要加强田间管理。"

3.2.5　仔细斟酌，杜绝一切废话

天气预报主持人的语速能达到每分钟 350 字左右，比一些新闻主播说得还要快。不仅要把全省的天气情况展示给观众，还要介绍一些重点地区的天气，有时还要发布天气预警。大容量的信息使天气预报稿件中每一个字都十分珍贵，任何无用的信息都不能出现在天气预报里，甚至是一些有用的信息，也要被精炼压缩到最短，所以冯殊说过用"字字珠玑"来形容天气预报毫不为过。

3.2.6　体现专业化、个性化、精细化

专业化是指撰写的内容要有专业指导性，能够直接服务于经济社会发展，对天气有着准确的预报。个性化是指依托气象节目独有的传播和覆盖面的优势，对气象信息进行专有性的打造。精细化则是应当能够从一个社会事件中剥离出气象的成分，找到观众的兴趣点。

4　天气预报解说词编写的注意事项

首先，由于天气节目所传达的信息是电视网所覆盖的地理区域内的众多不同文化层次的观众，他们大多是非气象专业人士，所以解说词应尽可能通俗易懂，尽量少用或不用专业词语。我们的节目不仅要追求高收视率，而更重要的是良好的收看效果。

第二，应时刻抓住人们关注的正在发生的热门天气话题。比如城市居民关注的近日高温、农民关心的当前干旱少雨、政府决策部门关注的近日暴雨防汛、近期天气展望等话题，这些都应在节目中谈及到。这样才能和观众达到有情感的交流，避免宣教式的播讲。

第三，电视既然是一个声画结合统一的密不可分的整体，解说词的写作必然是一定程度上的画面解释，写作完毕，就存在一个画面设计。解说词写作者除了要撰写解说词外，还要给节目策划制作者提前提供一个场景的制作计划，这样才能达到有画面可解释，给观众传达的气象图文、解说互相补充，加强传播效果。

5　结语

在撰写解说词时，必须遵守一个最基本的要求——通俗易懂，因为这是众多观众选择电视作为关注和了解气象信息、气象知识主要获取渠道的原因之一。我们不能简单地把深奥的气象术语宣读给观众，而是要力求使用大众化的语言来演绎气象信息，把气象专家的、专业的话变成观众爱听的、通俗的、听得懂的话。做到让人爱看，又易于接受、理解。因此，将听得明白、增加趣味作为撰写解说词的标准，注重口语化，有利于提高电视天气预报解说词的实用性。

参考文献

陈正. 2006. 电视天气预报节目浅谈. 内蒙古气象，**4**：54-55.

惠艳菊. 2013. 创新形态打造本土化县级电视台天气预报节目. 新闻传播，**10**：185.

矫梅燕,龚建东,周兵,赵声蓉. 2006.天气预报的业务技术进展. 应用气象学报,**5**:594-601.

李永锋. 2012.网格环境下数值天气预报的关键技术研究.江西理工大学.

刘新莹,王润泽. 2014.电视天气预报节目的创新思考. 河南科技,**1**:191-192.

刘菁菁,于丽洁,王秀芳. 2011 .论电视天气预报节目的语言艺术. 商业文化(下半月),**7**:352-353.

漆明文,张翠英,郝振华,孟瑞娟. 2012 .电视天气预报解说词的写作技巧. 湖北广播电视大学学报,**10**:99-100.

石昌民. 1997.谈电视天气预报节目解说词的写作. 陕西气象,**6**:40-41.

余艳. 2011.电视天气预报节目的"可视性"与"必视性"研究.江西师范大学.

于怡鸣. 2012.天气预报是这样"出炉"的. 快乐作文,**35**:38-39.

张朝. 2010.预知未来的艺术——天气预报. 科学大观园,**14**:75.

谈电视气象节目丰富的各色语言组成

胡映君　金丝燕　王玲燕　黄　程

（浙江省气象服务中心，杭州 310017）

摘　要

电视气象节目遍地开花，如何在众多节目中脱颖而出，使受众在获得气象信息之余还能感受到气象节目的电视魅力，需要对节目进行全方位、多角度的编排和包装。其中，起到关键作用的便是各色语言组成，本文将从文稿语言、画面语言、肢体语言和背景音乐这四个方面来诠释各色语言在电视气象节目中的重要作用。

关键词：文稿语言　画面语言　肢体语言　背景音乐

电视气象节目不同于一般的电视节目，它更偏重于自然科学方面。借助于电视媒介，把天气信息传播给电视机前的受众，是专业性很强的一种服务手段，为百姓的工作出行等生产生活方面带来权威的天气预报，深受百姓喜爱。然而，随着传媒手段的日趋丰富，人们获取气象信息的渠道越来越多，除了电视、广播，还可以通过网络、手机短信、气象官方微博微信等各种方式随时随地了解天气变化，方便而快捷。那么作为电视气象节目，如何利用自身的优势，通过声画把节目做得丰富饱满，从而吸引受众眼球，真正体现电视气象节目的传播优势，笔者认为，对各色语言的设计显得十分重要。

1　精彩、有特色的文稿语言

电视气象节目中的语言，大部分是体现在主持人的口播部分，这是对气象编导文字功底的考验，也是对主持人演播室临场发挥的考验。要把严谨刻板的预报转化为朴素简洁的生活语言，从而起到天气预报服务大众的作用；要形成节目自身的特色，牢牢吸引受众注意力，这些都离不开文稿语言。

1.1　为节目设定独特的开场语

一般节目开始都由主持人进行开场问候，如“你好”，“晚上好”之类，基本上都大同小异。但是如果为节目专门定制独特的开场语，在每次节目开始前讲述的话，这样既可以形成自己独特的节目风格，也让受众有种家人般被关爱和体贴的感觉。例如凤凰卫视的《凤凰气象站》在很长一段时间有自己固定的开场语，它是这么说的：“如果不能陪在你身边，那么就请让我为你守望风雨，欢迎来到和全球华人朋友共担风雨的《凤凰气象站》，各位午安！”一句浅浅淡淡带着微笑的问候语，道出了节目的宗旨，也拉近了节目和受众之间的距离，使整档节目从一开始就展现出以人为本的理念，使受众感觉舒适而温馨。

1.2　精彩的收尾给全文带来画龙点睛的效果

天气预报节目因为在时长上有一定的限制，很多节目都会优先对短期天气进行预报。如果天气情况比较复杂的话，几乎整档节目都在讲述实况和预报，而忽略了对文稿收尾的把控，使得文稿看起来头重脚轻。只有把握好节目内容的编排，使文稿念起来开场流利收尾精彩，才能算是一篇完整而又成功的好稿子。仍然以《凤凰气象站》其中一期节目收尾为例，它是这么说的："我想，这就是7月的天气，它总是少了些含情脉脉的气质，多了一些盛夏的猛烈和直接，那么在这猛烈的雨水面前，是需要我们平平安安的。"这样提示式的结尾，使整档节目看起来是多么和谐，多么完美。而且它的语言很有特色，把中国的文字美展现得淋漓尽致，哪怕是一档专业性很强的气象节目，在它的语言模式中，天气预报也显得很文艺、很唯美、很温暖人心。

1.3　客观全面评价天气，不要一味发泄对恶劣天气的负面情绪

恶劣天气是气象学上所指的发生突然、剧烈、破坏力极大的灾害性天气，主要有雷雨大风、冰雹、龙卷风、台风、局部强降雨、暴雪等。在天气预报节目中，我们常常播报这些恶劣天气带给生产、出行、通讯方面的不利影响，还进一步提醒大家要注意防范由此诱发的洪涝、泥石流、山体滑坡等地质灾害。

在以往的很多节目当中，我们总是对这些恶劣天气进行负面播报，在受众的印象中，以为这些天气只有不好的一面，只会带给我们不堪和灾难。然而事实上却不然，天气是种自然现象，全面来看一般都会有正能量的回馈。拿雷暴天气来说，它的确会给我们的生产出行带来很多不便，天气恶劣的时候，还会对农业造成绝产绝收的后果。然而，我们需要正视的是，在打雷闪电发生期间，会产生大量臭氧(臭氧是地球生命的保护伞)，使地表生物免遭紫外线的危害；雷电还可以使空气中细菌丧生，使得空气清新、洁净，病菌含量减少；此外，雷电还可以合成易被植物吸收的氮肥，是大自然对人类无偿的恩赐。因此，在节目当中切忌一边倒地阐述对天气的负面情绪，尽可能向受众传达全面的气象信息。

台风"苏力"期间，福建卫视的《全省天气预报》是这么客观评价的："在这个酷热、对清凉极度渴望的季节，'苏力'就这样携风带雨地来了，有人说，台风就像卫星云图上的曲奇饼，在入伏的第一天，'苏力'送来的清凉，就如同小cookie一样甜美，而水库里增加的雨水，则带来了更多的正能量，希望'苏力'轻轻地走，不留下一点灾情。"说得真好，心里有一种豁然开朗的感觉，我们日常节目中缺少的就是这种对事物双面性感受的悟性。所以，在今后的节目当中，像这样正面的、乐观的语言，要学会使用和传达。

1.4　文稿中尽量使用简明扼要、通俗易懂的日常生活语言

英国BBC资深气象主播Bill Giles曾在他的《气象学家还是记者》一文中这样写道："各国的气象专家都是这样一个共同的习惯，眼睛紧紧盯着自己的科学标准，而难以与那些并非出自这个专业的人们心息相通。因为人们生活在真实的天气之中，而不是天气预报过程的理论部分之中。" 的确，天气预报的绝大部分受众是普通老百姓，而非专家，因此，对那些特殊的专业性词汇听不懂也不感兴趣。作为一档以服务大众为主要目的天气预报节目，受众所需要的不是预报过程，而是简单直白的预报结果。因此，主持人应以"看得清，听得懂，记得住，用得着"为标准，向受众准确传达天气信息。

天气预报节目主持人宋英杰在一次天气预报节目开始之前是这样说的："不知人们现在活

得太仔细，还是太大意，‘打的’的时候可以为从哪里到哪里仔细计算，但对马路边到来的春意却没有感觉，今天立春了……”这似乎随口说出的话，透着对生活的思考，也传达了节气的概念，而受众也最愿意听这些生活化的语言表达，既轻松又直白。

1.5 适当使用方言和民间谚语，使文稿更有地方特色和生活气息

为了顾全全体受众，主持人在语言方面还是以普通话为主，不过适当穿插一些地方语言，可以增强受众的认同感和亲切感，使天气预报节目更贴近受众的日常生活，更富有当地生活气息。

除了方言以外，对一些气象民间谚语的恰当使用也可以使文稿增色不少。气象谚语是人民群众与大自然和谐相处，千百年积聚下来的宝贵经验。人们在生产、生活实践中，仔细观察风、云、雷电、雨、雾、冰、雪等，不停地思索它们活动的规律，用简明概括的语言描绘它们的千变万化，预测它们的动向。例如，人们常根据雷声预测天气，“雷公先唱歌，有雨也不多”，这条谚语指的是下雨之前就雷声隆隆，表明这次下雨是局部地区受热不均匀等原因形成的，又叫热雷雨，雨量不大，时间很短，局地性强，常出现“夏雨隔条河，这边下雨，那边晒日头”的现象。如果我们在文稿中多运用一些与天气现象相关的民间谚语，一定可以让文稿增色，使节目增加生活气息。但整体而言，不管是传统媒体还是新兴媒体，民间谚语的使用频率都比较低。这与从业人员的气象民间谚语知识积累不够有关，需要我们多涉猎我国的民间谚语宝库，增强文化底蕴，厚积薄发，从中寻找智慧的灵感。只有这样，才会让气象播报越来越充满生活气息，才会让老百姓看得懂，喜欢看。

2 富有生命力、表现力的画面语言

从人的感官角度讲，视觉具有优先性和至上性，它压倒了其他感官，在电视节目中画面处于主导地位。这说明画面有着强大的表现力，如果我们在节目中运用得当，就可以获得很好的信息传播效果。

2.1 采用实况画面语言，代替单调的平面数字语言

在电视气象节目中，具体的天气实况画面往往最具有震撼感和说服力。比如台风期间，记者用绳索把自己绑在大树边上做现场报道，大风吹得人根本站不住，雨水落到地上砸出一地的水花，身后的海浪一波又一波席卷而来，仿佛下一秒就能把人带走。这样的画面出现，受众已经很直观地明白这次台风的巨大威力，比我们用数字告诉大家，今天的降水量达到多少毫米，风力有几级，都要来得简洁而有说服力。当某地发生冰雹灾害时，记者的抢拍镜头因为时间紧张画面略微有些晃动，但当几乎要绝收的农田作物被镜头再现的时候，我们仿佛可以看到被冰雹轰炸的场景，甚至可以感觉到农民朋友沉重的叹息声。这些画面和情感的传递，都是简单的数字语言所无法达到的。因此，实况画面的恰当运用，可以使电视受众直接感觉到天气的变化，突出所想重点表现的气象信息，从而达到事半功倍的效果。

2.2 运用专业的动画画面，凸显电视气象的画面优势和专业优势

电视气象节目，因为有固定的播出时间，所以在信息发布的速度上不及其他媒体有优势，但在专业技术画面使用方面，却是独一无二的。以台风气象节目为例，运用抠像技术，使用主持人全景机位，在超大背景屏幕中用卫星云图动画把一个热带气旋的发展壮大兴盛过程展现得淋漓

尽致，这样一幅画面仿佛是另外一种语言：在大自然面前，人类很渺小。我们需要善待地球，善待我们赖以生存的环境，只有这样，大自然才会善待人类，善待我们延绵不绝的子孙后代！

2.3 滚动字幕对口播语言的分流作用

作为电视气象节目，还需要重视画面语言对于口播语言的分流作用。在重要天气过程即将产生时，传统的节目流程过于重视口播语言的传播，造成单位节目时间的信息超载，主持人往往以“机关枪”式的语速进行播报，严重降低信息传播的有效性。在这种情况下，需要利用画面对口播语言进行卸载，以滚动字幕或信息标注等方式进行辅助传播，充分体现电视传播与广播节目相比的媒介优势。

3 恰当适度的肢体语言，有助于受众对画面信息的理解

肢体语言作为一种表达艺术形式在传播过程中起着至关重要的作用。肢体语言是否丰富直接关系到传播效果的好坏。有些主持人重视有声语言表达，却往往忽视肢体语言的运用，这是一种疏忽。心理学家有一个有趣的公式：“一条信息的表达＝7％的语言＋38％的声音＋55％的人体动作。”这表明，人们获得的信息大部分来自视觉印象。因而美国心理学家艾德华·霍尔曾十分肯定地说：“无声语言所显示的意义要比有声语言多得多。”

3.1 形体动作必不可少

在主持气象节目中，抬起手臂示意指点，热情而有趣；微微欠身，表示恭敬；微笑颔首，表示亲切谦诚等。这些都是礼仪礼节方面的，主持人给受众亲切礼貌优雅的印象。而更重要的是因为，作为气象节目，尤其当主持人在讲述实况信息的时候，需要指图给受众，哪些区域正在或即将经受高温的炙烤；哪些区域雨水泼辣酣畅淋漓；台风又是以怎样的路径朝我们一路狂奔，接下去又会如何转向或在某地登陆等等。这些都需要主持人运用手势，配合口播讲解，正确地将地理位置指给电视机前的受众，让受众从声音和画面的双重角度清楚明白地知道天气发生的区域范围。

3.2 尽可能不使用单一手势

手势的运用与语言之间有一种同步效应，人们的思想感情会通过身势、手势、视线的接触，以及整体的仪态与行为举止等给人以直观印象。尽管气象类节目时间不长，但也不可过于机械化地出现单一动作，而需要通过适当的变化给人以优美感觉。手势与声音相互配合，音到手到，恰到好处。在全屏背景的时候，适当在镜前走动，不仅把讲述重点的最佳视觉位置展现给受众，同时也能多机位地展现演播室和主持人风采，丰富视觉镜头。

3.3 手势不宜过多，否则将分散受众注意力

肢体语言具体表达方式要准确，要符合社会习惯，根据节目特点和内容，适合观众的接受能力和习惯。“体态语”有多种多样，主持人应注意在不同的情况下使用不同的体态语，但不能矫揉造作、牵强附会。其作用是作为有声语言的补充，起辅助作用。如果不分时间、地点、条件而滥用，一定会适得其反，因此要适度。

4 恰到好处的背景音乐让电视气象节目精致优雅

音乐作为一个独立的艺术形式，具有其自身的“音乐叙述性”，这种性质是自足的、内在的、结构性的。音乐在抒发人类感情方面所发挥的威力，是任何最好的语言都无法比拟的。从这个意义上可以说，是音乐赋予了画面以灵魂和生命。作为电视气象节目，在整档节目当中增加音乐作为其背景，会使节目增加自身的鲜明特色。

4.1 主持人解说词部分选用适合当日天气的背景音乐

一般来看，大部分的气象节目都比较中规中矩，在主持人预报天气的时候不会播放背景音乐，但如果我们不按套路出牌，打破常规，尝试在节目中选择使用合适的背景音乐的话，可能会出现意想不到的效果。当然，在选择音乐的时候，要相应配合当时当地的天气以及主持人的主持风格。比如在风和日丽的时候，选择轻柔舒缓的音乐；在出现灾害天气画面的时候，选择较为紧凑快节奏的音乐。当然，背景音乐是作为一种锦上添花的工具出现，不必非要生搬硬套，也不必通篇使用。在恰当的时间进入，在没必要的时候停止。如果用心去选择，必定会使节目更出彩，受众也必定会感受到我们工作人员的良苦用心。

4.2 城市预报部分大胆使用流行歌曲

绝大部分电视气象节目在以城市预报结束的时候，使用纯音乐当背景音乐，而且只要节目不改版，背景音乐就是固定不变的。就笔者接触过为数不多的使用流行歌曲为城市预报背景音乐的是黑龙江卫视和凤凰卫视，而凤凰卫视的《凤凰气象站》更厉害的还在于，它每天都在更换歌曲，并且好多时候都能在歌曲与天气或当日主题之间找出某种共鸣来。例如，在主讲“绿色让人心情愉悦”这个主题时，选用的歌曲是孙燕姿的《绿光》；在主讲雨水的时候，选用的歌曲是《时间煮雨》等。不管是中文英文，还是韩文日文的，只要跟天气或主题相关，就大胆往上放，只要是很流行很潮，就大胆往上放。因此，为了把歌曲听完，很多受众会选择把整档节目都看完。甚至还有受众是专门为了听歌曲而去关注每天的《凤凰气象站》，听到好听的还会去搜索并下载来听。背景音乐也成就了《凤凰气象站》的一大特色，可以“俘虏”一部分受众。由此可见，背景音乐对于电视气象节目来说，也是一种行之有效的艺术手段。

我国的电视气象节目发展至今已有三十多个年头，从一开始中央电视台天气预报的仅此一家，到现在各地电视气象节目遍地开花，受众的可选择余地越来越大。因此，要想获得更多的收视群体，节目的服务性、贴近性和自身鲜明特色就显得很重要。作为一名电视气象工作人员，积极做好自己本职工作，用认真的态度和专业的服务理念，提升各方面工作能力。考虑从文稿语言、画面语言、肢体语言、背景音乐这几个方面出发，使节目更出彩，做更精确的天气预报，服务更多的受众，为老百姓的生产生活带来更实际的帮助。

参考文献

宋英杰. 2009. 论电视气象节目语言特征. 气象，(7)：112-118.

王桂平，张剑侠. 2011. 气象电视节目主持人的体态语言风格. 农技服务，**28**(11)：1634.

王玲，宋晓红，王丽. 2000. 气象节目主持人语言漫谈. 河南气象，(2)：1-2.

天气预报节目中的专业宣传意识和技巧

练江帆

（广东气象影视宣传中心，广州 510080）

摘　要

本文比较了天气预报准确率与公众期待值之间的差距，提出专业宣传的概念，即在日常天气预报节目中通过对天气实况和预报结果的分析进行气象科普，加强公众对天气原理和预报机制的了解，引导公众把对天气预报准确率的期待建立在科学合理的基础上。举例探讨了一些具体的专业宣传技巧。最后进行了建立专业宣传机制的思考和探讨。

关键词：应用气象学　天气预报准确率　专业宣传　技巧　机制

引言

衡量公众气象服务质量的指标有很多，包括准确性、及时性、便捷性、实用性等，而其中准确性是对公众满意度影响最大的因子。天气预报准确率的提高，是预报员的永恒追求，也是公众气象服务质量提升的基础。近年来，气象部门着力建设现代化的业务体系，依托数值预报等客观预报方法，发展定时定点定量的精细化预报，其目的就是满足公众对天气预报准确率和精细化的期望，使气象服务的效果更好。事实上，这种努力也得到了一定层面的公众认可。2010年，广东省气象台对省内重点行业进行了一次专业气象服务问卷调查，反馈结果表明，认为气象预报准确度“有所提高”和“有明显提高”的用户达到81%。

然而，公众认知的天气预报准确率和专业认知仍有差异。作为非线性系统，大气运动本身的混沌性决定了天气预报不可能达到100%的准确。而且大气科学仍然在发展中，人们对很多天气现象的原理解释仍有不完善和不确定的地方。加之观测条件和手段的制约、数值模式算法的限制等原因，现阶段的天气预报仍然离不开经验丰富的预报员的主观判断。因此，现代化的预报业务体系，同样考虑了预报员队伍的建设。

综上所述，天气预报准确率是个复杂的问题。但公众未必了解大气运动的特性和天气预报制作原理，从服务的角度出发，可以尝试向公众进行专业宣传，使公众对天气预报准确性的概念和实际预报水准有比较科学的认知，从而对天气预报的准确率有比较合理的期待，更好地理解、接受和配合气象部门的公众服务。

本文将对此进行探讨。

1　公众对天气预报准确率的认知

1.1　公众评价与公众期望的差距

2012年，中国气象局和国家统计局共同组织实施了全国公众气象服务满意度调查。分析报告表明，2012 年全国公众对天气预报的准确率评价与 2011 年的调查比较变化不大，平均为 76.6%。就 31 个省(区、市)的情况来看，绝大部分省(区、市)的评价也是在 71%～79%之间，只有黑龙江、吉林、陕西三省的评价在 80%以上。与此同时，却有 61.7%的公众希望天气预报准确率在 90%以上，29.9%的公众希望天气预报准确率在 80%～89%之间。

也就是说，公众认为现在的天气预报准确率不到 80%，但超过 90%的公众都期望天气预报的准确率达到 80%以上，其中大部分人都期望天气预报准确率可以达到 90% 以上。显然，公众对天气预报准确率的期望与实际感觉之间存在巨大落差(图 1)。

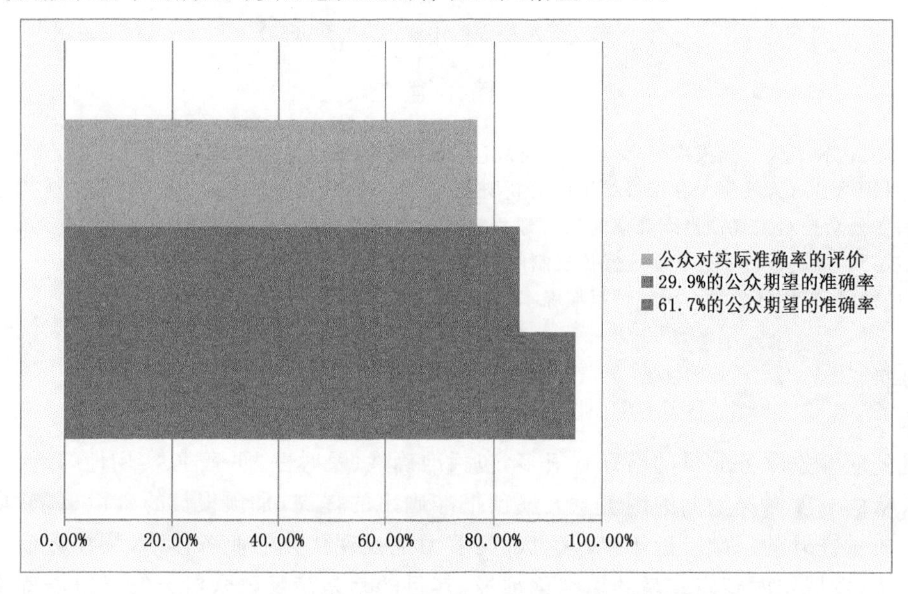

图 1　2012 年公众对天气预报准确率的评价与期望值比较

1.2　公众评价与技术评价的差距

用气象部门内部的技术考核标准评分即天气预报准确率评分与公众评价进行对比，结果发现各省(区、市)的情况差别很大。有的省(区、市)公众评价很高，但内部技术评价却很低。如上文所说的黑龙江、吉林、陕西，公众评价在 80%以上，内部技术评价却不到 75%。而有的省(区、市)公众评价很低，但内部技术评价却很高。如广东，公众评价仅有 71.8%，内部技术评价却明显超出 75%(图 2)。

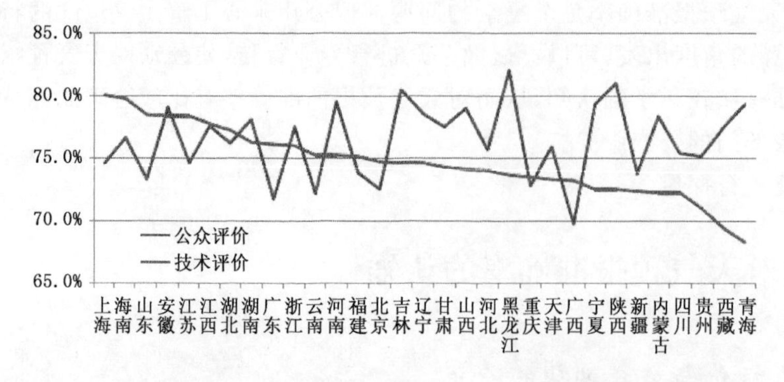

图 2　2012 年公众对天气预报准确率的评价与气象部门技术评分比较

显然，公众感觉到的天气预报准确率与气象部门内部的评分并没有明显的相关性，而且这种结果与2011年的调查结论一致，说明这种现象并非特别。

以上的调查分析结果，说明公众理解的天气预报准确率与气象部门内部的专业认知存在差异。因此，公众对气象预报准确率的高期待值也并非简单地通过预报技术手段的提高可以满足。除了不断提高预报准确率，对公众进行关于预报准确率的科普也是很有必要的。

有别于一般天气原理的介绍，这种科普还包括了对现代天气预报机制的解释，可以视为一种专业宣传。

2 日常天气预报节目中的专业宣传

2.1 天气预报节目中的专业宣传意义

伴随着微博的兴起，网络已不仅仅是人们获取信息的渠道之一，还是人们传播信息和发表观点的自媒体平台。在人人都可以成为信息播报员和“专家”的时代，任何可以讨论的公共话题，包括各种突出的天气气候事件，都可能引起信息繁杂且真伪莫辨、观点鲜明但欠缺客观的关注。这种时候，真正的专业所表现出来的重要性，不仅仅是提供到处可以查询到的信息，或者表达人人都可以自成一派的观点，而在于进行专业科普和宣传，帮助人们用科学的态度辨析各种错综复杂的信息和观点，形成积极而合理的社会正能量。

比起“人人皆可编辑”的网络，日常播出的电视天气预报节目更适合进行专业宣传。因为互动性弱，干扰度就比较小，有利于集中和持续地宣传。而且，由气象部门制作的电视天气预报节目经过多年建设，已经具有相当程度的公信力。在这样的平台上进行专业宣传，人们的接受度也会比较高。

2.2 日常天气预报节目中的专业宣传技巧

2.2.1 专业宣传：直面天气预报准确率

日常天气预报节目的常规内容包括实况报道和预报信息，在篇幅允许时也会加入气象科普和生活服务等内容。大多数情况下，这些内容作为节目中的子模块相互独立，关联性不很强。一部分原因是模块化的操作效率较高，适用于日播型节目，另一部分原因则是刻意淡化实况与预报之间的联系，以免在预报“不准”的时候出现尴尬。

但如果要进行专业宣传，就要改变这种回避对预报准确率进行审视的思路和做法，主动将实况和预报进行比较，对其中的差别进行客观合理的解释。这种主动的态度可以传达出担当和诚意，从而让接下来的解释容易为人接受。长期坚持，就可以达到“润物细无声”的宣传效果。

2.2.2 针对不同预报准确率的专业宣传技巧

天气预报被公众评价为“不准”的情况，一般有3种。

(1)第1种：完全没报准，实况与预报相反。如预报下雨却出现晴热高温，预报晴天却出现短时强降水等。

虽然正常情况下，预报不准一般都无关责任心，而是观测资料不足和预报产品精细度不够所致，但在实况与预报差别较大的情况下，即使客观的解释也容易被认为是推卸责任。因此，这种情况下进行专业宣传，首先要充分理解公众的不满情绪并使之得到宣泄和疏导，淡化其追责心理，然后再对预报不准的原因进行专业解释。否则，专业宣传的内容容易在公众的抵触情绪下沦为无效信息。

具体处理时要把握两个关键。一是描述实况时要代入公众的感受，使公众产生亲切感和信任感；二是对于预报不准的事实要以不否认的方式间接承认，这样才能维持专业形象，从而使接下来的专业宣传内容被接受。表达时，要注意语气和措辞技巧。如"（因为某种原因）今天我们迎来一场始料不及的急雨"、"相信很多朋友都被堵在下班路上时都会想，不管这个季节的天气如何变幻莫测，看来出门带把晴雨两用的伞总是有必要的"、"高温的耐力比我们想象的还要强，很遗憾，火辣的阳光今天并未像我们希望的那样退却"、"这个小个子台风用一场暴烈的雨表达了它被轻视的不满"等，在间接承认预报不准的事实的同时，也淡化了这个事实的严重性。

当然，如果是造成重大损失的灾害性天气没有报出来，用这种态度去面对是不合适的，会显得轻浮和不负责任。幸好，现代气象预报技术决定了这种重大天气过程完全被漏报的可能性很小，空报的情况较多，即预报有严重天气但实际未出现。这种预报不准带来的不满情绪不会太重，在进行专业宣传时，可以从"坏天气没出现总是好事"的角度进行安抚。

(2)第 2 种：部分没报准，趋势正确，但细节有误。如预报下暴雨但只下了中雨，预报中西部均有雨但只有西部下了雨等。

这种情况在日常实践中最为常见。宣传技巧的关键是强调报准的部分，淡化不准的部分，在此基础上再借机对目前预报水准的局限性进行解释。这种情况下的专业宣传如果做得好，不但可以引导公众更多地关注天气预报中"准确"的部分，增强对气象部门的信心，还可以通过气象科普把公众对预报"不准"部分的不满转化为对"不确定"部分的兴趣，实现公众和气象部门互相理解、互相促进的良性循环。

例如，预报全省有阵雨或雷阵雨，部分地方可能出现强对流，实况是只有部分市县下雨，同时出现强对流天气，而另外有相当部分市县是晴热高温。宣传时，先不用渲染预报中未提及的高温，而是强调部分市县"如我们料想的那样"出现了强对流，暗示预报的准确。然后再从实况倒推出现高温的原因，把原因和高温实况一起进行播报，"另外，今天（由于某些原因），一些市县出现了高温天气"，让人自然地接受"出现了高温"的事实而不会把它与"预报不准"联系起来。

同样，这种处理方式在面对重大灾害性天气时并不适宜，有避重就轻之嫌。例如，预报没有提及局地强对流但实况出现了，而且造成不小的损失，描述实况时就不应再强调"如我们料想的那样"的报准部分，而应把这种预报失误当成第 1 种"不准"来处理，首先对这种情况的出现诚恳地表示遗憾，然后再解释造成这种遗憾的原因。

(3)第 3 种：实际报准了，但由于专业标准与公众理解有差异，让公众误以为没报准。如预报有霾但公众感觉空气没那么差，预报有大雨但公众感觉只是下毛毛雨等。

这种情况实际是气象部门对自身进行正面宣传的利好时机，宣传时应遵循一边强调预报准确，一边进行气象科普的原则，同时要注意语言技巧，使公众感觉是客观的叙述和必要的补充说明，而不是刻意地炫耀和多余的唠叨。

例如，气象上的暴雨标准之一，是 24 小时累计雨量在 50 毫米以上。假设某天预报有暴雨，实况是雨强不大。但下雨持续时间长，累计雨量确实达到了暴雨标准。宣传时可以先说"今天雨水如期而至"，委婉地表达预报准确的意思；然后说"虽然今天的雨下得比较温柔，但持续不断，24 小时累计下来 50 毫米的雨量，已经达到了暴雨级别"，进一步暗示预报准确，同时又科普了专业的暴雨标准；最后再说"当然，如果今天这 50 毫米的雨是在几个小时内痛痛快快下完的，感觉会更符合'暴雨'的名号，但是那样的话，肯定会比现在的柔风细雨更容易造成局地积涝等麻烦"，这样的表达，再次对专业标准进行了科普，同时也委婉地承认了专业标准和公众"感觉"

的不符，但又通过“无论如何，没有造成恶劣结果就是好事”的暗示，避开了专业标准和公众感觉哪个更合理的争论。

3 问题和进一步的思考

3.1 电视气象编导的素质是决定专业宣传效果的重要因素

不难看出，要达到比较好的专业宣传效果，对天气现象原理的理解、对现代气象预报技术和预报机制的了解、对公众心理的把握和对语言表达技巧的正确驾驭都非常重要。目前的日常天气预报节目内容都是由电视气象编导设定、组织和撰写成文，因此编导的素质可以说是决定专业宣传效果的重要因素之一。笔者曾撰文讨论优秀的电视气象编导应该具备的全面素质，经过多年实践和系统的编导业务培训，不少的编导都能够建立起专业宣传意识，并掌握一些基本的技巧，这是专业宣传可以利用日常天气预报节目展开的可行性前提之一。

3.2 建立科学系统的宣传机制是专业宣传效果的决定性因素

编导的素质对于专业宣传的效果起着重要作用，但并非决定性因素。到目前为止，在节目中进行专业宣传很多时候只是编导的个人行为，缺乏科学系统的宣传指引和合理的效果评估机制。这不但使事实存在的专业宣传师出无名，作用有限，而且时间长了之后容易影响编导的积极性，使专业宣传的效果进一步消减。

例如，编导常规工作中的权限多年以来一直得不到确定，时至今日对于编导能否“修改”预报结论，对节目总体内容和细节表达编导是否拥有最后决定权等仍存争议。又如，现有的一些宣传指引只是笼统的方向，并不符合电视节目的表达特点和传播规律，但在业务实践中又往往成为评价编导工作绩效的指标。这样的机制框架，很容易造成编导费心费力的专业宣传被视为理所当然，效果好的时候得不到关注、鼓励和表彰，不小心在一些细节上出错，譬如字幕出现一个不影响理解的错别字，却成为无可争议的“错情”被处罚。长此以往，编导的工作热情必然被打击，积极主动的专业宣传也就无从谈起。

因此，笔者认为，在编导已经具备相当专业素质的前提下，当前更亟待建立的，是系统有效的专业宣传指引，以及科学合理的专业宣传效果评估机制，实事求是地肯定编导已有的努力和贡献，并鼓励其为专业宣传做出更大的努力和贡献。

参考文献

冯业荣．2007．关于提高预报准确率——提高预报技术水平的一些思考//第四届全国灾害性天气预报技术研讨会论文集．北京：中国气象学会．

矫梅燕．2007．关于提高天气预报准确率的几个问题．气象，**33**(11)：3-8．

练江帆．2006．收放自如的思维舞蹈——浅谈气象电视编导的创造性思维//气象影视技术论文集(三)．北京：气象出版社．

练江帆．2012．气象影视科普的创作原则和发展特点．广东气象，**34**(6)：45-47．

欧阳里程，张维，邝建新等．2011．广东省专业(行业)气象服务调查分析．广东气象，**33**(6)：56-66．

仇如英，张毅．2010．电视气象节目的公信力．广东气象，**32**(4)：48-49．

陶健红．2007．关于提高预报准确率——如何发挥预报员的作用的思考//第四届全国灾害性天气预报技术研讨会论文集．北京：中国气象学会．

跳出形式创意的框框

任美洁　陈蕾娜　胡亚旦

（浙江省宁波市气象服务中心，宁波 315012）

摘　要

本文就近几年各地的气象影视创作团队在对节目形式和内容的创意、创新过程中，出现的一些优缺点，提出一些观点和看法。天气预报节目在“创新”上应该跳出固有的思维，创新不是另类，创新也不仅仅是夺人眼球，而是应该具有更高层次的境界，而这需要不断在摸索中前进。

关键词：气象影视　节目形式　创新

不知道从哪一年开始，天气预报节目在保证及时、准确地传达天气信息的同时，似乎也一直努力在摆脱观众心目中正统、刻板、不具太多观赏性的固定印象。而近几年，这种创作思维更是在气象媒体人中持续发酵，各种新想法、新模式也是层出不穷。每 2 年一次的全国气象影视服务业务竞赛，自然是气象媒体人相互交流，学习新经验、新想法最好的平台。本文就观摩第九届全国气象影视服务业务竞赛天气预报创意类节目，对气象节目在构思、创意上如何开拓新的想法和思路谈一点看法。

1　创意形式不能大于内容

何为节目创意？简单的是指形式上的创意。就是运用特技、特效，新的视频软件来增加节目的高科技感，利用动画特技来拔高节目的视觉效果，这些都是锦上添花的事情。就好比好莱坞大片的特效特技，场面恢宏，声效感十足，能给剧本增光添彩。条件允许，资金足够，何乐不为？也有些节目中，用主播们从天而降或者破墙而出等夸张的表现手法开场。既然是创意，当然是阳春白雪、下里巴人，来者不拒。但是，这些都是锦上添花的事情。一个好的节目，最重要的还是节目内容的创新和突破，这就是深层次的“创意”。这就好比，没有好的剧本，再绚丽的特技，也仅仅是特技。就如同空泛的没有思想的灵魂一样，无法深入人心，吸引观众。花再多的精力和金钱，却在荧幕前昙花一现，没给观众留下任何的印象。更别说得到观众的认可和喜爱，着实是节目创新中的一种非常失败的结果，也是电视媒体人非常不愿见到的。

如何避免创意的形式大于内容呢？其实可以先从以下两点做起。

1.1　勿将特技捧为创意形式的重点

这一点，其实这些年来，每每进行节目改版的时候，总会出现这种情况的抉择。原先总想着，天气预报嘛，内容还能怎么创意，大体总离不开一个预报。于是乎一开始就把自己的节目内容定死在了万变不离预报之中。如此一来，可能更多的也只能从动画特技、主持人个人魅力方面去突破了。曾经在很多年前，我所处的影视团队设想过在一个常规的天气预报滚动模板旁边，设立一个卡通的天气人物，让这个卡通人物随着明天天气预报内容的模板的变化，做一些相应的动作。最后斟酌了总体效果之后，发现这种玩特技的方法对节目形式而言，也没有太多的改变，创意的实质并没有很好地体现。持续几分钟的节目，通篇都是如此，会让观众觉得非常单调，随后便放弃了。

当然，创意类节目绝对欢迎高科技的应用，关键在于它所使用的程度，更在乎节目内容是否需要这个特技来锦上添花。在这里就要提一下河北卫视的一档节目《交通气象》，它并不是参加创意类天气预报的角逐，却给我们留下了非常深刻的印象。从节目的片头开始，笔者就深深地感觉到了，这档节目的资金投入应该不小，在深表羡慕的同时，也的确被该档节目的可看性和专业性深深吸引。更让人叫绝的是，一档讲述交通气象的节目，合理地融入了大牌汽车厂商的广告片在节目当中，既省了一笔非常大的制作费，又使得节目的时尚度得到极大的提升。最关键的还在于跟自身的节目内容结合的可谓是相得益彰，估计汽车厂商也非常乐意提供这种植入式广告的援助。如此一来，一档可以持续运作的优秀节目，似乎已经摆在眼前了(图 1)。

图 1　河北的《交通气象》

1.2　人物不能跳脱在节目内容之外

天气预报节目虽说是一档防灾减灾的气象服务类节目，但是主持人的个人魅力和鲜明的个人特点无论什么时候都应是一档优秀节目的闪光点。但是这其中的关键就在于是否与节目和谐地融为一体。虽说在镜头前，从来都是欢迎帅哥美女的，一个姣好的屏幕形象，几乎是一个电视节目主持人最基本的条件。但是如果人物本身并不能和节目内容相互融合，或是主持人本身的魅力和个性实在太过犀利，远远跳脱在节目之外，让大家在记住主持人长什么样的同时却根本没记住他今天讲过什么话。那对于一档节目来说，也只能是一个形式大于内容的状态了。说到这里，又不得不点赞湖南省的专业气象服务类节目《气象大调查》(图 2)。刚开篇的镜头，两位青春靓丽的主播调查员穿着仿佛专业调查队的现场工作服，从下往上摇晃的镜头，一下子就吸引了观众的眼球。刚开始也有点担心，如此抢眼的主持人，不知道会不会在整个节目当中喧宾夺主。不过由于整档节目的内容和场景搭配的非常巧妙，既可以说是主持人去迎合了节目的风格，也可以说是节目的内容和表现手法是依据这两位主播的性格和气质量身打造的。使得大家觉得这档专业气象服务类节目不仅主持人活泼亮眼，内容更是符合湖南卫视在全国观众心中的形象，颇有大台的风范。

图 2　湖南的《气象大调查》

2　突破传输内容的界限

这是近两年经常在思考的一个问题。早些年前，气象部门的信息传播渠道，受到当时的条件限制，大多数都是采取单方面的灌输形式，只能是将气象信息简单地发布在广播电台和电视上。发布之后老百姓的反馈或者一些建议甚至意见，很少能很直接地和气象部门有互动。而随着时代的进步和一个个新媒体发布平台的不断涌现，全国各地的气象人也在不断地提高服务意识。如何提高气象部门和百姓之间真正意义上的沟通和互动，相信已经是不少电视气象人在思索的一个问题了。从这个角度，需要思考气象节目为何不能做成一档民生新闻类的电视节目呢？也正是基于这个想法，我们创作了《气象投诉站》这档天气预报创意类节目的初稿(图 3)。可以说这是一档给自己找累的节目，主动去搜寻观众对于我们气象预报发布之后的不满意见，让他们有个心情发泄平台，甚至把他们请进我们的镜头，这些在现下大多数气象影视部门有限资源下，是不太可能做成一档日播节目的。但是周播或者月播节目，还是很有可行性的。

基于这样的考虑，在确定了节目的形式之后，如何找到这个恰当的“投诉点”，也着实费了一番功夫。虽说一档全新天气预报节目的创新和创意可以是一类天马行空的节目，但是投诉点一定要基于“真实”二字。于是这期间，去找我们的首席预报员好好地谈了一番。而就在那几天里，预报员给了一个非常有用的消息：在宁波，夏季的午后雷阵雨的确是非常难以把握的一个预报内容，而且也时常能接到百姓打来的投诉电话。午后雷阵雨是宁波夏季出现频率非常高的天气现象，从电视制作的角度来讲，它并不是难以捕捉的镜头，而冷不丁被雷阵雨给淋到，貌似也是很多人都遇到过的情形。一个非常真实的投诉点就这么出现了。

气象预报不可能百分之百准确，但是为何不准，是气象部门真的误报了还是老百姓理解有误？将提出疑问的观众请进电视镜头里，和他做面对面的交流，从各个角度去解决观众的疑问。在解答问题的同时还能很好地进行科普知识的传播，还能拉近气象部门和观众之间的距离，岂不是更好地体现了气象部门“防灾减灾、服务大众”的理念吗？未来的气象节目里，绝对是可以把此类型的创意节目作为常态化气象节目来制作的。

图 3　宁波的《气象投诉站》节目

3　节目的创意要有广阔的借鉴性

这一点，也是每一档气象节目的创意闪光点最能发挥它光和热的一个初衷。一档天气预报节目创意点的成功，不仅要在当下得到评委们的青睐，更重要的是让全国的同行可以学习、借鉴和提高，并有可操作性。当然，我们的祖国地大物博，各个地区的经纬度和天气情况差异非常大，节目所包含的气象元素想要让全国的同行都有借鉴性，的确有点不太现实。但是节目的形式或者节目中所包含的亮点，如果能够不受任何局限性便可使各地气象影视部门都能从中取得很好的经验，并且在当地的气象节目中散发出更绚烂的魅力，相信这才是一档节目全新的创意较深层次的成功。

图 4　华风集团《Weather Man》节目

华风集团公共频道的一档天气预报创意类节目《Weather Man》(图 4)，可以说是这方面的典范，它几乎涵盖了上面所说的全部要素。全敞开式的演播室，观众和主持人环坐在一起，这样的呈现形式，很好地诠释了避免天气预报单方面传输信息的模式。类似个人 SHOW 的谈话类开场白，主持人的个人魅力虽然非常突出，但是由于节目内容的深度和节目特技的出彩，使得“主持人、节目内容、特技特效”这三点相互提升、相融相映，在这档节目中很好体现了三足鼎立的模式。而此类的节目形式，相信在各地的天气预报节目当中，都是有一定的可操作性和学习借鉴的。它的形式并没有太多的局限性，此前类似个人 SHOW 之类的节目也许只存在于一些综艺类节目当中，由此大家竟然也发现，此种模式居然也能在气象节目中运用得如此出彩。随着谈话类节目越来越普及，相信此种类型的天气预报出现在日常的节目当中，也只是时间问题了。

4 小结

综上所述,天气预报节目在“创新”上应该跳出固有的思维模式。创新不是另类,创新也不仅仅是夺人眼球,真正的天气预报节目好的创意应该具有更高层次的境界,这需要不断在摸索中前进。回顾天气预报节目发展的这几十年,一大批气象媒体人不就是在这种探索的历程中,在一个个创意中不断前进的吗?

参考文献

秦祥士,焦佩金.2000.评说九州风云——漫谈电视天气预报,北京:气象出版社.

拓展气象新闻的民生维度

——以《新京报》与中国气象频道雾和霾的新闻报道为例

吴　婧

（华风气象传媒集团，北京 100081）

摘　要

雾和霾已经成为社会关注的热点，也是社会媒体和专业媒体报道的焦点。本文以 2013 年 12 月 1—10 日雾和霾天气过程为例，从报道内容和报道形式对比《新京报》和中国气象频道的新闻报道，提出气象新闻应拓展民生维度，内容围绕公众关心的问题，形式采用亲民的表达，用足专业，让“差异”接地气；取长补短，让“特色”更抓人。只有将气象信息转化为气象服务，让老百姓喜闻乐见，才能真正提高公共气象服务的能力和活力。

关键词：雾霾　《新京报》新闻报道　中国气象频道节目

引言

2013 年，“雾、霾”成为年度关键词。这一年的 1 月，4 次雾、霾过程笼罩 30 个省（区、市），多个城市 PM2.5 指数“爆表”。而 10 月进入采暖季，罕见的雾、霾天气导致东北数千所学校停课。到了 12 月雾、霾攻势更加“疯狂”，中国气象局数据显示，12 月初的雾、霾波及 25 个省份，100 多个大中城市，安徽、湖南、湖北、浙江、江苏等 13 地雾、霾天数均创下历史纪录。据统计，2013 年全国平均雾、霾日数为 29.9 天，较常年同期偏多 10.3 天，达到 52 年来的峰值。

1　发现：“知风晓雨”不容易，“喜闻乐见”难又难

雾和霾对人民群众生产生活的影响引发了公众的高度关注，也成为媒体报道的焦点。参与这场“群雄逐鹿”之争的有社会媒体，也有专业媒体。

于 2003 年 11 月 11 日创刊的综合类大型城市日报《新京报》是中国首家获正式批准的跨地区联合办报试点，也是中国首家股份制结构的时政类报纸。作为目前北京地区版数最多、信息量最大的综合性日报，它密集覆盖北京市场，以独立的立场和客观的报道为基本准则，追求新闻的真实性和可读性，追求言论的稳健性和建设性，得到主流人群认可。2006 年 5 月 18 日，中国首个气象专业电视媒体——中国气象频道开播，它依托现代气象业务体系和现代传媒技术为支撑，是全天候开展气象防灾减灾的重要窗口，是国家突发公共事件预警的重要渠道，也是气象信息科普宣传的重要平台。作为数字频道，目前在 314 个地级以上城市落地，覆盖电视用户 9500 万。

报纸对电视的报道有什么借鉴意义？笔者以 2013 年 12 月 1—10 日雾和霾过程为样本，通过对比分析两家媒体的报道发现，中国气象频道的报道切入时间早、跟进频次多、持续时间长，

具有气象专业特色；而《新京报》则重点突出，贴近北京群众，贴近北京实际，贴近北京生活，民生的视角和亲民的报道风格都让人印象深刻。那么，中国气象频道如何既“知风晓雨”又让百姓“喜闻乐见”？拓展气象新闻的民生维度——正是本文的论题。

2　分析：“知风晓雨”离“喜闻乐见”有多远？

2013年12月1—12日，两家媒体对1—10日的雾和霾天气过程都保持着密集的报道：《新京报》的报道主要集中在中国新闻·时事版、热点版，北京新闻·时政版、民生版，经济新闻·宏观版。相关报道共计34条，12天中有6天给予了专题版面深入报道。而气象频道的报道主要集中在新闻资讯类节目中，其中三档大时段直播节目《风云抢鲜报》、《地球全角度》、《点击最天气》是主力。12天共播发相关新闻178条次，其中首播113条，12天中有11天都作为重点选题。

2.1　报道内容

如表1所示，两家媒体都从雾和霾的影响、趋势、原因、应对、服务五个方面展开报道；而从图1来看，就会发现它们各有侧重。具体分析来看：《新京报》的报道内容中，影响有7条，占20.6%；趋势有2条，占5.9%；原因有4条，占11.8%；应对有16条，占47%；服务有2条，占5.9%。可以看出，社会各界对于雾和霾的应对是报道的重点，其次是雾和霾的影响及原因。《新京报》有着灵敏的市场化意识，它把报道触角伸向了社会各行各业的对策反应，同时还跟进公众关注的焦点。与气象频道相比，《新京报》还多了1条《5万人赴“京考” 雾霾里考治霾》的社会热点报道，占2.9%；以及2条评论员观点，占5.9%。在针对雾和霾的报道内容上拓展了新的“品类”，而且这种拓展都与民生息息相关。

表1　部分报道内容对比

《新京报》	内容类别	中国气象频道
满城尽是“口罩军” 一天下来芯变黑	影响	江苏13城全中“霾伏” 南京雾霾杀回空气重污染
半个中国陷“霾伏” 今起冷风清污		北京：大风吹散持续多日雾霾
蓝天随风来 初雪仍无期	趋势	中央气象台：未来一周我国中东部将持续雾霾天气
煤炭燃烧是京津冀雾霾“元凶”	原因	河北：12月初雾霾频发 原因何在
辽宁雾霾罚8市5420万	应对	辽宁：蓝天工程扎实推进　治理大气污染
吃猪血黑木耳可防雾霾？一点不科学	服务	解读霾预警之黄橙红
5万人赴“京考” 雾霾里考治霾	社会热点	—
微言大义（评论员、时评人观点）	观点	—

中国气象频道的报道内容中，影响有89条，占78.8%；趋势有3条，占2.6%；原因有5条，占4.4%；应对有8条，占7.1%；服务有8条，占7.1%。可见，近八成的报道是关于雾和霾的影响的，其中除了雾和霾影响的单条新闻之外，还包括实况、预警、以及交通运输部实时路况连线。此外，其他四个方面共占剩余的两成比例。与《新京报》相比，气象频道的气象专业特色明显。频道除了将气象信息第一时间加工成新闻对外发布之外，还有权威气象专家分析。

2.1.1　相同报道选题，不同报道效果

两家媒体都对南京雾和霾进行了报道：12月5日《25省份中“霾伏” 南京中小学紧急停课》

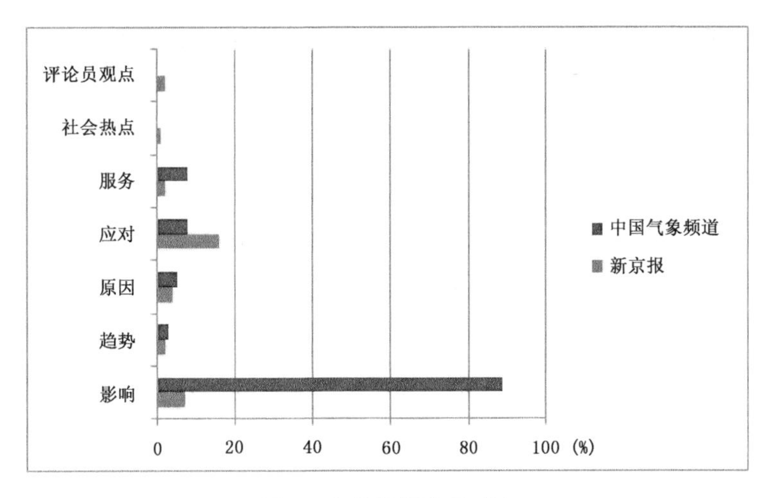

图 1　各类报道比重对比

几乎是专版，在当天《新京报》中国新闻·时事版面给予重点关注。本版首先用大幅冲击力强的新闻图片夺人眼球，“昨日，车辆行驶在雾霾笼罩的南京长江大桥南引桥上。当日，南京市将霾橙色预警升级为红色预警，这是南京今年第一次发布空气污染红色预警。”图片之后的新闻标题《25 省份中“霾伏”》《本轮雾霾“惰性”较强》采用生活化的语言，百姓读起来很亲切。在实况方面，还将雾和霾做了区分，“苏皖等地的霾最为严重，而大雾的‘重灾区’则位于西南及江淮地区。”此外，本版除了说到影响和成因，还链接了两条应对的新闻：《学生家中无人 学校负责看护》和《淮安应急预案“无人执行”》。

中国气象频道《南京：首次发布霾红色预警 中小学幼儿园停课》是一个单条新闻，内容也是雾和霾影响。分析本条新闻，最夺人眼球的内容就是南京首发霾红色预警，并且首次因空气污染停课。但是作为“倒金字塔结构”中最先声夺人的“导语”却显得“乏力”，只是提到南京同一天升级了两次霾预警，也没有提到“首次”，这样的新闻价值就逊色多了。

《新京报》内容围绕百姓关注的焦点层层深入，而气象频道的气象特色与百姓需求如何对接仍是短板。

2.1.2　不同报道内容，相同价值取向

案例 1：12 月 9 日《5 万人赴“京考” 雾霾里考治霾》在《新京报》热点版面给予关注，当天是北京市 2014 年公务员笔试举行的日子，五万多名考生在雾霾中赶考，考题中就有雾和霾的问题。这是将气象热点与社会热点相结合找到新闻落点的有益尝试。

案例 2：@评论员王攀：……伦敦雾霾事件，曾致两月死亡 12000 人！……惨重代价后，英国痛下决心整治环境，1956 年通过《清洁空气法案》，并实现产业转型，打造生态社会，整整 20 年，摘掉雾都帽。我们当引以为鉴。“时事评论”是《新京报》拥有较高知名度的栏目之一，其中的“微言大义”会根据当下的新闻热点，报摘一些微博言论，反映民意。

案例 3：目前我国华东和西南地区东部正在经历着今年下半年以来范围最大、持续时间最长、影响最为严重的雾霾天气过程。为此，中央气象台今天已经是连续第 4 天发布大雾黄色和霾黄色预警。

案例 4：从实况来看，由于阳光的照耀，相对湿度的减小，很多地方由雾转为霾。11 时，山东南部、江苏南部、安徽、浙江、江西北部、湖北东部等地都笼罩在霾当中。

案例 3～4 是中国气象频道发布的预警、实况信息，这正是百姓密切关注的点。两家媒体不同的报道内容都呈现出相同的价值取向，就是百姓到底关注什么。

2.2 编排形式

通过6日同一天《新京报》专版和中国气象频道《地球全角度》11档直播串联单的对比发现：两家媒体都关注了雾和霾的影响、原因、预报和应对，而且都有专家采访。从形式编排上《新京报》的版面编排线索更清晰，重点更突出，读者完全可以"按图索骥"；而中国气象频道虽然这些内容也都有，但观众看起来仍会感觉比较零散。比如：雾和霾的影响和原因之后，要想知道预报，需要看完3分半钟的路况连线和交通预报，才在最后出现一句冷空气有望驱散雾和霾的预报信息，显然让观众等得太久了，而且如此重要的天气转折信息也显得太轻描淡写了。其次，看得出1～4条为气象新闻，路况和交通预报隔断后，是雾和霾的其他新闻。但气象专家分析的成因与环保部分析的三大原因正好应该形成观点上的"组合"，却被隔开了。造成这种"零散"的根本原因在于，目前频道主要是单条新闻的串接，缺乏广阔的民生视角，而《新京报》可以以雾和霾为出发点，就某一角度深挖下去，或者就与百姓相关的广度发散开来，就能够使报道的"火力集中"。所以，编排问题本质是策划问题。

表2 12月6日雾和霾报道内容编排对比

《新京报》第A22版中国新闻·时事	中国气象频道《地球全角度》11档
图片：上海黄浦江两岸大雾弥漫	雾霾实况
消息：满城尽是"口罩军" 一天下来芯变黑	江苏：雾霾封锁 交通受影响
影响："牵着手看不见你的脸"	湖北武汉：雾霾持续 空气质量堪忧
应对：杭州新规拟停驶部分公车	专家分析 秋冬季节易产生多雾天气
图片：中东部雾区预报图	交通运输部路网中心连线
南昌八一大桥雾霾笼罩	交通天气预报
释疑：本次大范围雾霾原因是什么？	环保部：三大原因造成我国大范围灰霾天气
中国是否进入雾霾高发期？	北京明年初发雾霾影响健康数据 将设11个监测站
本次雾霾为何未影响北京？	中国首批抗雾霾火车 有效提高抗霾能力

3 解决："知风晓雨"也知"百姓所需"

回首2013年，"雾、霾"成为年度网络热词，从总书记到老百姓人人关心，这充分说明全社会对气象服务关注度越来越高，期望值越来越高。而只有紧跟受众的需求，才能使气象频道充满生机和活力。

3.1 雾和霾，公众都关心什么？

以"雾"和"霾"为关键词搜索，不难发现公众普遍关注：雾和霾的影响程度，是否破纪录？如此范围和程度的雾和霾到底是什么原因造成的？中国是否就此进入了雾和霾的高发期？雾和霾怎么划分？政府应该采取什么样的对策？公众应该采取什么样的措施防护？雾的预警信号和霾的预警信号有怎样的分级和含义？气象部门有针对普通民众做雾和霾天气预警信息发布平台吗？京津冀环境气象预报预警中心有哪些服务职能？如何提高雾和霾天气监测预报和空气污染监测的水平？目前气象部门与交通部门和环保部门在监测雾和霾方面的合作情况怎样？面对顽固而强悍的雾和霾，除了静等大风吹，还能通过哪些气象干预措施改善空气质量？人工影响天气消减雾和霾，气象部门又面临哪些难题？

以上需求应及时转化为动态天气预报报道、气象灾害报道、天气气候预测和分析报道、由天气气候事件引发的社会新闻报道、解释性报道、服务性报道、科技报道、气象工作报道等，对公众科学引导。

3.2 用足专业，让“差异”接地气

上述报道是我们的本职，所以首先要提供别人没有的信息，同时将这些资源“用足”，进行深加工。

第一，气象预警信息不但要第一时间发布，还要对公众进行解读，看得懂。例如：在《南京：首次发布霾红色预警 中小学幼儿园停课》这条新闻的处理上，应该首先强调其新闻价值——“首发霾红色预警和首次停课”；同时紧跟一条新闻背景小片，如 12 月 3 日播出的《解读霾预警之黄橙红》，让观众理解预警信号不同级别的含义。

第二，气象图形产品必须走出“预报语态”的框框，说人话。预报是气象频道的强项，“口播＋图形”是我们最擅长的电视表达。但久而久之就形成了一种预报语态，把我们和大众隔得很远。公众在气象节目中期待得到一些更直观的东西，不但包括图形，也包括语态。如《新京报》12 月 6 日的《满城尽是“口罩军” 一天下来芯变黑》是这样开场的：“‘苏皖大地，触目惊心。’昨天下午，中央气象台官方微博如此描述一张全国空气污染气象条件预报图。该图中江苏、浙江、河北一带为红色，其中，江苏南部为红褐色，这在气象条件中为最高级别六级‘极差’，即气象条件严重不利于污染物扩散。与该图一致的是，入冬以来最大范围的雾霾正盘踞在我国西南、江淮等地区。”这样人性的表达，让我们仿佛已经看到了雾和霾的触目惊心。

第三，气象专家资源应成为气象科普的品牌。我们的气象专家不仅仅可以做预报，还可以在原因、服务、技术、背景等方面展开解释性报道。12 月 6 日《新京报》不但采访了环保和气象专家解释本次雾和霾过程的原因，还就公众普遍关心的“中国是否进入雾霾高发期?”给予了释疑。同时《新京报》还关注了“本次雾霾为何未影响北京?”的气象原因。中国气象频道 12 月 5—6 日分别采访了气象专家和分析员，对雾和霾的实况、预报、原因展开了分析。特别是 5 日分析员还分析了雾和霾的区别，这种解释性报道能够帮助公众科学的认识。

3.3 取长补短，让“特色”更抓人

气象节目到底应该特别专业，还是应该亲民活泼？有人说，社会新闻不是我们的强项，不应该去跟社会媒体竞争。殊不知，如果真的将特别专业的气象名词、图形做得活泼亲切，那才是真正的专业！

第一，用民生的表达，延伸气象的触角。因为接受气象服务的百姓是生活在社会中的人，所以应该增加气象与社会各链条的关联，《新京报》在选题策划方面就提供了借鉴。而气象频道此次雾和霾的报道中也已触及了交通、卫生、农业、制造业等与百姓生活密切相关的行业，这无疑迈出了建设性的一步。

第二，用民生的表达，突出气象的专业。以本次雾和霾报道的新闻标题为例：《新京报》12 月 8 日的《半个中国陷“霾伏” 今起冷风清污》一个标题就让公众知晓霾的范围。而气象频道因为都是各地单条新闻串接，宏观方面要看雾和霾实况，而实况又只是能见度数据，最终给观众的感觉就是说得多记不住。气象新闻标题的简练和醒目需要对气象信息的提炼，有提炼才是专业。

第三，用民生的表达，反映生活的观察。《新京报》12 月 6 日标题《满城尽是"口罩军" 一天下来芯变黑》这一触目惊心的标题是对张艺谋电影的复刻。此外，《新京报》的"气象新闻"专版也做得很生活化，以 12 月 5—10 日的标题为例：《北风吹来 空气转好》、《冷空气刚走 雾霾又回头》、《雾霾袭扰 北京"中招"》、《雾霾午后散 下周不再来》、《风吹霾散 降温接班》、《有风总比雾霾好》。虽然频道也涌现出一些生活化的标题《海南海口："天气优等生"也现空气污染》、《"大雪"节气难觅雪 挥之不去是雾霾》等，但大多仍是字数冗长、泛泛而谈的标题。

4 结语

中共中央政治局委员、国务院副总理汪洋指出：气象部门如何通过改革创新，不断增强内部活力，更好地"面向民生、面向生产、面向决策"。把"面向民生"放在第一位，足见其重要性。

气象信息不是气象服务，现有的气象服务能力与日益增长的气象服务需求不相适应的矛盾日益突出。而个人信息制造时代的来临让公众早已不只是传统的受众，同时也是传播者。所以必须拓展气象新闻的民生维度，我们的服务才会得到受众的"二次传播"，这也是提升公共气象服务能力和活力的有益尝试。

参考文献

丁正洪. 2014. 社会化生存——社会化媒体十大定律. 中信出版社.

李良荣. 2013. 新闻学概论. 上海：复旦大学出版社.

颜家蔚，冉瑞奎. 2011. 气象新闻写作与实践. 北京：气象出版社.

浅谈影视宣传与防灾减灾教育现状和公众意识培养

王丽岩　张菊芳

(中国气象局公共气象服务中心,北京 100081)

摘　要

我国是一个自然灾害多发的国家,加强可视媒体在我国防灾减灾宣传教育中的研究,对提高我国公众防灾减灾意识有着重要的现实意义。本文采用问卷调查与统计分析相结合的方法,以大中学生为例对目前我国影视宣传在防灾减灾教育和公众意识培养方面的现状及可能存在的问题进行了分析。以期能为防灾减灾教育影视宣传的发展提供参考借鉴。

关键词:影视宣传　防灾减灾　公众意识

中国是世界上自然灾害种类最多、活动最频繁、危害最严重的国家之一。自然灾害的发生往往是人类无法控制的,但通过有效的灾害管理,尤其是灾前预防工作可以有效降低灾害造成的损失。加强防灾减灾安全教育是进行灾前预防工作的重要一环，而开展灾害认知水平的调查，则是有效进行减灾教育、提高公众风险意识和抗灾技能的基础和前提。

国外的专家学者从不同层面上进行公众的防灾减灾教育,领域涉及政府、社区、学校等。而目前国内关于公众防灾减灾意识方面的研究主要集中于理论分析和个别区域案例的分析。本文以北京中学生和大学生为研究对象,通过问卷调查结合统计分析的方法,对目前大、中学生的防灾减灾教育现状进行了调查分析,同时对比分析大中学生在防灾减灾意识方面的差异,以期为大、中学生防灾减灾意识的培养和宣传教育提供参考。

1　方法与资料

本文所采用的研究方法主要为统计分析和问卷调查相结合的方法。其中,问卷调查所采用问卷是根据行为经济学和认知心理学的理论原理进行设计的。问卷共设计 13 道题,分别针对公众关心的灾害、公众最希望获得的防灾减灾知识、公众防灾减灾教育知识获得的渠道、防灾减灾教育影视宣传对公众意识培养方面的现状与不足等多个角度进行题目设置,分别就新闻栏目、天气预报、电影、纪录片 4 种影视宣传途径对公众防灾减灾知识和意识培养方面的现状及效果进行了调查,力求能比较全面地反映公众在防灾减灾意识上的现状和存在的问题。

由于受时间和条件限制,针对全社会进行防灾教育和公众意识调查是不现实的,所以经过仔细斟酌,本研究选择中学生和大学生进行调查分析。其中,参与调查的学生分别来自北京的六所高校和六所中学,每所学校 400 份问卷,共计 4800 份问卷。最终回收的有效问卷,大学生 2089 份;中学生 2258 份(表 1)。本次问卷回收率整体达到 90%以上,样本量和数据均具有可分析性,且真实可靠。

表1　问卷发放情况统计

学校名称（大学）	发放问卷（份）	回收问卷（份）	学校名称（中学）	发放问卷（份）	回收问卷（份）
中央民族大学	400	335	上地中学	400	358
北京外国语大学	400	365	首师大附中	400	384
中国人民大学	400	308	育英中学	400	395
北京航空大学	400	379	知春里中学	400	356
北京交通大学	400	351	中关村中学	400	374
北京理工大学	400	351	北京理工附中	400	398
总计	2400	2089	总计	2400	2265

2　大中学生防灾减灾教育认知调查

2.1　大中学生防灾减灾知识现状调查

根据数据进行统计分析得出，总体上中学生对防灾减灾相关知识的关注度要高于大学生。大学生对防灾减灾相关知识的关注度较低：分别有59.6%和3.3%的大学生表示不太了解和不知道，只有36.3%的大学生知道防灾减灾的相关知识。这与苏筠等研究结果相比已经有了很大的提高。虽然我国政府和各界专业机构通过各种渠道对公众进行防灾减灾的教育和宣传工作，但仍然有57%的大学生认为防灾减灾知识不是很容易获得。

中学生对防灾减灾相关知识的关注度较高：在中学生群体中有接近66%的人非常关注防灾减灾知识，而分别只有29%和2.8%的人不太了解和不知道。调查发现，在中学生群体中，有73%的学生认为防灾减灾知识是很容易获得的。这都与大学生群体认知形成了显著地对比，这可能与他们的教育背景不同有关。大学生处于一个自我约束的状态，而大学校园并没有针对防灾减灾教育设置专门的课程。而中学生基本都设有专业的地理课程，可以系统全面的向学生进行防灾减灾教育。可见，有针对性地进行防灾减灾教育是必要的。

2.2　学生对防灾减灾信息的需求

调查发现，目前在大学生可以获取的防灾减灾信息中，其最关注的是“灾害发生时如何逃生?”，比例达到26.3%；其次是“自然灾害对人类造成的伤害”，比例为23.1%。而对于灾害发生前的一些征兆、灾害发生后的救治方法、自然灾害发生的原因等方面的关注比例相对较低，分别为17.1%、12.2%、11.1%和10%。

对中学生的调查发现，他们关注的防灾减灾信息与大学生不尽相同。其中，最关注“灾害发生时如何逃生?”其次是“灾害发生前的一些征兆”。

2.3　大中学生防灾减灾知识获取渠道

通过对大中学生防灾减灾知识获取渠道的调查发现，总体而言，新闻和网络是学生主要的获取渠道。但同时对大中学生获取渠道的比较也可发现，大学生群体中，防灾减灾知识的最主要的获取渠道新闻（各种媒介发布的新闻），比例达到23.9%，而中学生群体中防灾减灾知识的最主要获取渠道是学校（16.14%），其次是新闻（15.78%）。这也反映出教育在学生防灾减灾知识获取中的重要性。

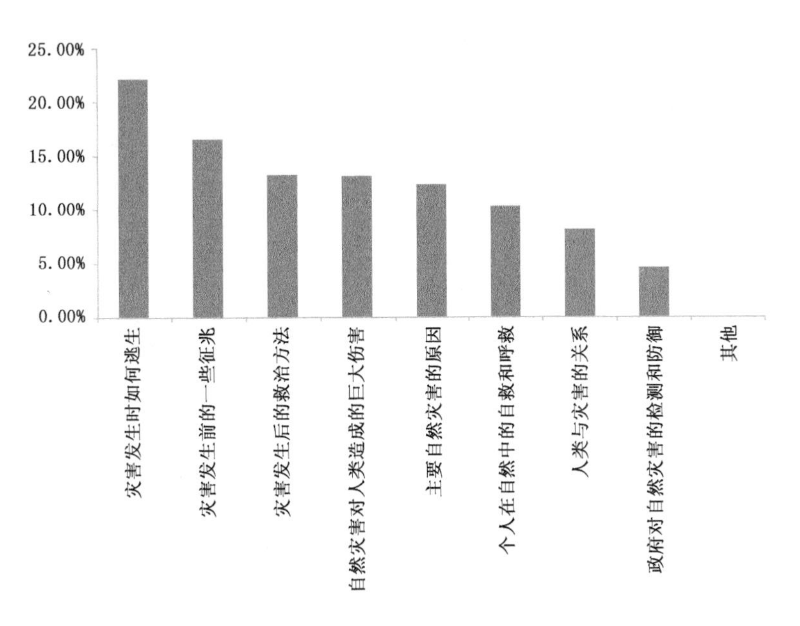

图 1　中学生关注的防灾减灾信息

表 2　大中学生防灾减灾知识获取渠道调查(单位:%)

获取渠道	新闻	网络	书籍	学校	电影	纪录片	科普场馆	广播	短信	其他
大学生	23.90	17.70	14.19	11.34	11.09	7.59	6.08	4.69	3.08	0.34
获取渠道	学校	新闻	网络	纪录片	书籍	电影	科普场馆	广播	短信	其他
中学生	16.14	15.78	13.45	12.58	12.04	9.98	9.44	7.01	3.06	0.51

2.4　目前防灾减灾知识宣传中存在的问题

我国政府、社会各界在防灾减灾的宣传教育上已做了大量工作。但从本次的调查结果来看,大中学生群体对目前的防灾减灾信息不是很满意。从图 2 中可以看出,将近 70%的大学生对目前的防灾减灾信息不是很满意,觉得提供的信息不够全面。在中学生群体中,虽然他们对防灾减灾知识的掌握要高于大学生,但是对防灾减灾信息的满意度也不是很高,将近 50%的中学生觉得,提供的信息还不够全面,有待加强(图 3)。

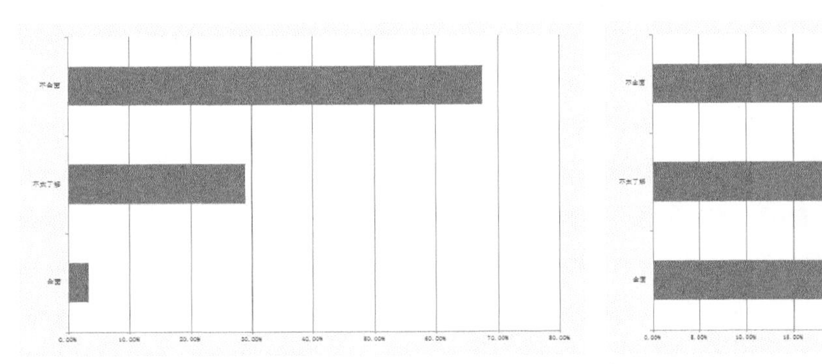

图 2　大学生对防灾减灾信息的满意度

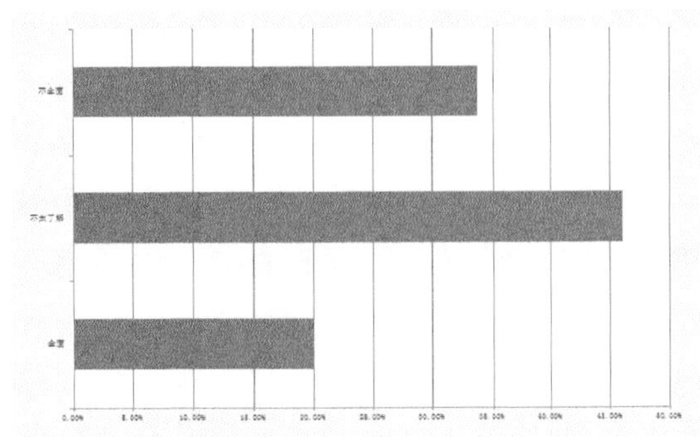

图 3　中学生对防灾减灾信息的满意度

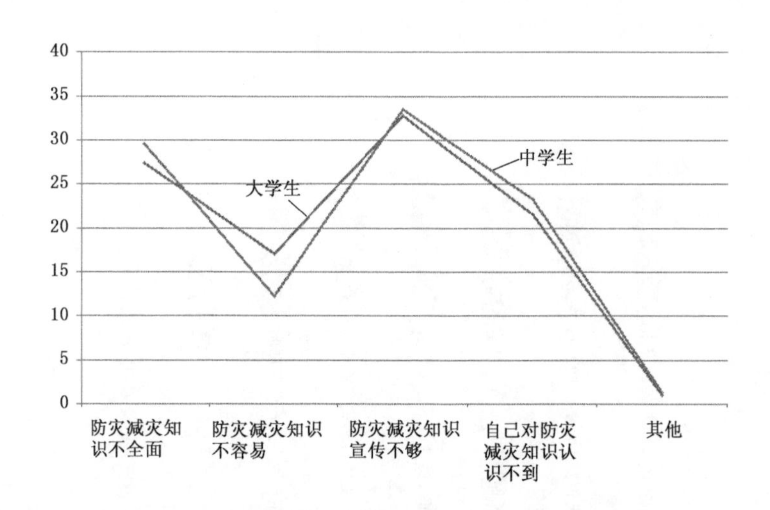

图 4　大中学生对目前防灾减灾信息现状调查

根据图 4,大中学生对防灾减灾信息的满意度不高,主要是觉得目前提供的防灾减灾信息不全面,这就影响到他们对防灾减灾信息的认识不够;同时,在防灾减灾信息的获取渠道上来看也存在一定问题,专业的防灾减灾知识的获取还是有困难的,这也说明我们在专业防灾减灾宣传方面还做得不够。

另外,通过本次调查还发现,政府所做的在自然灾害的监测和防御以及个人在自然灾害中的自救与互救等方面的信息,大中学生群体基本上没有获得。可见他们对于自然灾害的防御不是非常关心,通过调查发现他们希望获得该方面的信息,但是对于灾害的预测往往是不准确的,所以是否能够获得此方面的信息则不是很重要。

2.5　结论与建议

通过问卷调查的方法,对目前北京大、中学生的防灾减灾教育现状进行了调查分析。发现,总体上大中学生的防灾减灾意识是有的,他们非常想知道更多的防灾减灾信息,主要关心灾害伤害和自救方面的内容。由于教育背景的区别,中学生比大学生对防灾减灾知识的掌握水平高;中学生对防灾减灾知识的获取渠道主要是学校和新闻,而大学生的获取渠道则主要是新闻和网络。当前我国的防灾减灾宣传工作还需进一步加强,具体包括:

2.5.1　继续加强防灾减灾教育,提高公众防灾减灾意识

防灾减灾教育不是一蹴而就的,是一项长期的工作,我们应继续加强防灾减灾教育,减少灾害给人们带来的损失。

2.5.2　防灾减灾教育与公众需求相符合

从本次调查发现,目前已有的防灾减灾教育不能符合公众的需求,所以关注度就会大大降低。我们应该进行必要的调查工作,有针对性地进行防灾减灾教育。

2.5.3　借鉴中学防灾减灾经验,开设专门的教育课程,并注重实战演练

全面系统的防灾减灾课程设置是必要的也是必需的,通过本次调查发现,中学阶段开设的地理课程对防灾减灾教育是很有帮助的,也是最有效的途径之一。同时注重理论教学的同时,要进行必要的防灾演练。

3　影视宣传在防灾减灾教育和公众意识培养方面的现状分析

可视媒体已经越来越多地受到公众的青睐，其在我国防灾减灾宣传教育和公众意识培养方面正起着越来越重要的作用。通过调查可以发现(表2)，新闻、纪录片、电影和网络是大、中学生获取防灾减灾知识的最主要渠道。

3.1　新闻栏目在公众防灾减灾宣传教育中的现状

新闻是公众了解防灾减灾事件重要渠道之一。尤其是作为中国目前收视率最高、覆盖范围最广、收视人口数量最多的电视新闻栏目《新闻联播》，其中关于重大灾害事件的报道往往是公众获取灾害信息的首要渠道。

根据本次的调查结果发现(图5)，无论是大学生、还是中学生都非常关注关于防灾减灾方面的新闻，比例均在80%左右。电视新闻是公众获取灾害信息的一个主要渠道，其次是网络新闻。而且在大中学生群体中，超过70%的人都认为以新闻形式传播的防灾减灾信息对自己是有帮助的，只有不到10%的人认为没有帮助。可见，新闻栏目是他们了解灾害信息的一个重要渠道，合理利用新闻平台对公众进行防灾减灾教育，将是一个比较有效的提高公众防灾减灾意识的途径。

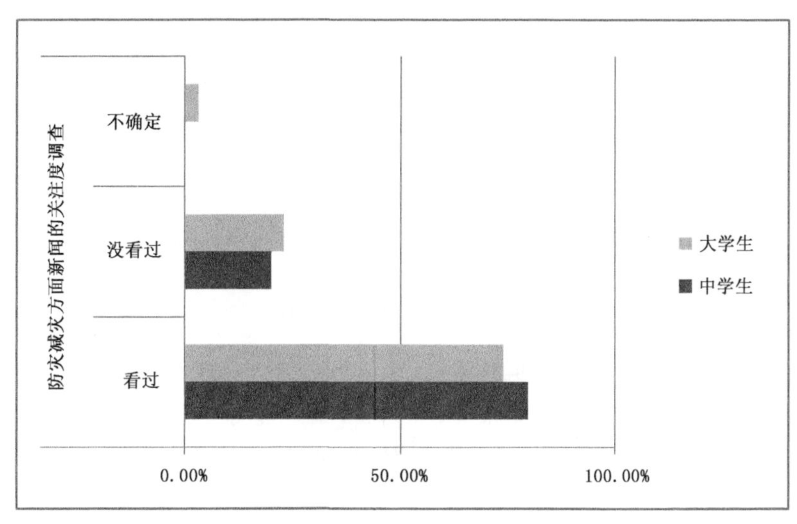

图5　大中学生对于防灾减灾方面新闻的关注度

3.2　天气预报在公众防灾减灾宣传教育中的现状

近年来，随着国家对减灾宣传和公众教育重视程度的增加，防灾减灾知识在天气预报节目中的播出篇幅和频率均呈上升趋势。调查表明，天气预报在大、中学生中的关注度分别为60%和71%，其中最受大、中学生关注的是中央电视台《新闻联播》后的天气预报，其次是《朝闻天下》中涉及的天气预报。天气预报节目整体关注度提高的同时，观众对气象防灾减灾信息的需求度也在同步提升。本次调查发现，加大天气预报节目中的防灾减灾信息，对公众防灾减灾意识的培养和提高具有重要的作用。

表 3　大中学生对天气预报节目中防灾减灾信息的实用性调查

您觉得天气预报是否能提高您的防灾减灾意识			
	能	不能	不确定
大学生	56.58	40.16	3.26
中学生	56.95	43.05	0.00

3.3　电影在公众防灾减灾宣传教育中的现状

电影已经成为现代大众消遣娱乐的一种主要方式，越来越多的公众走进影院观看电影，丰富业余生活。通过电影的形式向公众宣传防灾减灾知识是一个寓教于乐的很好渠道和方式。目前关于灾难的电影或多或少地向公众讲述了相关的防灾减灾知识。我们选取了四部灾难电影进行调查：《唐山大震》、《2012》、《龙卷风》和《超强台风》。

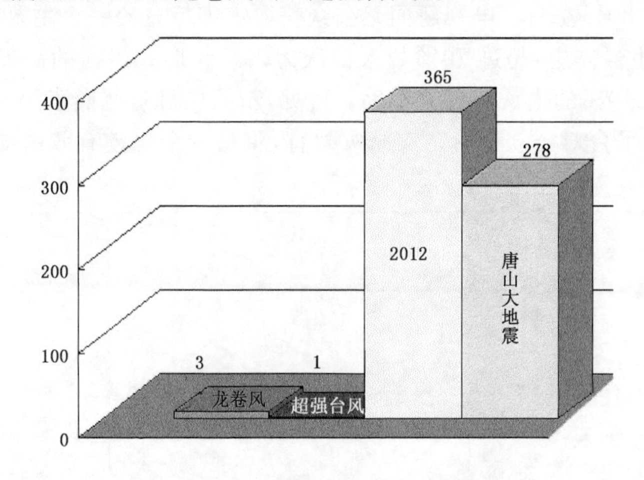

图 6　对该电影印象最深的人

通过上述数据，我们不难得出：《龙卷风》印象最深人数是《超强台风》的 3 倍，看过《龙卷风》人数是看过《超强台风》人数的 1.46 倍。

《2012》印象最深人数是《唐山大地震》的 1.31 倍，看过《2012》人数是看过《唐山大地震》人数的 1.21 倍。

需要说明的是，由于调查问卷的发放对象只限于中国大陆，对于世界范围而言会存在偏差，所以，实际差距会比以上结果更大。

通过电影的形式进行防灾减灾教育也是可行的，人们的接受水平和理解能力远远超乎我们的想象，未来将有很大的发展空间。

3.4　影视纪录片在公众防灾减灾宣传教育中的现状

纪录片，尤其是灾害纪录片也是对公众进行防灾减灾教育的一种重要方式。通常来说，能够展示防灾减灾科普知识的一般为自然灾害类纪录片。根据调查发现（图 7），总体上，大中学生中有将近 50％关注灾害纪录片。而相比而言，中学生群体要比大学生群体更关注纪录片，中学生看过纪录片的比例超过 60％，而大学生的比例还不到 50％，超过一半的大学生根本就没看过纪录片。另外，调查还发现（图 8），看过纪录片的大中学生中有超过 60％的人看的是国外的灾害类纪录片，对国内的纪录片看得很少，或者有些人根本就不知道国内纪录片。可见，关于防灾减灾教育方面的纪录片的宣传还有待进一步加强。同时调查也发现，凡是看过纪录片的同学大部分是通过新闻节目的介绍，和网络途径在线观看，中学生和大学生获取的渠道基本一致，这也再次印证了新闻和网络媒体在防灾减灾教育宣传方面的强大平台作用，也反映出纪录片作为一种科普知识传载媒体的巨大潜力。

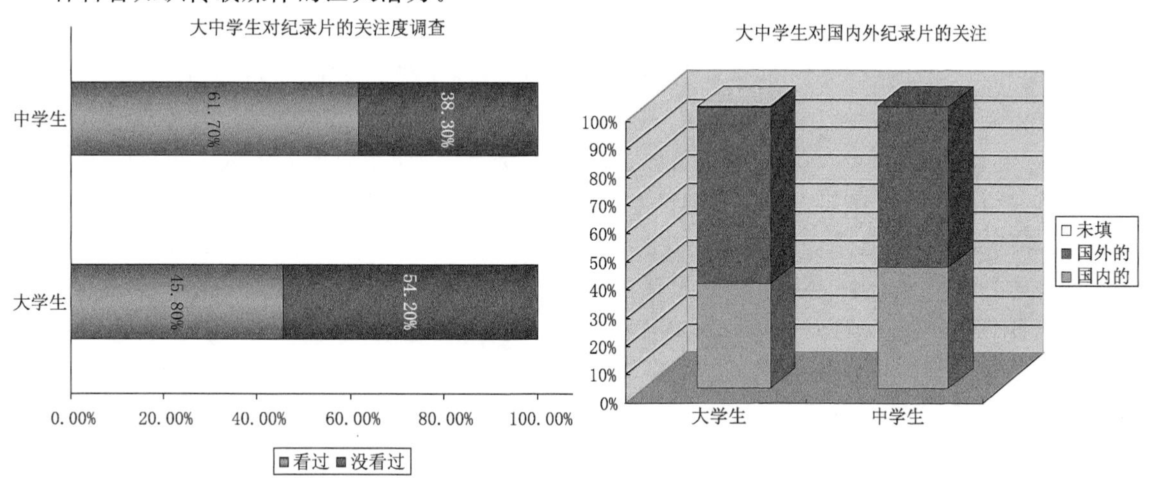

图 7　大中学生对灾害类纪录片的关注度调查

图 8　大中学生对国内外灾害类纪录片的关注度调查

3.5　存在的问题

虽然公众对于防灾减灾知识方面的影视宣传比较关注，但影视宣传在目前的防灾减灾知识宣传中的作用还并未引起足够的重视。影视宣传节目，尤其是电视新闻，具有较高的收视率和稳定的收视人群，是对公众进行防灾减灾知识宣传和意识培养的一个良好平台，其在防灾减灾教育中的作用应该得到进一步的加强。

就具体的影视宣传途径而言，也存在一些弊端和不足。

新闻栏目：新闻节目中关于灾害的报道对微观层面的关注不足，较少关注受灾群体个体的真实感受，对宏观层面的关注大于微观个体。另外，新闻媒体应为政府行为的监督者，而现在的新闻节目对政府救灾行为的评论较少。

天气预报：根据本次问卷调查结果可以看出天气预报的收视率高，收视人群广泛，但由于天气预报节目的时间限制和节目设置，只是对近期的天气情况进行简短介绍，对防灾减灾知识教育涉及的很少或基本不涉及。

影片：作为一个传播媒介，大多是追求可视性、可看性，追求经济利益。虽然最近几年上映的几部灾害影片获得了较好的关注度，一定程度上带动了公众对灾害的关注力度，但从总体上来看，关于灾害方面的影片还比较少，且大多以故事情节为主，对防灾减灾知识的宣教相对缺乏。

纪录片：可以说是一个很好进行防灾减灾教育的平台，能直观的向公众展示具体的防灾减灾知识等。但目前的影视市场基本以追求经济利益为主要目标，对纪录片的投入非常少。由于经费的限制，纪录片的制作往往不像电影那样具有较强的可看性和吸引力，加之宣传力度不够，并未成为公众关心的焦点。

4 总结

通过对防灾减灾教育现状的调查分析得出，总体上大中学生有一定的防灾减灾意识，主要关心灾害伤害和自救方面的内容。由于教育背景的区别，中学生比大学生对防灾减灾知识的掌握水平要高；中学生对防灾减灾知识的获取渠道主要是学校和新闻，而大学生的获取渠道则主要是新闻和网络。当前我国宣传的防灾减灾知识与公众的实际需求还存在一定的差异，需要在今后的工作中进一步加强和完善。

通过对公众意识培养方面的分析可知，影视媒体是大、中学生获取防灾减灾信息的最主要渠道，其在公众防灾减灾知识宣传与意识培养方面的潜力巨大。就具体影视宣传途径而言，新闻栏目中的灾害报道是公众关注度最高的，其次是天气预报节目和电影中关于灾害事件的报道，最后才是灾害纪录片。目前，影视宣传在我国防灾减灾知识宣传中的作用还未得到足够重视，国内针对公众防灾减灾意识培养的专门节目相对缺乏，对公众难以形成相对系统且专业的宣传教育，需要政府、社会各界共同努力解决。

由《玩转天机》谈创意类气象节目的创作

王　楠　周　巍

（黑龙江省气象服务中心　哈尔滨 150001）

摘　要

本文剖析了第九届全国气象影视服务业务竞赛天气预报创意类获奖作品《玩转天机》的构思理念、创意分析和制作过程，并由此引申，探讨和分析了创意类气象影视作品核心内容的重要性、表现形式的创新思路以及内容和形式的关系。

关键词：气象影视　创意　创新　内容　形式

引言

我国的气象影视事业发展至今已走过三十余年的时间，从最初的质朴青涩，到如今的绚烂缤纷；从单一的预报天气到如今各类气象服务的百花齐放，气象影视服务发生了质的飞跃。而创新无疑是促成飞跃的动力之源泉。正是新技术的不断引领、新理念的不断淬炼和新形式的不断探索推动着气象影视事业的前进。两年一届的全国气象影视业务竞赛是全国最先进气象影视业务水平的集中展现，而这其中，天气预报创意类节目的角逐，为我国气象影视业务人员创新精神的碰撞提供了难得的舞台。参赛作品百家争鸣、百花齐放，代表了我国气象影视服务创新、创意能力的最高水平。

黑龙江省气象服务中心制作的创意类气象节目《玩转天机》，最终在激烈的竞赛中脱颖而出，荣获第九届全国气象影视服务业务竞赛天气预报创意类二等奖。如此一档典型的“低成本、小制作”的节目，为何能在高手如林的比拼中突出重围，其创意和构思到底有哪些独到之处，创意背后又有哪些思路和理念值得提炼和总结，这对气象影视的创新发展又有哪些值得参考和借鉴的意义，让我们深入这档节目的创作历程，共同来分析探究，寻找答案。

1　节目概况

本档节目时长 5 分钟，定位为情景表演式的科普＋预报。节目情节围绕着主人公上班途中遭遇强对流天气而展开；通过主人公其后拨打“12121 视频气象服务热线”寻求咨询而引出对强对流天气的分析和解读；在了解清楚之后，灵感迸发的主人公即兴演唱了一首歌曲，歌曲内将对强对流天气的理解升华，并提出针对这种极端天气的对策和建议；最后引出城市五日预报。

节目风格轻松幽默，在愉快的观看体验中让受众获得防灾减灾知识；节目的表现手法亦十分有特色：所有的故事情节全部是在片中的手机屏幕上展示的（一级拍摄），然后通过用手在一个平面上将五个手机和一个平板电脑不断地移位摆放，使屏幕画面得到组合和拼接（二级拍摄），从而形成完整的表意和信息传递。而全片的主体（从片头之后到结束即二级拍摄部分）采用一镜到底的拍摄手法，用零剪接的完整长镜头来表现，使节目的趣味性和可看性进一步提高。

图 1 《玩转天机》片头截图

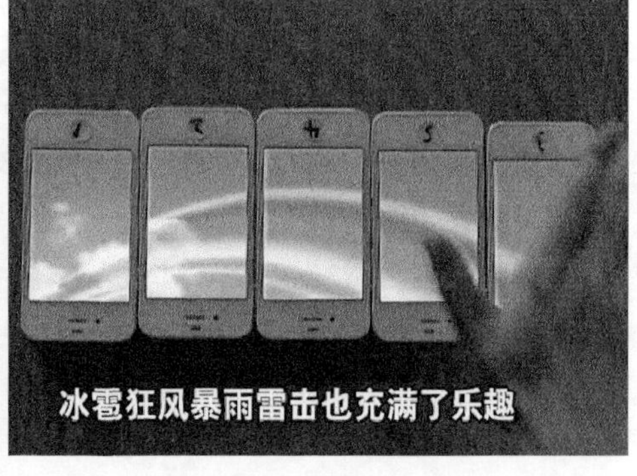

图 2《玩转天机》截图

2 核心内容的升级

创意类节目的创作，很容易“跑偏”，一味追求创意的迸发和形式的突破，而导致形式大于内容。然而任何影视作品，内容永远是第一位的，再新颖和独特的表现形式亦都是在为内容服务。创意节目决不能沦为“绣花枕头”和“空架子”。同时我们还应看到，创意的比拼，不应仅仅停留在形式的新颖，所表达的内容能否有所突破和创新，亦是十分重要的。所以在本节目的创作初期，对节目内容的核心把握和亮点引入就成了创作的重中之重。

2.1 突出核心主题

我国是世界上气象灾害最为严重的国家之一。气象灾害种类多、强度大、频率高，对经济社会发展、人民群众生活、社会稳定以及生态环境造成了巨大的损失和影响。近年来，全球气候持续变暖，各类极端天气事件更加频繁，造成的损失和影响更加严重。因此，气象防灾减灾工作已经成为当今公共气象服务工作的重点开展方向。而防灾减灾宣传教育也成为气象影视服务的重要职责。所以在本节目创作之初，围绕着气象防灾减灾教育而展开就成了内容的核心主题。而创作之期正值夏季，不久前哈尔滨及周边市县刚刚受到强对流天气的侵袭，并且此种天气灾害拥有发生频次高、灾害表现类型多样等特点，更容易引起观者的共鸣，同时呈现的可塑性更强。所以在众多的气象灾害当中，强对流天气成为最终的选择。

然而我们还必须注意到，本次竞赛的全称是天气预报创意类节目，必须根植在天气预报的主线上，切莫在“科普”的路上越跑越远。节目中“气象专家预测未来天气”和最后的五日城市预报，都是为了把节目“拉”回到预报的主线上而设计的。

2.2 新颖独特的呈现主体

天气是每个人日常生活当中每天必须要接触的事物，阴晴冷暖、气候变化与每个人都息息相关；手机是现代人生活当中又一件离不开的物品，手机以及它背后的移动互联沟通方式使我们的生活为之改变。跨界是现今社会当中一种非常流行的思维方式，将本不相关的两种事物交叉碰撞，以产生化学反应，碰撞出新的火花。本片的呈现主体就是由这三个概念联合而成。将天气与手机这两个我们身边最熟悉的事物跨界组合，用手机为载体去展现天气，将会产生意想不到的效果。而本片的片名——《玩转天机》,也正是寓意为“玩转 天气+手机”。

2.3 创新技术的亮点植入

手机在本片中的应用除了是呈现主体的载体,在情节的推进中也起到了重要的作用。当今时代移动通信技术高速发展,随着4G网络的逐步普及,真正的移动互联时代正逐步来临。而以智能手机和平板电脑为代表的移动多媒体终端即将逐步取代报纸、广播、电视和互联网成为新的主要传播媒介。在新的媒体时代,气象影视服务必然需要做出调整和升级以适应新时期下的气象服务新需求。所以,在本片中我们大胆的设想出了一种全新的气象服务类别——12121视频气象服务热线。

主人公正是通过这种方式向气象专家进行咨询,从而得到了关于强对流天气的全面和清晰的解读。此环节的设计加入,对全片情节的发展和主题的引导起到了至关重要的作用。这个大胆的设想是本片情节中的一个亮点环节,然而它的加入并不是为了添加而添加,并不显得生硬和格格不入。确实是根据情节走向的需要而适时、适度加入的。

图3 “视频服务热线”截图

3 展现形式的突破

创意类节目的比拼,其核心与关键最终还应回归到展现形式的新颖独特之上。形式创意的惊艳与否将对节目的成败起到至关重要的、决定性的作用。然而笔者认为,一个优秀的创意并不等同于高投入和大制作,用心比用力更为重要。只要创意得当并且与内容完美契合,足可以达到四两拨千斤的效果。在这一点上,《玩转天机》确有它的独到之处。

3.1 简要制作流程

脚本设计:在制作开始先期,需要先设计出详尽的拍摄脚本,包括手机的位移变化,内容的编排设计等。这是重中之重的一个步骤,设计的丰富程度将在很大程度上决定节目的观赏性,同时还必须兼顾合理性和可操作性。

一级拍摄:进入手机内画面的创作阶段,需要人物表演的场景在演播间蓝箱内进行录制;同步进行的是其他所需素材和动画的搜集和制作,包括歌曲的改变及录制。

一阶段合成：在非编系统上分别以6个独立视频轨同步排列，按照时间轴和脚本上的场景要求，分别单独生成，再按编号转存入6个不同设备当中。

练习和查遗补漏：为保证手机位移的流畅性和准确性，必须经过大量的摆放练习。同时在练习中查找第三阶段中不尽如人意之处再进行调整。

二级拍摄：摄像机垂直于桌面拍摄，6个设备需完全同步播放制作好的素材，以确保时间轴吻合。经过反复录制，取效果最佳的一次。

二阶段合成：进行片头制作、背景音乐音效制作、字幕制作，并将二级拍摄素材最终合成至成片。

3.2 表达形式的创新特色

3.2.1 炫目的视觉效果

本片最吸引眼球的亮点暨最大的创意点，莫过于利用手机快速且精准的移动和组合，带动屏幕内画面的拼合和联动，从而达到表意和信息的传递。在推动情节前进的同时，对观看者来说亦收获了新奇、炫目、极具冲击力的视觉效果。

片中参与的手机多达5部，额外还有一部平板电脑。之所以选择苹果品牌的产品，是因为手机的硬件规格（屏幕面积3.5英寸，分辨率960×640，边框宽度4.3mm）符合画面拼接的预期效果。

全片手机的位置变化多达32种，平均不到8秒钟就变化一次组合方式。节奏之快令观者需要目不转睛，令人印象深刻。当然组合种类之多，变化切换之迅速给实际拍摄也增加了不小的难度。需要那双手的"操纵者"必须完全熟记各种组合形式于心，并动作迅捷，精准到位。

3.2.2 复杂的呈现结构

本片的另一大特色是"戏中戏"的独特结构。放弃了单一画面平铺直叙的惯用表达模式，转而将故事的情节植入到手机屏幕当中。这种方式的应用为手机不断排列变换推动情节进展奠定了基础，为灵活多变的视觉结构提供了条件。另一方面通过这种方式实现"多屏显示"，大大增加了信息量及信息传达的效率。

采用多屏显示之后，画面中既展示了农业方面多种应对强对流天气的对策措施，同时还有主人公"超现实"的"站在农田里歌唱"的画面。这在以往的表达模式中是很难看到的。当然不得不说的是，这种新颖的呈现方式无疑为节目趣味性和可看性的提升加分不少。

图4 "多屏显示"举例截图

图5 歌曲演绎部分截图

3.2.3　多种表达形式的融合

为了营造轻松的观看体验，将娱乐性增强，同时令展现手段进一步丰富，我们还尝试在影视语言表达之外，融入歌曲演唱的形式。本片的后半部分，在视频电话结束之后随即进入了主人公“超越现实”的即兴歌曲表演阶段。歌曲的旋律部分来自美国歌手 Jason Mraz 的《I′m Yours》，后经重新填词改编，并由主演录制演唱。

然而，与“视频热线”的加入一样，歌曲的引入并不是唐突和格格不入的，它存在的目的更多的是为了升华和强化对强对流天气的理解，同时歌词中针对强对流天气对交通、生活、通讯和农业等行业的不同影响，提供了多种合理化建议及应对措施，由此将防灾减灾知识教育的根本属性凸现出来。并且通过歌词的最后一段“其实就算天气不如意，只要每天心里开开心心，冰雹狂风暴雨雷击也充满了乐趣”，将灾害带来的恶劣影响和负面情绪转化升华，将基调引领到乐观阳光的心态上来，可谓是全片的点睛之笔。

3.2.4　极限的拍摄手段

长镜头是影视艺术当中极具视觉冲击力的一种镜头语言形式，它带来的真实感和艺术张力是其他画面表现形式所难以取代的。在本片中，我们不仅大胆地启用了这种拍摄形式，并且采用了最为极致的手法——让一个镜头贯穿始终，全片（片头之后 0:42 开始至结束）只由一个长镜头构成，零剪接，一镜到底。

这种“极限式”的拍摄方法，确实给节目创作带来了较大拍摄难度。在这个长达 4 分 18 秒的镜头里，需要负责操作手机摆放的人员最大程度的精准、及时、零失误的完成操作，动作迅捷洒脱的同时还要兼顾监视器中手机组合在画面中的构图及位置。确实经过了漫长艰苦的练习，且实拍多次才获得成功。

然而我们坚持认为这种投入是值得的。零剪接为本片带来了宝贵的完整性和真实感，而这正是本片独特的演绎方式所必要的。同时这种拍摄形式所带来的视觉冲击，确实是本片为观者所喜爱的一个重要原因。

4　结语

当然必须承认，受到主、客观的多种限制，《玩转天机》还存在很多不尽如人意和瑕疵之处，留下了诸多遗憾。例如画面的粗粝、细节的粗糙、走位不够精准、拍摄水平有限等等。非常感谢大赛对这样一部非典型的、具有实验性质的、有大量细节瑕疵的作品的认可。

它的非常规性质，决定了许多特点和手法不能够被现有的气象影视作品所直接借鉴。然而，我们依然可以从节目的创作思路、创意理念以及制作过程中提取和淬炼出值得总结的经验。只有在创作中对内容和形式二者给予等量的重视和均衡的创新投入，才能确保作品的内外兼修和形神兼备。而“核心内容的重要性”和“展现形式的创新点”，也都是本片带给今后创意气象节目创作的重要启示。

创意不等同于创新，但是创意是创新的跃进之基和引玉之石。是创意迸发的星星之火，点燃了创新的燎原之势。气象影视的发展离不开创新，希望更多气象影视工作者加入到对创新的探索和挖掘中来，让创新精神熊熊如火炬，照亮气象影视灿烂辉煌的前进之路。

由《英子说天气》的节目特点探讨气象节目的创新发展

刘野军　杨景峰　李　田

（吉林省气象服务中心，长春 130062）

摘　要

天气预报是大气科学为国民经济建设和人民生活服务的重要手段，准确及时的天气预报在经济建设、国防建设的趋利避害、保障人民生命财产安全等方面起到了重要的作用。气象节目已经不仅仅要做到“准确快速”，还要通过气象节目主持人这个纽带将天气预报表现得越来越有特色和吸引力。本文希望通过分析《英子说天气》节目的设计理念、节目片头、内容、主持艺术等，探讨气象节目的创新发展。

关键词：创新　特点　亮点　发展

1　引言

天气预报是大气科学为国民经济建设和人民生活服务的重要手段，准确及时的天气预报在经济建设、国防建设的趋利避害、保障人民生命财产安全等方面起到了重要的作用。

近年来随着电视节目的不断发展，新节目层出不穷，新亮点闪耀非凡。作为以服务为主的天气预报节目，在人们生产和生活中必不可少，因此，能够在众多节目中稳坐收视率前沿的宝座。天气预报节目虽然集新闻性、科学性、服务性于一身，但其给观众带来的新鲜感却略显不足，特别是天气预报的单一形式和正统风格，使得一些重要的气象知识不易被大家牢记。

天气预报节目主持人是气象知识与信息、媒体与广大社会群众之间的桥梁和纽带，这是一个用自己的表现直接面对观众的职业。主持人在短短几分钟的天气预报节目内，不仅要介绍天气形势变化及预报，还要讲解相应的灾害防御措施、气象科普知识，在讲述同时还需要融入主持人细腻的内心情感变化。一档好的天气预报节目，主持人占有举足轻重的地位。气象节目主持人要用什么样的艺术表现形式将天气预报内容、气象知识形象生动地传达给观众，让观众喜闻乐见、易于接受，使天气预报节目既不失去原有的严谨的科学性和服务性，又能更新颖，更具有吸引力，这已经成为天气预报节目创新和发展中不可回避的关键问题。

气象节目不仅仅要做到“准确快速”，还要通过气象节目主持人这个纽带将天气预报表现得越来越有特色和吸引力。本文希望通过分析《英子说天气》节目的设计理念、节目片头、内容、主持艺术等，探讨气象节目的创新发展。

2 《英子说天气》节目特点分析

2.1 设计理念

《英子说天气》节目设计理念新颖表现夸张，以东北方言和东北二人转的地域特色文化融于节目之中。二人转最能体现东北劳动人民对艺术美的追求，在东北民间中流传着这样一个说法“宁舍一顿饭，不舍二人传，”可见充满生活气息的二人转在群众中的影响之深。节目中融入东北方言和东北二人转元素，能引起观众的共鸣。

2.2 节目片头

《英子说天气》的节目片头以二人转演唱、脱口秀配以幽默的卡通动画，展现给观众一个别开生面的天气预报开场。二人转的唱词内容包含了几种天气现象，能够紧扣天气预报的主题；语言和画面通俗易懂、风趣幽默，可看性强。

2.3 节目内容

《英子说天气》节目内容包括天气状况、气象常识、灾害防范措施等，内容较全面。顺承节目片头的幽默风格，这一部分也是气氛活跃、笑料百出。以幽默、多样的表现形式讲述和我们生活息息相关的气象常识、灾害防范知识等，节目内容通俗易懂、寓教于乐，使观众在轻松一笑的同时，学到相关知识。本节目体现浓郁的东北地方文化特色、轻松幽默风格的同时，并没有背离电视天气预报节目主体思想。主持人英子通过运用风趣的东北方言，将新鲜的网络用语及幽默笑话穿插在节目中，也是一个不小的亮点。朴实的人物形象在方言的衬托下更显得平易近人，无形中缩短了与观众之间的距离。

2.4 城市预报

《英子说天气》城市预报部分也是一改以往天气预报信息加主持人播报的传统方法，将每个城市预报的内容用两句精炼又很幽默的脱口秀说出，将即将发生的天气状况描述的栩栩如生，使观众能形象生动地感知当地即将来临的真实天气。

2.5 主持艺术

作为纽带的气象节目主持人——英子不仅有一般的语言表达技巧，而且以真实、流利、自然的声音向观众传递最新的天气信息，做到了准确规范、清晰流畅；圆润集中、朴实明朗；刚柔并济、变化自如，并且在自己发声条件的基础上找到自己那种狂野，那种纯粹，那种不用修饰的像天然奇石一样的声音，更使这档本来就风趣耐看的天气预报节目更加增色添彩。

由此，我们很清晰地在这档时间并不很长的《英子说天气》节目中，看到电视天气预报特殊的魅力所在。归其原因是将天气预报节目的科学性、服务性、专业化、特色化的内容，加以娱乐性元素，通过主持人的个性表现，将其微妙的融于一体，使得这档天气预报节目耐看易懂，富有生命力和吸引力。

3 气象节目的创新发展分析

《英子说天气》节目突破了传统天气预报节目的制作思路，给出了气象节目发展的新理念。日常气象节目可以借鉴《英子说天气》节目的成功经验，并融入自身特点，使节目新颖、耐看，从而推动气象节目的创新发展。这要从以下几个方面侧重把握。

3.1 包装风格新颖、紧扣主题、融入特色

电视天气预报节目的包装是的根据节目内容和特点，采用新颖和鲜明的画面声音等表现形式，对节目进行整体介绍和宣传。新奇的画面元素、强有力的视觉冲击与文化底蕴的融合，是电视天气预报节目包装中的主要表现手段，也是观众选择节目的主要依据。要有独特的视角、新奇的创意，不断出奇制胜、新意迭出的表现形式。一档新颖的天气预报节目包装，可以将节目的艺术性、欣赏性、主题思想结合起来，才能更加凸显天气预报节目的魅力，并长期处于竞争激烈的电视行业的鳌头。其设计重点，要以人为本，紧扣主题，赏心悦目。突出自己的特色，打好特色牌，将不同的文化背景和民俗民风融入电视天气预报节目。西北的大漠孤烟，江南的小桥流水，黄山、泰山等都可以成为我们电视天气预报节目与众不同的特色。融入地方特色可以更好地表现地域文化，展现风土人情，将节目赋予更强的生命活力。此外，画面所涉及的内容、文字、色彩、标识及动画等，要依据节目表现形式而设计？在不脱离节目表现内容的基础上进行创新，将文化特色？地域特色与画面表现形式做到有机结合，给观众独树一帜、赏心悦目之感，就会收到最佳宣传效果。

3.2 内容丰富饱满、实用易懂并存

电视天气预报节目集新闻性、科学性、服务性于一身，其内容也不再局限于介绍降水、温度、风力等基本预报信息。与不同天气相关的社会热点、新闻时事、节假日出行、疾病预防、自然灾害追踪报道及相关气象预防知识等也都融入天气预报节目内容之中，极大地丰富了天气预报节目的内容，使节目有了很好的延伸性。但这些科学性很强的专业信息不进行语言上的艺术加工，不将其通俗化，而仅仅是朗读播报这些知识，势必非常的乏味难懂。因此，节目要以丰富真实的内涵、新颖生动的形式吸引观众，既要丰富节目内容又要增加节目的表现手段和艺术渲染力，让节目既有定性的描述，又有灵活的演绎。精心策划、精心制作，使节目让观众感觉到耐看、易懂、好记、实用，这样才能跟上时代节拍，使天气预报节目在众多电视节目中立于不败之地。

3.3 气象主持人语言通俗易懂，富有个性化

电视天气预报节目以广大普通群众为服务主体，受众的广泛性决定了主持人传播气象服务信息和知识不能限于过于专业、严谨的播报，要通过主持人对节目语言的艺术再加工，将专业的气象科学知识融于日常用语、网络用语、富有地方特色的方言及各种幽默风趣、有吸引力的、喜闻乐见的元素等等。经过筛选、加工、提炼后形成的通俗易懂、耐听好记的语言才是受观众欢迎的表达方式。这样的语言好记易懂、容易接受又不失科学性和严谨性，且能达到良好的传播效果。此外，语言的表达是主持人在天气预报节目中的重要表现手段，也是天气预报节目风格的一个组成要素。主持人越鲜明越突出的个性语言，就越能表现出特殊感染力。电视天气预报节目除内容精彩新奇外，主持人的语言特点和与众不同之处就成了提高节目资本的关键。这并不

是要主持人刻意地另辟蹊径、剑走偏锋，而是将自身的知识结构、性格修养、外形体态融于节目之内，并在节目的艺术表现上发挥到极致，使这些独特的素质成为自己的专利，把自己的个人特点和节目风格融于一处。只有这样才能打造出迎合受众的需求，自然新颖、寓教于乐、好记耐看富有吸引力的节目。给人以亲切、轻松之感的同时，使为广大群众提供的气象科学知识、防灾减灾内容传播的效率更高。

因此，可以说，在节目策划中有很多可以挖掘的、具有独特魅力的、可拓展性要素。分析当地的地域特点，把节目构成要素融入地域化和特色化的元素，通过主持人的自身风格和艺术表现特色，将专业的气象科学常识、灾害防御知识等和受众需要的各方面与气象相关的内容与当地人文特色、地理环境相互结合。增大信息服务内容的同时，将观众视为语言体系的中心，积极发挥主持人的纽带作用，把节目做得通俗易懂、易于接受。在媒体竞争日益加剧的今天，电视天气预报节目也在不断地发展创新，努力将电视天气预报节目打造成集专业性、科学性、服务性、趣味性于一身，好记、易懂、耐看的特色化防灾减灾服务产品，形成电视天气预报发展的新局面。

参考文献

侯亚红. 2006.气象资讯类节目可视性探讨.气象影视技术论文集(三).北京:气象出版社.

在传统中创新

——2013 广东卫视天气节目改版

陈朝晖　张　毅

（广东气象影视宣传中心，广州 510080）

摘　要

卫视天气节目改版往往要求高，限制多，不容易创新。本文介绍了 2013 年广东卫视天气预报改版的设计理念和实现方法，一些成功或不成功的尝试，重点讲述了节目整体设计到细节制作及业务运行方面所考虑的问题和解决方案，以及新方式与改版之前的对比。通过这次改版工作，我们体会到节目要创新，就要打开思路 做出有理念的节目策划和设计。

关键字：改版　场景　多元素画面　动态出图　模板

广东卫视天气节目改版每 2～3 年进行一次，每次都是让人头痛的经历。节目想要新颖又正统，与众不同又不能另类，要专业又通俗。要求高，限制也多，常常被形容为"带着镣铐跳舞"。

在传统中创新有时比起开发一档新节目还要难，特别是想到一大堆要求和限制时，不知不觉思路就被困住了，为自己设置了太多的枷锁。

2013 年 5 月中旬广东卫视天气预报节目开始改版，7 月 1 日节目正式播出，是历次卫视改版最高效的一次，同时播出效果也得到各方面的认可。这次改版主要针对节目核心内容——主持人讲解部分。

1　节目整体设计

改版的整体思路与以往不同的是，我们力图避免"关门造车"，频繁地与广东卫视互动，确定要符合广东卫视整体定位"前沿"的要求，并就国内多个较前沿的新闻节目一起进行了探讨，开阔了改版的思路。

通过对近期国内外新闻节目和天气节目的研究，我们总结出目前一些流行的趋势，并根据"前沿"这一定位，设想做一套立体感强、出图灵活、高科技气象专业画面、视觉要"炫"、视听结合度高的节目。

1.1　立体感

缺少场景空间是旧版的卫视天气预报节目的一大不足，造成了节目画面出图的限制，出图片就像贴膏药；物件元素难以与地图风格匹配。所以扩大空间是非常必要的，鉴于虚拟场景空间变化的无限可能性，决定采用虚拟场景。

虚拟演播技术无论在新闻类节目或是气象类节目都是近年比较流行的。虽然目前我中心尚未引进虚拟演播设备，但讨论后认为用传统的设备实现虚拟场景的效果更富有挑战性，也有很强的可操作性。我们把场景想象成一个舞台，演员前面、旁边、后面都可以有多样的画面元素，可以是风景、专业图、地球、文字、柱图、温度计、曲线等等 。

天气节目中模拟虚拟场景的做法并不少见，比如广东早在 1998 年就开始尝试这种做法。早期的虚拟场景是将每日配图放在一个显示屏之类的窗口里，主持人站在显示屏旁边讲解。这种做法的优点是：①主持人不会挡住天气图形，方便指图，②整体画面的空间层次感比全屏出图的做法好。缺点是：配图放在窗口里，可用的画面范围小了，地图上单点城市的地名和气象数据会小的看不清；如果将窗口做大，配图范围大了，但整体画面就显得空间不足，容易有压抑感。就保留虚拟场景的优点改善缺点，我们做了如下的尝试。

1.1.1　采用大气简洁的大环境场景

首先我们需要一个大气简洁的虚拟场景，这个场景除具有空间感外，还要便于主持人出全身图像，同时能为各种图形的出画提供合适的位置和大小适当的空间。

如果只是一个固定的简洁的场景，一定会感觉很空。于是我们提出大环境场景的方式，就好像舞台上背景的 LED 大屏，根据主持人所讲的内容变换背景。比如与晴天相关的内容就用阳光的背景，与下雨有关的内容就出雨水的背景，这样既起到烘托气氛的作用，又多了一种出图的方式；同时由于这个背景是根据内容变化的，所以不会感觉单调。

1.1.2　多元素画面

既然有了舞台，我们要把各种物件有序的放置在舞台合适的位置上，充分体现出画面的深度和内容的丰富。这些画面物件多种多样，既有传统的屏幕窗口，也有地面长出来的柱图、雨量筒，或是悬空的地球、地图、字幕、标板等等。多元素的画面才能给主持人充分的发挥空间，让节目更丰富多彩(图 1)。

图 1　节目设计阶段测试画面

1.2　灵活出图

既然有了多元素物件，就要考虑这些物件在场景中的合理位置与主持人互动时的位置关系，我们主要采用了以下 3 种。

1.2.1　主持人后景出图

这是传统的出图方式，也是最常用的出图方式，主要针对窗口、多日预报标板等画面物件。窗口出图在节目中的矛盾之处是窗口做大，整体画面就显得空间不足，有压抑感；窗口做小一些，整体空间感好了，配图可用的画面面积就比较小。这次我们采用双机位切换来解决这一问题。场景中画面出窗口时主持人用全景机位，需要画面放大时，主持人用中景机位，窗口画面与主持人同时放大。

一些柱图、雨量筒之类的物件我们放在主持人旁边，其实也是后景出图，主持人走过去指图时这些图都在主持人后面，放置时要注意地板上的位置，既不要离主持人太远，也不能太前，否则走位指图时会穿帮。

1.2.2　主持人旁边出图

如悬空的地球，文字标题等，无需与主持人互动的物件就可以出在旁边，当然这只是在画面上的效果，在技术上除了实物道具之外，应该就没有旁边出图的概念了。

1.2.3　主持人前景出图

前景出图在以往的日常节目中很少用到，用到的情况也只是一些图标的飞过。这次我们测试了前景出曲线图、出地球的效果。事实证明，前景出图对于配图和指图都有较高的要求。比如曲线图，配图时要特别注意前景画面的透明度调节，既有大量透明或半透明的面积，又有小量不透明面积，放在主持人前面时不能杂乱，同时主持人向前走动一两步，手往前指。只要图的角度对，主持人可以直接看前方的监视器，视线是没有问题的。如果地球放在主持人前面时，位置不能高，否则主持人被盖住的特别多，画面比例会不正常。地球出前景的效果，我们参考了英国节目。事实上这种出图法，主持人指图是难点，只能简单地在上方示意一下，不能指到具体的位置。

这样的物件出图位置比起之前的节目要灵活许多，让整个舞台活起来。但物件多了，也要注意原则：同一时间的重点物件一般只有一个，最多两个，否则会杂乱无章。另外，各类物件元素，哪些出后景，哪些出旁边，哪些出前景，都要进行归类，不要让节目灵活的无法适从。

1.3　气象专业图形

卫视节目要求是高大上的，一定要有丰富的专业图形来支持。WeatherCentral 系统当仁不让是这方面的主角。数据是 WeatherCentral 系统的基础，这次我们专门新加入了流场数据和温度、雨量的逐小时数据及小时累积数据，使得画面内容更丰富。

多个数据叠加应用可以使画面更丰富，也使专业内容的讲解更直观。WeatherCentral 中的色标配置很重要，我们可以用带有颜色的形势图来表达副热带高压或低压等天气系统，甚至将等值线变成透明，只剩下颜色，再与云图或流场图或台风路径图等叠加，来说明雨水的范围、台风的方向等等(见图 2)。

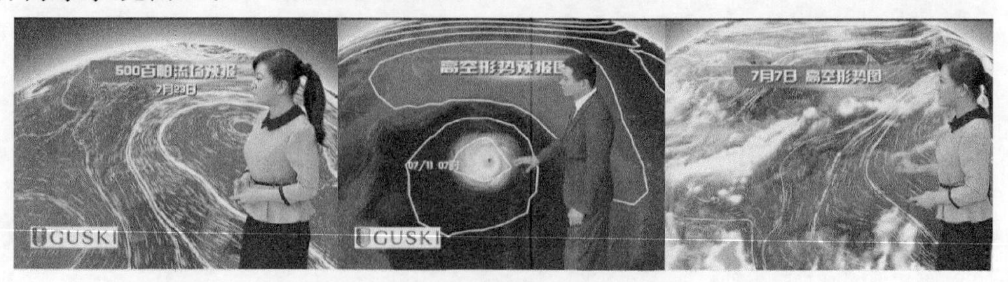

图 2　多个数据叠加的气象专业图形

1.4　视听结合

电视节目本来就是视听结合的艺术，我们想做的就是在主持人的开场与结束部分在后期配上与当天节目气氛相协调的背景音乐，为各种画面元素的出画配上适当的音效，用声音来增加整体节目的动感。

但在较短的天气节目主持人部分加入音乐音效还真不是一件容易的事。在测试片中，由于不限时长，测试稿件内容较抒情，主持人语速较正常稍慢，我们成功的添加了音乐音效，效果还不错。但在样片中，主持人时长控制在90秒，主持人语速回复正常，使得开头结尾的音乐无法从容的加上去，中间的元素出场音效也显得在跟主持人抢。最后不得已放弃音乐音效的添加。也许我们以后还会在其他有条件的节目中考虑音乐音效的添加。

2　细节设计

完成了节目的整体设计和测试，节目的结构框架已经确定，要让节目更精致，就需要在细节上下功夫，细节决定成败。

2.1　动态出图特技

我们研究了国外一些作品的出图方式，看起来很简洁很舒服的出图方式，其实有不少光晕动作特效藏在其中，一个只有十几帧的小元素制作的也非常细致。有时想模仿都模仿不出来，这应该就是"简单就是复杂"的道理吧。

我们在标板天气版面中符号的闪出过程中，增加了一个灯光图片的20帧淡入淡出动画效果，使天气符号出画比之前更引人注目。

2.2　物件元素的质感

窗口的设计：由于窗口需要根据内容随时出现，随时消除，所以我们只用简洁的动态过光处理。

物件的质感：柱图、饼图、雨量筒等都尽量采用流行的玻璃质感，当然有些受技术能力和设备限制，还调不出很满意的效果。

2.3　微动的大环境背景

之前提过的大环境背景是这次改版的特色之一，整个画面最底层的大环境背景跟着讲解内容变换，既可以看作是场景，也可以衬托内容的气氛，有时还可以就当作一个大屏幕出图用。在作为场景时，我们选用一些精美简洁的壁纸类素材，设置一些缓缓的位移动画。这样的场景既有质感又有一点动感，也不会和其他配图抢画面。

在节日和节气时，给大环境场景加上配合的前景效果会更好，感觉舞台设置在风景中，带来更好的氛围。

2.4　整体画面微动

我们利用切换台的第2级ME对第1级ME的画面进行10%的缓慢放大及收回，设置时间线动画，实现对场景、配图、主持人整体画面的缓慢放大及收回，模拟二维半虚拟演播的效果，增加画面动感。当然，这是在没有虚拟演播系统条件下不得已所采用的技术。

2.5　灯光及抠像

出主持人全身图像，对演播室灯光及抠像的要求都有所提高。这次我们在重新调节灯光

图 3　节目播出的画面

后，主持人鞋子及脚底的位置依然难以抠干净。于是用场景画面来补救，调节场景地面的色彩纹理，主持人走动多的地方用暗蓝色调的纹理，用掩盖法解决了鞋底影子抠像难题(图 3)。

3　日常业务运行

完成了节目整体和细节的设计，节目制作就可以运行了。但这些新增的功效无疑会给日常业务值班带来压力和负担。如何在短时间内制作合格的节目，就需要制作操作简便的模板文件。

由于这次涉及的设备较多，我们在不同软件上制作了业务模板。比如最底层的微动大环境背景，是利用大洋字幕机的模板管理功能制作各种天气现象(晴天、多云、阴天、小雨、大雨、暴雨、狂风巨浪等)的画面，作节目时可直接调用。另外，准备好场景图片库，作节目时只需简单地选择和更换图片，每日大环境场景的制作基本控制在 5 分钟之内。中景和前景的元素多数在大洋 DAURIC 三维进行在线包装，事先也是制作好相应的雨量筒、柱图、单点城市预报等等的模板。专业图形，也是在 WeatherCentral 的 live 中设定好各类图的. scn 文件，在 3Dlive 中设好各种需渲染图的模板文件。这些都是控制日常节目制作时间的必要手段。

在实际日常业务运行中，改版后的节目确实在制作时间上比之前要有所延长，特别是双机位调节、抠像、导播画面切换等，但总体来说这个时间还是可控的。

4　小结

改版之后的节目收到了各方面的肯定。但是我们可以看到，无论一套如何新颖的电视节目在播出不久之后，就会回归为一套传统的节目，那么下次我们又如何打破这个传统再次创新呢？通过这次改版，我们感受到节目要在传统中创新，除了需要参考借鉴、运用经验、努力尝试之外，还务必要放松心情、放松思想，这样才能放飞我们的思绪，做出有理念的节目策划和设计。

增强电视气象节目文化竞争力的初探

胡 清

(湖南气象服务中心,长沙 410118)

摘 要

本文针对目前全国电视气象节目的现状:同类型气象节目及相关联性节目的数量大幅增加;受众需求不再单一;电子科技和智能化电子发展带来的冲击使电视气象节目的收视率逐年下降。从国内几家电视台优秀创新案例出发探求一条电视气象节目的新出路,即从传统文化角度解读天气现象,探寻文学意识包装下的气象节目,寻根传统文化与气象元素之间的影响和关联。

关键词:电视气象节目 传统文化 农耕文化 诗歌文学 文化竞争力

1 前言

电视气象节目一直被誉为是收视率最高的一档节目,但在新媒体的不断冲击下,同类型产品层出不穷,观众的选择不再单一。气象节目的突破之路已迫在眉睫,我们如何另辟蹊径?联系到目前中国在文化产业中的加重投入,在节目中呈现中华传统文化,利用文学做包装外衣,从长远来说是一条可探寻可尝试的道路。

2 增强气象节目的文学比重

2.1 二十四节气是传统农耕文化的缩影

农历二十四节气是劳动人民根据农事活动制定的时间表,是中国古代农业文明的集中展现。其中大部分节气名称都经过了文学的提炼。因而每一个节气到来时,我们都能为节目注入文学的力量。例如“白露”、“寒露”、“霜降”这三个节气形象比拟了水汽的凝结和凝华,实质上反映的是气温下降的过程和程度。我们在节目中可制作二十四节气专题,“白露”、“寒露”、“霜降”等带有表象性的名词使文字融入了画面,而美的图片又能让文字丰富;另外,用水的形态对应天气现象制作一档节目,由此可加深人们对节气的理解。又如“谷雨”取自“雨生百谷”,是殷勤人民充满希望的寄语,也反映谷雨时节雨水对农作物的重要性,在谷雨时节做降水的专题,能直达农民内心……

2.2 诗歌文学描述天气“入木三分”

2.2.1 场景文学 直观丰富视觉画面

电视画面是电视语言的基本要素,是组成节目的基本单位,是电视艺术的主要载体。一般电视节目中,电视画面表现的空间是二维的,而现实空间却是三维的。在这里,我们可以运用场景文学来丰富节目，让节目中的画面活灵活现。比如，我们节目中经常提到春雨，在 2013 年 3 月 24 日湖南卫视《午间气象站》一期节目中就采用了“梨花一枝春带雨”来形容春雨的细腻、娇羞，用“山雨欲来风满楼”般的紧张激烈来形容强对流天气横行时天空的变化；而在做“雨”的科普专题中，讲到雨强和雨量这一节时，引用了白居易的诗句“大弦嘈嘈如急雨，小弦切切如私语”来轻松化解专业知识的乏味。

2.2.2 营造文学意境 深入感受画面

电视画面不仅是视听同步的，也是时空一体的；电视画面要能再现客观现实的空间感和立体感，还要能再现物体的速度和节奏。所以，它是空间艺术，同时又是时间艺术。在节目中，如果能给观众以文化的熏陶，制造出文学意境，则有更深一层的含义。还是以今年湖南春季为例，2013 年 3 月 28 日湖南卫视《午间气象站》的一期节目中从春季身边逐渐活跃起来的小动物——小鸟着笔，展现春天的欣欣向荣：“‘啭声冷然而美’的画眉、公园里从湖面掠过的野鸭、抬头长长一线划过的飞鸟，还有那鸣声比以往更清脆的麻雀儿……所有的鸟类几乎都出现了，爱鸟者进入了真正的观赏之旅……”，一幅美好的春日图在营造出对鸟儿灵动的想象，跃然而生。

2.2.3 深入中华文化精髓 通过物象直击文化

一般通过物候来反映季节变化，而通过文学中的“物象”则能结合视听和时空体验，更深入到具体的事物上来。中华传统文化的带有浓重的含蓄色彩，意在深入浅出的笔伐法，用曲折迂回的方式来求得新意。这里举个例子：在 2013 年 3 月 31 日湖南卫视的一期节目中讲到春日百花争艳，并没直接对百花展开描述，而是从“卖花声”引出中华民族对花的喜爱，连对“卖花声”也有所偏爱：“清代顾禄说姑苏卖花女深巷的叫卖声是‘紫韵红腔’；现代作家周瘦鹃的小令《浣溪纱》描述卖花女的声音是‘莺声嘹呖破喧哗’……”“卖花声”源于文人敏锐的审美，在那个时期，“卖花声”是一个时代的记忆，是一座城市的标签，也是传统民间文化的缩影。

3 生活文学来源于生活点滴

对于文化，几乎没有一个标准答案。它无所不包，在人类学的定义里，它代表一种生活方式，所以也有人认为它就是人生活的“累积”。而文学创作应是人人都能企及的生活方式，文学跟生活密不可分。

3.1 古时文人的文学生活

古人常借天气现象直抒情怀，而由此创作的文学作品又能折射出其独特的生活文学。清代文人张潮是个生活逸趣颇多的人，他的《幽梦影》中有“读经宜冬，其神专也；读史宜夏，其时久也；读诸子宜秋，其致别也；读诸集宜春，其机畅也”一句，他把四季特点跟书籍特点结合而论。我们在节目中不妨推出阅读指数，让学生或有学习需要的人根据季节、气候和天气特点来合理安排阅读……

3.2 电视气象节目前辈眼中的“能力技巧”

中国电视屏幕上第一位气象预报主持人宋英杰曾在他自己编著的《气象节目主持纵论》中单独就“生活情趣”这方面讲述了它在气象节目主持人思想意境和业务能力上所起的作用。一个有雅致生活情趣的人绝对是一个细腻敏感的观察者，也必定是一个生动、有激情的传播者。这一点，笔者在自己的工作岗位上竟有着与他不谋而合的一致看法，这个技巧需要我们靠平时积累,点滴感悟中挖掘。

4 从文化底蕴出发 增强竞争力

中华传统的传承和保护,传统文化的传播和弘扬,对于电视媒体人来说是义不容辞的责任。

4.1 细化电视资源 找准方向

电视可以承载的资源很多,要达到“文化”的传播,我们需要细化这些资源:“全民扫盲”式的科普知识、时事辩论式的咨询、专业统计学下的知识……这些资源在前人的尝试中不乏有优秀之作,像深圳卫视的《气象万千》将气象科普知识用大众体验的方式真实、直观地展现;凤凰卫视的《凤凰气象站》就像是一个午后栖息的小驿站,温暖、亲切,又网罗了各色咨询……而目前全国电视气象节目中,还没有一档真正把传统文化与气象相结合的气象节目。在同质化日趋严重的形势下,我们应提升竞争力,做不可复制的节目。

4.2 文化湘军开拓气象文化之路

有语云:无湘不成军。湘军系列近年又在文化领域崛起系列品牌,比如“电视湘军”、“出版湘军”、“动漫湘军”等都享誉全球,令人惊叹。随着文化体制改革创新的不断深入,文化湘军更应呈花开多面之势,成为湖南参与全国整体竞争的优势资源。

把气象节目做成不仅仅是一档单纯的预报或服务型节目,而是中华传统文化走向复兴和辉煌的牵引者。历史长河中,文人的生活感悟融入到了每一个艺术作品,我们能检索的文学资源纷繁多样。而在四季、节气、物候、风云变幻中,将这些文学资源化为我们强力的包装和坚硬的外衣,在电视节目竞争激烈的今天,“气象湘军”也能在文化创新上占到应有的地位。

参考文献

高桂莲,施连芳. 2010. 气象谚语与历法节气趣谈. 北京:中国社会出版社.
龚鹏程. 2006. 中国传统文化十五讲. 北京:北京大学出版社.
秦祥士等. 2005. 电视气象基础. 北京:气象出版社.
宋英杰. 1994. 气象节目主持纵论. 北京:气象出版社.
叶笃正,周家斌. 2009. 气象预报怎么做如何用. 北京:清华大学出版社.
游洁. 2009. 电视文艺编导基础. 北京:中国国际广播出版社.

三、主持艺术

电视节目主持人的“清、吟、雅、兴”

范　鑫

（青岛气象影视中心，青岛 266000）

摘　要

“清吟”与“雅兴”两词语原本分别出自于唐代诗人白居易《与梦得沽酒闲饮且约后期》诗：“闲徵雅令穷经史，醉听清吟胜管弦”；以及南朝梁代文学家萧统《锦带书十二月启·夹钟二月》：“寻五柳之先生，琴尊雅兴；谒孤松之君子，鸾凤腾翩。”“轻吟”原意形容读书时的状态，清吟雅诵；“雅兴”则多表达为高尚而不粗俗的兴趣。仔细寻味这两个词语，顿觉如将这两个词语分解为“清、吟、雅、兴”四字分别加以理解并与当今播音主持工作的实践相结合，恰好可以总结归纳出主持人的四种基本素养。

关键词：清　吟　雅　兴

1　清——电视节目主持人的“清心寡欲”

在当今时代背景和环境下，在经济飞速发展的同时给人们也带来了各种的诱惑，面对诱惑使得很多人缺少了理性的思维。在一定的阶段，浮躁似乎成为我们这个社会的一种心态。这种心态既体现在个人，也体现在群体。电视节目主持人是一个光环笼罩的热门职业，这个群体中却不乏浮躁之人。浮躁者，心浮气躁，脑子里想成名获利，逐渐失去饱满的工作热情，丢掉正确的创作态度。众所周知，主持人都是广播电视中的媒介人物，直接起着承上启下，代表政府、联系群众的“桥梁”作用。如果主持人在广播电视这一重要的前沿阵地表现出浮躁，就不可能很好地实现引导舆论、社会教育、文化娱乐、提供服务等社会功能。作为一名天气节目主持人，刨除“浮躁”也显得尤为重要。所以，要成为一名优秀的节目主持人，首要的功课还是苦练内功，加强自身修养的培养以及人格的塑造，甚至要学会“清心寡欲”，能够面对各种诱惑的挑战。当然，能够做到这一点并不简单，这不仅仅是主持人业务素质的表现，更是一名优秀节目主持人人生观、世界观的真实体现。如何能够由内而外的雕塑自己呢？这是一个各种有机因素结合而形成的过程，包括方方面面的素质和能力，而其形成过程决不在一朝一夕之间，而是一个经过反复实践和探索的过程。在这一过程中主持人应着重培养三大基本素质。

1.1　政治素质

主持人必须首先要有强烈的社会责任感和较高的政治思想水准，要学会做一个“大写的”人，这是一名主持人抵制诱惑、面对挑战的意识之源。作为党的喉舌，我们的声音反映党的政策和方针，反映着为观众服务的积极诉求。一个节目及其主持人能否深受观众的欢迎，在很大程度上取决于主持人能否以其自身高度的社会责任感和政治思想水准为观众服务。政治素质是前提、是根基、是一切工作的保证。

1.2 精神素质

主持人的美好形象往往通过人格、修养、风度、气质等状态反映出来，而这些状态都要基于良好的精神素质。这包括对生活和观众的热爱，对事业的执着追求。只有热爱生活、热爱观众，主持人才能在屏幕上毫不做作的袒露真诚和质朴，也才能换来观众对主持人的喜爱。而对事业执着的追求，更能树立主持人的威信和富于魅力的形象。例如，20 世纪 60 年代末，克朗凯特亲自到越南实地采访越战，回国后在他的节目中发表了著名的反战见解，这一见解在观众中产生了巨大的影响，从而促发了美国民众的反战情绪。约翰逊总统曾不无感叹地说："如果失去了沃尔特·克朗凯特，我就失去了美国。"不难看出，克朗凯特以其令人信服的思想在屏幕上树立了权威的形象。笔者非常喜爱《天气预报》主持人蓝一，她在简单的语言中，以坦诚、质朴、自然，给人一种毫无粉饰的真实的感受。在她的身上感觉不到一丝浮躁之气，她与观众是一种平等的、真实的交流，以邻家姐妹的精神状态，获得了观众的信赖。

1.3 心理素质

作为一名电视节目主持人难免和"名利"有所瓜葛，问题的关键是用什么样的态度对待它。是视名利淡如水呢，还是看名利重如山？是孜孜不倦的追求节目主持艺术的提高呢，还是终日挖空心思在那里争名夺利？古人曾说："君子求名，得之道。"只要经过苦学苦练，办出优秀的栏目，主持出优秀的节目，大家自然有目共睹。还记得"桃李不言，下自成蹊"的说法，桃树和李树不会说话，从不宣言自己，但是他们那美丽的鲜花，香甜的果实，却吸引人们络绎不绝的前来观赏和采摘，时间长了，树下自然被踩出一条路来。把这个比喻放在节目主持人身上是很恰当的，这就要求我们要具有良好的心理素质，这也是主持人走向成熟，奔向成功的根本保障。无论面对失败或是成功、观众的指责还是鲜花与掌声都能够做到宠辱不惊，心无增减。

有一句话叫"心有多大，舞台就有多大"，主持人是信息与受众之间的桥梁，对于电视节目而言，主持人的心理素质对电视节目产生广泛的影响。合格的主持人应该具备良好的心理素质，以应对节目需求。现在的气象节目，很多都需要现场直播，在直播的过程中不免会出现一些小的问题，这就要求主持人反应迅速，以活跃的思维及时地把这些问题处理掉，同时主持人把握着节目的进行节奏，所以当有一些突发状况发生的时候就要立刻控制住，做到冷静镇定、临场不乱。例如，在台风来临的直播中，周围环境因为海上巨浪的来到发生了变化，要冷静的表述出现场最直观的情况给观众，而不是慌乱地躲开。

2 吟——电视节目主持人应具备优秀的语言表达能力

我国是一个有着上千年历史的文明古国，文化博大精深，语言内涵丰富。追溯历史，吟诵是汉文化圈中的人们对汉语诗文的传统诵读方式，也是中国人学习文化时高效的教育和学习方法，两千年以上的历史，代代相传，人人皆能。在历史上，起到过极其重要的社会作用，有着重大的文化价值。吟诵不仅仅是诵读方式，它还是创作方式、教育方式、修身方式、养生方式，是汉文化的意义承载方式和传承方式，是一个博大精深的文化系统。古有吟诵之法，今有表达之规。作为一名优秀的电视节目主持人，更应该具备良好的语言表达能力。

首先是语言要通顺流畅，这是最基本的要求。主持人要口齿伶俐，表达清楚，尤其较长篇幅的串场词更要如行云流水，才能让观众有信服之感。倘若吞吞吐吐，语流滞涩，那么观众不能明白你要表达的意思，又如何能进一步了解节目的立意内涵呢？所以，主持人一定要勤于锻炼自己语言和语流的基本功，要言语有心，言语用心，加强吐字归音的基本功训练，要把话说好、说通、说顺、说巧、说妙。其次，主持人在语言表达上要富有感染力，语言要平实自然，加强真实感。在此基础上，可以适当运用一些语言表达技巧，注意语气、重音、节奏，使语言表达富有张力。

当然，严密清晰的逻辑思维也是必不可少的。主持人要把头脑中已有的东西迅速按照一定的逻辑思维整理出来，然后再用言语表达。最忌讳主持节目生搬硬套、甚至张冠李戴。作为一名主持人，一定要做到心中有数，在平时的生活中就要刻意培养自己缜密的逻辑思维，使脑中思路清晰、条理清楚，以利于更好地表达，更好地与观众沟通与交流。

3 雅——电视节目主持人气质内涵

气质是一种哲学，它除了呈现给世界的本真的、最不加雕饰的原初的形象感觉外，它是可变的和可培养的。气质是一个人形象、学识、个性、语言特色的总和，也是电视节目主持人“雅”的体现。当然不同类型的节目对主持人内在与外在的气质要求是不同的。作为天气节目的主持人，则以举止自然大方、端庄、典雅，以丰富的知识面和敏捷的主持、组织能力见长。宋英杰，有着健康的外形、典雅的举止、丰厚的知识储备和流利的口才，这些也构成了其独特的儒雅气质。无论面对怎样的天气变化，他都能够稳健俊朗、波澜不惊、从容应对，表现出非凡的驾驭现场的能力。

因此，主持人内在气质需要不断的培养，这就要求主持人在生活中注意加强身体素质的锻炼，保持良好的身材和健壮的体魄；在日常的工作中要时刻注意自己的形象，讲究健康与舒朗，平时的谈吐更要大方、严谨，语言上讲究理性与流畅，注重逻辑思维的培养；不断增长自己的学识、见识，用知识来武装自己，做一名“杂家”而又能够“精于一始”。

4 兴——电视节目主持人情绪管理

“兴”可解释为对事物感觉喜爱的情绪。例如：兴致、兴趣、兴高采烈。这里可引申为主持人对待主持工作的情绪表达。古有：激情表心肠，情绪显心境之说。人的心情好，精气神好，工作热情高，效率高；情绪差，士气低落，效率下降，影响力差。所以，激情和情绪不仅是人自身心理状态的反映，更是影响人、感动人不可或缺的重要因素。主持人工作时的情绪更非同小可。他们的一言一行、一举一动都在公众的密切注视之下。他们的情绪会对所播发的稿件、所主持的节目产生很大影响，对受众的心理和感受产生很大的作用。所以，主持人工作时的情绪好坏，会左右节目的影响力，改变作品的感染力，甚至决定节目的成败。尽管人的一生不可避免地要经历喜怒哀乐四种情绪的变化，但是在播音主持的实践工作中，管理好自己的情绪至关重要。

4.1 主持人应具有良好的职业道德

主持人应该具备良好的职业素养和职业道德，不以物喜、不以己悲，从容淡定地面对自己的工作。决不能把节目之外的情绪带到工作之中，这不仅体现了主持人的业务水平，更反映了一名主持人的道德情操。

4.2 要善于在工作中把握情绪

在播音主持的实践工作中，我们会经常遇到各种突发事件，当我们看到、听到、遇到各类事件的时候，需要主持人迅速做出理性的判断，并能够控制自己的情绪，把握好节目的整体节奏和方向。记得2009年，某央视主持人在播报节目时潸然落泪，引起了观众不小的反响。从理论上来讲，播报新闻要求播音员是以第三者的角度播送新闻，纵然某一新闻事件深深地触动了播音员、主持人，但至少为了节目的顺利播出也应该有所控制，情感的自然流露在新闻节目中还是尽量避免出现。

5 结语

播音员、主持人是一个综合性很强的工作，随着社会的不断发展，在未来对于播音员、主持人的要求会越来越高，所以我们一定要做好全方位的准备去迎接日后的挑战。

论电视气象节目主持人形象的重要性

梁　姝　何　虹

（海南省气象服务中心，海口 570203）

摘　要

在广播电视业不断发展的今天，电视节目的发展呈现出多元化的趋势，电视气象节目的发展也不例外。主持人作为广播电视传播的参与者和直接体现者，在节目中所呈现的荧幕形象显得愈加重要。本文将从电视气象节目中的“主持人的语言形象”、“主持人的外在形象”、“善用体态语的重要性”三个方面，并加以节目实例来论述电视气象节目主持人形象塑造的重要性。

关键词：电视气象节目　主持人形象　语言　个性　手势

在我国，电视气象节目的产生是从30多年前的央视《天气预报》开始。开播最初，由中央气象台的气象专家来播讲，但在后来的7年里改为了以配音的方式播出。直到1993年3月1日，气象主持人才从幕后走到了台前。由此开始，节目收视率节节攀升，观众纷纷说“节目好看了，有人情味了”。可以说，主持人的加入让天气预报节目“活”了起来。

随着中国电视气象事业的不断发展壮大，各地气象部门也纷纷有了自己的电视天气预报节目。节目的形式也由最初的播报逐步转为今天的“说天气”，其中涌现出《凤凰气象站》、《天气在变化》等一批颇受观众喜爱的节目和不少受观众欢迎的主持人。可以说，一档好的电视气象节目一定有一个能“留”住观众的主持人。

1　主持人应该有良好的形象

主持人是电视节目最直接的参与体现者。主持人的荧幕形象是一个团队合作的结晶，是集体形象的缩影，它是一个“作品”。这个形象是由主持人特殊的工作岗位决定和赋予的。可以说，主持人在这其中充当着“门脸儿”的角色。他们的形象也代表着媒体形象，这就要求主持人要有良好的形象。

这种形象是一种与受众评价相关联的感官与感受，是一种复杂的综合形象。是主持人的表现与风格在公众心中留下的印象。

它包括了内在素质和外在形象两个方面。内在素质指的是主持人在职业活动中所表现出来的道德情操、价值取向、学识修养、审美趣味、性格特征等内在素养。外在形象主要是主持人通过荧幕所反映出来的精神面貌和气质，包括了服装、造型、声音、体态语等等。

而在电视气象节目中，主持人所充当的角色则更加特殊、更加复杂，要求也更高。在《新周刊》上曾经刊登过一篇题为：《你所不知道的天气预报员》的文章，文章开篇就曾提到：“在一个天气预报员身上，可以找到主持人、科学家、代言人、翻译员等多种身份。”“主持人”、“科学家”、“翻译员”、“代言人”这些字眼的出现意味着电视气象节目主持人的工作更加科学严谨。那么，如何在电视气象节目中更好地塑造自身的荧幕形象，是每一个电视气象节目主持人应该思考的问题。

2 精彩的语言表达 道出阴晴冷暖

2.1 稿件要理解、吃透，才能讲出来

电视气象节目是属于生活服务类节目的一种。生活服务类节目是指关注日常生活，根据生活中的需要，提供指导、帮助和具体服务的一种节目形式。它的核心就是服务。而电视气象节目和一般的电视节目最大的区别在于：它偏重于自然科学。“它借助于电视手段，把天气信息传播给电视机前的观众。”这句话，被王美娜写在了题为《镜头语言在气象节目中的运用》文章的第一段。由此可见，气象节目是特殊的，尤其是在《天气预报》节目中，充斥着大量的专业术语，这些专业术语不仅读起来非常绕口，而且不便于理解。比如，我们知道专业的气象术语中有高压脊、低压槽，这些3个字组成的词语是较好记忆和理解的。但是，如果稿件中出现“高空低压槽”这样的名词时，如果主持人不事先了解“高空低压槽”到底为何物，就很容易为了节目口语化和易于理解，自作主张将“高空低压槽”分解成为：高压脊和低压槽，从而改变稿件的意思，酿成大错。再比如：在某市《天气预报》节目中的解说词“昨天阳光若隐若现，天空云层增多，偶尔还有零星的小雨飘落，一天之中晴日阴雨交替上演。不过，晴日注定是匆匆的过客，周末，阴雨杀来‘回马枪’，本市又迎秋雨霏霏。最近几天，空气中的水分流失得比较快而且晚上辐射降温明显，形成了早晚偏凉、中午干热的天气。因此，要提醒市民朋友们，根据天气变化，及时增减衣物和补充水分”，这篇稿件咋一看是一篇很文艺的稿件，如果不认真理解，主持人很有可能就会把它渲染成一幅如诗如画的秋意图景。可是仔细瞧瞧，它并不文艺，相反，包含了很多的天气信息。在表达时，主持人的情感应该是有变化的。第一句话回顾了昨日的天气，句子里似乎是包含着一个潜在的词语“一会儿…一会儿”，可以说天气是变化无常的，接着“不过”二字的出现看似是带来了转折，实际上是为后文的坏天气做铺垫——“阴雨又杀来了回马枪”。这里就需要考虑，“阴雨”的出现有利还是有弊了。后面的“又”字说明雨已经下过。并且，需要提醒市民“要注意适时增减衣物”。在这里，如果主持人不透彻地理解稿件，只是按部就班往下读稿，整个表达就成为了一种对稿件的陈述，甚至可能会出现调侃的语气，不强调重点、漫不经心，从而歪曲了稿件的意思，使观众吸收不了其中的重要信息，对重要天气引不起重视。我们说，服务类节目就是要准确地传递出信息，指导人们的生产与生活。这样一来，不仅达不到提示的效果，更是不能传播出准确的信息。

“读稿”的状态，我们又称之为“不走心”。“不走心”会阻碍主持人在语言表达上的准确度，也就是说，所讲的内容让观众“听不懂，听不明白”。这样呈现出来的节目，观众自然是不喜欢看的，不愿意看的，甚至有可能是没有公信力的。主持人面对的不是眼睛里的摄像机，而是摄像机后面千千万万的观众。所谓的“亲和力”，就是能走到受众身边、走到受众心里的那种亲切感和交流感。电视气象节目，尤其是《天气预报》的呈现中，最大的特点就是它的天气符号是变化着的，主持人需要配合身后虚拟的天气图来完成整档节目的解说，而不能透彻理解稿件就无法自信地、放松地去“指点”天气，一味地“读稿”会使节目出现“人图分离”的局面。这样的画面也是不好看的，这种不自然的状态也不利于气象节目主持人向受众解说天气。

2.2 语言通俗、浅显易懂

口语生活化是电视服务类节目主持人语言的一大特点，主持人的语言要表意浅显，通俗易懂。简单地说，就是“说人话”。如央视天气预报主持人王蓝一所说：“通俗的语言是主持人拉近与观众的距离，有效诠释天气预报内容的有力武器。”而后，她又说：“所谓的人话，是一种电视语言向生活语言的回归，这才符合大众的收视需求，适应当今的传媒规律。”的确，在世界一体化的今天，国外许多优秀的电视节目走进了中国观众的视野，这就意味着人们的审美水平早已得到了飞速提高。已经不能满足于呆板、枯燥的节目形式，主持人和受众的关系必须是平等的，这就意味着，主持人需要在节目中去设想你面对的不是摄像机，而是观众，你得和受众“聊”起来。

那么，如何来“聊”呢？“聊”有闲谈的意思。而闲谈是指没有一定中心地聊无关紧要的话。这是非正式的，是通俗的。比如，我们说到“今天白天最高气温”，可是书面用语是“今日白天最高气温”，“今日”两个字读出来是不是就显得怪怪的呢？这样说出来的话，缺少了人情味。

3 用心的主持人形象设计　穿出四季变化

3.1 贴合“TOP”原则的主持人着装为节目润色

前面我们提到过，主持人的荧幕形象代表的是一个集体形象的缩影，体现的不仅是主持人的个体形象，更多的是栏目、频道所要表现的独具风格的“品牌形象”，是媒体的“门脸儿”。可以说，主持人的形象是一种职业形象。一档为受众喜闻乐见的节目，首先一定是能在视觉上抓住观众的眼球，使得观众眼前一亮的。这就要求主持人的外在形象要大方整洁，符合大众的审美观。“TOP 原则”是指导主持人正确着装的重要依据，TOP 分别代表时间(time)、场合(Occasion)和地点(Place)，也就是说，职业着装需要与当时的时间、所处的场合和地点相协调。不难看出，当这三点放在电视节目的制作中时，主持人的着装就应当与节目的风格与定位相结合。

主持人的个人形象与节目形象是相互依存的。在一档节目中，主持人的形象如果脱离了节目形象，那么主持人的形象将会大打折扣。相反，在节目中，良好的个人形象可以为节目形象增光添彩，使得节目的整体形象得到提升，从而提高受众的关注度。

以湖南省气象局制作的专业气象服务类节目——《天气特工》为例，这档节目是一档户外体验式节目。节目中，主持人脱去了端庄华丽的职业套装，转而换上了宽松朴素的连体工装裤，在上面贴个“工”字，“特工”的形象一下子就可以深入人心。因为是在炎热的夏天，所以，两位特工都把衣服袖子挽了起来。这样的设计使得着装贴合了时间，不显得做作和虚假，又为她们的角色增添了信服力。随意却整洁的发型搭配浅黄色的工装，使得两位主持人看起来亲切又不失优雅，活泼却不显聒噪，即使是在炎热的夏天里，这样的着装也会给观众带去清爽的感觉，不仅贴合了他们节目内容里讲到的“负氧离子含量”，而且轻松活泼的氛围还达到了寓教于乐，传递信息的效果。让观众想往下看，想往下听。可以说，贴合时间、地点、场合的主持人形象为这档节目加分不少。

主持人在特定的时间、地点和场合中所选择的着装往往能最直截了当地为受众传递信息，并将观众带入特定的情境。四川省气象局制作的专业服务类节目《4.20 芦山地震特别报道》就是最好的诠释。一身香槟色的职业套装，与片头和画面的基调颜色几乎相同，无时无刻不在告诉观众“这里是 4.20 芦山地震的特别报道”。而与让人陷入无尽悲恸的黑色或是灰色相比，同是冷色调的有着若隐若现的光芒和黯淡中给人肃静的香槟灰，则似乎在安慰着受伤的四川——“大灾有大爱，四川不哭”，给人以希望。

不偏不倚、恰到好处的着装不仅仅给了受众很好的第一印象，成功地吸引了受众的眼球，为受众接受和喜爱节目打下了基础。也为主持人的形象和节目的形象带来了很多益处。对主持人而言，首先是在心理上增添了自信，其次，恰当的个人形象使得主持人在节目中更容易找准自己的语言定位与风格。对节目而言，主持人的个人形象与节目整体风格搭配是否协调，关系到节目的质量和关注度。

3.2 “个”性化的服装选择让观众记住你

服装是一种载体，它像是一面镜子，它体现着个人特征与个人风格。对于主持人来说，服装也是一种副语言，是一种无声的语言。个性化的主持人造型能够很好地辅助主持人传播各种信息，让观众更容易区分你、记住你。

凤凰卫视的资讯类节目《凤凰气象站》的成功与主持人精彩的穿着是分不开的。作为中国大陆地区少数几个获得落地权的境外媒体，凤凰卫视在许多观众眼里是和别的电视媒体不一样的，它是特别的。如果说，凤凰卫视带给受众的印象要用一个字来形容，那就是“潮”。同样，《凤凰气象站》作为凤凰卫视的天气资讯节目，它也紧跟了“潮”的步伐。主持人服装一改传统天气预报节目中严肃正式的服饰，穿出了自己风格。节目中，无论是主持人崔莉的雪纺印花裙还是王艺的帅气裤装，都将女性的知性美演绎得淋漓尽致。不过，相比主持人崔莉的知性温婉，王艺的主持风格则显得更加活泼一些。干净利落的马尾和干练而具时尚感的裤装，使她看起来充满了活力，语言也贴近她帅气的着装风格。这让受众在视觉上得到了新鲜感，可以迅速地将她和别的主持人区分开来。我们说，“相由心生”，个性化的穿着使得受众更易于接受并信服由她传递出的语言信息。也是这样个性化的服装造型，使得主持人王艺的讲述显得真实、不造作。

试想，如果在同样一档节目中，不同主持人的衣着风格和整体形象千篇一律、大致相同了，那节目岂不会变得呆板，使人感觉十年如一日吗？

相反，在符合大众审美的情况下，主持人根据自身的性格、体型、气质、语言风格，扬长避短、灵活地着衣，与众不同、独一无二，这样不仅能让观众记住，而且具有“个”性的主持人也能将节目做活，让精彩最大化！

另外，在《凤凰气象站》中，主持人的服装搭配还紧随了时间和季节的变化，夏天的短袖为受众带去清爽，也传达出夏天的信息；春秋两季的应季服装似乎是在告诉观众，“天气很舒适”；冬季偶尔的选用毛衣和毛呢套裙让观众在感受温暖的同时，也不会忘记冬天的寒冷。而随时跟进最新的时装潮流则是紧随了时间的变化、岁月的更替。正是这样用心的着装，使得她们的主持更具有亲和力，也将气象服务在无形当中做得更加细致体贴，引人入胜。这让受众在视觉上得到了新鲜感，可以迅速地将这档节目和别的气象节目区分开来。

人们对美的事物总是易于接受的，“眼观”是最直接的感受，也是大多数人对事物留下第一印象的重要途径。主持人大方整洁、真实自然、富有“个”性的荧幕形象代表的不仅仅是个人，也是节目的形象。当然，在这中间，过分强调个人形象会使节目整体大打折扣，但如果忽视了主持人的个人形象，那么纵使有再好的节目策划和制作，节目的质量也会受到影响。只有将主持人的个人形象和节目形象完美地结合在一起，才能得到令人赏心悦目的画面，得到受众的认同和喜爱。

4 发自内心的体态语为主持人的讲述锦上添花

在电视气象节目的录制中，除了发自内心的表情与眼神能体现出主持人言语中的真实与恳切，帮助主持人传递出阴晴冷暖和重要信息之外，最重要的体态语要数手势了。

正如央视天气预报主持人王蓝一所说："比如说，节目从头到尾主持人只面对镜头背对图形，与观众说话而不与图形交流；或者说过程中一直面朝图形讲解而不与观众进行交流。试想，这样的天气预报节目一定看起来很别扭。"的确，我们可以想象这样的画面显得很呆板。但是，如果在一档节目的录制中，主持人的手势满天飞或是单一也是不好的。做出手势的目的是为了辅助主持人的语言，使得主持人的语言更有亲和力、更加自然。让观众能更好地理解吸收节目的内容。单一和频繁地做出手势都会使得主持人看起来呆板、不自然，并且也会扰乱观众的注意力。那为什么会出现频繁和单一的手势呢？一方面是因为紧张的情绪导致了单一、频繁的手势。另一方面则是主持人做手势并没有考虑到自己内心的情感，而是单纯地为了做手势而做手势。尤其是在需要与图形相结合的天气预报节目中，主持人的手势如果仅仅是简单的"搬砖头"或是"切西瓜"，再或者只是频繁地单手示意，即使你的语言再精彩，也会让整个节目看起来怪怪的，让观众不知所云。但是在节目中，如果主持人的手势是根据他所需要讲述的天气内容，根据他内心最想传达出的信息发出的呢？比如，在天气预报中，需要强调某地有重要天气，这个时候主持人的手势不再是机械且单一的"搬砖头"和示意，而是具体到像生活中和身边的人示意重要信息的状态，这样的体态语才能让人更加明了地接收信息。

不仅如此，发自内心的表情、眼神、手势也能修饰主持人的语言，使之看起来诚恳、自然、流畅。这样的主持才有说服力。

主持人是节目的灵魂。尤其是在电视气象节目中，主持人的讲述将抽象的气象信息变得具体化、形象化。主持人塑造良好的荧幕形象不仅能为自己加分，更能为节目添彩。而良好的形象不只是单一的声音好、面容好、语言好、体态好，还需要主持人不断提高自己的综合实力，有想法、能创造，这样才能找到节目中最好、最自然的自己，让"灵魂"融入节目，让节目有血有肉。

气象节目主持基本技巧初探

蒋书文　成海民

（河北省气象服务中心，石家庄 050021）

摘　要

本文将气象节目主持的基本知识和技巧进行初步归纳、总结，从基本语言面貌、形体要求、肢体动作、指图手势、表情、心理准备、“说”的技巧阐述了气象节目主持人应具备的基本素质和能力，并结合日常工作中的一些心得体会就模仿、对象感和交流感以及情绪的合理释放几个方面阐述了如何向“有自己风格的气象节目主持人”更进一步。

关键词：气象节目　主持　基本技巧

1　引言

近些年来，气象节目在不断地推陈出新，节目内容和形式都得到了极大的丰富。观众的满意度在提升，经济收益也在加大。但在这样的局面下我们也嗅出了一丝危险的气息：很多电视台的从业者已经意识到了气象节目中还存在着巨大的有待深入开发的资源，开始逐步加大人力、物力，越来越多的涉入到气象影视领域。

笔者作为气象影视从业者——气象节目主持人，也能够在平时的工作中体会到这份压力。不过庆幸的是，相较于电视台，我们因为根植气象，所以在做气象节目时就占了很大的优势。为了能够让更多新进的气象节目主持人快速成长起来，进而扩大我们的优势，笔者想要运用以往的主持经验，尝试性的就气象节目主持人入门阶段应具备的基本素质和技巧进行初步总结、归纳，期望用这样的方式来缩短新主持人“上手”的时间。

2　气象节目主持人基本主持技巧

气象节目主持有别于寻常电视节目的主持，它最大的特点是：时间紧、任务重。因为节目所包含的内容信息量大、科学性强，经常需要与图形和动画之间进行配合。而且随着气象节目的类型、风格越来越多样化，节目所涉及的延展专业服务信息也愈加丰富。

这些先决条件都决定了气象节目主持人应该具备更高、更全面的专业素质和能力。想要彻底掌握这些能力不是一朝一夕的事情，但有技巧可循。您不妨从这几方面着手进行尝试。

2.1　基本语言面貌

按照国家有关部门的规定，省级及以上广播电台、电视台播音员、主持人普通话等级应为一级甲等，其下单位最低也需要一级乙等。

目前，各级气象部门制作的电视气象节目普遍面临的一个问题是节目时长非常有限，但节目信息量却很庞大。这就对气象节目主持人的基本功提出了第一个要求:语言能力突出。具体要求是:吐字清晰,表达准确,语速快慢自如。

按照多年的尝试和与同行间的交流后得出一个结论,在常规天气预报节目中,如果按照语速和字数的关系来计算,理想的语速是一般不低于4.5～5字/秒。并能够在较快的语速当中明显体现出轻重缓急、抑扬顿挫。语言流畅而不慌乱,节奏明快而不急促。同时表达清晰、准确。

2.2 形体要求

这方面的要求比较简单,自然站立就可以。要挺拔但不苛求,站的和标杆一样完全没有必要,给人的感觉整体上是积极向上的,不懈怠就可以。

挺得过直身体会僵硬,甚至会导致气息不畅,会影响到主持人的自如发挥。从视觉上也会给人以刻板和僵硬的感觉,不够自然。

2.3 肢体动作

先说观众看得见的部分。

肢体活动与画面信息的配合是我们在新人阶段绕不开的一个难题。最开始,我们会觉得手没有地方放,怎么动都非常僵硬不自然,所以很多人都退而求其次的选择更为安全的一种方式:像迎宾礼仪小姐一样双手交叉重叠摆在自己腹部。如果要指图也是下身不动的扭转过腰,手匆匆一挥或是一扫,相当的局促。

首先,我们需要破除自己的心理障碍,要明确一点:不敢动的话就永远也动不起来。虽然开始的时候动作可能会僵硬不自然,但一定要尝试着多动,并不断的回看录像观察自己的表现,找出问题症结所在。

一般问题都出现在这五个部分。即:动作幅度过大或多小、动作力度过大或过小、动作速度过快或过慢、动作次数过多或过少以及选择使用的动作与所说内容搭配不协调。

几个常用的标准动作如图1所示。

图1 常用标准动作示意图

肢体动作千变万化,没有一个特定的标准,但需要把握一个原则,就是动作是副语言,是为有声语言服务的，所以在选择动作的时候要考虑到所说的内容，恰当了才合适，否则适得其反，还不如不用。

再说观众看不见的部分，那就是步伐的移动。

寻常节目中，有一些伸手不太容易指到的地方，要利用脚步的移动来完成。侧转身来，向前迈一两步，退一两步都不要紧。但移动的过程肩膀要稳，不要晃动太大。

转身的角度问题：一般转身不要完全转到90°侧面，而是微微朝向摄像机方向一些，角度大概在90°以里。而且在转身的时候可以配合步伐的轻微移动。

侧身指图的技巧：手臂是在身体侧面做平面运动，手臂与手掌不向身侧平面前探也不往身侧平面后扬。

2.4 指图的手势

比较常用的手势有：

(1)五指山式(正反，适合指大面积)；(2)四指平行式(适合指边界和直线)；(3)二指禅式(适合指点、线)；(4)一阳指式(适合指点、线)，如图2所示。

五指山式(正反)　　四指平行式

二指禅式　　一阳指式

图2　指图手势示意图

期间会涉及多种手势的自然转换、巧妙搭配，灵活的运用。上述这些手势是最常见的，但并不是必须有的。

当然，除了这些较为常见的手势外，自然还会有一些优秀的主持人自己开发出一些新奇的手势。但在使用时要把握一个原则：运用手势不单纯是为了美观，它的最主要目的是要通过这些手势的正确运用，更清晰、直观的指出你所要说明的重点信息。如果能够满足这个目的，那么您尽可任意发挥，无需拘泥。

2.5 表情

为了能够更好地配合自己的语言和肢体动作，从而达到更好的表达效果，表情的运用是非常关键的。一张木讷的脸给人的感觉是枯燥和乏味的，所以笔者倾向于表情越丰富越好，但不可过于夸张、不要做作。

表情是表现喜怒哀乐的最重要最直观的手段，表情运用得当肯定是一个得分项。

眼神也很重要，眼神不能是空洞的，空洞的眼神给人以麻木的感觉。而闪烁的眼神给人以不真诚和狡猾的感觉。

如果有题词器，一定要注意眼神不要过"直"，这样谁都能看出来你是在照着读。如果能不依赖题词器，效果自然会好很多。

眼睛是心灵的窗口，如果你真的是有感而发，无论是什么样的情绪都能被认真关注你的人所捕捉，这样信息的传达才更有效，你的情绪才更具有感染力。你的关切，你的真诚才能被人接收到。

2.6 心理准备

这是一个长期的磨炼和积累的过程。我们期望最终达到的结果是：自信、强大、淡定，舍我其谁的状态。

开始的时候，我们可能会遇到这些问题：气息浮、浅，声音发"飘"，语速可能不自觉的加快，个别时候还会有些面部抽搐。这些都是由于紧张而引起的。所以我们首先要克服的是自己的紧张情绪。

笔者的心得体会是，一个正确的状态是"内紧外松"。紧张的情绪对于认真对待节目的主持人来说是在所难免的，但要让这种紧张的情绪成为认真准备节目的动力而不是影响表现的阻力。即便是在自己很紧张、很焦虑的前提下，也要让所有人看不出自己有什么过分的心理活动。深呼吸，把自己的状态控制在一个自己能够控制的范畴之内。

不可否认，这其中有一部分人是具有一定天赋的。在第一期全国气象影视节目主持人培训班上，华风集团的朱定真老师就曾经谈到过："很多人性格开朗、乐天，喜欢并很擅长表现，这样的人不太会紧张，更容易成为一个优秀的节目主持人。"

对于普通的我们来说，通过长期的锻炼也能达到一样的效果，这个长期的过程是逐渐建立自信的一个过程，是需要非常认真的对待每一期节目、珍惜每一次出镜的机会才能换回的回报。

自信建立起来了，也就"上状态"了。

2.7 "说"的技巧

改"播"为"说"已经成为气象节目主持的一个共识，但怎样在说的基础上说出花，说出彩，这就需要主持人多加琢磨了。

笔者的体会是不光要"说"，有时还需要将"说"进一步发展到类似于"侃"甚至"白话"的程度。那么"侃"和"白话"的资本和自信从何而来呢？笔者有两点体会分享给大家。

首先，可以鼓励主持人自己写稿。因为每一个人习惯的话语方式都不尽相同，对天气或者事物的认识和理解也不尽相同，如果由自己来措辞和选择表现方式，就可以让主持人在自己最舒服的话语环境中进行流畅的表达，更容易表现出真情实感，传播的效果自然也就更好了。

如果是由编辑来写稿的话，那么主持人一定要与编辑多沟通，充分了解编辑的意图。在此基础上要鼓励主持人对稿件进行微调和润色。比如一个一分钟的节目，可以让编辑只写出50秒的稿件，主持人再用自己的语言来填充剩余的十秒钟。别小看这多出来的十秒，这十秒钟其实就是你的创作，加上这十秒的东西才是节目本身和你的主持最好的融合。

3 向有自己风格的节目主持人更进一步

掌握了最基本的技巧之后我们就可以向具有自己特点的优秀的气象节目主持人进行更加深入的摸索了，这同样可以被分为以下几个部分。

3.1 模仿

在刚开始接触气象节目主持的时候，我们多半要经历一个先模仿、再创新的过程。其中不只是模仿气象节目主持人，同时也要模仿和借鉴其他节目主持人的风格样式。

3.1.1 初级模仿阶段

模仿具体可以从表情、动作、讲述方式三个方面进行。在此过程中，我们需要不停地观察和琢磨：被模仿者在说什么样的话的时候用的是什么样的动作和表情，他的语言节奏是什么样的；再尝试往深里想一想他所要传达出的深层次的信息和情绪是什么；然后自己再细细品一品他做出的这个动作和表情以及选择这样的话语方式，有没有给作为观众的你带来更好的表达效果和观看感受。

通过类似这样的方法，我们可以更准确地剖析出被模仿者的语言习惯和动作习惯，方便掌握其特点和亮点，并通过试验和实践后，取其精华。

3.1.2 有的放矢的模仿

在经过了模仿的初级阶段以后，我们就要有选择性地进行甄选了，“鞋穿着舒不舒服，只有脚知道”。我曾经也走过“鞋不合脚”的一段路。

比如笔者在最初的时候模仿的是宋英杰老师，原因很简单，他是前辈中的翘楚，而且我们同为男气象节目主持人。但是笔者模仿的效果却并不好，总是学不像。后来慢慢总结出了原因：宋英杰老师的专业背景、从业经历以及这么多年的经验积累是我们无法企及的，而且他之所以能娓娓道来，表现的温文尔雅，这和年龄层次、性格特点与人格魅力脱不开干系，而这些都是笔者硬学不来的。如果非要生搬硬套到自己身上，有时甚至还会给人一种假装事故成熟，很幼稚的“小大人儿”的感觉。

这种时候，我们就需要退而求其次，模仿一些自己能模仿的方面。比如，标准的指图手势，自信平和的状态和话语中巧妙形象的比喻等。

在逐步模仿、融合其他主持人的亮点，并不断加入自己的心得、体会后，我们也就自然过渡到了创新的阶段。

3.2 对象感、交流感与主持人性格特点的重要性

良好的对象感和交流感可以增强你的亲和力，也可以建立起别人倾听的欲望。

讲一个比较普遍的现象，有些主持人在私底下是很活泼的，在和朋友聊天时往往都是手舞足蹈、眉飞色舞，很能吸引人的注意力，也很容易感染别人的情绪。但遗憾的是一站到镜头前，他（她）就只会职业化的标准微笑了。看着好像也没什么大问题，也是高端大气上档次的，可为什么就是给人索然无味的感觉？问题可能是出在“好端端的一个李小璐为什么非要假装成巩俐呢？”说白了就是对“主持人这一职业的理解和自我定位上”存在偏差。

主持人不一定非要高端、大气、上档次。笔者的体会是：人无完人，但同时也没有人是一无是处的。只要亮出了你的性格特点，或善良、或真诚、或幽默、或感性等，并适当的放大，让你还

原成一个“接地气儿的，性格、人格健全的人”，你的主持才更容易被人接受，你的对象感和交流感也自然会得到增强。慢慢地，这些性格特点也将会成为你个人的符号和招牌。

3.3 情绪的合理释放

著名主持人汪涵说过这样一句话：“主持人是人，不是主持神。”千万不要以为主持人在节目当中释放出了自己真实的情绪是不合适的，恰恰相反，如果能在节目当中合理地释放出自己的情绪，这将会是一个亮点。

举个非常典型的例子，著名主持人钟山。钟山不是播音主持科班毕业，草根出身自然也就没什么主持人的架子可端。不过他身上特点非常的鲜明，他主持的评论节目收视率屡创新高，多次达到了所在频道收视的最高点。记得有一期评论高考制度的节目，他在说到高考制度的种种弊端时，谁都能感受到他的不满情绪，整期节目下来他完完全全的是在愤怒播报，但有趣的是，这让很多人都产生了强烈的共鸣感。按照我们以往的认识和理解，好像电视当中愤怒的情绪应该有所控制和压抑，但他的成功就恰恰是在他敢于释放愤怒，敢于挑明自己的情绪。

作为一个普通人，对认为是不好的事情就应该是不屑的、不满的甚至是愤怒的。而对于美好的事物就应该赞美、褒扬、夸奖，只要我们“合理的释放自己的喜怒哀乐”。

在我们的气象节目当中也一样。因为电视天气预报发展到现在，形式早已经不再局限于天气预报、天气信息的发布上。在此基础上，我们还融入了交通、农业、旅游、海洋、森林等等方面的信息，相关的服务产品和服务内容也包罗万象。而其中涉及的历史、人物、新闻消息等，好的坏的，甚至时好时坏的方方面面的事情非常多，如果此时我们再一味地只寻求微笑、抑扬顿挫这些最基本的东西，那么就很明显的落伍了。

为了能够达到更好的表达效果，正确的支配自己的情绪，我们还需要进一步的加强对气象知识的学习、气象常识的掌握和对不同天气及其可能会造成影响的认识。需要注意的是：有些主持人因为对节目所涉及的某种事物的理解和认识存在偏差，这也导致在说很多不好的事情时也保持着迷人微笑，这就会给人一种很讨厌的感觉。

4 结语

总的来说，外在的技巧很重要，因为它决定了观众对你的第一观感，也决定了观众是否会关注你。而内在的技巧比外在的更重要，因为它能决定关注你的人会不会流失。但最重要的是掌握了这些外部、内部技巧之后的返璞归真，因为大道自然。

由于笔者的水平非常有限，只能将气象节目主持的一些技巧总结成这样了，文章当中势必会有一些纰漏或不太成熟的见解，在诸多前辈老师面前也难逃班门弄斧之嫌，就权当这是一次不华丽的抛砖引玉，希望能够让更多、更优秀的老师们进行斧正或者是做更详尽的补充。

气象谈话类节目主持人浅谈

刘　森

（天津市气象局气象服务中心，天津 300074）

摘　要

电视谈话节目要求电视工作者在电视节目的创作过程中，不仅要了解被采访者的背景资料，同时要考虑被采访者的心理承受能力。让被采访者在轻松、愉悦的氛围中接受采访，采访者才能及时获取所需的新闻点及信息量。使观众能够通过收看电视节目，汲取他们想要了解的信息及内容，因此，谈话类电视节目的创作应该是“被采访者、采访者、观众”三者情感的统一。本文从主持人的话语操作、谈话内容的严密设计、体察观众以及即兴发挥等方面论述了如何做好一个气象谈话类节目主持人。

关键词：气象谈话类节目　话语操作　即兴发挥

1　前言

谈话类节目起源于国外，20 世纪 90 年代才被引进中国。谈话类节目作为新生事物，显现出了强大的生命力。1996 年中央电视台创办的谈话类节目《实话实说》，可以称之为这类节目的“领行者”。近年来，我国的电视谈话节目发展势头迅猛，各省级电视台如雨后春笋般出现了许多诸如“实话”的谈话类节目。从《艺术人生》《鲁豫有约》《杨澜访谈录》《超级访问》到《背后的故事》《咏乐汇》《可凡倾听》《非常静距离》《今夜有戏》等。电视谈话类节目呈现出遍地开花的现象，特别是名人访谈节目热播和屡创收视新高。中国气象频道制作播出的《气象今日谈》《中国减灾》等高端谈话类节目的出现，也填补了气象专业性节目的空缺。

电视谈话节目要求电视工作者在节目的创作过程中，不仅要了解被采访者的背景资料，而且要用观众的视角、采访者的语言来再现屏幕形象。同时要考虑被采访者的心理承受能力，用理性的思考、情感的渗透让被采访者在轻松、愉悦的氛围中接受采访，采访者才能及时获取所需的新闻点及信息量。观众能够通过收看电视节目，汲取他们想要了解的信息及知识。因此，谈话类节目的创作应该是“被采访者、采访者、观众”三者情感的统一。以下是本人对于电视谈话类节目中主持人的一点思考。

2　电视谈话类节目中主持人的话语操作尤为重要

谈话类节目是一种较为特别的电视节目类型，它以面对面、零距离和即兴谈话为主体，口头语言的趣味性、话题的吸引性、谈话的深刻性和对观众产生的思考性为其显著特征。通过深入学习，我认为电视谈话节目是主持人、访谈嘉宾、现场观众在演播室就某一问题阐述和讨论观点的节目。这一定义突出了节目主持人在现场的“遥控器”角色，但对谈话节目的空间限制显示出一定的局限性。因为谈话节目完全可以走出“象牙塔”般的演播室，回归嘉宾真实的生活空间，轻而易举地了解其最新动态。并比较容易地通过对最新动态的采访，打开嘉宾的“话匣子”，从而在嘉宾熟悉的环境下，用语言采访，探寻心路历程和背后的故事。

3　电视谈话类节目中主持人以谈话为主要内容

电视谈话类节目应该以谈话为主要内容，或者说电视谈话类节目是主要围绕谈话组织起来的节目，它必须在严格的时间限制之内开始和结束，并且要保持话题的可看性。节目的看点就在谈话本身，简言之，要做好谈话类节目，着眼点首先要放在如何经营好谈话上面。为了使话题更具有可谈性，节目更具可看性，并保持话题的深透性，要对嘉宾进行深入的了解，特别是专业知识和嘉宾所获得的奖项、发表的文章等。

在深入了解之后，通过采访并唤起受访者当年最难忘的经历与回忆，从而构成逻辑性较强的谈话过程，并以此谈话为节目主要内容。主持人的现场主持就如同战地指挥员，只有知己知彼才能百战不殆。因此，主持人要重视对受访者的了解和交流，越多越好，谈话才会越投机，气氛越和谐，有益于主持人在现场的发挥。

4　电视谈话类节目谈话内容是在严密设计基础上的即兴发挥

谈话类节目的谈话在传统意义上来说，应该是一种无脚本的，带有即兴色彩的谈话。但是，电视谈话毕竟是在电视台播出的节目，任何无主题、散漫式的谈话都不应该划入严格意义的电视谈话节目的范畴。表面上的即兴发挥必须建立在严密设计的基础之上，也就是不能“放任自流”。这种即兴色彩既体现了电视媒体具有的即时传真功能特色，以一种真正“电视的”形态表现出来谈话类节目独特的魅力，又适应了观众希望通过电视实现社会交流的要求。

主持人在主持谈话类节目时首先要注意的是如何实现一种非常和谐自然的交流气氛。在节目中，主持人对现场气氛的变化应保持一种敏感，以便用适当的方法进行调整，并在主持过程中时刻把握分寸，从而保证节目的最终成功。

我们中华民族具有重视炼字炼句的传统。“为求一字稳，耐得半宵寒”“吟成五个字，用破一生心”“两句三年得，一吟双泪流”，这就是历代文人沿袭的追求。广播电视口语是经过提炼的更高层次的口头语，规范化的语言必须遵循其原则，艺术化是其必须追求的目标，炼字炼句的传统应该继承。因此，谈话类节目主持人，特别是气象访谈节目主持人更需要扎实的即兴口语表达、专业的语言功力。

5　电视谈话类节目主持人应时刻体察观众并拉近关系

为更好的激发起观众参与兴趣，活跃节目气氛，除了专门设置观众参与环节之外，主持人也必须发挥主观能动作用，这就需要主持人把观众挂在心上，在节目过程中走进现场观众乃至电视机前观众的心里，灵活地在串联中结合节目主题反应观众的所想所思，从而有效的拉近传授关系。缩短与受众的距离，增强传播效果。

就这一问题，可以在有现场观众的谈话类节目中，增加观众与嘉宾之间的互动。在允许的情况下，可以适当在节目里安排一些互动性强的小节目。如果主持人能即兴加上一些旁白或者解说，既能帮助观众看出门道，又能促成小节目的生动表演，拉近观演关系，从而达到节目所预期的效果。

主持人是连接观众最直接、最能沟通情感的中介，是最积极、最能传情达意的主导人物，通过主持人直观而生动的形象表达，使观众在短时间内包容更多更新的内容。要在不同的栏目中表现自我的才华、气质和语言特色，使之产生的艺术魅力更能吸引观众、赢得观众，电视节目主持人的现场发挥就显得尤为重要。现场的发挥主要强调主持人在现场的捕捉能力和对现场的把握能力。它注重在现场的发现与挖掘，注重在现场的思考与提问，注重对现场的展示和现场感的传达。一档成功的电视栏目中最能启人心智、令人愉悦，为整个节目增添光彩的则是主持人对现场的把控与互动。

6 结束语

主持人的话语不是什么插科打诨的耍贫嘴，而是需要火候，不可滥用，不应牵强的。当今社会竞争激烈，人的交往更加频繁，许多现实的话题迫使我们要立即做出适应性的回答。尤其是气象主播，面对摄像机，在富有变化的节目语境中，要能够敏捷的相时而动，做出得宜的应变性表达，要能够出语迅捷，出口成章，要能够巧语解困，妙语服人，就需要高明的快速应对能力和文化底蕴积淀。主持人只有运用恰当的应对策略，才把主持艺术的魅力发挥出来。“路漫漫其修远兮，吾将上下而求索”，这是气象主持人所需要不断修正和学习的。

参考文献

吴洪林. 2007. 主持艺术. 上海三联书店.

浅论电视气象节目主持中副语言的运用

央吉次仁　扎西央宗

（西藏自治区气象服务中心，拉萨 850000）

摘　要

在气象节目中，主持人出镜景别、切图、指图等要素决定了所使用的副语言应是比较频繁的。但由于气象节目信息量大，主持人多侧重于文字语言的设计交流，而对副语言的“开发”不够，使得主持人主持风格千篇一律，重点不突出，节目内容难以被观众“消化”。因此，除了重视吐字归音、记忆稿件等环节之外，气象节目主持人还需重视副语言的“二度创作”，积极利用手势、目光、表情等语言，将稿件进行生动的、人性化的讲解，以提升自身魅力，并最终达到增强节目传播效果、提升气象服务能力的目的。

关键词：气象节目　主持人　副语言

人类学家雷·博威斯特研究认为：人在面对面交流过程中，语言所传递的信息量在总信息量中所占的份额还不到35%，剩下的65%的信息都是通过非语言方式交流完成的。这说明，非语言符号具有非常重要的加强表达、促进沟通的作用。电视节目主持语言亦可分为口头语言和副语言两大类。其中口头语言承担着传播节目内容、与受众进行直接交流的作用，而副语言则能够起到增强口头语言表达效果、增加节目主持人个性魅力、无形中提升节目传播效果的作用。对于不同的电视节目类型来说，主持人对副语言的使用程度不尽相同。气象节目主持中，由于主持人出镜景别、指图、切图等要素决定了所使用的副语言应是比较频繁的。但由于气象节目信息量大，主持人多侧重于文字语言的设计交流，而对副语言的“开发”不够，使得气象节目主持人主持风格千篇一律，重点不突出，节目内容难以被观众“消化”。因此，除了重视吐字归音、记忆稿件等环节之外，气象节目主持人还需重视副语言的“二度创作”，积极利用手势、目光、表情等语言，将稿件进行生动的、人性化的演绎和讲解，以提升自身魅力，并最终达到增强节目传播效果、提升气象服务能力的目的。

1　电视气象节目中副语言运用的必要性分析

1.1　首因效应使然

从广义上说，“副语言”包括目光语、表情语、手势语以及服饰搭配等。心理学家研究发现，与一个人初次见面，45秒钟内就能产生第一印象，这就是心理学上的“首因效应”。首因效应本质上是一种优先效应，当不同的信息结合在一起的时候，人们总是倾向于重视前面的信息，因此，可以说第一印象会在对方的头脑中形成并占据着主导地位。即使人们同样重视了后面的信息，也会认为后面的信息是非本质的、偶然的，人们习惯于按照前面的信息解释后面的信息，即使后面的信息与前面的信息不一致，也会屈从于前面的信息，以形成整体一致的印象，这种效应会在之后长时间“接触”后，逐渐被打破。如果节目时间短、“接触”时间不长，主持人就没有改变印象的余地。

《天气预报》节目时长多在2～5分钟。可以说这几分钟输入的信息对以后的认知产生的影响很大。如果节目时间够长，主持人之后的表现或许可以弥补节目开头的不良印象，但是由于大部分气象节目时间很短，因此，气象节目主持人需在短时间内在受众心里建立良好印象，而副语言所能起到的增添主持人个性特质、魅力的功能就不容忽视。

1.2 电视媒体的传播规律使然

和各类节目相比较，天气预报类节目的信息密度是较大的。如新闻联播之后的《天气预报》内容就包括：过去24小时的天气实况、48小时内的天气预报、台风消息、特殊天气预警、火险等级预报、主要城市预报等。各省级、地市级的《天气预报》节目中，通常包括实况、24小时、48小时、72小时趋势预报，紫外线指数等预报，其间还附有数据、图表、地图等，所呈现的信息量也是比较大的。

如果每天的气象信息都是按照以上顺序详细罗列，平铺直叙，观众很可能听了后面的，忘了前面的，最终可能产生“什么都说了等于什么都没说”的效果。这和电视媒体的传播规律相悖。电视传播的过程是转瞬即逝的，不可逆的。这就决定了电视气象节目必须在信息传播效果上下功夫。在气象节目语言中，如果只是利用有声语言，那么会让人产生语速快、信息衔接不自然、没有“空隙”让观众“消化”、主持人像“播报机器”等感受。而合理利用副语言，如重点部分转身与观众进行目光交流、适当的停顿表示节目进入“下一环节”等方式，可以帮助观众消化、理解、记忆节目内容。这些副语言的运用，可以对口头语言表达起到补充、辅助和强化的作用。

1.3 区别于APP传播方式使然

进入21世纪，在进入移动互联网时代，气象信息可以更加便利地从不断升级的应用软件中，如APP中获得，受众被极大分流。2014年1月美国家喻户晓的气象频道（Weather－Channel）被美国最大的卫星电视运营商DirecTV停播，理由是DirecTV认为对方的气象信息不再是面向电视订户独家播出，可以通过移动应用随处获得。这一案例揭示了传统电视气象节目处于的尴尬境地：电视气象节目存在的必要是什么？优势又在哪里？这充分揭示了，除了提供更为深度的气象咨询、提供专业气象服务之外，气象节目主持人作为节目的“灵魂”，应最大限度地发挥魅力吸引受众，除有声语言外，主持人还应该充分发挥副语言的作用，使电视气象节目更具“个性”魅力和“人情味”，这是区别于目前APP人－机传播的重要方式。

2 电视气象节目中的各类副语言的设计原则

2.1 与民族审美心理相吻合

由于文化和审美习惯不同，每个民族对于主持人的副语言的欣赏和“包容度”不同。我们看到西方国家的电视气象节目主持人，有的表情夸张、动作幅度比较大，有的甚至身着奇装异服。但在我国，大众的审美标准决定了对于端庄、稳重、亲和力是最重要的。在少数民族地区，如拉萨藏语气象节目中所使用的是敬语，加上主持人身着传统藏装，袖口较大，决定了在这类节目中主持人的表现要比汉语节目中更矜持、稳重、手势幅度不能太大(否则袖口就会被甩来甩去)；又如在西藏地市级节目《林芝天气预报》中，主持人身着林芝本地的“贡布服”，帽檐很长，就不能将身体或者头部转来转去，否则容易使观众的注意力被帽子所干扰(图 1)。

图 1　同一主持人在不同节目(西藏汉语节目、拉萨语节目、林芝语节目)中副语言的使用

2.2　与节目风格相吻合

近些年气象节目的类型不断丰富，观众在收看不同的节目时会有不同的心理和审美标准。面对不同节目，丰持人的副语言也需随之变换。副语言运用的原则是与节目风格、定位协调一致。如预报类节目，风格较为严肃郑重，副语言也应具有端庄、沉稳，动作少而有力，指图要洒脱、利落；咨询服务类节目中副语言的“自由度”稍大，可以适当增加主持人的主观感受，表现在副语言的运用上就是可以更为生动、传神、更“自我”些。

2.3　与稿件内容相吻合

一句话的含义不仅取决于其字面意思，还取决于它的弦外之音。文字只表达了节目的部分信息，剩下的内容需要各种副语言来补充、强调，因此，副语言要配合有声语言，表现出“统一性”，切忌“言行不一”。如在介绍“天气不错、有利于出行”时，表情可以是愉悦的；而当介绍出现极端天气、可能带来不利影响时，一定要注意变换表情、语调等副语言内容，否则容易流露出“幸灾乐祸”或“与我无关”的“弦外之音”。

3　气象节目中各类副语言的设计

3.1　眼神语

1959 年美国 E. T. 霍尔指出：一个人在倾听别人说话时，会望着那人的脸，尤其是希望看到他的眼睛。语言可以造假，但眼神是很难造假的。电视气象节目主持人要想美化自己的形象，首先得锤炼自己的眼神。

由于气象节目是通过抠像技术完成的，气象节目主持人前方并无观众；转身看的天气图片也不在身后，这就特别需要主持人“心有观众”，并且目光必须有凝聚力和表现力。此外，演播室里有许多刺眼的灯光，加上很多气象节目主持人是背稿，灯光的刺激加上对稿件内容的不断“回忆”，气象节目主持人容易本能地频繁眨眼睛。这会使主持人显得紧张，观众也会产生不安的感觉。另外在预报类节目中，主持人的眼神焦点可以说是多变的，一边要面向图表，一边要面向观众，此时主持人的目光落在哪里，观众就容易“跟着走”。与观众适当的眼神交流是必需的。如在指图强调重点内容时，可以适度转身和观众有眼神交流，但在指图过程中，切忌过于频繁的“目光交流”，否则会扰乱观众的看、听，使观众“无心”看图解，减弱信息传递效果。

3.2 表情语

天气预报节目主持人的表情要诚恳，这样首先会使节目内容可信，其次要尽量展现主持人的个性特征。编导在编写稿件内容时一定要考虑到主持人表情的“张力”，如果不能达到预期效果，不如不要，以免起到副作用。

在气象节目中，表情语的运用不到位会起到相反作用。有些气象节目主持人脸上总是挂着“职业性微笑”，不管节目是什么内容都是“热情洋溢”，甚至在转身指图时还面带笑容；有些主持人，摄像机的红灯一亮，立马笑容满面，而一侧身，脸立即拉长。这两种极端的表现都会让观众产生“虚假感”。此外，有的气象节目主持人表演成分过重，表情夸张无度，极不自然。如不断点头或者扬起下巴，都暴露出主持人紧张、对稿件不熟悉或者自以为是的主持状态。

3.3 姿态语

与其他类型的节目不同，电视天气预报节目主持人的一大职责是指导和帮助受众理解天气示意图表和传达的气象信息。所以指图是电视气象节目主持人的必修课，主要包括手势和脚步转换。

气象节目主持人的手势，首先要避免给观众造成视觉失衡感。如主持人一只手不停地做手势，而另一只手则始终夹紧不动。另外，手在指图，身体姿态也应当有相应的改变，有的主持人只有上半身在动，致使在指离身体较远的图表时上半身过于前倾，造成视觉失衡。还有的主持人是身体完全面向观众的伸手指图，肩膀高低不平，也会失去平衡感。其次，主持人应该根据自身特色进行手势设计。如有些主持人指点某个地点或较小的区域时用手指，指较大范围的区域时则用手掌。有些主持人手部皮肤比较黑或者演播室灯光不匀时可以将手掌面向观众，但对于手部特大的主持人则不适用。第三，指图手势应该是积极的。一些“老”气象主持人在指图上很容易产生惰性、离身体近的区域指一指，够不到的地方则不指了，但并不是每一个观众都了解图表所表示的信息，因此，气象节目主持人应该积极指图，做到心有观众，这也是电视气象节目区别于 APP 传播的重要方式。

对于气象主持人来说，观众主要看的是手势变换，实际上手势表现好坏极大程度上取决于脚步转换。脚步转换上要求动作从容大方和自然。在主持人指图时，只要两脚位置合适，将身体向图板一侧稍转就行；根据手部指图的需要，主持人的脚步还应该及时在“一条直线”上前进或者后退，以保证上、下身的协调自然。在主持节目时，最容易产生的不适感是两腿“露缝”，特别是穿着裤装的主持人。对策是在调光和对主持人位置时，主持人可以将身体稍向画面内侧或指图的方向偏转 15～30 度，两脚分立与肩同宽，之后保持脚后跟位置不变，将身体转向正对镜头，自然站立。如果节目中需要走动，在停下站立时也应保持这样的姿势。这样，在画面上主持人的身体会有稍稍向内转照应图板的感觉，看起来比较协调舒服。

3.4 服饰语

由于气象节目多为站立的，景别较大，身体露出的部分比较多，因此，在着装上需要讲究协调。主持人着装，忌用与节目背景色反差较大的色彩，忌用同等面积高纯度的互补色；在进行主持人定位时，主持人应该根据自身特色设计穿衣风格，并保持该风格的连贯性。如体态丰满的主持人忌穿下摆开叉的西装，以免显得肚子大；脖子太长的主持人尽量不穿“V”型领等。另外，由于天气图表、符号等内容丰富，主持人的衣服和首饰上就不要花样繁多，以免削弱气象节目中各类符号的强调作用。

为了在镜头前显得更为“靓丽”，主持人们可谓“费尽心机”的减肥和购置高档套装。不过近年来很多观众也发出这样的心声：统一的套装模式，并不能反映出天气变化的信号。一年有四季，每个季节气象节目主持人的服饰应有所不同。为了拉近主持人与观众之间的距离，使天气预报变为一个人与人之间交流的模式（区别于 APP 人一机交流方式），起到天气预报节目服务性的本质，也许在不久的将来，我们可以在秋季看到主持人穿着高领，冬天穿着羽绒服主持节目的样子，这种提示作用将会更好的发挥服饰的副语言效应。

参考文献：

吴丹琦. 2011. 现场报道副语言的运用分析. 视听纵横，**2**.

郑雪. 2004. 社会心理学. 广州：暨南大学出版社.

黄石健. 2008. 电视气象节目主持人的非言语表达技巧. 气象研究与应用，第 29 卷增刊.

浅谈电视气象节目主持人的造型

郭　帆　王　轶　程　莹

(浙江省气象服务中心,杭州 310017)

摘　要

美是无限的,主持人形象之美也是没有止境的。当代电视气象节目主持人造型风格日趋成熟。气象主播的外形与节目整体风格相互影响、相互依托,同时不同类型节目的主持人对外形的要求和风格也不尽相同。一定层面上来讲,主持人的形象特色决定了其节目特色。

关键词:电视气象节目　主持人　服装造型

1　电视气象主播起源

1993 年 3 月 1 日,中央电视台《天气预报》节目让全国的观众朋友们眼前一亮,这是历史性的一天,天气预报主持人从幕后走到了台前,第一个亮相的是“气象先生”宋英杰。由此开始,从中央台到地方台都推出了由“气象先生”或“气象小姐”主持的天气预报节目。人们彻底改变了“听”天气预报的习惯,天气预报主持人成为电视屏幕上一道独特的风景线,令节目更好看,更有人情味了。

屏幕中,“气象先生”宋英杰身着白衬衫、笔挺西装,同色系领带,发型清爽干练,幽默风趣的谈吐、自信笃定的形象,仪表庄重洒脱而有自信,给观众留下了深刻的印象。

字正腔圆、光鲜靓丽、指点风云——这是大多数人对气象主播的第一印象。但是在当今时代,一个气象主持人往往不能只具备这些特色,更重要的是必须具备独具一格、富有强烈个人魅力的形象符号。比方说,一个新发型、刘海的走向、眼影的色彩;大到整套出镜服装的款式特色、小到一粒纽扣的颜色、一缕发丝的走向等。说到这里,我们就不得不谈到主持人的气质特色。因为,一档气象节目的整体风格与主持人的气质特色必须相吻合,因此,每一个气象节目主持人都应该善于发现自身的形象特点,扬长避短的将屏幕形象完美化。

2　主持人的气质特色及对节目影响

2.1　主持人自身气质特点

无论什么电视节目,主持人的气质特色都是很重要的,主持人的气质源于主持人的性格特征,不同的节目主持人将自己的性格特点贯穿和融注于节目之中,在节目感染度上体现主持人气质的特点,这样会使节目凸显出与众不同的特色。主持人的气质一般可分为以下几种:

2.1.1 端庄典雅型

此类主持人举止端庄、自然，在主持节目中收放自如、波澜不惊，这类气质的主持人给观众的形象感受往往和她娴雅的气质相辉映。男士常见稳重色系西装套装，女士常见不夸张的套装配饰和线条柔和的发型。比如央视《天气预报》主播杨丹。

2.1.2 知识学者型

此类主持人学识渊博，常给人以知识的启发，观众通过他的主持，可以了解更为丰富的科学知识，可以给予观众更多的信任感，此类主持人具有浓郁的专家学者气息，比如宋英杰。

2.1.3 古灵精怪型

举止和语言的幽默诙谐贯穿于主持之中，服装造型方面无须中规中矩，可以尝试些夸张造型。例如吉林卫视，《英子说天气》的主持人英子，戴眼镜，扎 2 个辫子，穿花衣服，伶牙俐齿的播报、精灵可爱的造型，相信也给广大观众留下了深刻的印象。同时英子运用了东北方言很有幽默搞笑的特色。讲起笑话来，通俗易懂，寓教于乐。朴实的人物性格在方言的衬托下更显得平易近人，无形中缩短了与观众之间的距离。

2.1.4 青春恬美型

此类主持人以女性居多，她们大多具有较好的观众缘，富有青春气息、朝气蓬勃。她们服饰活泼、自然，妆面清新、甜美，主持人的整体形象让人感觉赏心悦目，很容易让观众产生亲近感。比如《天气体育》的主持人管文君，恬美的外表给节目增色不少。

2.1.5 亲切自然型

此类主持人具备与观众“零距离”沟通的强大魅力。可以穿着线条优美的连衣裙衫，或简洁大气的运动服饰，她们表情的恬静、皎然，以及语言的娴雅、温馨，给公众留下美好的印象。比如《凤凰气象站》的主持人崔莉，在许多公众满意度调查中，她的亲和力都拔得头筹。

2.2 主持人自身气质、品味对节目质量影响

电视气象节目主持人除了要具备良好的形象条件外，还要将自身的形象特色最大限度的应用在节目当中，即使得主播形象与节目定位、整体风格相辅相成、相得益彰、完美融合。这就对主持人自身的审美倾向提出了更高要求。有的时候，主持人的审美风格就决定着节目的整体质量和节目灵魂，往往当主持人形象与节目风格高度融合时，才更易感染受众，使人们得到启示和教义。

3 不同类型节目对主持人造型要求

纵观现在的气象节目，我们不难看出，气象主播的外形与节目整体风格是相互影响，相互依托的，同时不同类型节目的主持人对外形的要求和风格也不尽相同。一般权威型节目对长相最苛刻，对在节目中的动作、要求也比较严格；对于其他类型主持人，对长相要求并不十分严格，对形象和动作要求也相对宽松。但是，作为电视节目主持人，无论主持什么类型的节目，都应注意自己的仪表形象。仪表要符合个人条件，个人条件包括自己的容貌、体型、性格、动作等特点。不合适的装扮不仅起不到美化的作用，还会歪曲丑化原有的形象。另外，着装的式样颜色应该尽可能与之相适应。

3.1 新闻类天气预报节目对主持人妆面造型要求

以央视和各省市《新闻联播》后《天气预报》节目为例，它是出现最早的有主持人气象节目，一般紧跟黄金时段《新闻联播》节目后播出，因此，节目定位与《新闻联播》比较接近，最强调栏目的权威性，所以主持人的形象要求端庄、大气。

在妆面上，男主持人要力求自然清淡尽可能还原本色，不可有明显的化妆痕迹；女主持人要淡雅清新，化妆不应过于浓艳。

在发型上，男主持人要求有层次纹理感的寸发，这样显得更具成熟为重、可信度强。女主持人要求发长在胸线以上，发尾可略弯突出主持人端庄温婉的气质。

服装上，男主持人应选择成熟稳重的西装，颜色可选用藏青色、深灰色、灰色、黑色等突显稳重一面的色系，而在领带颜色上可选多种颜色进行搭配，但要注意衬衫和领带不宜选用细小的条纹状图案，避免出现频闪的状况。女主持人则适宜选择职业套装，颜色的选择范围比男主持人大，只要注意不与抠像背景和节目背景靠色即可，同时也要注意套装内搭配的吊带也不能选择细小条纹状图案。

3.2 时尚资讯类节目对主持人妆面造型的要求

首先以《凤凰气象站》为例，《凤凰气象站》是在凤凰卫视播出的天气咨询节目，相对于其他频道的天气资讯类节目来说更时尚一些，要求主持人要清新、时尚、大气。根据栏目的风格，女主持人的妆面和造型就要比新闻类的女主持人时尚感更强一些，可以尝试使用小烟熏妆的化妆手法。在发型上，波波头以及时尚的大卷发等等都可以尝试。另外，造型独具特色的休闲装以及大气的连衣裙等也可以穿出时尚感。

同属于资讯类的节目，我们再来看看由浙江省气象服务中心制作于浙江卫视播出的《天气向导》节目，主持人的造型也会略有不同。栏目重点关注各地旅游资讯和时尚话题，主持风格要求轻松、阳光。主持人的妆面除了力求自然外，女主持人的妆面要重点注意眼影上与新闻类天气预报节目的区别，可根据不同服装变换使用更亮丽一些的色系，如亮粉色系、浅咖啡色系、紫色系等。

发型上，在资讯类节目中主持人的发型要做的更显时尚，可以通过增大发型的纹理来达到这一目的。女主持人的发型可以吹得蓬松些。

服装上，可选择更为休闲些的款式，突出表现栏目轻松、休闲的风格定位。

3.3 专业服务类节目对主持人妆面造型的要求

在专业频道播出的电视气象节目要在服务观众的同时，配合频道的专业特征。以浙江卫视的《农情气象站》为例，节目侧重气象为农服务的方方面面，节目内容除了必要的天气信息之外，还要根据季节气候的变化，为广大农民朋友在农事方面提出较为适宜的指导性建议。此类节目专业性比较强，相对来说，主持人就不能穿着或佩戴过于夸张的服饰，在妆面和发型上也要力求简洁、大方、不失亲和力。

再以 CCTV－5《天气体育》为例，节目侧重运动健身方面的话题，要求主持人健康、青春、充满活力。在妆面上，眼影、腮红、唇色可以使用粉红色、明黄色系，这样可以使主持人显得更健康、富有朝气。发型上，也要比时尚资讯类节目更活泼一些，突出运动感，比如英式马尾辫，刘海可自然偏向一侧，让主持人开朗活泼的气质充分展现出来。

4 主持人内在气质培养探讨

4.1 知识内涵

主持人本身如果对气象知识不是很熟悉的话，就会出现表述上的松懈和错误。因此，气象节目主持人应不断丰富自身的气象知识，要正确阅读和理解气象专业名词，要真正懂得其中的意思；那么相反地，对于出身气象专业的主持人来说，丰富而准确的专业知识是这类主持人的优势，但同时必须在电视传播、新闻学和播音主持艺术方面多下功夫。

4.2 人文关怀

我们常说，气象主播在播讲时，如果只顾着自己背稿，而没有将心与感受融入稿件和画面中去，那么观众感受到的只会是一个发声的机器。简言之，主持人必须培养人文关怀精神，在语言表达上注意用词恰当准确，掌握好语气分寸。气象主播要淡忘自我意识，直接深入生活，接近观众，不要把自己的负面情绪带到节目之中，而应该传达一种积极向上的情绪，去感染观众。比方说，遇到连阴雨天气，农田遭遇水渍灾害时，如果主持人能够深入田间地头，去真实感受菜农的心情，这样做出来的节目一定是具有人文关怀的。

4.3 道德修养

主持人除了需要具备良好向上的外形条件之外，他的道德品行也直接影响着节目质量。因为在节目主持中，只有品行端正的主持人才能得到观众的尊重和信赖，他的言论才会在观众中产生积极的影响。因此，崇高的道德修养是塑造良好主持人形象的前提和保证。

5 小结

美永远都蕴含在生活当中，观众最欣赏的美总是出自于真实和自然。主持人的形象塑造需要日积月累的提炼和升华，它代表着主持人自己与整个节目的素质水平。在当今这个飞速发展的时代，电视气象节目主持人，不仅要扎实掌握专业气象知识，不断提升艺术修养和形象设计意识、丰富和美化自己的屏幕形象也同样重要。

参考文献

宋英杰. 1999.气象节目主持纵论.北京:气象出版社.

浅谈电视气象节目主持人综合素养的提升

严贝茜

（江苏省气象服务中心，南京 210008）

摘 要

伴随着电视传播技术的不断革新，在新型传播设备和传输系统的支持下，在新媒体以及多重传播方式的影响下，电视气象节目的制作已发生了根本性的变化。对此，电视气象节目主持人要树立新的学习理念，追前更新；主动参与新的工作实践，求真创新；参与策划新的节目内容，提高互动意识和服务意识。只有这样，才能提升电视气象节目主持人的综合素养，提高公众对电视气象节目的满意度，更好地实现气象信息的有效传播。

关键词：电视气象节目　主持人　综合素养　工作创新

古今中外，天气一直是人们最关心的话题之一，电视气象节目也是收视率最高的节目之一。伴随着电视传播技术的不断革新，在新型传播设备和传输系统的支持下，在新媒体以及多重传播方式的影响下，电视气象节目的制作已发生了根本性变化。作为观众和节目进行沟通的桥梁，主持人发挥着非常重要的作用，主持人整体素养的提升，对节目的发展有着极其重要的影响。笔者长期从事气象节目主持和编导工作，从理论和实践双重维度认为应主要从以下三方面着手提升主持人的综合素养。

1　自主学习追前更新

学习是自己主动探索、获取经验、完善自我的过程。学习的乐趣集中体现在主动探索的过程当中。电视气象节目主持人要实现知识更新，必须在加强专业理论学习的同时，不断掌握多学科、多领域的新知识。

1.1　善于追踪前沿新知

知识是由一点一滴积累而成的，任何人不可能一蹴而就。对于主持人来说，要树立坚定的学习信念，追踪前沿新知，研究节目趋势，将知识与实践融为一体。学习的新知识越多，主持节目就越得心应手，节目质量就能得到更大的提高。尤其是当前电视气象节目主持人多为播音主持专业出身，对于气象专业了解不多，了解的不深刻，所以就更应该努力学习气象及相关知识，弥补自身专业的不足。比如，主持农业气象节目要对农业气象和农业生产有所了解；主持生活服务类气象节目要对生活常识有切身体会和不断关心生活的新变化，这样才能提高电视气象节目的服务效果和增加收视率。

1.2　善于更新现有知识

知识是不断更新、变化、无限地向新的更高的层次推进的。任何一门知识在人类知识总体中不过是沧海一粟。既然知识是无限的，主持人就不应满足现有的知识水平，要养成勤思、多问的习惯，自觉更新现有知识，迎接新的挑战。目前的电视气象节目已不单纯是简单地播报了，访谈类的气象节目也受到了大众的欢迎。因此，气象节目主持人只有具备了丰富的知识，才能面对镜头、面对观众侃侃而谈。

2 主动工作求真创新

渴望成功是每一位主持人的梦想。而在主持队伍不断壮大的今天，要想在激烈的竞争中脱颖而出，成为一名优秀的、成功的主持人，就要充分发挥主观能动性，求真创新，比别人看得更远，做得更多，坚持的更久。只有了解新设备学习新方法，主动工作，积极参与新节目的策划和实践，才能有所作为，实现自我突破。2013 年 5 月，江苏省气象服务中心引进触摸屏点评系统，对演播厅进行了实景改造。同年 7 月，江苏卫视《天气预报》节目采用了“主持人＋触摸屏”点评方式全新亮相。一年来，笔者在这项工作中得到了锻炼。

2.1 参与点评系统实践

2013 年 7 月，江苏卫视《天气预报》节目采用了“主持人＋触摸屏”点评方式全新亮相。经过近一年的体验，点评系统的确是气象主播工作的好平台。简单地说，体现在三个方面：一是放大缩小点面结合。在播报全省天气预报时，需要把各地市的天气情况一一道来。以往利用的是平面图，不能重点突出某一个典型地市的情况，而采用点评系统后，通过凸起放大某一地市的区域，就能非常醒目地呈现出来，让观众看得清、记得牢。二是上推下移要点突出。在播报气象新闻、天气知识、自然环境和生活常识时，以往主要靠主持人口播，配上单一的图片或视频，而现在采用上推下移的技术，观众的视线可以随着主持人手部动作的移动而移动，把次要的画面或视频推移到屏幕的四周，把重点关注的画面或视频放在屏幕中间，更加醒目突出。三是触摸点评一目了然。在讲解天气过程时，以往主持人解说的时候，背景云图机械单一，观众听得枯燥，也看不明白，现在主持人可以边说边画，在屏幕上简单清晰地画出天气现象的形成原理、台风的移动路径、冷空气的影响范围等等，让观众一目了然、迅速地理解主持人所要传达的信息，甚至有身临其境的感觉。在气象节目传播过程中，通过触摸屏点评技术的应用，能够提供给观众更好的个性化服务，也能够提高气象知识的传播效率和价值。

2.2 体验点评触摸过程

主持人在体验触摸屏点评系统的过程中，不但看到了流畅的画面、精彩的内容，更多的是了解点评系统的主要特性、工作原理、技术应用、日常维护等知识，掌握正确选择主题标识、准确分析主题内容，并且学会对特殊状况的处理方式等。通过系统专业的学习，保证使用触摸屏点评系统说天气成为荧屏上的全新亮点。

3 参与策划互动服务

主持人如果只是单纯地播天气，必然无法激发公众的收看兴趣。传播学中“使用与满足”理论，把受众看作是有着特定“需求”的个体，他们的媒介接触活动是有特定需求和动机并得到“满足”的过程。我们要从受众的心理动机和心理需求角度出发，研究他们需要得到什么样的气象信息，需要怎样得到等等，这对提升气象服务价值能起到很好的促进作用。

3.1 注重主持人的策划意识

电视气象节目的真正价值，并不在表面的流程，而在于节目背后完整的一套策划，甚至细化到每个时间点要出现什么样的图表，主持人要怎样表达等等。策划和创意是节目的生命，主持人必须具备策划意识及策划能力，自主参与，不断充实节目内容。

3.2 强化主持人的互动意识

气象节目的编排应注意强化主持人的互动意识，这既是主持人个人素质的体现，又是强化节目特色的关键之处。随着新媒体的发展，公众接收气象信息的渠道越来越多，电视气象节目如何站稳脚跟接受挑战？这就对气象节目主持人提出了更高的要求。只有强化互动意识，才能提高电视气象节目的创新性，增强电视气象节目的生命力。主持人要了解天气形势、熟悉自然环境，自己撰写稿件。播报时要熟记文稿内容，并注意与观众的眼神交流，发挥好肢体语言的作用，以轻松自然的状态 增加与观众的视觉互动效果，使气象节目更具亲和力。

3.3 增强主持人的服务意识

伴随电视传播技术的不断革新，在新型传播设备和传输系统的支持下，在新媒体以及多种传播方式的影响下，气象节目已不仅仅停留在简单的“电视画面＋配音”的粗放式编排上，一些综合运用了 4D 动画、虚拟演播、常态直播的报道方式，要求气象节目主持人朝着精细化方向努力。比如，在播报时，要尽量符合公众的思维习惯，把晦涩难懂的气象术语转化为老百姓能够接受的通俗易懂的语言，增加实实在在的服务意识，这样才能提升公众对气象节目的满意度，更好地实现气象信息的有效传播。

参考文献

初立平. 2012. 谈谈图文点评系统在电视节目中的应用. 影视制作，(10).
黄平. 2009. 电视图文点评系统在天气预报点评节目中的试用. 广东科技，(06).
宋英杰，章芳，丁莉莉等. 2009. 咱们的天气预报. 北京：机械工业出版社.
朱定真，董丽丽. 2010. 公共气象服务信息有效传播方式研究. 气象科学，(04).

浅谈气象节目主持人屏幕形象的塑造

许莎莎

（浙江省气象服务中心，杭州 310017）

摘　要

气象节目主持人是气象节目的代言人。主持人的外在形象可以于短时间内通过造型设计得以显著改善，但塑造一个为观众真正喜闻乐见的"屏幕形象"却非一夕之功力。作为气象节目主持人群体中的一员，笔者深感主持艺术的提升永无止境。本文以帮助主持人塑造具有审美价值的屏幕形象为目的，分别阐述了和主持人"屏幕形象"紧密相连的三大问题——角色定位、专业知识素养和主持素养的个人看法，最后，主要从表情语、肢体语言和有声语言等层面具体探讨主持人画面形象和声音形象的提升。

关键词：气象节目主持人　屏幕形象　主持艺术

1　气象节目主持人的"屏幕形象"及其重要性

主持人的五官长相属于屏幕形象，但如果将两者画上等号就犯下了一个显而易见的错误。在一期完整的节目中，一个主持人所呈现出的全部声音和画面形象构成了其屏幕形象。也可以说，主持人的屏幕形象，是客观的包装设计和主观的艺术创作共同产生的结果，而"主观的艺术创作"是这篇文章重点谈论的问题。

气象节目主持人的屏幕形象到底有多重要？一方面，气象节目主持人的屏幕形象是节目的有机组成部分。气象节目内容基本是依据当天当地的天气实况和天气预报结论而编排，内容的同质化愈加凸显了主持人屏幕形象的重要性。另一方面，气象节目主持人的屏幕形象具有一定的品牌效应。主持人的屏幕形象直接决定了节目的整体格调品位，一个成功的屏幕形象可提升整个节目的影响力。

2　决定气象节目主持人屏幕形象的三大问题

具有"审美价值"的屏幕形象就是"美"的屏幕形象，但"美"和"审美价值"却是非常抽象的概念，笔者将分别从主持人的角色定位、主持人的专业知识素养、主持人的主持素养三个角度进行探讨。

2.1　主持角色定位：气象主持人节目中充当什么角色

"三位一体"理论来自于表演学，即演员集创作者、创作工具和材料、创作成果于一身。虽然国内关于主持艺术的多数理论研究倾向于将主持和表演划清界限，但主持与表演却常常是难舍难分，一些研究者提出"主持人艺术创作也符合表演艺术三位一体的本质特点"。

主持人以真实的自身为创作工具和材料进行艺术创作，最终的创作成果就是屏幕形象。演员依据剧本创作出角色，主持人依据假定的主题创作其屏幕形象。我们将这一表演学的理论借用到气象节目主持过程中，问题就可以转换为：气象节目主持人扮演什么角色？

尼尔·波滋曼在《娱乐至死》中提及电视教学节目的三条戒律。“你不能有前提条件，你不能令人困惑，你应该像躲避瘟神一样避开阐述”，原因是，“每一个电视节目应该是完整的，观众在观看电视节目的时候不需要具备其他知识……电视是不分等级的课程，它不会在任何时候因为任何原因拒绝观众”，否则就意味着不被观众所认同。

即便目的明确的电视教学节目也要凭借娱乐化的手段吸引收视群体，具有鲜明“生活服务”性质的气象节目，更应该放下高高在上的学术姿态和晦涩难懂的专家腔调。

笔者认为，气象节目主持人最恰当的角色定位是：信息服务者。

一个成功的“信息服务者”的角色，可以选择合适的话题，掌控话题走向，实现良好的传播效果。一个成功的“信息服务者”角色，可以巧妙地把握气象与生活的结合点，架起一道气象科学与普通百姓的沟通桥梁。

2.2　专业知识素养：对于主持人非气象专业出身应持什么态度

掌握丰富的气象专业知识对于想成长为优秀的气象节目主持人是十分必要的。遗憾的是国内的气象节目主持人绝大多数都是非气象专业出身，这一点和某些国家气象节目主持人几乎人人都有气象学位的情况迥然不同。在未来，没有相关院校长达几年的气象专业教育背景，似乎宣判了一个人不能成为优秀的气象节目主持人。然而，真实情况却非如此绝对，通过单位定期培训考核和个人自主学习，完全可以弥补非气象专业主持人专业知识的不足。

气象专业教育背景就像把“双刃剑”，其优势是显而易见的，主持人由气象专家担任不但具有权威感和说服力，还能够极大的提高节目的公信力，但其弊端也不容忽视，“娱乐是电视上所有话语的超意识形态”。绝大多数观众都只是希望获取预报结果而已，一旦主持人讲述的内容和方式过于学术化，抑或总从专家的视角来看问题，可能使整个节目的趣味性大打折扣，从而导致观众的流逝。

要让一个气象节目主持人的屏幕形象真正具有吸引力，可以说，足够的气象专业知识、合格的主持素养乃至一定程度的文化底蕴都是必要的。

2.3　主持素养：气象只能简单的播报吗

《中国好声音》、《爸爸去哪儿》等卫视热门综艺节目的陆续开播，一时间使观众目不暇接。近几年，央视和各卫视以及各卫视之间的收视争夺战已逐渐进入白热化，同时，由竞争而导致的日益“多元化”的电视节目生态圈正呈现出前所未有的新活力。中国的气象节目也正行走在“多元化”的道路上，多元化的气象节目呼唤多元化的“主持形态”。

气象节目主持绝不仅仅是简单的照本宣科。从“播报”到“说”再到“播说结合”再到“演绎式主持”，任何一种主持形态的存在都有其存在的理由，适合节目需要的主持形态就是好的形态。显然，要成为好的气象节目主持人必须“十八般武艺，样样精通”。

此外，主持人不仅仅是气象部门的代言人，还应是观众的传声筒。既要主动向观众传递气象信息，也要代替观众发问，未来的气象节目必然将从“单向交流”更多地走向“双向交流”，这对气象节目主持人的主持素养也是一个新的挑战。

3 创造具有审美价值的气象节目主持人屏幕形象

如果说主持人屏幕形象是主持艺术创作的成果，那么，什么样的屏幕形象具有审美价值呢？这是一个回归到艺术的审美性的问题。

依据节目定位，造型师赋予主持人美观得体的造型，但一个主持人良好的屏幕形象（画面形象和声音形象）的塑造并未就此结束。“艺术的审美性是真、善、美的结晶”。一个具有审美价值的气象节目主持人形象同样是真、善、美的结晶。

3.1 以真为则，化真为美

真，即真实自然。符合这一标准的屏幕形象，用一句古诗的意境来形容最合适不过——“天然去雕饰，清水出芙蓉”。然而，一旦面对镜头，特别是在气象节目主持人职业生涯的早期，极少有人能够自始至终都能放松自如，同时又表现出应有的积极良好的主持状态。

在一期完整的气象节目中，主持人不可避免地要对着各类图表“指点江山”，因而就需要比其他类型的节目主持人运用更多的肢体语言。一系列收放自如行云流水般的肢体语言，自然让观看者觉得赏心悦目。相反地，面部表情僵硬、声音虚而高、肢体语言过于拘谨或者夸张、肢体语言和有声语言不协调等一系列问题却会让人觉得主持人像戴了面具一样，不真实不自然。缺少变化如同背诵的语态和一板一眼设计痕迹明显的肢体语言，也会影响主持人的屏幕形象效果。以上种种现象均是主持人在塑造屏幕形象过程中常遇到的问题，如不解决这些问题，主持人就无法更好地展现个人魅力。

笔者认为，学会运用“呼吸”调整身心状态，对于塑造真实自然的屏幕形象具有十分重要的意义。

3.1.1 通过调整呼吸改善画面形象

呼吸依靠人体器官完成，身体和心理状态也可以通过呼吸而改变。在录制节目前如果感觉到紧张、慌乱、呼吸变浅甚至难以集中注意力等，此时应积极调整状态。可挺直腰背站立，慢慢地深吸一口气，保持腹壁定立，之后用膈肌控制气息缓慢匀速地吐出气息，呼气的同时感觉紧张焦虑的情绪随同体内的气息一同排出。可依据个人感受反复多次，直到身体处于比较放松的状态，之后可以小幅度活动身体，使之处于积极兴奋状态。通过练习“深吸和慢呼”能明显改善面部表情僵硬、肢体语言不协调等问题。

在节目直播或者录制过程中，若出现突发事件，比如连线中断、临时插播气象新闻、身体不适等状况，也应先通过呼吸辅以积极的心理暗示调整镜头前状态以保持冷静、积极、专注的主持状态。

3.1.2 通过调整呼吸改善声音形象

节目主持过程中，应采取胸腹联合呼吸法。气是“声”的根。胸腹联合呼吸法保证了主持人在说话时能获取足够的气息，气吸得越深越充足，表示声音获取的动力就越大。若熟练运用胸腹联合呼吸法，可明显改善气声脱节、破音、声音虚高等问题，能够真正地让听者感受到主持人来自心底的声音，有助于塑造亲切的声音形象。

3.2 以人为本，化善为美

无论社会发展到什么阶段，对“人”的关怀一定是任何一类型的电视节目及其主持人价值的最大化。

缺乏经验的主持人常会按照自己的喜好或习惯而自顾自地讲述、做动作，忽略了在冰冷的摄像机镜头后面是一个个有血有肉的观众。

观众需要的是能够和他们同喜同忧的活生生的主持人，不是一个光鲜亮丽的衣服架子，也只有充满善意的主持人才能赢得充满善意的观众。笔者认为，气象节目主持人要特别注意以下几点：

3.2.1　表情语："目中有人"

此处"人"，即是指"观众"。做到目中有人，要先心中有人。气象节目主持人应熟练运用播音的内部技巧"对象感"调动主持状态。哪些信息是观众想知道或必须知道的，就是气象节目主持人要重点讲述的；细化到一张表格、一幅卫星云图或者气温变化图，观众在哪里有可能会感兴趣或者会有疑问，就是主持人需要详细解读的。

比如，在台风等应急气象节目中，主持人在镜头前应塑造理性、端庄、亲切的形象。因而，主持人的目光语要温暖坚定，切忌飘忽不定、呆滞、麻木等，略显冷漠或者有过多个人情绪的流露此时都是不恰当的。

3.2.2　肢体语："人图合一"

在众多节目的主持人中，气象节目主持人大概是运用手势语最多的群体。因此，肢体语言特别是手势语的运用是否美观对于整体节目的观赏性有很大的影响。

总结气象节目主持人常用的手势语不外乎：用掌、用指。但是，因为细节的处理，可能一个给人以美感，而另一个却总让人感觉有些别扭。手，就好比是主持人的武器，形象一点来说，气象节目主持中手势语运用的最高的境界就是：人图合一。

所谓"人图合一"，概括起来就是：主持人的手势语要能辅助有声语言准确解释各种图表。学习合理运用手势语，可以借鉴其他主持人，但是不能"一颦一笑"都照搬，也不能一味采用"切瓜式"或"搬砖式"，主持人要结合自身的性格、气质不断琢磨和调整。

3.2.3　有声语言："用心说话"

首先，要学习科学的呼吸方法：胸腹联合呼吸法，在日常生活中注意养成良好的用声习惯，注意"声和气"的结合。

其次，尽量采取明白晓畅的"说话式"语态。这是由气象节目的时效性决定的，即便是在口播气象新闻或者气象信息之时，观众往往对类似于说话的"播说结合"语态最具有亲切感。气象节目主持人的有声语言要保持严谨、明快的风格，语气切忌拖泥带水或高亢急躁，否则，观众就会觉得主持人像是在机械地背诵稿件，而没有自然说话的感觉。

第三，有效备稿，才能"用心说话"。对于气象节目主持人而言，真正有效的备稿，不仅包括稿件的分析理解，还尝试应该将其转化成具有个人风格的语言。另外，也要对节目所运用到的资料：比如图片、图标、视频、音频等内容等，做到"烂熟于心"，这一点是十分重要也是很容易被忽略的。

3.3　塑造有个性魅力的屏幕形象

一个有魅力的屏幕形象，一定是有个性的屏幕形象。以华风集团主持人宋英杰为例，他以知性的形象及自然诙谐的语言风格赢得了观众的喜爱。作为央视《天气预报》的第一个节目主持人，2013年，他再次以气象节目第一人的身份，荣获中国广播电视节目主持人的最高奖项——"金话筒奖"。

专业知识背景和诙谐的语言风格相融合，就是宋英杰的屏幕形象的个性化特征了。这一特征仿佛就是主持人屏幕形象的标志，当我们提到一个主持人，他或她的特质会第一时间浮现在我们脑海里；当我们提及这些特质，相应的，与之相关联的主持人屏幕形象也会浮现在我们脑海中。

主持艺术，是以积极稳定的心理调控状态在主持人自身的性格色彩、思想情趣、言行习惯、文化素养的基础上再创造的过程。在永无止境的主持艺术提升过程中，每一个气象节目主持人都应将功夫下在平时，深入地认识自我，有计划地提升自我，挖掘和凸显自身的个性特征，再将其真正外化到屏幕形象中去。

值得一提的是，气象节目主持人屏幕形象的塑造或创新和气象节目的改进或创新是相辅相成的，气象节目主持人应致力于塑造具有审美价值的屏幕形象，这一点除了对节目的创新发展意义非凡，更重要的是，相信那将会是万千普通观众心中一抹温暖明媚的阳光。

参考文献

崔新琴. 2005.感觉与敏锐:现代电影表演理论研究(下).北京:中国电影出版社.

蒋育秀. 2003.主持人形象塑造艺术.北京:中国广播电视出版社.

尼尔·波滋曼. 2009.娱乐至死 童年的消失.广西:广西师范大学出版社.

彭吉象. 2006.艺术学概论.北京:北京大学出版社.

王群,曹可凡. 2006.广播电视主持艺术.上海:上海外语教育出版社.

俞虹. 2004.节目主持人通论. 北京:中国广播电视出版社.

张颂. 2003.中国播音学.北京:北京广播学院出版社.

张颂. 2004.播音创作基础.北京:北京广播学院出版社.

浅谈生活服务类气象节目主持人的形象塑造

姜禹汐

（重庆气象服务中心，重庆 400000）

摘　要

荧屏连万家，主持人的形象表现，观众瞩目。人们对主持人的评议，主要是通过其屏幕形象与表现来判定和弃取的，或接受，或喜爱，或冷漠，或唾弃。因此，对于一个主持人来说，塑造完美的屏幕形象是至关重要的。生活服务类气象节目这些年广受关注，本文就广义、概念和国内外生活服务类气象节目分析等几方面，来分享主持人形象塑造上的成功经验，以求清晰地、深入地了解生活服务类气象节目主持人的形象塑造方法和发展方向。

关键词：主持人　气象节目　生活服务类　形象塑造

荧屏连万家，主持人的形象表现，观众瞩目。人们对主持人的评价议论，主要是通过其屏幕形象与表现来判定和弃取的，或接受，或喜爱，或冷漠，或唾弃。因此，对于一个主持人来说，塑造完美的屏幕形象是至关重要的。

生活服务类节目是为群众生活的各方面提供直接、具体的服务。而这类节目的内容原本就与百姓生活息息相关，主持人的形象在节目中又是关键的"第一印象"，从第一眼就要看这档节目有没有收看的欲望，只有观看了一段时候之后，才能知道是不是有继续收看下去的价值。并且，形象塑造让观众在节目开始的时候就有了一个心里定位，有了这好的"开始"，才更有助于后面的"成功"。

本文就广义、概念和国内外生活服务类气象节目分析等几方面，来分享主持人形象塑造上的成功经验，以求清晰地、深入地了解这类节目主持人的形象塑造方法和发展方向。

1　生活服务类气象节目主持人形象概说

1.1　主持人的形象概说

媒体形象塑造是品牌经营策略中的重要组成部分，主持人形象与媒体形象的密不可分，是媒体形象塑造的重中之重。

主持人的形象，首先是"人"的形象，既包含外在的形体标志，也包含内在的人格特征；其次是主持人"职业"的形象，既包含自身的个性魅力，也包含群体的观念与意图；再次，如果把节目的制作与传播过程视为产品的生产与销售流程，主持人形象也具有商品形象的特征。

1.1.1　狭义主持人形象

狭义主持人形象是主持人的自身形象，泛指主持人具有的所有能够唤起受众一系列思想情感活动的有形因素和无形因素，它包括外在形象和内在形象两个方面。其中外在形象多指一些表层因素，如声音、容貌与体态、面部表情、姿势与动作、服饰及化妆等，是浅层次的显现；内在形象包括气质、品格与涵养等，其形象展示是深层次的。就外在形象而言，声音是主持人形象塑造的首要因素。

此外，在塑造主持人的造型上，还应该着重注意姿势、服装和化妆等方面。

1.1.2 广义主持人形象

与狭义主持人形象概念不同，广义的主持人形象与媒体密切相关。可以说，主持人的形象既是媒体形象的人格化，又是媒体形象的品牌化，也是媒体加强主持人形象塑造的规范法则。

广义的主持人形象强调主持人个体与媒介、受众的三方互动，是主持人多种形象特征及关系构成的合成与展示，体现出主持人个性风格与媒体特色的有机结合，并通过大众媒介传播为受众所认知。广义主持人形象可以理解为一种认知形象，它取决于三个要素：一是主持人的自身形象素质，这是基础；二是对节目形象的自我理解和把握程度，这是关键；三是受众的主观感受。从狭义主持人形象到广义主持人形象实现要经历一个复杂的结合、统一与传播的过程。

1.2 生活服务类气象节目主持人的形象构成

"形象"是一个美学意义的概念，对于主持人来说，形象美的塑造不仅仅在于外在的形象修饰，也在于内涵形象的培养。电视生活服务类气象节目主持人在形象塑造上要从长相、打扮、言谈等多方面都要有特殊的要求。

1.2.1 主持人的内在形象表现

1.无处不在的亲和力

在诸多主持人素质中，对于生活服务类节目主持人来说，亲和力是最为重要的。亲和，就是亲近、随和，与受众尽量保持零距离。现在这个传播时代，已经不由我们选择用什么方式去教育观众，而是由观众手拿遥控器选择我们该以什么形态存在。大众传播说服理论的学者霍夫兰用他的传播实验证明："假如传播对象喜欢传播者，就可能被说服。如果接受者认为信息的来源是来自一个与他自己相似的人，就更是如此。"不可否认，主持人能否被大家接受认可，"亲和力"已经越来越成为必不可少的前提，这也是生活服务类气象节目主持人必备的先天特征之一。

"亲和"的另一层含义是发自内心的真诚。对于观众而言，他们需要一个有个性魅力的人、言之有物的人，更需要一个朋友与他们共享生活的乐趣，探讨生活的真谛，用最真诚的语言，选择一个极小的角度切入，层层剥开，满足求知的需要。

2.有声语言表达的丰富多彩

在大量的资讯丰富的报刊和精美的时尚杂志的冲击下，电视生活服务类气象节目的优势就是平面媒介所不能代替的富有动感的精美画面，主持人的主持艺术，在很大程度上来说就是语言艺术。语言是以声音为表意，以听觉为感知的，从话语的表达层面来说，同样的语义经过音调、音速、语气的多种演绎，便构成了语言的表述风格。生活服务类气象节目主持人就是要在符合这类节目共性的语言表达基础上，树立自己的个性，这样才能在缤纷多彩的节目中独领风骚。

3.丰富的生活积累和个性化因素

电视节目主持人在塑造个人屏幕形象的同时，也在塑造自身独立的人格，但是为了追求市场占有率，观众收视率，大多数电视节目主持人，要么牺牲自我来适应栏目，要么牺牲栏目来适应自己，这样的电视节目主持人不鲜活真实，当然，他在屏幕上所展现出的人格力量也就无从谈起。所以，为了能做到个人形象特点与节目收视率成正比，主持人就要在形象塑造方面大花心思。

1.2.2　主持人外在形象表现

1.服饰化妆造型的亲切生活化

生活服务类气象节目主持人在造型上应该随意和自然，在化妆上应清新、自然，可以减少与观众的距离感，服装上不要选择太正式的职业装或礼服。当然，服装也不可太夸张或另类，而是选择随意不刻意的造型方法，使主持人具有生活服务类节目的亲和感。

首先，随意化，生活化的服饰是最容易拉近节目与观众的距离。从外形来看，可以用真诚、亲切、自然、谦和、质朴、大方来概括。随意轻松的风格，或许是主持人在日积月累的经验中总结出来后刻意去追求的，或许是借鉴国外的主持经验，或许又是个人本性的体现，大方得体的衣着服饰、言谈举止使这类节目主持人在主持节目过程中给观众以轻松与随意。

2.平易近人的主导风格

生活服务类气象节目主持人的节目风格，直接关系到主持人的主持风格，这也是在主持人形象塑造时给节目塑造所带来的直接影响之一。在中国的生活服务类气象节目主持人的节目风格大致有以下几种：

一种是平和质朴型节目主持人。如杨丹，是我国最早的一位气象主持人，她所创造的平和自然、亲切流畅的主持风格影响着我国电视节目主持人 20 多年的历史。第二种是青春靓丽型主持人。《凤凰气象站》杨洁、崔莉等主持人以青春活力的形象播报天气，使人耳目一新，为天气节目注以健康色彩，她们这种向观众娓娓道来的主持方式，十分耐看。此外，还有一种则是风格多样化的主持人。电视栏目风格的多样化，是与电视事业的发展和受众心理的变化相伴而生的。在广播电视刚普及的时候，受众对主持人的要求都不高，漂亮、会讲普通话即可。在人们对电视有一个初步认识以后，人们才开始欣赏有个性的节目主持人。单一的生活服务类气象节目和主持风格很难满足受众的需要。在这种环境下，涌现了一大批风格各异的优秀的生活服务类气象节目主持人，这也为电视生活服务类气象节目主持人的形象塑造的发展起到了至关重要的作用。

2　韩国 KBS 电视台和 MBC 电视台的气象主持人形象塑造

在韩国 KBS 电视台和 MBC 电视台的气象主持人形象塑造方面，我们可以非常充分地理解到“寓教于乐”的含义，充分地把文化的、节日的、民族思想的内容融入主持人的造型设计方面，不仅丰富了节目画面，也加强了主体思想，从而更加吸引观众的眼球。

2.1　韩国 KBS 电视台和 MBC 电视台气象主持人的形象塑造的特点

2.1.1　服饰的文化思想贯穿

韩国 KBS 电视台和 MBC 电视台气象主持人造型设计的最大亮点就在于：服饰与节日、气候等条件的对应一目了然(图 1)。

韩国 KBS 电视台和 MBC 电视台气象主持人的主持风格，相对我国国内的传统气象节目主持风格而言，要更加的轻松化、生活化。而主持人的造型设计，也是在秉行这一风格与思路，根据不同的节日、气候、国内时下赛事等因素条件，来调整自己的着装，以示应时应景。试想，时尚信息贯穿于着装造型当中，那年轻化的受众群体则会更加的喜爱此档气象节目，若将节日信息凸显于着装造型中，使得忙碌于工作中的朋友们关注天气的同时加强了一丝对节日的关注，加强了对家人的关心。而将我们中华五千年历史的传统文化、传统思想有意识地妆点在主持人的着装造型，那将会潜移默化地影响每一名受众。笔者认为，这是不是也是“生活服务类”一词另

图 1　韩国 KBS 电视台和 MBC 电视台气象主持人服饰造型

一层面的体现呢？或许我们可以这样讲——我们不只是播报天气，我们更多是关注生活。

2.1.2　发型的细致精美体现

如上一段所说，将思想贯穿在细枝末节处。那除了着装外，发型也是直观的不可忽视的重要的主持人形象塑造的因素之一（图 2）。

图 2　韩国 KBS 电视台和 MBC 电视台气象主持人发型塑造

首先要强调的一点是，其实，中国的生活服务类气象节目并不是完全没有思想文化的贯穿，比如说西藏、新疆、内蒙古自治区等地的气象节目，有许多都是以民族服装作为主要着装的地区，但这些节目有一个共同点：少数民族地区。图 2 中，这些主持人有一个共同的特点——“韩式发型”。中国秦汉时期有“神仙髻”，唐代有云髻、螺髻、反绾髻等等数不胜数，如若将这些好看的发型发式展现在节目中，那不是既体现了文化内涵，又提升了生活服务，一举两得甚至一举多得吗？

这样在主持人的言语表达中，也可以带入和着装造型有关的话语，极为生活化、真实化，久而久之形成节目自身优势和特点，使得节目不仅仅在节目流程上很好地进行了串接，也缩短了电视与观众之间的距离，更显得生活化、真实化。

3 韩国 KBS 电视台和 MBC 电视台的气象主持人形象塑造带来的启示

韩国 KBS 电视台和 MBC 电视台气象主持人在形象塑造方面成功的地方总结起来可归为两点：文化思想的贯穿和服装造型的体现。当然，在此要特别强调，并不是说韩国 KBS 电视台和 MBC 电视台气象主持人们的服装造型就没有问题，恰恰相反，2013 年 3 月 26 日，韩国某气象女主播身着肉色衬衫播报，然而在她侧身时可明显看到衬衫的系扣处撑出了空隙，此举引起了观众群体的一片哗然，所造成的负面影响程度也可想而知。这样类似的例子在韩国的气象节目中不止一次的出现，所以在学习、交流的过程当中，我们更要擦亮双眼，取其精华，去其糟粕。

4 结语

总而言之，电视生活服务类气象节目主持人的形象塑造真的是奥妙无穷，我们要做到的是在主持人形象塑造方面不断创新，在给予观众最为直观的形象印象之后，也为节目的品牌塑造、整体包装大为加分。在节目中不断的发挥智慧，将更多的正面的、有意义的新的形象塑造展示给受众，把更好的生活服务类气象节目展示给大家。

参考文献

黄幼民，张卓，李元授. 2006. 主持人形象塑造. 武汉：华中科技大学出版社.

蒋育秀，张颂. 2003. 主持人形象塑造艺术. 北京：中国广播电视出版社.

罗莉主. 2003. 实用播音教程：电视播音与主持. 北京：中国传媒大学出版社.

赵忠祥，白谦诚. 2004. 主持人技艺训练教程. 武汉：武汉大学出版社.

应天常，赵忠祥，白谦诚. 2007. 节目主持人通论. 武汉：武汉大学出版社.

陆锡初. 2006. 节目主持人概论. 北京：中国广播电视出版社.

肖建华，李元授. 2005. 主持人审美修养. 武汉：华中科技大学出版社.

於贤德，李元授. 2005. 主持人策划与创新. 武汉：华中科技大学出版社.

田方，宿春礼，郭红玲. 2004. 广播电视节目策划与主持艺术. 北京：光明日报出版社.

戈海涛. 2005. 亲切 亲近 真诚——生活服务类电视节目主持人的角色定位. 业务研究，(6)：45.

刘瑛. 2006. 浅析电视节目主持人的形象设计. 播音与主持，(11)：69-70.

崔文胜. 2010. 浅谈生活服务类电视节目主持人的素质要求，(3)：89.

闻小平. 2003. 论电视主持人的形象塑造. 经济与社会发展，(10)：126-128.

郭华. 2007. 论主持人的形象塑造. 现代视听——播音主持，(7)：162.

易佳. 2010. 电视主持人的形象设计. 大众传媒 ，(5)：89-90.

浅谈直播气象节目主持人应具备的素质

滑梦雯

（天津市气象服务中心，天津 300074）

摘　要

当遇到极端突发天气时，及时有效的天气预报对人民的生命、财产安全有着绝对的指导意义。气象节目主持人作为天气预报节目的最终传播者，对天气把握的准确与否，语言表述清晰与否，对公众的理解判断起着至关重要的作用。特别是如今电视新闻已经进入到直播常态化时，气象节目主持人的直播也变得更加频繁，参与直播的气象节目主持人更需要具备多方面的专业素质。

关键词： 直播节目　气象节目主持人　素质

1 直播气象节目主持人应具备的基本素质

1.1　严谨的逻辑性

在节目中应尊重客观事实，不能加入过多的个人主观观点，当遇到重大突发天气时，要掌握播报天气灾害程度的度。同时在表达方面还要具有严谨的逻辑思维性，不能想到什么就说什么，那样会让人听得非常混乱，无法突出重点。气象本身就是一门严谨的科学，这就要求节目主持人在直播前，要慎重核对气象信息，在语言表达上，要保持高度的严谨性。

1.2　气象专业知识的储备

非气象专业的主持人在选择了这份职业之后，第一要务就是要大量学习气象相关的专业知识，特别是当遇到突发天气到来时，有效地掌握专业知识才更有利于第一时间及时地直播报道。要学会看天气形势图、雷达图、云图等，还要对本地区的气候特点有深入了解。只有掌握和理解了这些气象知识，才能使用自己的语言解释天气现象产生的原因，从而让观众更好地了解阴晴雨雪的成因以及天气的变化。

1.3　气象知识与生活相结合

在直播节目当中，即兴的语言组织和表达，更是充分体现出一个主持人的水平和性格。所以在日常生活当中，主持人要不断完善自己，平时有效地将气象知识与生活常识、起居变化等内容进行结合与积累，利于在不同天气状况下给出指导意见。比如，宋英杰就经常将一些晦涩的天气概念用形象的生活比喻进行解释和再描述。对于气象直播节目的主持人而言，在第一时间及时、形象、准确地向观众传播信息，就需要平时大量的观察与积累。

1.4 信息整合和表达能力

气象主持人既要是一名出色的主持人，又要具备自主整合信息、编写气象稿件的能力。只有自己理解的内容，才能更加清晰准确的表达。

如何让一篇播报稿件更加生活化、口语化，再加入一些有趣的气象科普知识，让观众听得懂，愿意听，这是每一位气象主持人需要深入学习的部分。因此在一篇气象稿件中，既要包含服务于观众的天气信息，最好还能加入一些主持人自己独到的见解或者是联系当下的新闻热点话题。比如说加入一些和天气相关的谚语诗歌，或者将目前本地区乃至全国、全世界的热点话题与天气联系到一起，再比如说可以加入一些和天气相关的养生知识或防灾避险常识等。

比如2014年全球遭遇厄尔尼诺现象，气象主持人可以结合这一现象对本地区近期以及未来的天气变化给出阐述或建议，从而让公众提前有所防范。气象主持人只有在节目中加入一些个性化的内容，让每个人变得不一样，才能从众多主持人中脱颖而出。要做到这一点，依靠的是日常不断的积累，阅读大量的新闻、书籍，并有一双善于发现的眼睛和善于总结的心。只有不断丰富自己的内涵，才能为观众呈现出不一样的你。

2 气象主持人在直播中应做好哪些应对

2.1 对近期天气有全面的了解，使直播更轻松

首先，要对近两天的天气有具体地了解，甚至精细到每个时段的天气。在讲求精细化预报的今天，气象主持人需要精准的提示公众在哪段时间内可能发生天气变化，而不是泛泛的介绍。对于未来三到七天的天气走势，气象主持人也应该做到心中有数。尤其是在和电视台做气象连线节目的时候，在没有事先沟通的前提下，我们可能不知道主持人会提出哪些问题来，只有做到全面的了解，才能从容应答。

其次，就是之前提到的气象专业知识的积累，当新闻主持人问到天气变化成因的时候，气象主持人要运用自己所储备的气象专业知识给出科学的解答。这不仅需要在节目之前做大量相关的准备，更多的还是依靠日积月累的沉淀。比如在我们天津市气象服务中心，能够在电视台做直播节目的主持人，不仅需要通过电视台从主持人方面对他的审核，还需要通过气象局内部气象专家对他的把关。二者均符合条件的，才有资格在直播节目中亮相。

2.2 强化“此时此刻”，使直播更及时

既然是直播报道，观众需要知道的就是“现在”“现场”怎么样了，对于气象主持人来说，也应该将此时此刻的最新情况，及时准确地传递给观众。有时我们在做节目时就容易进入一种误区，就是先来回顾一下之前的天气，再来讲解未来的天气变化。而对于观众来说，很多时候他们更关心的是现在以及未来将会怎么样。

2.3 直播过程中多问几个为什么，使内容更丰富

天气节目直播报道时，除了播报最及时的天气情况外，有时相关的信息也是观众需要知道的，对于主持人来说也应当有所准备。最简单的方法就是多问“为什么”。比如，今天下午突降大雨，那么在直播中，自然要告诉观众雨势、雨量、降雨形成原因，未来几天的天气情况等。而有

时该来的降雨没来，该下大的雨没下大等内容也是在直播中可以提供的最新信息，这既需要之前我们提到的相关知识的储备，更需要的是主持人有一个爱问的头脑。

2.4 形象的比喻和对比，使内容更生动

除了上述内容外，有时我们在播报的过程中，依然觉得时间长了内容会有枯燥、雷同和乏味的地方。这里还有一个技巧就是在一定时候，适当的比喻和对比，能让表达的内容更形象生动。比如，本周天津气温将有明显的波动，周初期将出现高温天气，周中期气温明显下降，周末气温重新回升。如果仅仅表述成刚刚那样其实也无妨，但总觉得差点。后来笔者就尝试进行比喻，并在节目中根据示意图介绍，本周天津将迎来 V 字型天气模式，这一句表述形象地总结了这一周的情况，效果不言自明。同时，2014 年的立夏节气当天，天津气温较常年明显偏低。在连线中可以提到："值得一提的是，今天迎来立夏，但是天津的最高气温只有 25 度，气温总体偏低，未来几天还将……"这是一个非常常规的表述。但是如果通过对比数据就会发现，近些年，天津立夏期间的最高气温都接近 28～30℃，在节目中笔者尝试将内容变为"天津今天迎来近 10 年最冷的立夏日"，通过对比的方法，形象地将几方面内容轻松解读。而当天的节目中，中央台也在进行对比，不仅对比全国历年立夏情况，也将各地不同气温进行对比，制作了我国东北地区迎来3℃最冷立夏等报道内容。

2.5 直播中"以我为主"，冷静面对突发情况

在直播节目中，我们可能会遇到各种突发情况，如何从容应对，是我们需要在实践中不断地积累经验。这中间有一个原则是需要坚持并且强调的，就是不管直播过程中发生了什么，永远以我为主。比如一次笔者在直播时，旁边立着的挑灯杆突然倒了，发出巨大的声音。笔者的余光看到了整个过程，这声巨大的声响也已经随电视机传递出去。但是笔者要像什么都没有发生过一样，继续播报。一旦我的注意力分散，观众也会随之想要追查原因，那么整个直播的效果就会产生影响。

对于依赖题词器的主持人，一旦题词器发生故障，很可能直接中断直播报道。所以笔者建议在做直播节目时，气象主持人应该做到脱稿，完全理解稿件内容，把这段文字变成自己的语言说出来，而不是只念题词器。我们可以借助题词器作为一个提示工具，但是不能完全依赖它，毕竟对于直播节目来说，脱稿是必然的趋势。

而谈到脱稿想要再提一句的是，如果直播内容较多，准备时间仓促，或者节目时长较长，主持人可以准备一个手卡。这上面可以将直播报道内容的提纲和思路列出来，如果这当中哪个部分有特别要用的事例，也可以标注出来，一旦在直播中有遗忘的地方可以进行提醒。同时，不管直播的内容有多长，一定将开头的部分准备充分。因为"好的开始是成功的一半"，开头顺利了，后面心情就会平静许多，之前充分准备的内容就可娓娓道来。

总之，一个好的气象主持人，在节目中遇到突发情况，要做到处变不惊，从容镇定。在节目过程中始终保持高度的集中力，遇到问题不紧张、不退缩，迅速做出反应，积极化解。

参考文献

张颂. 2003. 中国播音学. 北京：中国传媒大学出版社.

于舸. 2002. 浅论电视气象节目主持人应具备的素质. 杭州商学院学报，**54**(3)：83.

魏文秀. 2009. 电视天气预报节目特点及应注意的问题. 社会科学论坛，**7**(下)：187-189.

苗若木. 2009. 论主持人的素质修养. 新闻传播，(4)：46.

浅析电视节目主持人的定位

王　阳　管　欣

（青岛气象影视中心，青岛 266000）

摘　要

随着电视事业的蓬勃发展，观众对节目的要求日益提高。其中对电视节目主持人的要求趋于艺术化和完美化。电视节目主持本来是集多门艺术于一身的一门艺术。本文就电视节目主持所包含的比较重要的三种定位来说明电视节目主持是一个什么样的定位，电视节目主持人应该具备哪些素质。这三种定位分别是电视节目主持人的语言定位、气质定位以及角色定位。

关键词：主持人　受众　语言风格　语言定位　气质定位　角色定位

主持人是广播电视媒体中直接出面与受众打交道的最活跃的人，是集社会性和人际性于一身、具有亲和力的传播者。他们在节目中处于主导地位，通过有声语言传播信息、串联节目、表述观点，与受众平等沟通交流，驾驭节目进程。

不同的主持人有着不同的个性、不同的风格，给观众带来的欣赏效果也不尽相同。当今社会，人们的欣赏水平在不断提高，受众群也越来越细化。因此，能成为被某一群体认可的主持人，便可以算得上是成功的主持人。

随着受众的需求不断提高和电视频道的日益增多，有些频道或电视节目越来越专业。主持人应该熟悉自己节目的有关专业知识，并逐渐成为专家或行家，这样节目的质量才能提高，才能有收视率。气象主持人就是这样的一群主持人，由于气象节目专业性比较强，因此，对主持人的专业知识要求就比较高。

1　主持人的语言定位

1.1　节目主持人语言的共性

主持人进行有声语言创作的状态虽然不尽相同，但是对主持人语言功力和语言表现的要求却有相同之处。首先，主持人的语言要清楚流畅。第二，一语中的。要做到在有限的时间内尽可能多地传递有效信息。第三，鲜活生动。鲜活生动的有声语言能存在于人的大脑思维活动，可以使人们感受到色、香、味、形的存在，使受众的想象力飞翔起来。第四，深入浅出。广播电视作为娱乐休闲工具，要求有声语言必须在最大限度上消除受众理解和接受上的障碍，做到深入浅出，这就需要主持人更善于通过有声语言表达技巧，比如停连、重音、语气、节奏等把内容的深层蕴涵表现的直接可感。第五，富于动感。心理学研究表明，运动着的事物较易于吸引人的注意力。想要说清楚一件事，我们的情感会不断变化，与说话内容和意图相吻合的动感极富吸引力，容易引发受众的兴趣。

1.2　为什么要对节目主持人语言进行定位

现在，节目越来越多样化，传媒群体精心勾画的节目所包含的思想，需要主持人用有声语言精心表现和再创作。因此，主持人的语言艺术，已成为节目流程和传播的接力赛中举足轻重的最后一棒，也日益成为广播电视品牌营销和节目赢得市场的重要组成部分。

有观点认为："所谓得体性就是话语对环境的适应程度。脱离了特定的语言环境，就没有得体不得体的问题。"因此，要想达到更好的传播效果，关键是主持人语言的定位问题。主持人语言定位不清，带来的后果是主持人及其支撑它的媒体系统事倍功半，甚至出力不讨好。

在市场经济社会里，受众手中的频道转换器成了决定电子媒体生死存亡的法宝。因此，主持人语言只有得到受众的认可，才能达到更好的传播效果。

1.3　节目主持人语言定位的分类

每个栏目都会根据节目性质的不同对节目进行定位，而节目主持人作为节目传导者就要求自己的语言风格、语言定位要符合栏目定位的要求，不同的节目要求主持人要有不同的语言风格。我们下面从电视节目分类的角度，对节目主持人语言定位做简单论述。

1.3.1　新闻类节目

新闻类节目作为电视节目的主题内容，随着时代的发展节目形式也在发生变化，有着自己的新走向。新闻类节目主持人大约可以分成三类：消息类节目，看主持人语言表达：说与播。《新闻联播天气预报》节目就是气象信息的权威发布，主持人用新闻的语言，通俗易懂地发布最新的气象信息。《凤凰早班车》为说新闻开辟了先河，同时也获得了成功，得到了受众的认可。评论类节目，看主持人驾驭内容的能力。白岩松是最具有学者风度的主持人之一，给人知书达礼、极富知识的感觉，具有中国人比较欣赏的那种气质，因而也得到知识界的推崇。人物访谈类节目，看主持人的个人魅力。张泉灵在主持《时空连线》时，所展现出来的业务风范就像她的名字一样，机智、灵活，给人不俗的感觉。另外，消息类和评论类的混合型主持在近几年有所发展。

1.3.2　谈话类节目

谈话类节目是时下比较流行的节目类型，出现过不少的精品栏目，例如《实话实说》《对话》《艺术人生》等。这些成功的栏目都选择了适合栏目风格的主持人来驾驭现场节目的气氛和进程。《艺术人生》主持人朱军的主持不温不火，很松弛。作为综艺节目的主持人和谈话类节目的主持人，我更欣赏朱军的谈话类节目主持，因为后者更符合他的个性、气质，也更有利于他对节目的把握。

1.3.3　娱乐类节目

在人们生活压力越来越大的今天，娱乐节目不能不说为人们的生活带来了不少的乐趣，也缓解了人们生活、工作中的压力。凤凰卫视曾经创办的《娱乐串串 SHOW》节目，主持人梁冬以崭新的形象充当凤凰娱乐评论员，以心理学、社会学、经济学与人类学知识，以脱口秀加上风风火火的播报方式，为观众提供最热门的娱乐事件和信息，绝非一个单纯传统式的娱乐信息总汇。窦文涛主持的《锵锵三人行》，这是一个很个性化的节目，感觉就像和朋友们在边吃边聊。主持人带着一种城市"文化痞子"的面目出现，在活泼、轻俏和谐谑的气氛中营造出时下流行的浅薄的文化品位。整个谈话保持着生活的原生状态，一切都很自然。

1.3.4　财经类节目

财经类节目也是目前比较受欢迎的节目类型。但财经节目中往往会涉及一些专业术语让人很难理解。在这一点上凤凰卫视的《金石财经》就做出了自己的特色，主持人用通俗的语言讲述专业的财经知识，合理地操控整个节目，让它不至于太专业，方法就是设计“深入浅出”的问题，嘉宾跟着这些观众关心的、并能够理解的题目来展开论述。财经节目最理想的状态是用通俗的语言来描述一些比较专业的问题，财经节目做专业了实际上比做大众化容易，嘉宾、题目说专业都挺容易的，毕竟用专业语言来描述专业问题更方便些，但这档节目还是克服困难做出了自己的风格。

2 主持人的气质定位

在一般电视栏目的主持中，主持人的气质特点十分重要，它可以呈现出独具的特色。主持人的气质，源于主持人既有的性格特征，不同的节目主持人将自己的气质特点贯穿和融注于节目之中，使节目感染上主持人的气质特点，这样就会使节目体现出与众不同的特色。

2.1 主持人的气质特点

主持人的气质主要分为几种：

儒雅型，即以举止的端庄、自然、典雅，以及知识的广博和丰厚见长，在主持过程中往往如行云流水，波澜不惊，具有超凡的应变能力，时常给人以知识的启迪，其主持语言既不乏生动、含蓄与深邃，又口若悬河，娓娓动听。国外的气象节目，包括国内华风等创办的一些气象节目，聘请资深的气象预报员担任主持人，他们有深厚的专业知识背景，主持起节目来驾轻就熟，能将枯燥的气象节目主持得生动、通俗。

严谨型，即以行为与谈吐的庄重和严谨著称，其主持的过程以理性的阐释为主，往往以理论的深刻、透彻，以及逻辑的严谨和力量取胜。他们的魄力在于其坚实的理论功底，善于将情感隐藏在理性之中。我国气象节目的主持人大多属于这一类型。

恬美型，即以表情的恬静、娇然，以及语言的娴雅、温馨给公众留下美好的印象。这类主持人以女性居多，她们富有青春气息和天然活力，与受众最为贴近，易于沟通，时常以情感的丰盈使公众受到感染。

幽默型，即以举止和语言的幽默、诙谐充盈于主持过程之中，从而达到良好的效果。他们不苟言笑，却富有智慧的火花，不居高临下，却不乏精神的启示，以其个性的魅力，将人们带入一个风趣、活泼，又有思想深度的境界。

主持人的气质，有时又具有交叉和互融的特点，即一个人可以兼居两种或更多的气质特点，这当然更可以突出主持人的风格。主持人的气质，一方面是个人既有性格的使然，同时也与个人后天的学养和知识结构有关。

2.2 主持人的语言风格

语言表达是主持人赖以运用的重要手段，也是主持人风格的一个组成要素。主持人的个性语言越鲜明越突出，就越能表现出特殊的魅力和感染力。凤凰卫视的《时事开讲》，一改新闻播音的姿态，以“评书式”讲新闻的方法探索了消息类新闻节目的新形式。主持人一边讲，一边在读的报纸上点评，语言精练、幽默，其收视率一直居高不下。

言谈举止是主持人真情实感的流露。这种流露应该是自然的、本色的，同时，又能够艺术地“化入”节目内容之中，用节目内容来感染观众、打动观众。只有情感真挚、率直纯真的主持人，才是个性形象鲜明的主持人。

主持人的语言风格，是体现主持人个性特点的更为突出的方面。在日常生活中，人们的语言就呈现出各自不同的特点。

富有逻辑性的语言表述，是以说理见长，一般富有较强的逻辑性，不太强调情感的外露和对于语言的修饰，其语言特点呈现出理性化、逻辑化。这类语言，经常表现出思想的敏锐与睿智。

富有文化感的语言表述，一般以纯朴厚重、气度雍容见长，这类语言常常蕴含浓郁的书卷气，语气温和、委婉，富有磁性，以对于知识的把握，彰显出城府的深厚和知识的魅力。在这类语言中，时常不乏对遣词造句的不露痕迹的追求，以及对于词汇的造型和形象化的关注，使语言表达的流程体现出一定的韵律和节奏性，呈现出音乐之美。

富有生活气息的恬美的语言表述，可以在语言表述过程中，突出其温馨、娴雅、恬静、可亲的特色，一般不对语言做过多的雕饰，不使人感到智慧与才气的外露，而是在一种平和与自由的气氛中体味到平等对话的愉悦。这类语言，一般呈现出清新淡雅、洒脱清纯、活泼明丽的气息，往往能够使人感受到主持人的亲切和平易，以及对话的自由和交流的畅快。

富有幽默感的语言表述，时常体现出风趣、诙谐的语言特色，这类节目的主持，往往最能够反映出主持人的机敏与才智。其语言的主要特点，即时常以巧妙的比附、善意的嘲讽、欲扬故抑、旁敲侧击等语言的技巧来赢得受众惬意的欢笑以及对困惑的化解。

我国气象主持人的语言风格，总的来说，偏向于严谨或过于严谨，肢体语言也显得呆板。严谨的语言固然能够衬托出节目的权威性，但是严谨的语言并非是节目权威性的必要条件。

3　主持人的角色定位

一个受观众喜爱的收视率高的节目，主持人在其中发挥的作用十分重要。栏目和主持人可谓“相依为命”，成功的具有品牌效应的栏目可以使主持人为观众所熟知和喜爱；同样，优秀的、与栏目融为一体的节目主持人也可以使节目锦上添花，获得观众的喜爱。

3.1　门当户对 好马配好鞍

一名节目主持人需要找到适合自身特点的栏目，一个栏目也需要一名适合栏目特色的主持人。多年前《实话实说》节目因为有了崔永元观众才喜欢看，在许多人心目中，崔永元已经和《实话实说》连成一体，不少人是因为崔永元的幽默和平易近人而收看这个节目的；同样，看足球赛的球迷如果发现比赛评论席上少了刘建宏、段暄、贺炜，就会觉得这场球像少了灵魂一样。

主持人作为电视连接观众最直接、最活跃、最能沟通情感、促进双向交流的中介，对电视实现有效传播有着不可替代的作用。对于电视观众来说，屏幕上的主持人就是他们对节目印象最深、最容易记忆和识别的标志。这种识别和记忆主要不是靠主持人的相貌或服饰，而是主持人的主持方式和节目形态的完整统一。

3.2　要把精彩留给他人

一名优秀的主持人应该学会述说，述说观众此时此刻最想听的；一名优秀的主持人还应该学会倾听，倾听观众此时此刻最想说什么。

主持人的提问或发言是站在观众的角度，以一种共性的疑问去关注问题；主持人的问话应该是所有观众的问话。所以这种提问就超越了单纯的人际交流过于私密狭小的空间，具有了普遍的意义。主持人的提问应引发大家的期待和回答者的兴趣，让回答者说出具有个性特征的话语，让观众的期待欲望得到满足。

把精彩留给他人的背后是主持人智慧的闪耀，最终的结果将是把高收视率留给自己。

3.3 平平淡淡才是真

有一句歌词“平平淡淡才是真”。对于主持人来说，要做到“平平淡淡才是真”，需要把握两个前提：心态和技巧。心态在前，技巧在后。所谓的心态就是“平平淡淡才是真”的平常心，把自己当作观众的心态。

受欢迎的主持人都有自己独特的个性，但是他们都让观众感到了可信，都是尽可能地以自己最自然、最真实的状态面对观众。因为他们把自己放在和观众同等的位置上，在节目打动别人之前，首先已经打动了自己。对观众来说，主持人不是高不可攀的名人，而是和自己一起感受节目喜怒哀乐的最真实的人。电视节目如果不能实现深层次的真实，没有达到心灵的沟通，节目质量就难以提高，节目将丧失其生命力。

电视节目主持人应具备良好的角色意识。角色是在表演过程中塑造出来的，主持人要有角色意识，就意味着主持人要表演。主持人在录制节目的过程中，调动恰当的身体语言，包括手势、姿态、神色以及适当的有声语言，包括声调、节奏等手段，对所要传播的信息进行讲解、评说、描述，使之更加明确、生动、形象，以达到更好的传播效果，这其中包含有表演的成分。

《天气预报》节目在日常生活中颇受关注，这是一档与新闻同类的节目，但是要求主持人主持节目中对“角色”表演的方式有所不同。新闻类节目需要严肃认真，给人以可信性，相比之下，《天气预报》节目活泼一些，形式上轻松、自然，通过对各种天气图的讲解分析，手势到位、身体随图的方向自然走动，节奏轻快，使天气播报生动自然，达到更好的传播效果。如果新闻节目主持人以夸张的表演来主持节目，势必会使观众认为造作和虚假，进而对电视推介的信息和产品产生不信任感。适度的表演和良好的角色意识，可以使主持人更好地掌握节目的脉搏，使自己与节目合二为一，让角色活跃在节目中，让节目与角色成为一个整体，把生动、具体的角色形象显现在屏幕上，从而形成鲜明的主持个性。

所以正确的角色定位，恰当选择和运用好个性化的表达方式，一定会在节目中展现出主持人自己独特的魅力。

4 结论

电视节目主持是一门艺术，是集语言艺术、表演艺术、个性艺术等诸多艺术于一身的一项综合性艺术。对电视节目主持人的要求已不是单纯的主持节目，念几句串联词或是俊男靓女这么简单。要满足观众的欣赏水平，需要主持人具备多方面的素质，掌握多方面的知识。要使得主持人主持的节目具有艺术性、审美性，给观众一种舒服、自然的感觉，就必须提高主持人的自身修养，掌握和具备更多方面的知识和能力。

参考文献

林雨. 1997. 我这样做主持人. 中国广播电视学刊，**4**：199.

韩莉. 2001. 主持人的角色意识. 当代电视人，**8**：16.

谈直播天气预报节目的主持心态

杨　莹

（河北省气象服务中心，石家庄 050021）

摘　要

随着省市电视台民生新闻电视节目直播的常态化，作为其重要组成部分的直播电视天气预报节目也越来越普及。本文在总结直播天气预报节目实践的基础上，结合直播电视节目和信息服务类节目的特点，从主持人在直播节目中的经历者心态、松弛心态、心理导向和应急心态等几方面入手，探讨主持人在直播中的主持心态。通过对主持心态研究，探讨一种观众更乐于接受，更具真实感、观赏性，富有人情味的节目氛围模式，以期达到更有效的服务目的，同时也使直播天气节目能够在竞争已呈白热化的传媒大战中脱颖而出。

关键字：直播　天气预报节目　主持心态

1　引言

直播是最能体现电视特长、展现电视魅力的播出方式，在媒体竞争愈演愈烈的今天，直播成了电视制胜的武器。近年来，直播类节目大量涌现，其中以民生新闻电视节目最为突出。这类直播节目中无一例外把天气预报作为其不可或缺的一部分，比如央视的《朝闻天下》、北京卫视的《北京您早》、江苏卫视的《江苏新时空》。天气预报节目预报内容的及时性、天气实况的现场感、服务提醒的随身性等优点在直播中发挥得淋漓尽致，而这些优点的展现都与主持人的现场表现息息相关，可以说心理因素直接影响到节目的播出质量和服务效果。

主持人身份特殊，占据着信息传播的最后一环。世界上第一位电视新闻节目主持人——美国哥伦比亚广播公司（CBS）的沃尔特克朗凯特被称为“Anhcomrna”，意指接力赛跑关键的最后一棒。在接力赛跑中，胜败往往取决于最后一棒选手的实力，需要最优秀的运动员来完成。把节目主持人的角色看作是“接力赛中的最后一棒”，生动地描述了主持人在节目中的关键作用。

在直播节目中，节目的摄制与播出是同步的，主持人在镜头前的表达具有不可逆性，这不仅对主持人的业务素质提出了更高的要求，同时也考验着主持人直播中的心理素质。如果心态不好，主持人势必紧张拘束，信息传达可能不完整、不准确、不贴近，容易给观众造成是不可信和疏远感，直接影响直播节目的播出质量。

直播天气预报节目跟其他直播节目比起来，具有时间短，内容专，服务性强等特点，在主持上的心态也有一些特殊的要求，我认为可以从以下几个方面来把握。

2　以经历者的心态——拉近与观众的距离

不管是演播室直播或现场直播，共同的魅力就是零时差。节目内容的截稿时间推迟到了节目录制前的最后时刻,甚至只要节目还未结束,随时都有修改的可能。这就决定在时间层面上我们几乎是和观众感受同一时间段的天气,更是和当地的观众经历着同一种天气,这个时候主持人本身就是个经历者,以一个经历者的心态去说天气,会拉近与观众的距离,节目也更加真实。

2.1 多感知

不是经历了就有经历者的心态,经历者心态必须要多感知。一场并不特别的雨对于心里正在想事忙着赶路的人来说,也许就是一种自然现象;起风的时候对于开车正在听歌的人可能也没有特别感受。但作为天气预报主持人,每天都和天气打交道,要想言之有物,有细腻的情感,一定要对每一种天气用心感知。所谓经历了,不是有一种天气你身处其中,而是身处其中用心感知!被动的感受和用心的感知,在主持的情绪上一定是不一样。

多感知不仅包括天气带给自己的感受,平时还要多留意生活细节,也许在去直播的路上,大风中艰难蹬车的身影、大雪后深一脚浅一脚的步伐、雾霾横行时围挡遮掩的口鼻……都能带给直播时不一样的语气和灵感。如果我们是一个用心感知的经历者,以经历者的心态主持,以平视的视角真诚面对观众,一定会拉近与观众的距离,这将比以往以传播者为中心的传播方式更有传播效果。

2.2 全身心

经历者的心态还要求全身心。直播节目可以让我们大胆地说“目前”这个词,这个词也充满着直播的魅力。但是如果我们不能全身心的来做节目,很可能在我们说着“目前石家庄的雨还在下着”的时候,窗外的雨已经停了,这也许就是在结稿后背稿时发生的事,而此时所有人的注意力都转移到了摄制环节,没有人做最后的把关。这一点编导和主持人都要注意。全身心做一档节目不仅是完成任务,而是投入。

以经历者的心态全身心的投入,相信从主持人的声音态势及面部表情都能看得到,观众也能感受得到。

3 变紧为松——增加节目真实感

预测天气是科学,讲述天气是艺术。天气预报节目往往涉及很多气象、地理方面的内容及术语,枯燥乏味、不易理解。直播天气预报更是在准备时间相当紧张的情况下,要把这些科学信息转化为一档服务节目,时间、氛围、直播的压力,很容易给主持人带来紧张感。而紧张的情绪会影响主持人水平的发挥,会让语调升高,“说”又变成“播”,损失了真实感。而相反把心态放松下来,则会帮助主持人正常发挥甚至超水平发挥。以松弛的心态,注重亲和,注重交流,将大大缩短观众与节目的心理距离,增加节目的真实感。

3.1 造成紧张的原因

3.1.1 直播环境氛围

天气预报节目的直播由于内容和时间的限定,会让氛围格外紧张。通常对于预报内容的总结都有一定的时间点,而为了体现时效性,选取的这个时间点通常是距离播出时间最近的,这就决定了出稿时间距离播出时间是极有限的。有时候主持人在拿到稿子时距离播出不足十分钟,甚至更短。主持人一方面接收来自演播室外制作小组的最新消息，一方面要及时将这些信息进行分析记忆，当耳机传来的倒计时不断响起时，主持人很有可能瞬时产生紧张情绪。

3.1.2　不够投入

脑子没有完全投入到节目中，而是被次要的东西牵制，比如今天的造型不好，衣服不佳，耳麦有干扰，稿子内容欠佳，担心出错，这些都只会让心情更加紧张。只有完全的投入，抛开杂念才能有好的主持表现。

3.1.3　自身原因

主要是专业素养缺乏造成的紧张，可以分为两方面。一是气象专业知识的素养，很多主持人都不是学气象的，通过多年的积淀有了些基础。但直播天气节目比录播天气节目对主持人在气象知识的掌握上提出了更高的要求。正所谓手中有粮，心中不慌，如果我们具有一定气象专业的底子，就可以游刃有余地给观众讲解，相信紧张感也会少一些。二是主持的素养，主持的基本功弱也会造成紧张，脑子空洞无物，缺乏对象感，也会造成自信不足，对着机器的背诵只是用声播音，不是用脑播音。自信源于熟悉，熟悉源于自身的储备！

另外，造成紧张的自身原因也包括当时身体、心情方面的。但当粉扑开始在脸上游走，出镜衣服穿上，手中稿子成型，作为主持人，职业素养告诉我们应尽量去克服某些原因带来的身体或心理的不适。了解了造成紧张的原因，就可以从根本上避免紧张情绪，将传播效果最优化。

3.2　松弛心态还原真诚，增加真实度

直播整个过程完全是在电视观众的“监视”下完成的，对于主持人来说是心理的大挑战。优秀的天气预报直播节目主持人绝不只是有着漂亮的外形，流利的普通话，还必须有较强的气象专业素养和过硬的心理素质。如果具有了一种“自己一定能行”的信念，那么心里就会踏实，心态就会松弛下来。当你以一种松弛的心态去给大家说天气的时候，你才真正做到了真诚。真诚不仅仅是一个口号，更是一种态度，这种态度让我们的节目更加好看，更有人情味。让观众觉得“这小子挺像隔壁家的那谁谁”，“这姑娘说的我都听懂了，待会可得听她的拿把伞……”。变紧张为松弛会减少居高临下式的播报感，避免讨好式的献媚感，在传播过程中建立一种平和氛围，平和才可能亲近，亲近才可能喜欢，让观众觉得主持人就是我们身边的人，他说的话不假。

4　松而不懈——提高节目观赏度

松弛心态是直播时应具有的良好心态，但一定把握好度，因为作为节目，它还含有艺术性，别让松弛变松懈，应该松而不懈。

直播天气预报节目通常时长都较短，只有几分钟，且内容有限，无法和大型新闻节目相比。短短的几分钟时间若是过于松弛，语言断续、吐字不清、语气平平、磕巴太多、手势琐碎随意，都会大大降低节目的观赏性。好的心态应该是松弛有度，一张一弛。从节目的播出时间和定位上考虑也有此要求，比如早间直播的气象节目，担负着唤醒作用，在开启全新的一天时，主持人状态应该是积极的充满朝气的，这在过于松弛的时候是容易忽略的。另外，根据河北省气象影视中心的社会调查显示，人们在早间看到的节目希望画面清爽、表达简洁，为了适应人们快节奏的生活，早间直播主持人的语速不宜过慢，这也在一定程度上也要求松而不懈。

天气预报节目不单单是气象部门的一项业务，作为节目它还必须具有观赏性和艺术性。好的主持心态会促进节目细节改善，品质提升，进而增加节目观赏性和艺术性。

5 临危不乱——赢得理解,增加信任

直播节目与录播节目最大的不同在于你永远不知道节目何时可能会出现“意外”,会出现什么“意外”,而直播节目中又不可避免要出现“意外”。主持人要做的就是无论节目播出过程当中发生怎样的“意外”,都要尽自己所能临危不惧,化险为夷,把好节目的最后一道关口。2014 年 3 月 16 日河北经济频道《直播天气》节目中,由于编辑切图出现错误,第一张图一闪而过,主持人转身指图时已经是第二张图了,主持人在仅仅用了 10 个字结束了第一张图的内容,在第二张图上增加了分析和讲解,拖延了 20 秒时间。最终保证节目时长控制在安全范围之内。就同样这个错误,主持人也可以真实地提出,“场外编辑画面有些问题,我们来看第二张气温图……”,用适当的语言予以解释,勇于向观众交心,这会赢得观众的理解。

直播说错也是常有的事,这个时候不要乱了方寸,也不要视而不见,对于重要的信息要及时纠正,泰然处之,不要徒增心里的紧张感。

应对“意外”,主持人在心态上要临危不乱、随机应变,纠错要真诚可信,你的坦诚不但不会流失观众,反而会赢得观众理解,从而增加观众对节目的信任。

6 结束语

直播电视天气预报是一项充满挑战性的工作,它是对主持人的心理素质、应变能力的综合大考验,只有心理素质过硬、拥有良好心态和丰富的气象知识的主持人才能够从容驾驭。

节目风格、节目内容、播出时段、制作团队的素质等因素也会影响到主持人的主持心态。从节目前期策划、选题撰稿到播出反馈,主持人必须全程参与,了解熟悉节目的每个环节,同时要加强直播实战和演练,强化心理素质和应急能力。当主持人拥有一颗强大的“心”时,我们的直播天气预报节目才能拥有一个面向未来的“态”。

参考文献

宋英杰. 1999. 气象节目主持纵论. 北京:气象出版社.

亚里士多德修辞学三要素在气象节目主持中的应用

李蜀湘　杨　玲　黄　健

（湖南省气象影视中心，长沙 410118）

摘　要

西方修辞学起源于古希腊，最初主要指演讲和论辩的技巧。亚里士多德修辞学三要素是修辞学中的基本模型之一，分别是品格诉诸（ethos）、情感诉诸（pathos）和理性诉诸（logos）。品格诉诸是对应于演讲的人，它要求演讲者具有较高的品性；情感诉诸对应于受众，它要求所讲内容能够满足受众的情感需求，引起听众共鸣；理性诉诸则对应着内容，它要求内容清晰、条理清楚、逻辑性强。气象节目主持人在节目主持实践过程中，需要亚里士多德修辞学三要素作为理论指导，从品格、情感和理性三个维度出发，将说服力最大化，以获得观众的认同、理解，并让观众乐于采纳节目的服务建议，提高气象节目的吸引力和说服力。

关键词：亚里士多德　气象节目主持　修辞学三要素

我国已然迈入了一个气象节目高速发展的时代，气象节目主持人队伍日益壮大。然而有多少气象节目主持人真正走入了观众的内心，把气象信息镌刻在了观众的脑海，获得了观众的信任，让观众对气象节目主持人和节目保有高度的忠实度？这是值得深入探讨的问题。亚里士多德的修辞学三要素又称为修辞学“三角”，他认为，修辞演讲就是对听众的一种说服，让听众形成某种判断，认同、赞成并采纳自己所持的观点或采取某种行动。因而修辞学的目标就是研究如何能够达到最大的劝说效果。在气象节目主持中，合理地运用三要素——品格诉诸、情感诉诸、逻辑诉诸，能有效地提高节目主持人的形象、内容的吸引力、效果的说服力，能大幅增强与观众的沟通效果。

1　品格诉诸（Ethos）

亚里士多德认为，品格诉诸在三要素中是最有说服力的手段。我国传统文化也讲究“身教重于言传”。因此，在主持语言修辞学中，在观众之前若要具有说服力，首要条件便是主持人自身必须要有一定的专业建树以及优良的品性。

品格诉诸考核的是主持人的信誉度和可信度。它通过说话人的态度和人品特征使观众相信其语言的真实性。比如气象节目中，节目主持人若毕业于气象学相关专业，具有一定的气象专业知识背景，他在节目中讲解天气情况，分析天气原理会让观众更为容易接受。因为他的身份和知识，尤其是气象知识会提高他的信誉度、权威度。信誉诉求可以表现为已经存在的信誉性、可信性，也可以通过语言树立信誉度、可信度。

1.1　气象专业背景的诉诸

全美最受欢迎的数字频道之一起始于美国天气预报主持人约翰库曼，1977 年他加入美国广播公司的早间节目《早安美国》主持天气节目板块,因其良好的气象专业素养和电视主持艺术蜚声美国。反观国内,CCTV 新闻联播后的天气预报节目是全国收视率最高的节目之一,是国内观众对于天气信息关注的焦点。它拥有一批信誉度极高的气象节目主持人,这些也拥有观众最为愿意信任的魅力。天气预报"铁粉"们都熟识的宋英杰,毕业于北京气象学院,并在中央气象台从事了一段时间的预报工作。这样的专业气象背景,让宋英杰在《天气预报》的节目主持中游刃有余,自信满满,获得了观众的高度信任。因此,在 2004 年"我最喜爱的气象主持人"全国性评选中,被广大观众评为最佳主持人"气象先生"称号。有这样一位具有一定专业高度的气象节目主持人,无疑增加了气象节目可信度在观众心中的砝码,让天气预报节目的内容更具有说服力。

1.2 人格魅力的诉诸

天气预报另一位知名主持人王蓝一虽然毕业于声乐专业,但其让人信服的个人魅力,肢体形态和有声语言,也在观众的心中具备不可替代的信任感。据王蓝一自述,曾经有一位忠实的观众在华风集团苦苦守候了几天几夜,只为向她倾诉个人的秘密,希望能够从偶像的指引中获得一丝慰藉。连王蓝一自己也很好奇,全国新闻、娱乐等各类节目主持人数以万计,天气预报节目主持人也不在少数,为什么这位观众独独要选择自己作为倾诉对象?这位观众说是源自于一种特别的信任,觉得每天打开电视看见王蓝一的主持就感觉特别的亲切,主持的肢体语言特别自然,有一种闺蜜在和自己聊天的感觉,因此,只愿意向她敞开心扉。由此可见,王蓝一把正直、友善、亲切的个性带入到了节目当中,形成了一种可信的主持风格,这种亲切感在收获观众信任的同时也让气象信息更有效地传达。

2 情感诉诸(Pathos)

情感诉诸是通过了解观众的心理以及情感特征,将这些特征应用到主持过程中,从而让听众产生心理共鸣,以此来增强说服力的技巧。简单地说,就是"投观众心理之所好,动之以情",用言辞来打动观众。亚里士多德在《修辞学》中详细讨论了诸如喜怒哀乐、忧虑、嫉妒、羞愧等人类几乎所有的情感。在他看来,情感是对不同情境的理性回应,是客观的科学的存在。气象节目主持当中也有不同情感诉诸的存在,需要主持人运用不同的情感表达来获得观众的认同感。

2.1 准确辨识情感

在气象节目主持实践过程中,情感诉诸是拉近主持人与观众最强有力的纽带。气象节目当中的气象信息要素原本是没有感情色彩的,但是受众有着不同的心理需求,因此面对不同的受众,气象信息也就有了感情色彩。主持人一定要有所洞悉,同样的气象信息对于哪些受众是喜悦的、舒适的、令人心情愉悦的;对于哪些受众是忧虑的、警惕的、令人焦灼不安的。理清了这样的情感诉诸关系后,主持人在表达过程中就要有所侧重,导入情感,引起观众的共鸣。

主持人的情感诉诸应该从备稿开始。面对气象信息丰富的稿件,主持人要能在第一时间对节目内容准确判断。一般而言,会把天气大致归纳为"好天气"或"坏天气"。好坏与否并不是简单的依据天气符号,晴天就是好天,雨天就是坏天来判别,而是根据不同的受众心理有所区别。同样是雨天,对于都市上班族来说是一种负担,对于久旱逢甘霖的农民来说却是难能可贵的喜悦。面对不同的受众主体要运用不同的情感。

2013 年 10 月 31 日的《凤凰气象站》"长沙'雾会'"这期节目当中,预报显示长沙将连续五天多阴雨天气。在这秋高气爽的十月迎来连阴雨本是有些失落，主持人崔莉的表情却是期盼的，肢体语言是轻松的，给人以愉悦的感觉。这正满足了当地受众遭受长期雾霾后迎来缓解天气时的期盼心情。崔莉准确把握气象服务对象的心理，辨别节目中所要表达的情绪，将喜悦的情感带入到节目当中正契合了受众的心理需求，能把情绪的感染力透过摄像机传递到受众眼前，形成内心的互动。

2.2 准确控制情感

目前我国的气象节目大多由气象部门作为支撑平台，具有相当高的社会公信力，气象节目主持人要准确控制情感，宜真情流露忌伪情造作，更不可大失方寸。

主持人一定要流露真情而不表演真情，在气象节目主持中多用的是"随风潜入夜，润物细无声"平实、朴素的关切的情感。例如农业气象的好朋友，主持人建华。关注过建华的朋友都可以发现，在气象节目中她鲜用华丽的辞藻，肢体语言简洁干练，吐字归音间透露着一种真实。没有关注过的朋友也可以看看，她所主持的农业气象就像把一份最新的天气报告亲自送到了田间地头，送到了农民朋友的手上。她多年从事农业气象节目的主持，对于农业气象的那份情感把控，已经沉淀在了心底。一开机便能立刻仿佛置身于乡野之间，调动情绪，又没忘了"带着镣铐舞蹈"的天气预报节目主持人的本分。如若在气象节目中过分表达情绪，企图挣脱"镣铐"，气象节目就有可能变成了谈话节目、娱乐节目，丧失原有的公信力。

例如 2003 年 5 月 26 日在湖南娱乐频道开播的《星气象》节目，主持人刻意嗲声嗲气，肢体语言暧昧，在节目中只顾自我欣赏，有悖于气象节目信息的有效传达，脱离节目主旨，把握不住节目重点，最终，在收到湖南省气象局法规处的《停止违法行为的通知书》后被勒令停播。此外，2011 年 5 月，乌克兰天气预报员鲁德米拉·萨维琴科在播报节目期间，即兴发表"反政府政治演讲"，她说近来明媚的天气是大自然对乌克兰人的补偿，因为乌克兰正陷入混乱、无公平正义可言的境地。事后，受政府监管的乌克兰国家广播被要求立刻停止直播所有的天气预报节目，并要求在将来采取录制方式制作节目，以确保不会再发生这种令人尴尬的意外事件。

无论个人有多少情绪，主持人都必须谨记"天气预报就是要好好谈论与天气有关的事情"，唯有准确地控制情感，才能把握节目主旨，架起主持人与观众心灵的无障碍之桥。

3 理性诉诸(Logos)

理性诉诸是亚里士多德修辞学中最为关键的部分，能否最终说服受众，达到传播目的在此一举。理性诉诸多针对内容而言，要求讲述的内容要一环扣一环，具备逻辑性，让受众能紧跟讲述者的节奏；要有据可依，有典可查，受众才能对讲述内容深信不疑；讲述的过程要坚守一定的准则，保有一定的风格惯性，在受众心中树立一种形象。

一期成功的气象节目必然有着缜密的逻辑思维顺序，往往是围绕着某一天气主题进行的服务内容分析。节目主持人在节目主持的过程当中一定要把握重点，联系文稿中的上情、下情，把文稿内容进行归堆抱团。

《凤凰气象站》在一期节目中是这样讲述飞机飞行过程中的危险天气的：

"亿万颗心的祈祷牵挂、一分一秒的煎熬等待，只愿真爱的阳光照耀生命的奇迹。欢迎大家来到和全球华人朋友共冷暖的凤凰气象站，各位午安。3 月 8 号以来马航客机失联牵动着亿万人的心，整件事情扑朔迷离，飞机到底发生了什么，虽然说现在还没有定论，但是我们不妨来了解一下能够对航班产生影响的天气。在起飞和着陆的时候，大雾、雷电、暴雪、暴雨、冻雨、气温以及气压还有大气密度、大风等等都可能导致飞机不能正常的起降。而在飞行过程当中，对飞行影响最大的天气主要是有对流云团、风切变还有冰冻等。对流云团里面经常是电闪雷鸣，情况是非常的复杂，飞机一旦进入，很容易遭到电击，使仪表失灵、油箱爆炸。而风切变是垂直方向上风的突然变化，它会让飞机失去稳定是导致飞行事故的隐形杀手。而云层当中如果有过冷的水滴就会导致飞机表面结冰，会使飞机的升力减小，阻力加大，还可能导致通讯的暂时中断。当然了，这些情况相应的飞行员都会有相应的办法来应对。”

这篇文稿的逻辑顺序为受众对马航失联事件的关心、疑惑——天气原因可能会对飞行造成的影响——具体分析——用飞行员的经验宽慰牵挂着马航飞机的朋友。

全篇主题为“飞机飞行过程中的危险天气”。上情是国内正为马航失联做多番努力。下情为多国人民都在关注马航失联事件，希望能获得飞机失联原因任何相关信息。

理清了这样的逻辑顺序，主持人表述过程在镜头前就抱团紧凑、层次分明。第一部分主持人展示出的是对于事件的关切，与受众感同身受；第二部分是抛出问题，引起受众的关注。在这一部分，虽然没有文稿的铺叙，但在主持人心里必须形成一定的内在语支撑：“飞机失联有没有可能是天气原因造成的呢？”“如果有可能会是什么原因呢”，有了内在语的支撑，表述环环相扣，受众自然全情加入到主持人思维当中，与主持人的逻辑方向并肩同行。第三部分是最为重要，也是气象主持独有，其他主持难以短时替代的具体分析部分。气象节目的主体部分往往是由大量的气象数据、气象知识堆积而成，在这一部分就要求气象节目主持人具有气象相关学科的思维模式，能够在短时间内把气象信息点准确、清晰地传播出去。在这篇文稿当中，主持人把可能引起飞机起降危险的天气抱为一团，把飞行过程中会受到影响的天气抱为一团，并重点逐一解释，层次分明。这样专业的解释、论证，让受众了解到确有这么一回事——飞机的飞行会受到各种天气因素的影响。在最后主持人结论引导，并不是每一次的飞行都会受到天气因素的影响。通过流畅的思维模式，让受众知其所以然，肯定节目的内容，做出一定判断，获得一定的启示。

气象节目的主持离不开理性诉诸这一系列的逻辑、证论的方式。只有在主持的过程中有重点、层次感强，逻辑性强，才能让观众不知不觉地融入节目中，与主持人产生共鸣，更加信任节目内容，这样的节目将更具有说服力。

4 品格吸引人、情感打动人、理性说服人

综上所述，在气象节目主持中，主持人要加强自身专业素质的培养，学习气象专业相关知识，具有讲解气象的能力；注重修身养性，树立良好的人生观、价值观，增强个人魅力；主持人要能充分调动情感、准确把握情感，在节目中用适当的情感连接受众的心怀，将气象节目内容刻烙在受众的心底；气象节目主持人更要具有流畅的逻辑，以此更好地传达有效的气象节目信息。总而言之，气象主持人若能良好运用品格诉诸、情感诉诸及理性诉诸，便能让气象节目更好地获得受众的信任，取得受众的共鸣，赢得受众的肯定。

参考文献

Aristotle，罗念生. 2006. 修辞学. 上海：上海人民出版社.

付程，鲁景超等. 2005 实用播音教程语言表达. 北京：中国传媒大学出版社.

何雨鸿. 2008. 亚里士多德修辞学三要素在广告英语中的应用. 辽宁经济职业技术学院学报，(1).

谭丹桂. 2009. 亚里士多德修辞学三种劝说模式在说服行为中的应用. 咸宁学院学报，(1).

四、新技术应用

高清摄像机在节目制作中的使用及调整

王　轶[1]　俞卡莉[2]　陈锦慧[1]　许莎莎[1]

(1 浙江省气象服务中心,杭州 310000;2 杭州市气象服务中心,杭州 310000)

摘　要

随着高清电视技术的发展,高清摄像机已经成为高清电视发展的必备条件。本文主要介绍了在演播室节目制作过程中,如何通过对高清摄像机的一些功能及参数进行调整和设置,使得节目的画面更加丰富,色彩层次更为凸出,节目主持人形象更加鲜明。

关键词:高清摄像机　GAMMA 校正　KNEE 拐点校正　DETAIL 细节调整

引言

在电视节目的制作中,摄像机的控制对画面的柔和度,色彩的层次,以及人物的清晰度都起到了关键作用。在当前电视进入高清的背景下,探索如何运用高清摄像机来进一步提高画面质量具有重要的现实意义。

在高清演播室,高清摄像机一般是通过摄像机遥控面板(RCP)来控制的。摄像机与摄像机控制单元(HDCU)之间通常是用一根光纤电缆连接,来传输视音频信号、摄像机控制信号、通话对讲信号、提示信号等等。而高清摄像机控制单元(HDCU)与其遥控面板(RCP)是通过厂家提供的九芯双通线来传输信号。系统结构如图 1 所示。而遥控面板(RCP)集成了摄像机所有的菜单键,便捷的菜单操作系统能够支持所有的操作需求。通过自带的 LCD 触摸显示屏能够完成摄像机系统的全部操作、调整以及大部分的维护功能。本文将以 SONY1580R 高清摄像机为例,所介绍的功能菜单都是在 ENGINEER MODE(工程师模式)中的 PAINT 菜单栏里,如图 2 所示。

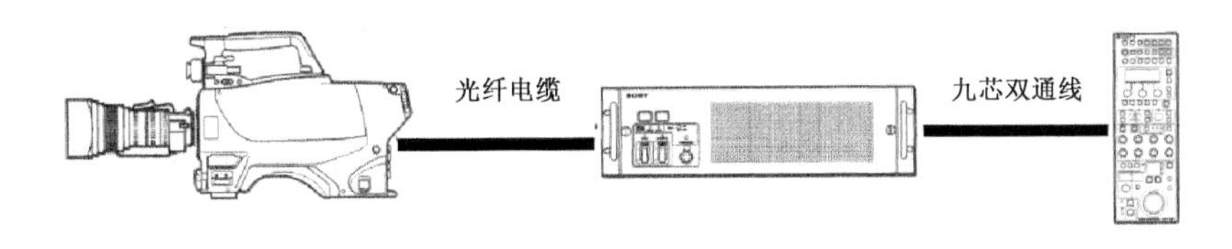

图 1　摄像系统连接示意

本文主要介绍演播室高清摄像机的控制和参数设置对图像的影响,以及我们使用中的一些心得。通过对画面的基本设定、影调和层次的调整、轮廓和细节的调整、肤色的控制和处理四个方面来进行阐述。

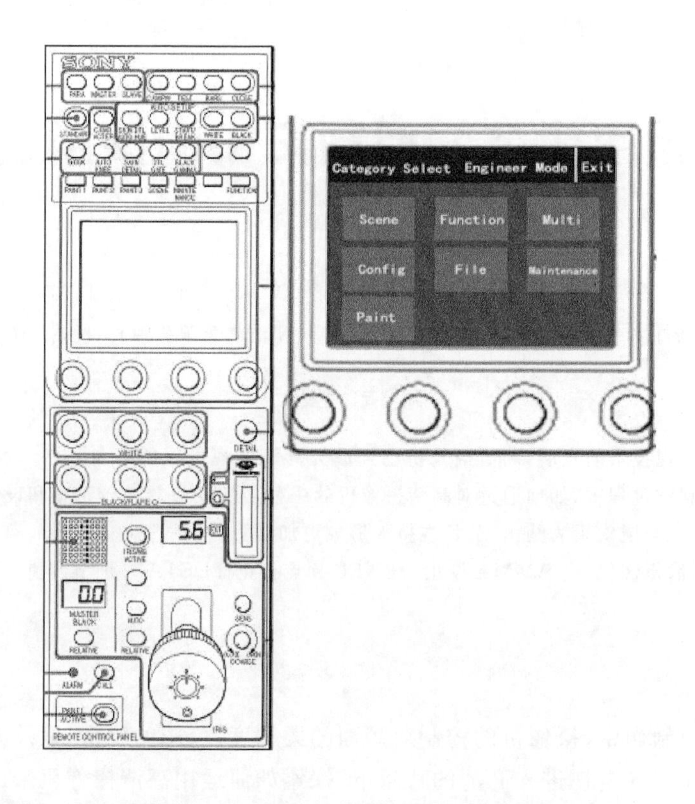

图 2　SONY1580R 摄像机遥控面板及菜单栏示意图

1　画面的基本设定

色温的校对是进行摄像前的一道首要程序，包括黑白平衡的调节。研究表明，人对于画面清晰与否的感知，很大程度上来源于对比度，而并非分辨率的提升。在操作过程中一般是通过摄像机遥控面板(RCP)，先进行黑平衡调节，再对白平衡进行调节。

黑电平调整需要注意两点，一个是不要出现暗部溢出，即死黑的情况，头发的细节，暗部的层次，是需要保留下来的，不能因为提升反差而损失掉；另一点就是噪点，理论上任何数字调整都会降低信噪比提升噪点数量，而暗部过度区域则更为明显，所以更需要小心控制，仔细观察。

摄像机白平衡的校正是为了对不同的色温进行补偿，从而真实地还原拍摄物体的色彩。在调整白平衡时，注意必须将光圈放置在自动位置。因为，光圈的两个极端位置，摄像机理解为所有颜色都是白，或者所有白色都是黑，从而无法调整正确的白平衡。

在演播室制作节目时，首先要让节目的整体画面指标符合基本的视频标准。通过准确的光圈设置，使得整体画面的亮度控制在标准范围内。目前规定的视频基本标准亮度范围从 0～735 mV(0～105%)，当画面处于该标准以内，且最亮和最暗区域的波形贴近但不超过上下限，画面就能获得最好的对比度，图像的色彩也更为饱满，层次也更为清晰。除了关注主体的亮度之外，还需要权衡高光区域，尽可能保留足够的层次细节。

在演播室的布光环境下，一般波形都能贴近零线，即达到最好反差，特殊情况下，如发现镜头进入杂散光产生眩光，使画面对比度下降，可以使用 PAINT 菜单栏里的 FLARE(眩光调整)功能，降低一些底电平，从而提升反差。

2　影调和层次的调整

图像中的层次表现是摄像作品完美效果的关键所在。我们得到的成像，由于曝光控制或拍摄的客观原因，在图像的明暗层次上表现都有所不同，很多情况下可能暗部区域容易失去层次，而形成死角，反之，亮部区域曝光过大，也会造成画面损失。

根据校色经验，人最喜爱的亮度层次表现方式是呈现 S 型曲线，也就是部分压缩暗部区域和亮部区域使之呈现趾部和肩部(类似胶片成像曲线)，从而使主体表现的中灰区域反差增强，展现更多层次，提升整体画面反差。

人眼可以处理的亮度范围非常宽。而摄像机在拍摄明亮区域时会出现感光过度和“褪色”现象，这是因为亮度区域的亮度信号超过了摄像机的动态范围。在这种情况下，可以通过 KNEE(拐点校正功能)来压缩画面的高光区域的信号，使它们进入到摄像机的动态范围内，避免画面的感光过度。通过降低 KNEE POINT(拐点值)和提高 KNEE SLOPE(拐点斜率)，明亮的物体就可以真实再现。

KNEE(拐点校正功能)实际上就是对高亮部分的 Y(亮度)信号的一种消减。但如果 KNEE SLOPE(拐点斜率)设得偏大，Y 必然被消减得多。Y 减得太多，像素的色彩饱和度就受影响。因此，在 PAINT 菜单里，还有个 KNEE SATURATION(拐点饱和度)的设置。这个设置，就是为了在压缩高光时，专门用来弥补高光饱和度的损失。所以，在调整斜率的时候，要配合调整拐点饱和度，才能让高亮部分的细节表现出最佳的效果。

有的时候，暗部区域的层次表现虽然被准确还原，但是效果却并不尽如人意，有时过于丰富和偏亮的暗部区域会转移观众视线，而忽视了关注主体；而某些时候可能暗部表现略微不足，很难通过改变灯位和光区来微调，提升 BLACK (黑电平)虽然可以使暗部变亮，但是又会影响反差，并且可能增加噪点。所以，摄像机为了方便使用者更进一步对于暗部的层次进行把控，设计了 GAMMA (伽马曲线)和 BLACK GAMMA(黑伽马曲线)。

所谓伽马，其实就是一个“成像物件”对入射光线做出的“反应”。然后根据不同亮度下的不同反应值获得的曲线，就是伽马曲线。不同伽马值的选定要依据画面的明暗、对比来选择，调整 GAMMA(伽马曲线)的正负值可以加重或减轻画面的颜色浓度。BLACK GAMMA(黑伽马曲线)独立于 GAMMA(伽马曲线)之外，在不影响中等色调和高亮度区域图像的情况下，仅对暗部或接近暗部的区域进行影调控制。通过调整 BLACK GAMMA(黑伽马曲线)能真实地表现出暗部色调或应具有的图案阴影，再现更丰富的视觉印象。将 BLACK GAMMA(黑伽马曲线)设为负值可使画面色调变暗而颜色更饱和，设为正(＋)值则使黑色对比度变亮，但会产生褪色现象和噪点，为使噪点保持最小状态，推荐与 DTAIL(细节处理)菜单栏中的 CRISPENING(挖心校正)一起使用。

3　轮廓和细节的调整

轮廓和细节校正的作用是细致地展现物体高光部分的细节，增强低照度区域的色彩以及避免图像暗部区域的颗粒化。

对于画面亮度区域出现曝光过度，造成物体画面边缘模糊的现象，可以运用 DTAIL(细节处理)菜单栏中的 KNEE APERTURE(拐点孔阑校正)功能。这一功能可以真实再现那些原本存在,但是因为应用了 KNEE(拐点校正)功能而被压缩了的画面边缘部分。提高 KNEE APERTURE(拐点孔阑校正)的电平,可以使明亮物体的边缘变得锐利,降低 KNEE APERTURE (拐点孔阑校正)的电平,可以使物体的边缘变得模糊柔和。

在演播室拍摄节目,蓝屏前的人物是通过色键从背景中抠出合成到虚拟背景中,如果摄像机的细节轮廓处理不当,会出现人物的轮廓有黑色边缘的现象,叠加背景后人物感觉就像浮在背景上,此时可调节 DTL BLACK LIMIT(细节黑限幅)来弱化黑色边缘。

有时在节目拍摄的过程中,主持人穿着的服装颜色过重,比如藏青、暗红等颜色,这时拍摄出来的画面可能会出现部分区域的色彩过于浓重发黑。这种情况下,手动调整低照度区域的色差电平 LOW KEY SATURATION(低电平饱和度调整) 设定其的正负值,可以增加或降低暗部区域色彩饱和度,使色彩更加丰富饱满。

摄像机有 DETAL(细节处理)功能,该功能是通过锐化的方式来保证清晰度和细节的表现,但细节的调整很容易造成画面部分暗部区域变得粗糙。这是因为细节功能的调整会使画面暗部的噪点同样被突出出来。在这种情况下,摄像机的 LEVEL DEPEND(细节截至电平)功能可以有效地降低图像黑暗区域的颗粒感,可以阻止那些低于某一特定电平的包括噪波在内的、被放大的信号。设定 LEVEL DEPEND 为正值,可以阔宽亮度范围,使画面的颗粒感降低。相反,设定为负值则范围变窄。

4 肤色的控制和处理

在演播室录制节目时,主持人作为画面的主体,对面部皮肤的展现有很高的要求。尽管个人本身的肤质、化妆、灯光的布局都是影响表现效果的因素,但运用摄像机的某些参数设置,通过下述 3 方面的设置操作是可以弥补肤质的不足的。

皮肤色彩控制:一般在良好的光源下,只要摄像机的白平衡设置得当,肤色的还原应该没有太大问题。有时主持人的妆面在镜头前过于平淡,可以通过略微提升 R 电平,将肤色提暖,过于浓艳可以略微提升 B 电平,将肤色往冷色调靠。当然,此时的操作一定要小心,如果把握不好就容易造成画面偏色。

皮肤亮度控制:无论光线的强弱,黄种人的皮肤反光率约 70% 相当于景物中由明到暗亮度变化的中间等级。在对人物进行拍摄时,以这个中间灰度等级来确定光圈值,有利于暗部分画面的重现。在光圈的设定中一般是先打自动光圈, 测得一光圈值,然后将光圈打到手动挡,再拉回镜头减小半档或一档光圈值。就可以达到准确曝光。

在空间较小的演播室中,随着光圈大小的确定,整个画面的亮度就确定了,这时很难对人物面部的亮度进行单独控制。如果改变光圈,可能会造成高光溢出,损失亮部细节。通过 PAINT 菜单中的 GAMMA 曲线设置,将 STEP GAMMA 略微降低,在不太影响亮暗层次的基础上,可以将皮肤所在的中灰区域的亮度稍微提升。将亮度提升到 80% 左右,就可满足了视觉美化效果。

皮肤细节纹理:过分清晰的肤质表现,有些情况下并不美观。在高清镜头前,主持人的妆面一旦过于浓重,不仅起不到美化效果,反而会让修饰的痕迹更加明显。为了对皮肤进行柔和处理,可以调节 DETAIL(细节处理)电路,正如前文提到的 DETAIL(细节处理)电路的调节,可以保证画面的清晰度和细节表现。但是反过来使用,就可以起到柔化的作用。同时,菜单中还有专门的 SKIN DETAIL(皮肤细节校正)可以单独选择色彩区域(比如肤色),进行独立区域的细节柔化。

5 结束语

本文介绍了高清摄像机菜单操作中一些重要的菜单功能。然而，在高清摄像机的使用过程中，菜单的调整并没有固定的公式，需要我们在平时拍摄中细心尝试，慢慢体会。更要注意的是，摄像机的菜单调整并不能凌驾于光线之上，只有以好的布光为基础，才能使高清摄像机的性能得到充分发挥，使现场效果更出色地展现在屏幕上。

参考文献

陈光. 2006.演播室摄像机在实际使用中的技术分析及应用.现代电视技术.(2):64-67.

王怀军.于路.高华. 2013.高清视觉调像标准探索.广播与电视技术.(4):72-75.

张涛. 2013.高清摄像机的优势与注意事项.影视制作.(5):44-46.

基于 Vizrt 气象图形技术的电视气象图形包装

胡亚旦[1]　钱燕珍[2]　陈蕾娜[1]　顾叶挺[1]　任美洁[1]

（1 宁波市气象服务中心，宁波 315012；2 宁波市气象台，宁波 315012）

摘　要

气象是以庞大的数据、复杂的大气物理模型运算为基础的一门科学，电视气象节目将老百姓最关注的气象信息进行实时的传递，气象数据实时形成的图形是传递气象信息最直观有效的表达方式。Vizrt 图形图像制作系统是国际一流的包装软件，具有实时渲染三维场景、播出效果华丽的特点。本文基于 Vizrt 气象图形系统，阐述了针对宁波市 220 个中尺度自动站、城市站点预报、海洋天气预报、空气质量、预警信号、生活指数等数据进行的气象图形研发过程。研发工作完成后，实现了气象数据自动化处理与图形自动生成，提高了气象节目制作的效率及画面的质量。

关键词：Vizrt 气象图形　中尺度数据 自动化 气象图形包装

1　引言

电视气象节目，决定其品质的核心和灵魂是气象信息，而专业气象图形在传递气象信息，阐释气象原理等方面起到了举足轻重的作用。Vizrt 系统是一款气象图形包装软件，支持云图、雷达、常规天气图等多种类型的气象图形的制作。2012 年宁波市气象服务中心引进了维斯（Vizrt）的在线图形包装系统，与 Vizrt 公司共同制定了统一灵活的数据接口标准，并开发相关数据处理程序，实现中尺度自动站气象数据、城市站点预报数据、海洋天气预报、各类指数数据、预警信号等气象图形实时在线生成。通过相关模板及数据的开发，节目包装档次明显提升，节目质量也有了明显的提高。

2　Vizrt 气象图形包装的优势

Vizrt 系统是国际一流的电视制作软件，包括虚拟演播室系统、在线图文包装软件和媒资管理系统。宁波气象服务中心引进的 Vizrt 气象在线图形包装系统是一款电视气象图形图像包装系统，支持气象数据在线实时生成图形。其包装特技效果华丽，升级后支持三维虚拟演播室系统。

3　基于 Vizrt 系统的气象图形包装

Vizrt 气象图形图像制作软件在国内最早是华风集团曾经安装过一套，主要使用于 CCTV－2 第一印象和气象频道的城市天气预报节目，做了一些气象数据的开发工作。宁波市气象服务中心引进 Vizrt 系统后，与 Vizrt 公司共同研发适合宁波的气象数据图形图像，目前已经取得了一些成绩。可以实时支持宁波 220 个中尺度自动站数据、城市站点预报、海洋天气预报、空气质量、预警信号、生活指数、云图、雷达、Micaps数据等数据的显示。

3.1 实现自动化的中尺度气象实况数据的图形显示

对于地级市天气预报节目，高密度自动站气象数据的展示已经成为电视气象节目服务中非常重要的内容。在没有引进Vizrt系统前，对高密度自动气象站的数据图，都是手工一个一个数据添加到节目地图画面上，对于有数据生成的面温度图和雨量图，一般是借助Surfer画图软件生成后，经过Photoshop软件处理，再在大洋非编上做字幕处理，过程比较烦琐，效率比较低，同时画面效果也不理想。

结合Vizrt系统开发的气象数据自动处理程序，每小时自动生成一个高密度自动气象站的整点数据文件，自动生成前一天各站点的统计数据文件，之后软件自动读取相关数据文件，通过数据处理软件的处理，在图文播出设备上实现一键渲染播出，制作效率明显提升。自动实时生成的图形有宁波全市温度、降水等实况图，并可实现天空背景、天气场景的智能更换。而且画面质感强，图形形象直观，表达效果好(图1a和1b)。

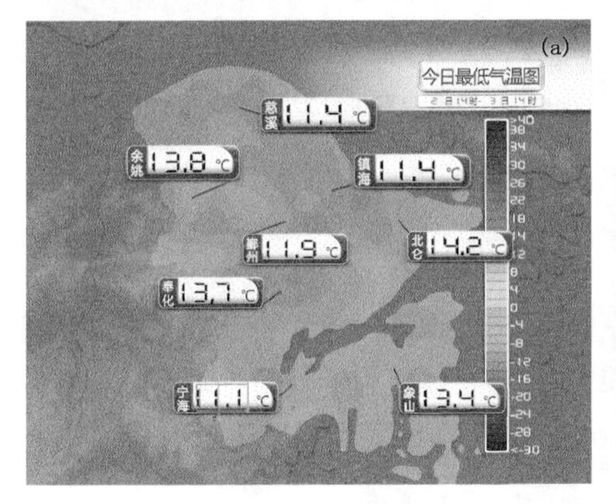

图1 (a)全市最低气温和(b)降水(降雨动画)实况分布图

3.2 灵动立体的曲线图

动态曲线图在表现温度、能见度、相对湿度、风力等要素时，直观生动，便于观众理解。Vizrt软件通过一键渲染可以实时获取最高最低气温对比图、日气温变化图等(图2a，图2b)。通过立体的箭头曲线，配合阴晴、云量或降水动画，可以给老百姓带来直观的天气预报感受。

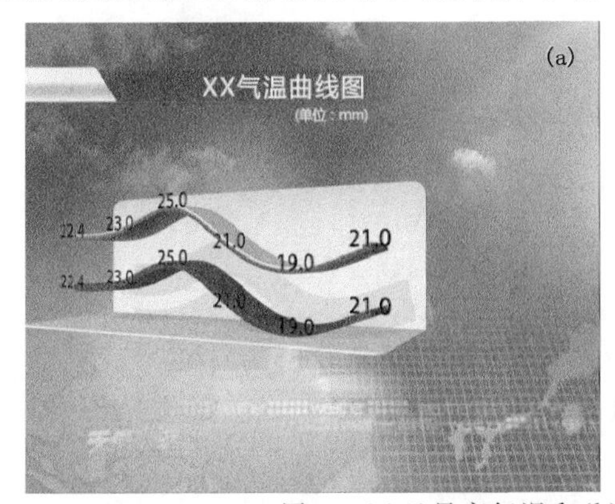

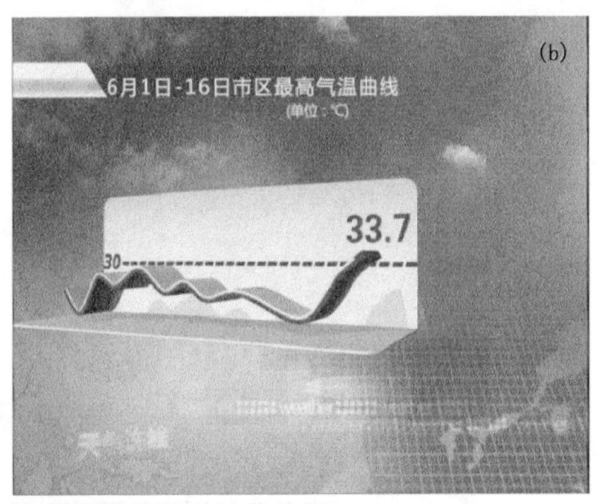

图2 (a)日最高气温和(b)最高最低气温对比曲线图

3.3 结合地理信息的三维天气预报图

天气预报图是气象节目里最常用的图形，通过实时渲染可以将数据实时呈现到3D动画地图上，结合未来三到五天的天气预报数据实现天气图标智能替换，将预报内容与地球旋转动感结合，科技感十足。以黄色线条勾勒的预报区域轮廓清晰明了，预报文字在地图相应的位置上轻快的滑出，使发布的天气预报信息更加生动(图3)。

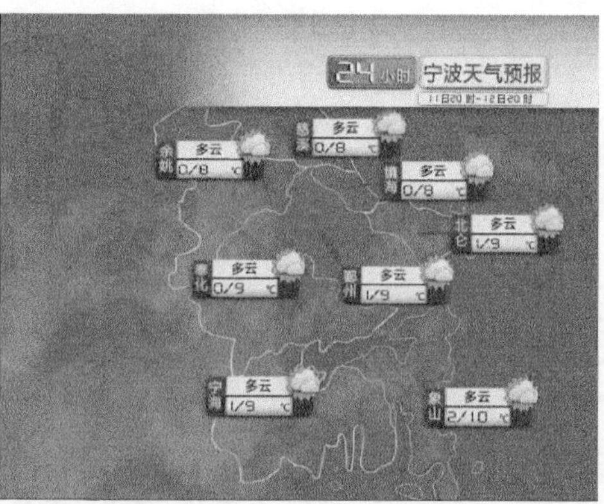

图3 24小时天气预报动画截图

3.4 预警信号

预警信号的发布是经常的，将预警信号以贴图的方式放在3D立体模形上，并结合数据接口，通过实时预警信号的发布数据文件对接，实现了自动生成预警信号的三维动画场景(图4)。

图4 三维预警信号示例图

4 小结

宁波市气象局引入Vizrt气象图形图像系统后，结合国内气象数据实际情况，与Vizrt公司合作进行了气象数据的研发，使得日新月异的气象科学技术成果能够以更加形象、更加直观的方式呈现给老百姓。从创意、包装、整体设计、艺术风格和气象图形五个环节，确保了气象数据的实时性和有效性。Vizrt软件的气象图形一键渲染和在线播出功能，极大地提高了节目制作效率，确保了气象节目信息的时效性。同时，运用 Vizrt 系统制作渲染的图形具有效果好、质感强、比较华丽的特点，可以清晰、形象、准确地表达丰富的气象信息。

参考文献

Vizrt. 2004. 意即图形实时. 世界广播电视，**10**：137.

气象影视业务平台设计与开发

陈细如　赵　军　王晓莉

(湖北公众气象服务中心,武汉 430074)

摘　要

气象影视在学科建设和工作平台开发方面,相对于其他气象领域相对滞后。气象影视业务平台的开发,将电视节目制作、新闻采编、广告管理等气象影视基本业务纳入一体,实现工作平台共享、信息资源共享,在气象影视业务工作方式和业务管理方式上实现了技术性的突破。本文主要介绍系统功能和设计开发情况。

关键词:气象影视　系统开发

1　引言

气象影视是公共气象服务的重要组成部分,是公众气象服务的主要服务窗口,承担着服务大众生活、防灾减灾和气象科普宣传等重要职责。近几年,国家着力发展公共气象服务,加大气象服务投入,气象影视在演播系统建设和制作设备方面得到较大改善,各地先后建立了数字化演播系统和高清演播系统。与此同时,气象影视业务也飞跃发展,节目量迅猛增长,目前气象电视节目已经覆盖了国家、省、地(市)、县各级电视台的大部分节目频道。但相比气象部门的其他业务,气象影视在学科建设、业务平台建设方面,存在着较大的不足。相比硬件系统的快速发展,气象影视软件工作平台和业务管理平台尤其滞后,基本处于缺失状态。气象影视极少有专属于自己的工作平台,工作手段原始,管理分散,信息获取的渠道不畅,不利于业务工作的开展,尤其是新进人员熟悉业务需要很长时间,影响工作效率,而且容易造成资料流失和信息遗漏,不利于影视资料的共享应用。

随着气象影视的不断发展,建立一个综合的气象影视业务平台的需求日益明显、而且非常必要。气象影视业务平台旨在设计开发一个综合性的软件平台,将电视节目编导制作、新闻采编、广告管理等基本业务纳入一体,实现工作平台共享、信息共享、资源共享,为气象影视服务创建一个便捷的、共享的工作环境。

2　系统设计

2.1　需求分析

气象影视业务平台的最终目标是开发出一个软件工作平台,将气象影视业务中的电视节目编导制作、气象新闻采编、影视广告资源管理等业务集约到统一的工作平台上,并且在此基础上能提供媒体资源管理和气象信息获取等功能作为系统的技术支持。通过该平台气象影视节目编导和制作人员可以完成气象资料查询、稿件编写、审核和签发等日常工作;新闻采编人员可以完成新闻策划、新闻稿件编写、新闻上传和新闻业务的数据库管理;广告管理和制作发布人员通过该平台完成广告排期、广告开播、停播信息发布以及广告资源的数据库管理;业务管理人员通过该平台提取质量数据、掌握服务效果、开展绩效考核。

2.2 系统框架图

根据业务需求,气象影视业务平台设计包含有编导平台、新闻采编管理、广告资源管理、制作流程管理、气象信息处理和媒体资源管理共6大功能模块和1个系统管理模块。系统框架图如图1所示。

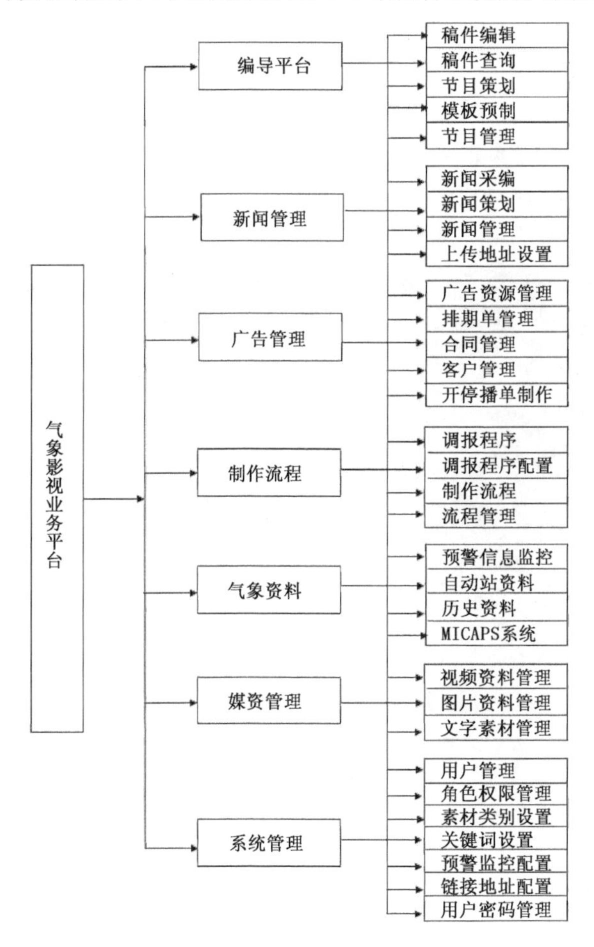

图1 系统框架图

2.3 技术路线与系统开发运行环境

气象影视业务平台设计为基于 ASP. NET 的 B/S(即 Browser/Server)基本架构,通过浏览器直接访问系统,数据库后台支持。B/S 架构系统交互性强,通过一定的权限控制可实现多用户访问的目的,比较适宜气象影视业务多用户网络运行模式,而且业务扩展方便,维护简单。

系统服务器采用 Windows Server 2008 操作系统,在此平台基础上基于. NET4. 0 进行系统开发,开发平台为 Visual Studio 2010 ,C#作为系统开发的主要语言,SQL SERVER 2008 作为整个系统的数据支撑，系统运行环境为 Windows7 操作系统。

在系统开发过程中使用 AJAX 和 Silverlight 新媒体技术，以此提高专业用户体验，美化工作界面。在客户端网页中使用 AJAX 技术(Asynchronous Javascript and XML)，以提高用户访问 Web 页面速度，增强用户体验。在 Web 页面中使用 AJAX，可以只传输页面刷新有变化的部分数据，避免整个页面的全部传输和刷新，减少了网络带宽占用和用户等待时间。而 Silverlight 是微软发布的一种新的 Web 呈现技术，也称富客户端技术。可以美化显示工作界面，创建丰富的、具有绚丽视觉效果的 Web 交互式体验，并且具有跨浏览器特征。可满足影视系统对 Web 界面效果较高求的专业用户需求。

3 系统实现

气象影视业务平台界面设计采用模块化和页面式的结构。通过菜单切换 7 个功能模块，不同的模块内部又分成多个工作页面，通过点击页面图标进入，切换方便。各个功能模块既有相对的独立性，又相互关联，其他模块的信息可以在本模块弹出提示，既能实现信息和资源共享，又使功能结构更为清晰。系统主界面图如图 2 所示。

图 2 系统主界面图

3.1 编导平台模块

编导平台模块是气象影视业务平台的主要组成部分。编导在该模块既可以完成节目策划、稿件编写、审核、打印等工作。同时其他模块信息，如重要实况天气信息和预警信息监控模块监控到的信号也可以在编导平台模块弹出或滚动提示。

编导平台模块包括“节目管理”、“节目策划”、“模板预制”、“稿件编辑”、“稿件查询”等五个页面。节目管理页面可设置本单位制作的所有电视天气预报节目的播出频道名称、栏目名称和节目稿件标准字数长度。节目模板预制页面可能根据不同频道节目内容结构和主持人口播的广告用语，设置固定的开场白、结束语、主持人口播广告，段落语言等，避免每天重复输入相同内容以及口播内容的遗漏。节目策划页面主要供节目编导根据天气形势以及天气对生活和各行各业的影响提前进行一周节目策划，策划内容分为一周天气形势介绍，一周服务重点，每日服务要点以及视频动画制作等部分。

稿件编辑页面主要分为四个区域(如图3所示),关键词选择区、稿件编辑区和图文说明编辑区、菜单与任务栏区。稿件编辑区和图文说明编辑区可进行文字输入、拷贝、粘贴、删除、恢复等文字编辑操作,可设置字体和文字大小。系统可显示相应节目的标准字数长度,并实时统计显示稿件编辑区的实际字数。栏目总编对稿件进行审核之后,点击“审核”键,进入审核界面,审核后具有自动签名功能;在任务栏可显示当天每个节目稿件任务完成情况和审核情况。

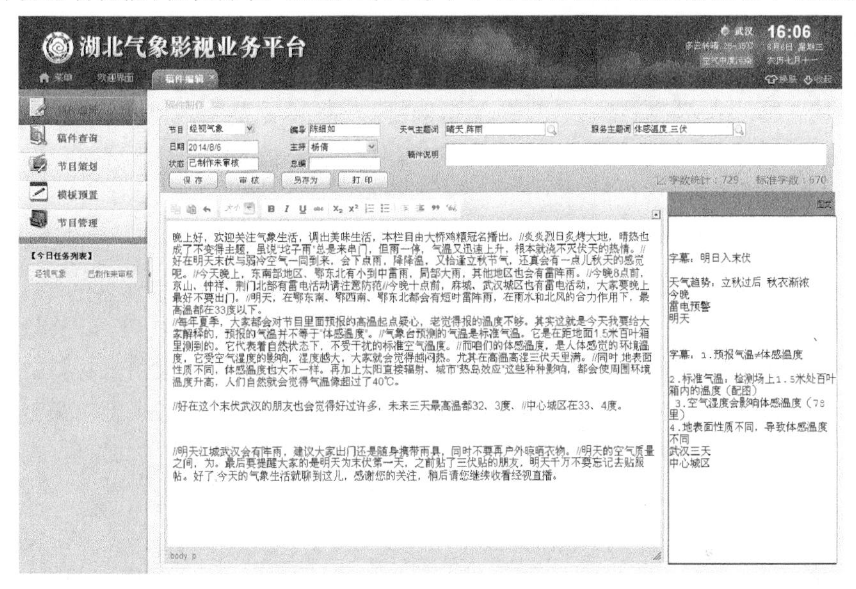

图3 编导页面图

稿件查询页面可通过选择一个或多个关键词(如时间段、节目名称、编导名称、主持人名称、天气关键词、服务关键词等),可查询并显示所有相关的历史节目稿件,对服务信息进行统计。

3.2 气象新闻管理模块

新闻管理模块包括有“新闻策划”、“新闻采编”、“新闻管理”和“上传地址”设置四个工作页面。能完成每日新闻拍摄任务和一周新闻拍摄计划的策划、新闻稿件编辑和自动上传、新闻视频预览和新闻信息录入、气象新闻数据库管理等。同时,气象资料处理和预警监控模块的重要天气信息可在新闻管理模块弹出或滚动显示。与编导平台模块和媒资管理模块结合,能够实现资源与信息共享,拓宽新闻渠道,提高发布时效。

3.3 广告管理模块

广告管理模块具有广告排期单制作、广告资源管理、合同管理、客户管理等功能。支持广告部和制作部对于广告开播、停播通知发布,广告制作、播出和监制的分级管理,能实现广告开播单和停播单的自动提示。广告排期功能根据广告排期记录和栏目广告资源自动生成每个节目的广告排期表。广告资源管理功能记录每个栏目的拥有的广告资源内容,能根据各个阶段、每个栏目广告资源结构,编制栏目广告资源使用情况报表,显示已销售和未签售广告资源信息,以及每个广告板块合同的执行和到期日期,并建立合同管理和客户管理数据库,可以随时查询与合同相关或与客户相关的各种信息以及历史交易记录。

3.4 工作流程管理模块

制作流程模块主要完成日常节目制作所需的城市报文处理和节目制作流程管理，包括“调报程序”、“调报程序管理”、“制作流程”、“流程管理”四个页面。通过调报程序，能够直接运行本地相应的执行程序，获取当天节目所需的各种城市预报、景点预报、精细化预报或中心城区气温预报等信息。调报流程管理完成本地的调报程序设置，如设置本地程序的名称、地址、路径等信息。能够新增、修改、删除程序信息。

制作流程页面，能够显示和查看每天的工作任务及完成情况。包括任务的完成时间、工作内容、工作描述、完成情况等信息。并且通过功能链接，能够直接完成邮件发送，节目上网等操作。任务完成后，可显示完成状态，未完成的任务可以红字显示进行提醒。流程管理页面能够设置每个任务的具体工作内容、执行周期，任务开始和完成时间。

3.5 气象信息处理模块

该模块主要完成实时气象信息的收集与处理，历史气象资料查询统计，以及预警和重要天气信息实时监控提示等功能，为节目编导和气象新闻采编人员提供气象信息支持。

预警和重要天气信息实时监控页面可定时循环扫描，监控气象业务平台上最新发布的预警信号、地质灾害气象风险预报以及重要天气信息等，并在编导和新闻工作页面自动弹出提示信息或滚动提示。保证气象预警信息和重大气象服务产品不漏发，不漏播，提高公众气象服务的时效性。

自动气象站信息处理页面可浏览实时自动气象站观测信息，并对最高、最低、平均气温和各个不同时段的雨量、风力等信息进行排行显示(可按国家基准站或加密雨量站分别进行排行显示)。并能根据设置的要素阀值，发现极端天气信息(如短时强降雨、极端最高、最低气温、大风等)，并在状态栏进行滚动提示。

历史气象资料查询统计功能可查询任意时段历史气象资料，并与实时气象资料进行对比排位。包括任意时段的最高、最低气温，平均气温，降雨量等资料，与历史气候资料进行对比，以折线图显示，并可导出数据与图形(如图4所示)。

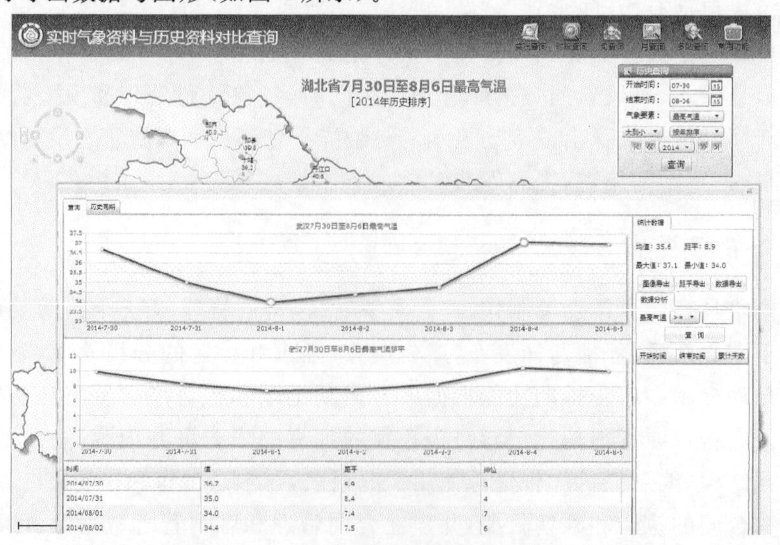

图4 历史气象资料查询页面图

3.6 媒资管理模块

媒资管理模块包括了视音频资料管理、图片素材管理和文字素材管理三大功能，集中管理视音频素材和气象影视知识文字素材(主要功能如图 5 所示)。可对素材进行上传下载，编目管理，在线浏览和分类查询。支持多文件批量上传，视音频分段编目、批量编目以及多种视频格式的在线浏览和下载。可按照关键词或者素材类别分类检索，并支持多种文件格式的转码下载。

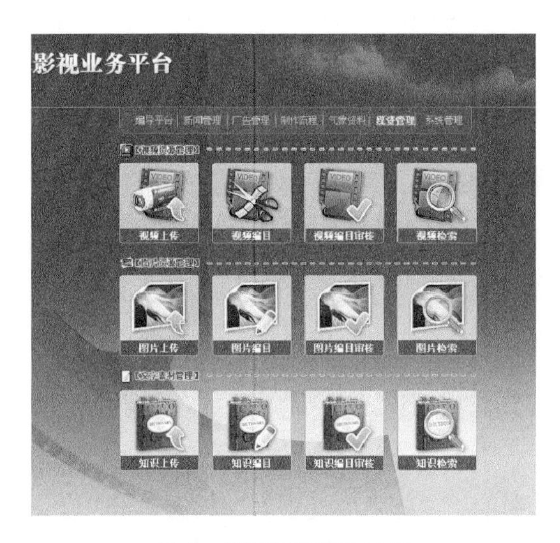

图 5 媒资管理模块功能

3.7 系统管理模块

系统管理模块具有用户管理、用户权限管理，以及数据库关键词设置和链接地址配置、密码修改等功能。能根据部门和工作岗位性质进行用户权限设定，根据角色设定不同的访问权限和操作权限。

4 系统应用

气象影视业务平台完全基于气象影视业务的实际应用而开发的，针对性和专业性强，不但操作功能完善，而且有强大的媒资库和气象资料库的支持。目前该系统已经在湖北省公众气象服务中心投入业务运行。平台的开发为气象影视工作创建了一个便捷实用的工作环境，实现了气象影视资源的存储共享和高效应用，有助于提高工作效率，提升服务效果。同时也使气象影视业务工作方式和业务管理方式实现了技术性的突破，实现了业务手段的转变和管理水平的提升，有利于气象影视业务从零散模式向集约化、网络化、规范化的方向发展，对未来气象影视业务发展具有重要的实际意义。

云南气象影视资料管理系统设计

王英巍　闫广松　李俊峰

（云南省气象服务中心，昆明 650034）

摘　要

针对目前云南气象影视资料内容丰富、数据量大，同时媒体资料的绝对数量和增加速度快等特点，开发了云南省气象影视资料管理系统。本文详细介绍了构建云南气象影视资料管理系统的框架思路、数据库设计及其关键技术。目前，该系统已正式投入业务，实现了气象影视资料高效存储管理、快速检索等预期目标。

关键词：气象影视　媒体资料管理　B/S 架构

1　引言

近年来，云南省气象影视中心承担中国气象频道云南地区气象新闻的报道工作，拍摄内容既涉及高温干旱、暴雨洪涝、冰冻雨雪、大风冰雹、森林火险、滑坡泥石流等重大气象灾害及衍生灾害，又包含气象为农服务、旅游气象、交通气象、生活气象、气象科普等气象服务领域，并积累了庞杂的文字、图片、图像、声音等各种形式的媒体资料。此外，自 1987 年云南气象影视中心成立以来，也积累了大量的常规日播节目素材。这些珍贵的影视资料具有巨大的社会、文化和经济价值，通过再利用，能够不断创造出新的产品和新的价值。而随着云南气象新闻的不断发展，这些影视素材也呈现出以几何级数增长的趋势。但是，在云南省气象影视资料管理方面，存在着存放混乱、存储介质落后、查找困难、利用率低等诸多问题。

华风气象传媒集团及北京、安徽、四川、甘肃、河南等省建立的气象影视素材管理系统都是基于 C/S(Client/Server)架构的。随着计算机技术的飞速发展，B/S(Browser/Server)架构越来越受到人们的关注，它具有软件开发周期短、硬件设备要求低、维护和升级方式简单、软件易于推广等特点。云南省气象影视资料管理系统应用先进的 B/S 架构，同时借鉴媒体资产管理系统中内容管理的思路，结合云南气象影视工作的实际情况，研发出一套具有媒体资料收集、传输、储存及检索等功能的气象影视资料的数字化管理系统，以期实现媒体资料存放有序、存储介质先进、检索方便、下载快速等功能。

2　云南气象影视媒体资料管理系统的设计思路

影视资料数据庞大，形式多样，内容又涉及多方面，如何将其有序、有效地管理，实现方便快捷查询，达到资料的最优化使用，是气象影视资料管理系统亟须解决的问题。基于上述问题的充分思考，本文给出如下设计思路：首先对影视素材资料进行收集、整理，然后根据影视资料的特点对其进行编目，建立素材数据库，把已经编目过的素材录入到建设好的数据库中，然后设计检索环节，使影视资料可以被快速定位和查询，再导出到制作系统中进行编辑后播出，从而实现影视资料的快速再利用。系统业务流程如图 1 所示。

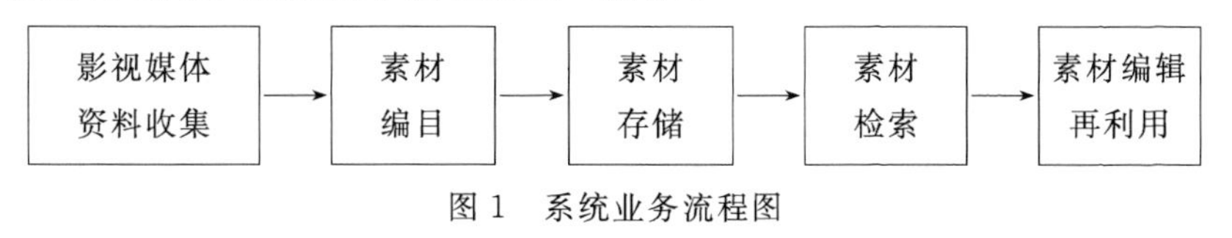

图 1　系统业务流程图

3　云南气象影视资料管理系统数据库设计

气象影视资料数据库的设计，不同于常规气象要素数据库的设计，需要充分考虑气象影视资料本身特点。气象影视资料主要包括视频、音频、图片及文本素材，这些素材不仅数据量大，而且内容丰富。如何根据气象影视资料自身特点，为影视资料进行科学编目是建立影视素材数据库的重要环节。气象影视资料管理系统，首先要对气象影视资料进行收集、整理及编目，从而完成影像资料编目和文本资料编目的数据库设计工作，接着进行影像资料的入库管理和文本资料的入库管理的数据库设计，最终实现整个系统的数据设计工作。系统的功能模块如图 2 所示。

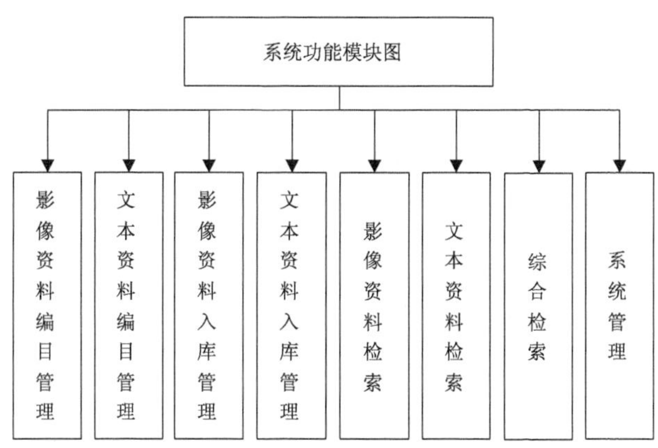

图 2　系统的功能模块图

3.1　影像资料的编目管理

影像素材分为动态素材和静态素材两个编目，其中动态素材分为天气现象、一般背景素材、其他；在“天气现象”编目下，分为五个子编目：风、云、雨、雪和其他。“风”包括：风(沙)、扬沙、沙尘暴等；“云”包括：晴、少云、多云、阴等；“雨”包括：小雨、中雨、大雨、暴雨等；“雪”包括：小雪、中雪、大雪、暴雪等；“一般背景素材”是指与制作天气现象背景相关的动态素材；“其他”子组包括天气预报片头、气象与健康片头、主持人背景等。

静态素材分为季节、节气、节日、假日背景、主持人背景、其他。在“季节”编目下，分为五个子编目：春、夏、秋、冬，其他。“春”包括：风、扬沙、沙尘暴等春天景色；“夏”包括：小雨、中雨、大雨、暴雨等夏天景色；“秋”包括：秋天景色等；“冬”包括：小雪、中雪、大雪、暴雪等冬天景色。

3.2　文本资料的编目管理

文本素材编目分为基本气象知识、云南天气及气候、节气与农时、气象与各行业、气象与健康、气象谚语、民间节日及其他等。其中，"气象与各行业"子编目主要包括气象与农业、气象与烟草、气象与林业、森林火灾与气象条件、气象与环境保护、气象与航空、气象与建筑、气象与交通、气象与电力、气象与新能源等。

3.3 影像和文本资料的入库

气象影视资料管理系统充分考虑了气象影视素材的特点，对每条素材都添加描述信息，主要包括时间、地点、作者和内容概况等。影像资料管理的入库信息如图 3 所示，文本资料管理的入库信息如图 4 所示。

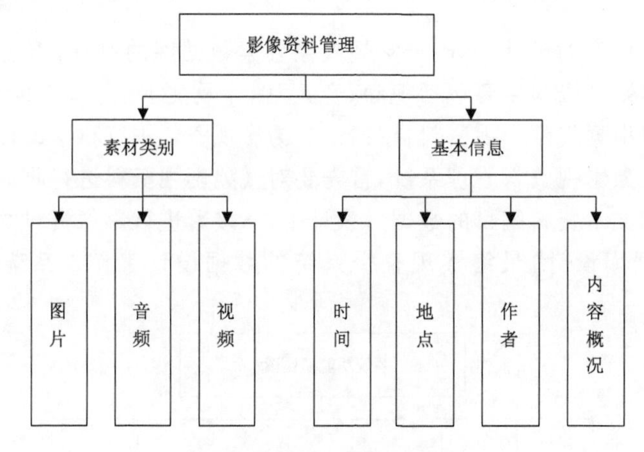

图 3 影像资料的入库信息

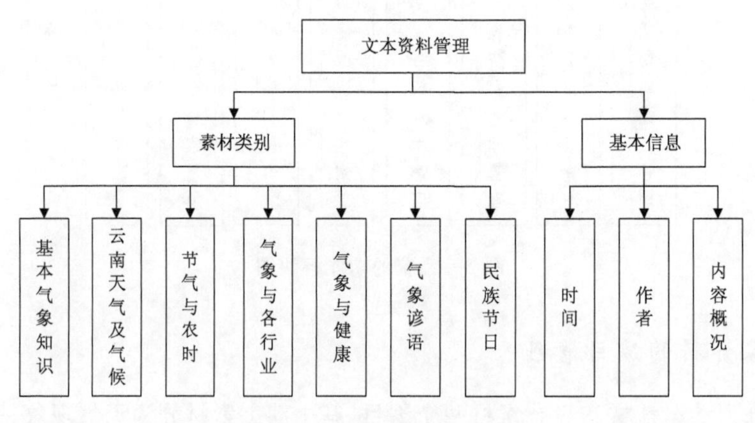

图 4 文本资料的入库信息

3.4 影像和文本资料的综合检索

气象影视媒体资料的检索采用的是"目录检索"和"关键字检索"的交叉方式。综合检索功能模块系统如图 5 所示。

3.4.1 目录检索

目录检索就是"物以类聚"的检索，任何事物经过分析整理后自然会分门别类。分类搜索足以将信息系统地分门归类，用户可方便地查询到某一大类信息，与传统的信息查找方式相近，特别适合希望了解某一方面信息并不严格限于查询关键字的用户。

3.4.2　关键字检索

基于文本的检索方法是关键字检索，又为基础信息检索，其大体思路是：在信息资料采集完毕后，给采集到的资料赋以各自的简短的文本索引，并采取相关的数据库技术加以管理与实现。在需要检索时附以相应的关键字，并通过数据库将该关键字作为索引进行快速定位、检索。

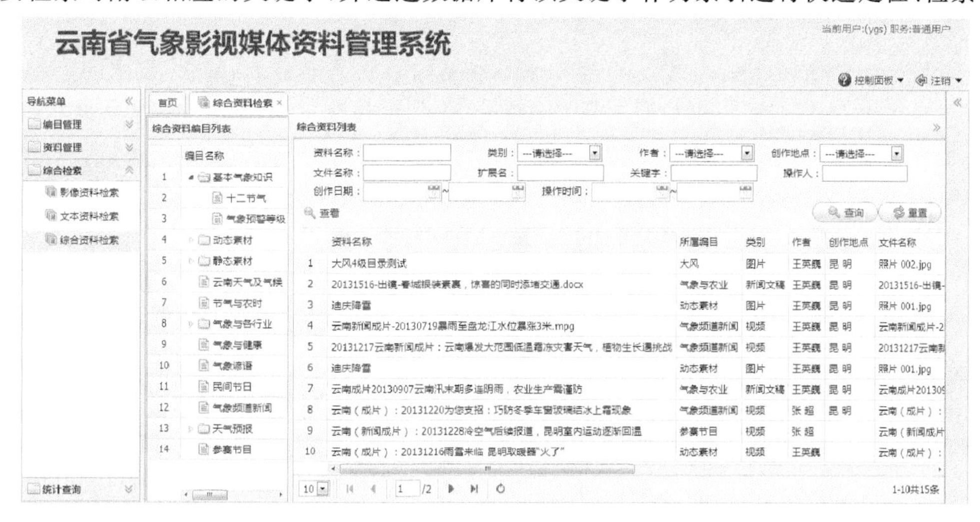

图 5　综合检索功能模块系统截图

3.5　系统管理

系统管理主要包括用户管理、角色管理、数据字典和导航菜单管理等功能模块。用户管理，即用户的基础信息的录入和编辑；角色管理，即角色的录入、编辑以及权限设置；数据字典，即素材类别、素材作者、素材创作地点的维护；导航菜单管理，即菜单的基础信息的录入和编辑。

4　云南气象影视资料管理系统关键技术创新

云南省气象影视资料管理系统是借鉴媒体资产管理系统中内容管理的思路，利用当前先进的计算机技术和架构，结合云南气象影视工作的实际需求，进行系统研发。同时，为追求媒体资料管理及再利用等方面更加快捷、高效，在关键技术上做出大胆设计和创新。

4.1　模块化理念设计

气象影视资料管理系统的设计充分应用了“模块化”思想，系统主要分为三大模块：系统设置模块、影像资料操作模块和文本资料操作模块。其中每一个大模块又可细分为不同的小模块以实现不同的功能。整个系统遵循“高聚内，低耦合”的设计理念，使得各个模块之间既独立又相互联系，它们的访问过程通过主程序界面进行统一规划与管理。这样的实现方式有助于降低成本和风险、有效地提高开发效率而且程序结构清晰。

4.2　素材采用文件管理与数据库管理相结合方式

单纯文件管理，即磁盘管理，方便资料移植但往往会因存储混乱导致查找时间较长。单纯的数据库管理，安全性和可靠性高，检索速度快，但把素材的基础信息和素材本身直接存储在数据库中，会导致信息量大而不便移植。云南影视资料管理系统综合考虑文件管理与数据库管理的优点与不足，将素材管理分为两个模块，素材本身是以文件管理方式进行存储，而素材的基础信息是以数据库管理方式进行存储，这样可以达到资料移植方便、查找快捷的双重优点。

4.3 在气象影视资料管理系统中，应用B/S架构

B/S(Browser/Server)结构即浏览器和服务器结构。它是随着Internet技术的兴起，对C/S(Client/Server)结构即客户机和服务器结构的一种变化和改进的结构。在这种结构下，用户工作界面是通过www浏览器来实现。形成采用B/S架构的云南省气象影视资料管理系统，功能主要包括：气象影视资料编目管理；气象影视资料收集、传输及储存管理；气象影视资料检索、系统管理等。以上所有功能模块皆可通过互联网直接访问、调用和管理。

5 结语

云南气象影视资料管理系统充分运用了数据检索技术、计算机多媒体技术以及互联网技术，在实现音频、视频、图片等庞杂影视素材高效管理的同时，也实现了查找方便、调用快捷等多种功能。目前，云南省气象影视资料数据管理系统已经成功投入业务应用，已有约2TB媒体素材资料编目入库，初步形成云南气象影视资料素材库及常规电视天气预报节目库的业务基础，实现了媒体资源有序存储与高效利用的目标。

参考文献

布亚林. 2006.利用现有条件构件河南省气象影视素材管理系统.气象影视技术论文集(三).北京：气象出版社.

郭红，王宇，刘胜辉 2002 .影视节目多媒体数据库管理系统的研究与设计.哈尔滨理工大学学报，**7**(4)：19-21.

邬亮. 2008.全省气象影视信息资料管理系统探讨 .气象影视技术论文集 (四).北京：气象出版社.

于宪生. 2003 对媒体资产管理系统建设的几点考虑. 传播与制作，(9)：30.

张广梅等. 2010.气象影视资料数字化归档管理系统设计与开发.气象与环境学报，**26**(2)：54-57.

张欢. 2008.气象影视媒体资产管理系统 .气象影视技术论文集 (五).北京：气象出版社.

五、气象频道建设

基于“使用与满足”理论的中国气象频道本地化插播节目研究

刘　美[1]　李长顺[1]　王珊珊[1]　周榕贞[2]

（1.福建省气象服务中心，2.福建省气象学会，福州 350001）

摘　要

本文试图从传播学受众角度出发，把受众气象信息需求作为探讨对象，以“使用与满足”作为理论基础，研究中国气象频道本地化节目插播存在的问题，结合传播学受众研究成果分析气象频道本地插播节目改进的思路，以期为气象频道本地化节目建设提供有益的参考。

关键词：气象频道　使用与满足　插播　本地化节目

1　引言

中国气象频道自 2006 年 5 月开播以来，经过近 8 年的发展，在节目制作、播出等方面取得了较大进步。本地插播业务现已成为气象频道的重要环节，为全面实现气象信息本地化做了有益的尝试，拓宽了电视观众单纯依靠地方电视天气预报节目获取气象信息的渠道，为观众获知“自己家门口”的天气信息提供了便利条件。研究观众的气象信息需求，提高气象频道本地化节目质量和影响力已成为气象频道落地和插播省市思考的重要课题。受众研究是传播学研究的重要领域，其中“使用与满足”理论是一个广为流行且长盛不衰的受众行为理论，它把受众看作是有着特定“需求”的个人，认为受众的媒介接触是建立在特定需求动机上来“使用”媒介，并使这些需求获得“满足”的过程。该理论重点是分析受众如何利用媒介来满足自身需求，这一理论为本研究提供了直接且有益的理论基础，该研究致力于探讨我国受众收看气象信息类节目的根本性动机，试图找出又好又快开展气象频道本地化业务的方法途径。

2　“使用与满足”理论

在大众传播研究中，受众指的是传播信息的接受者或传播对象。传播学家克劳斯认为，按照规模大小，受众可分为三个层面：一为某区域内可接触到传媒信息的总人口；二为对某一媒介或者讯息坚持定期接触的人；三为不仅接触了媒介内容而且在认知、态度或者行为层面受其影响的人，这类受众是媒介的有效受众，其数量的多寡及对传播媒介满意度是媒体价值实现的重要保障。作为一种受众行为理论，“使用与满足”研究起源于 20 世纪 40 年代，此后对广播媒介、印刷媒介、电视媒介以及当今新媒体的“使用与满足”研究等成为受众研究的主流。

英国传播学者 McQuail 等对受众收看电视的动机研究显示受众主要为了获得四种基本类型的“满足”，分别为：获得娱乐和消遣、促进人际关系、加强自我认同、监视环境。传播学者 Rubin 等对受众媒介使用情况进行了研究，认为受众使用媒介主要有两种方式：“仪式性使用（ritualized uses）”和“工具性使用（instrumental uses）”。所谓“仪式性使用”是指受众的媒体接触是一种习惯性的、固定性的活动，比如收看电视以打发时间、排遣寂寞、缓解焦虑等；“工具性使用”是指个人的媒介接触行为有其功利性的目的。受众对媒介的“仪式性使用”主要包括观看电视剧、综艺娱乐类、情感类等节目。“工具性使用”包括新闻报道类、经济信息类、广告资讯类等节目。“使用与满足”研究揭示了受众总是从自身的社会和心理需求出发主动选择媒介内容。因此，能否满足受众需求是影响其媒介接触的关键因素。

3 本地化节目插播问题分析

中国气象频道经历了从无到有、从小到大的发展过程，节目内容也呈现出多层次化和多样性。本地化插播节目正是中国气象频道这一特征的具体体现。我国幅员辽阔，跨越寒温带、中温带、暖温带、亚热带、热带等多个温度带，生态环境复杂多变，气象信息地域化特征明显，不同的地理环境对应不同的天气状况、生产生活方式等。故如何打造符合气象业务精细化发展目标的气象节目，以吸引观众、提高收视率，增加本地气象频道与观众的贴近性是所有省市级气象频道必须思考和解决的问题。

3.1 本地化插播节目形式单一化

目前，气象频道本地化插播信息主要有 3 种呈现形式：一是在每小时的 26 分和 56 分播出本地化预报节目，主要包括天气预报、未来天气形势分析等，每档节目时长为 3 分钟；二是本地天气预警信息及时插入；三是全国性节目播出的同时以滚动字幕的形式在电视屏幕下方显示本地的天气状况。

以福建省为例，目前福建省气象局的五档本地插播节目主要以图文信息为主，主持人出镜的节目比例较低。插播内容主要由以下部分构成：早间气象、旅游气象、午间气象、交通气象四档节目皆以图片形式播报，只有晚间气象有节目主持人出镜。传播学的“使用与满足”研究表明，受众的媒介接触行为有促进“拟态”和现实人际关系的功能。前者是指观众对节目中出现的人物或主持人等产生的一种“熟人”或者“朋友”的感觉，后者是指通过讨论节目内容能够融洽朋友关系、扩大朋友圈子等。传播学者麦圭尔认为，“拟态”人际关系同样可在一定程度上满足受众对社会互动的心理需要。因此，虽然以图文形式可以在短时间内快速传播较大的信息量，但在播出环节缺乏与观众的“拟态”交流，会使节目变得生硬，不利于受众与电视约会意识的形成。

3.2 受众定位精细化有待加强

随着社会经济的发展和生活水平的提高，人们对气象信息的需求不仅是简单的温度、空气质量、阴晴等的预报，而是希望有更多专业化的服务来满足个性化气象信息需求，如着装指数、居住环境的舒适度、旅游指数、与天气变化有关的疾病预防等。单纯的“一锅粥”式的天气类节目已经不能满足受众对气象信息多样化、个性化的需求。在当今时代，气象影视节目应该成为传播学者施拉姆所说的“自助餐厅”，即受众收看气象类节目就像在自助餐厅用餐，每个人根据自身喜好挑选食品(信息)，媒介的职责只是作为服务员提供令顾客满意的饭菜。

目前，一些本地化插播节目内容设计编排精细化不够，虽然节目时段做了明确划分，但节目内容更新较慢，只是重复播出制作内容。天气与人们的生产生活息息相关，不同的受众群体关注天气的角度和对气象服务的需求也存在较大差异。比如在早间时段，上班族以及学生需要获取信息对他们的出行、交通、生活提供参考。在午间时段，福建本地节目只是单纯罗列未来两天天气信息，其实这一时段，收视人群主要是居家家庭主妇和退休老人，那么节目应适当增加健康、休闲相关的气象生活服务类的资讯预报产品。另外，若仅仅提供本区域里的天气信息，并不能实现真正意义上的节目本地化。所谓本地化，应以本地种植业、旅游业、养殖业、民俗风情等为依托，制作专业化的气象服务内容。以福建为例，其依山傍海，多为丘陵地形，各地气候条件也存在差异，因此各地市应该结合本市天气气候特点，提供更加专业化精细化的气象服务。

3.3 本地化节目深度性不足

目前，由于人力、物力等方面的客观限制，一些省份插播节目循环播出周期快，节目时间较短，每档只有3分钟，只是在为地方电视媒体制作的常规化的天气预报节目的基础上进行加工之后在本地化节目中插播，短时间内无法表达深度的气象信息内容。

本地化插播节目主要是每天的天气实况、天气预报、旅游景点天气、交通天气实况及能见度等的报道，并不能充分发挥中国气象频道所拥有的气象信息优势。台风、暴雨、雪、雷电、干旱、低温冻害等灾害在我国时有发生，气象灾难对社会发展、人民生活、生态环境等造成严重后果。服务大众、防灾减灾、科学普及是中国气象频道的立台之本，各地插播节目应以此为出发点，加大本地节目制作力度，充分利用气象频道信息发布平台，切实提高插播节目的数量和质量。与其他地方电视频道相比，气象频道本地化业务的优势之一就是其拥有独特的第一手的气象信息资源，气象信息是与其他电视媒体竞争的重要资本。这里的气象信息不只是指区域内天气实况和未来预报，还包括更为丰富的公共气象、资源气象、安全气象。比如各地各具特色的农业气象服务，应科学地为农、林、牧、副、渔等提供丰富实用的农业气象资讯，比如农业生产建议、应对措施等，以减少气象灾害造成的损失。调查显示，电视在我国的覆盖率达90%以上，它已是人们获取生活信息与外界经验素材最重要的信息源之一，因此电视节目深度性的提升将会提高气象频道本地插播节目的社会价值。

4 改进本地化插播节目的思考

在气象频道中插播能体现当地特色的节目已经成为频道的重要部分，也是更快深入当地百姓生活的不可或缺的捷径。同时，气象频道本地化插播业务使得气象部门拥有了真正属于自己的气象信息播报平台，打破了地方电视媒体气象信息传送的时段和时长限制。改进和提高本地化节目质量已成为各地气象部门亟待解决的重要问题。

4.1 丰富节目表现形式

除了图文信息外，设置主持人出镜的天气预报类节目，以增加节目的可看性，建立受众与节目主持人的“拟态”人际关系。如北京市气象局在实现本地化节目之后，就特别注意气象节目主持人出镜对电视受众的吸引力，早间在室外报道，中午则在会商室播报天气。

增加本地化业务中直播节目的数量。2013年6月福建省气象局启动了重大天气电视直播工作，设计了中国气象频道福建直播方案，并于7月12日进行了首次直播演练，当晚21:40实现了第一档准直播节目《第一时间、权威发布，防抗台风“苏力”特别报道》的首播。此次准直播由气象专家解读和连线场外追风小组两种方式组成。主持人和气象专家同时出镜解读天气形势，连线场外记者等节目形式不仅可以在第一时间向观众传达最新天气信息，而且增加了本地化节目可视性。尤其是在台风、暴雨、干旱等灾害性天气期间,连线现场记者,其强烈的现场感和视觉震撼力更有助于提高节目的收视率和气象信息的传播效果。同时,准直播节目应注重信息的时效性。天气状况瞬息万变,观众希望能够在第一时间获取天气信息。在灾害性天气影响过程中,节目的时效性则成为受众媒介选择的重要依据。新颖的、多样化的节目形式是增强节目防灾减灾效果的直观体现。

4.2 合理分割受众

受众分割是一种首先由广告人发明的传播技巧,依据这种技巧将市场按照收入、年龄、性别、爱好、受教育程度等分成几个甚至若干个小群体,以便针对不同的受众群制定差异化的传播策略。处于不同政治、经济、文化背景的受众,其信息需求存在较大差异,农村和城市受众对天气信息的关注重点是不一样的。城市中的上班族、家庭主妇和退休人员,可能对紫外线指数、晾晒指数、旅游指数等信息感兴趣,而农民则更关注当前天气是否会对农作物的收成造成影响。因此,将服务对象细分并为其提供个性化的服务是我国气象事业发展的具体目标之一,“窄众定位”是实现气象类节目的传播效果的重要策略。强月新等人的农村受众电视收看行为研究结果显示,天气预报、科技知识、致富信息在农民电视收看动机中排在首位。这表明广大农村受众对气象信息需求空间较大,而目前一些省份本地化节目中单一的早间、午间、晚间、交通、旅游天气预报并不能满足农村观众对农业气象信息的需求。频道能否生存取决于电视观众对其的接受程度,气象影视是气象事业实现其社会价值的重要服务手段,没有受众影视气象服务将成为无源之水、无根之木。

气象频道本地化业务的开展应便于广大农村受众更及时便捷的获取所需的气象服务信息。在本地化节目编排设计中,可根据天气条件、农田墒情等情况,在节目制作中适当加入农耕信息,实时发布农用天气预报。同时还可在关键农时节点,邀请气象专家做客节目,针对各类农产品生长期的易发灾害性天气、农作物病虫害防治以及主产区天气等做深度解析。

4.3 提高频道收视率,增加频道美誉度

虽然全国各地广电部门有线网络错综复杂,在气象频道落地推广上困难重重,但经过华风集团和全国气象部门的共同努力,气象频道落地进程不断加快,有效扩大了频道的覆盖面,但收视率的提高仍然需要各地气象局鼎力支持。一些学者对受众的“使用与满足”模式做了研究,其中日本学者竹内郁郎、山根常男等对这一模式做了修改和补充。

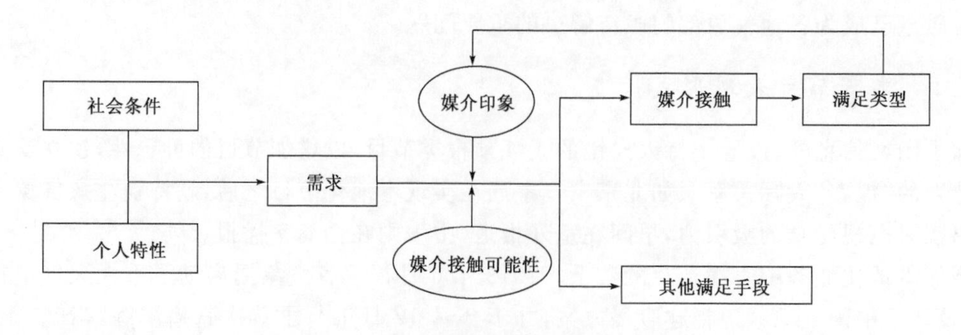

图1 “使用与满足”过程的基本模式

图1的含义是:受众媒介接触行为是建立在一定的社会和心理需求的基础上,同时,接触行

为的发生又受到媒介接触可能性和媒介印象两个因素的制约。前者是指受众身边是否有电视(或某一频道)、广播、报纸等这类媒介，如果没有，人们就会寻求其他满足手段，比如通过人际交流获得所需信息；后者是在人们过去媒介接触经验的基础上形成的，它包括媒介是否满足自身实际需求的评价。受众根据以往经验，选取特定的媒介或者传播内容进行接触，接触行为或许产生"需求满足和未满足"两种结果，不管结果如何，人们都会据此修正已有的媒介印象，这将影响受众后续的媒介接触行为。

因此，在推动气象频道落地，为观众创造"媒介接触可能性"的同时，还应注重提高频道的知名度、美誉度，以在受众心中留下美好的"媒介印象"。

目前，一些地方的天气预报类插播节目只是地方电视频道天气预报节目的翻版，而没有充分挖掘气象频道的专业优势。作为气象频道本地化节目应与地方电视台展开差异化竞争，不断提高本地化气象类节目的不可替代性。

5 结语

在施拉姆和罗杰斯等传播学者的权威论述中，大众传播媒介都被看作是推进社会变迁的重要力量。电视媒介是我国普及率最高和影响力最大的媒介，其一直是大众传播系统的中心。中国气象频道作为气象影视服务的高级形式对于受众尤其是农村受众的意义不言而喻。因此，从探索受众气象类节目的收视动机着手，分析研究气象频道本地化插播节目在节目表现形式、节目深度性、受众定位等方面存在的问题，探讨本地插播节目在落地省份的发展和改进思路，也许能够获得较为有益的参考和切实的答案。

参考文献

董元元，冯瑶，李田. 2013. 气象影视对我国农业服务的作用现状与发展思考—以省级电视台为例. 吉林农业，**4**：204-205.

高荣斌，沈良芳，卞正奎. 2013. 谭晓晖关于气象影视集约化发展的思考. 现代农业科技，**24**：338-342.

郭庆光. 1999. 传播学教程. 北京：中国人民大学出版社.

强月新，张明新. 2007. 从"使用与满足论"视角看我国农村受众的电视收看动机. 现代传播，**5**：62-65.

山根常男. 1977. 社会学讲义. 大众传播，**6**(1)：113-116.

施拉姆 W，莱尔 J，帕克 E B. 1961. 电视在我国儿童生活中的影响，加利福尼亚州斯坦福市：斯坦福大学出版社.

石永怡，李如彬，张开荣. 2009. 国外气象频道发展经验与中国气象频道发展道路. 气象，**35**(6)：101-108.

王玉洁，胡文超，雒福佐. 2012. 浅论构建新媒体时代的公共气象影视服务体系. 干旱气象，**30**(3)：478-481.

沃纳·赛佛林，小詹姆斯·坦卡德. 2006. 传播理论起源、方法与应用. 北京：中国传媒大学出版社.

Clausse R. 1968. The Mass Public at Grips with Mass Communication. *International Social Science Journal*, **20**(4)：625-643.

McQuail D, Blumer J G, Brown J R. 1972. The Television audience: A revised perspective. In D. Mc Quail (Eds), Sociology of Mass Communication. England: Penguin Books：135-165.

Rubin A M, Perse E M. 1987. Audience activity and television news gratifications. *Communication Research*, (14)：58-84.

七分采　三分写

——气象新闻采访之我见

陈　曦　罗应刚

（青海省气象服务中心，西宁 810001）

摘　要

新闻采访是新闻传播活动中最基础、最关键的一环。本文根据多年的气象新闻采访经验，对气象新闻采访的特点、采访过程中采访对象及记者提问容易出现的问题以及如何在采访前做好充分的案头准备、如何选择合适的采访对象、记者提问技巧等进行了总结。并通过大量实例，说明如何避免常见误区，做好采访。

关键词：新闻采访　提问技巧　采访对象

中国气象频道是一个全天候提供各类气象信息、相关生活服务信息以及对自然灾害进行预测、预警、现场追踪报道的专业化电视频道。自 2006 年 5 月 18 日正式开播以来，青海气象影视中心就开始为其提供气象新闻。8 年来，在新闻总量逐渐增加的同时，新闻质量也不断提高。这其中最明显的变化，就是各种采访和记者出镜的增加，使气象新闻的现场感显著增强，报道效果得以改善。

1　新闻采访的重要性

一条电视新闻的产生和传播，大致要经过这样几个环节：记者通过各种途径找到新闻线索，顺着这条线索，采集、拍摄相关素材，提炼出恰当的新闻主题，写出新闻稿，审稿、剪辑、录制、排播等后续工序。这其中，新闻采访是新闻的核心。

新闻采访是记者出于新闻传播的目的，通过访问、调查、现场观察等手段采集新闻或新闻素材的职业性活动。新闻采访是新闻传播活动中最基础、最关键的一环，是保证新闻真实性、即时性的首要条件和物质基础。没有新闻采访就没有新闻，其他的各种新闻活动就无法进行。

“采访是写作的前提和基础，写作是采访的结果和归宿。”采访的成败直接关系到写作的成败，采访的质量决定了写作的质量。新闻采访的细致深入决定着新闻写作的真实准确，新闻采访的深度决定着新闻的深度，深入的采访才能带来丰富的内容和视频素材，也就是常说的“七分采，三分写。”

2　气象新闻采访的特点

本文所说的气象新闻，是指以各种天气、气候事件为新闻主线或新闻背景、长度在 2 分钟以内的短消息，其采访的主要特点为：

基本属于事实性采访。各省级影视中心所提供的气象新闻，绝大多数属于已经或正在发生的天气、气候事件及其所带来的影响，很少涉及预报、预测性新闻，所以其新闻采访基本为事实性采访。

一级信源采访为主，二级信源采访为辅。即对各种天气、气候事件及其影响的当事人、目击者的采访为主，与之相关的调查者、调查报告（观测、统计数据）、权威机构、专家学者、政府组织、官员等为辅。

采访方式上，以面对面的直接采访为主。其中，对第一信源的采访，多为随机的现场采访、街访，而对第二信源的采访，则多为预约采访。有时，针对重大的天气、气候事件，记者可参与到现场，亲身体验事件带来的影响，并在体验中进一步采访，此为体验式或亲历式采访。此外，由于天气多突发事件，因距离等原因，为加快报道速度，有时需要进行电话采访。

气象新闻采访所涉及的问题主要围绕天气、气候事件及其所造成的影响展开，问题范围相对狭窄，提问方式以一问一答的闭合式提问为主。

3 采访对象容易出现的几种情况

主观上是配合采访的，但却由于紧张或激动总是开不了口，或即使开口也结结巴巴、词不达意。来自基层的农牧民、工人、普通市民容易出现这种现象。

采访对象牵引着记者跑，被采访者信马由缰，一泻千里地讲下去，记者不能控制局面。如采访一位温室种植技术人员关于冬季低温冻害的情况，结果说着说着，说到温室的资金投入上去了。采访费了不少时间，看似拍了一大堆，可用的却不多，既费时又费力。

虽然开了口，却总是偏离主题，消极应付采访。如涉及气候、环境问题时，某些专家和政府官员容易有意识地回避记者提出的某些敏感问题。

4 记者提问中容易出现的问题

提问过大过空，让被采访者不知如何回答。如问一位老师如何看待校园气象站，这个问题可大可小，扯远了十分钟也拉不回来。

记者口头表达能力差，问话让采访对象不得要领，说了好多话绕不到主题上。说来说去，不仅把被采访者说糊涂了，连记者自己也不明白要问什么了。

对错误的人提出错误的问题。如问一个洒水车司机，每天洒水的初衷和意义、对降尘的作用。这哪是一个司机所能够、所应该回答的问题呢？

记者学识有限，提问信口开河，对对方的回答又不理解，使对方在心理上产生反感，无形中影响了被采访对象的谈话情趣，与记者拉开了心理距离。

5 充足的案头准备是采访成功的基础

记者的职业特性决定了他需要渗透到社会的各个层面。而无论记者的社会阅历、采访经验、知识储备多么深厚，也不可能对所采访的行业、对象有全面地了解。所以，采访前的案头准备至关重要，正所谓“磨刀不误砍柴工。”

那么，怎样的案头工作才算是充分的呢？

5.1 采访时说外行话是大忌

在采访前，应了解与采访对象相关的信息，对采访内容有一个大致的了解。例如，有位记者去采访一位医学专家，由于听不懂医学的一些专业名词，每次提问时都要专家对他说的名词进行一下解释，最后，采访对象烦了，扔给记者一本医学科普书籍，请他读完后再来采访。这种尴尬就是由于记者准备不足造成的。记者不一定非要全面深入地了解专业知识，但要掌握基本知识点，以便在采访时占据主动，也可以使采访更加深入。

5.2 用内行话提问

行家伸伸手，就知有没有。记者张嘴一问，被采访者就能听出来，你对他的事情了解不了解，你对他的工作认知程度有多高。记者问外行话，很难获得被采访者的认同，也就无从深谈，记者也就难以探寻到被采访者的内心世界。记者要与采访对象交朋友，触及他最敏感的神经，探索其心灵，而最容易找的共同语言，就是被采访对象的行业话题。这对于采访性格内向、腼腆、有胆怯心理、不易开口的被采访对象最有效果。记者可以提问一些他所熟悉的话题来引导他开口，最简单就是和农民谈他的庄稼施了什么肥；和牧民谈产了几只冬羔；和司机谈车的型号和性能。如采访一位优秀预报员，笔者曾有8年专业预报员的从业经历，对预报非常了解，采访时顺口说出数值预报、冷锋、天气系统等专业术语，让被采访对象很惊喜，无形中缩小了心理距离，把想说的不想说的都说了出来。情况掌握得细致全面，新闻写出来就真实、有感染力。当然，千万不能不懂装懂，冒充内行。

5.3 要根据实际情况和工作经验，设计提问方案

在采访过程中，一些问题可以现场发挥，但关键问题一定要提前做好准备，设计几个直奔主题的问题。在采访前明确主题，既可保证采访有的放矢，也能减少时间浪费。口才不太好的记者，用这种方法，效果更好。一是可以做到心中有底，临阵不会慌乱。二是可以事先练习问话，届时能够流畅地表达和提问。这几个问题其实也就是采访的大纲和思路，有助于记者控制局面，把被采访者引到主题上来。笔者在采访一个气象专家时，这个专家见多识广，表现欲很强，话很多却总跑题。笔者事先设计的几个问题就用上了，一旦跑题，就用一个问题把他引回来。

6 合适的被采访对象是采访成功的必备条件

气象新闻的采访，相当一部分是现场采访和随机街访，如何选择被采访对象，是对记者功力的无形考验。

6.1 根据问题选择被采访对象

如关于温度变化的选题，最好的街访对象是年轻的妈妈，因为她们要照顾孩子的饮食起居，对温度比较敏感。而年轻的小伙子，冷一点热一点是不会放在心上的。有关蔬菜价格问题，当然是去问天天买菜做饭的大妈，男士们则大多会一问三不知。

6.2 根据人情世故选择被采访对象

有次做农村题材的新闻，看到几个农民在田边聊天休息，我们就走了过去。最初的沟通很

顺利，回答问题也很踊跃，然而一旦提出录像采访，都不吭声了。我们选了一个年轻小伙作为主要争取对象，期间小伙好像也被说动了，但最后还是拒绝了我们。事后我们分析，几人可能是一个村子的，因为有他人在场，怕事后被人说出风头，所以不肯接受采访。有了这次的教训，以后到农田采访，我们就选一个人单独劳动的，或一家人在一起的。一个人没什么顾虑，一家人遇到这种事情，家中的顶梁柱，一般是男主人，会自然而然地充当发言人，效果果然好了很多。

6.3 根据现场情形选择采访对象

比如暴雨造成了交通堵塞，真正有急事的人未必有心情接受采访，反倒是其他没事的人，反正走不了，跟记者聊聊也好。采访商家，生意正忙的时候，是顾不上跟记者闲聊的，要找生意相对清淡的。

7 娴熟的提问技巧是采访成功的保障

沃伦·艾吉在《实用新闻学基础》中说："采访是一种人际的交往，是被采访者与采访者之间面对面的一种思想和个性的交流。"

采访的好坏，记者提问的技巧尤为重要，问题提得好、提得准，有助于打开被采访对象的话匣子。记者应当钻研提问的艺术，通过良好的语言沟通，快速地使被采访对象心情放松进而敞开心扉，与记者进行情感的交流和思想的碰撞，从而使采访过程得以顺利开展。

7.1 所提问题要符合被采访者的身份

正如前面所说，采访一个洒水车司机，提问关于洒水降尘之类"高大上"的问题是不合适的，这应该是相关领导、官员来回答的问题。对于司机，应该问"每天洒几次水？一次装水多少吨？什么情况下喷雾？什么情况下喷水？"等实际操作问题。

7.2 要通过提问营造一种融洽的气氛

被采访对象千差万别，有的很容易调动情绪，有的却很拘谨。对一些由于激动或紧张不能很快进入状态的被采访对象，记者可以先谈一些与主题无关而又轻松的话题，调动、安抚被采访对象的情绪，尽快缩短两人之间的心理距离。一盆花、一段经历，对一个问题的看法，或对方的兴趣爱好等，都可以成为提问的话题。

7.3 注意提问的方式

采访中的提问，可以分为引导性提问、正面提问、假设性提问、激将式提问和追问等。语言技巧是保障采访顺利进行的关键，对不同的人要注意不同的说话方式，学会随机应变、灵活变通。例如采访农民，说话就得通俗易懂，最好从生活状况、种的庄稼、家庭情况等家常事入手，慢慢引导；采访教师或者公务员，就要先了解他们的工作性质和工作环境，以使交流顺利。记者应当对之前了解到的信息进行归纳概括，设计出能够打动人心和触动被采访对象兴奋点的问题，使采访过程按预想的思路进行。

7.4 提出的问题要具体细致，不要泛泛而谈

有的记者在采访中经常会问这样的问题："您的感受是什么？"，"您怎么看这个问题？"等等，

这些问题就像简单的公式,缺乏个性。泛泛地提问,往往也只能得到泛泛的回答。那么,怎样避免泛泛提问呢? 经验是:提出问题要具体,开门见山,简明扼要,抓住问题的关键。

比如关于昼夜温差大的问题,如果直接问:“您感觉这两天温度如何?”很可能第一,受访者一时不知如何谈起,第二,泛泛而谈“早晨还挺冷的”等。不如直接问:“您今天早晨穿的什么,下午穿的什么?”通过着装上的对比,很自然、很生动地将昼夜温差较大的情况反映出来,被采访者也可以清晰、准确地回答。

7.5 提问语要注意“五不用”

不用长句、不用倒装句、不用否定语气提问、不用有歧义的话提问,在提问时不生造词语、任意改用专用名词。要学会多用口语,可以把大问题分成几个小问题,长句分成短句来问。比如问一个农民:“这种天气条件下应该采取哪些应对措施?”就可以分成:“最近这个天怎么样?”“有些什么影响? 你都做了些什么? 这样做的好处是什么?”。

7.6 在提问时兼顾双方,问观众想知道的问题

记者在采访之前,要站在观众的角度,想观众希望了解什么,会对哪些信息感兴趣。只有心中想着观众,观众才会喜欢看你采编的新闻。同样,也要站在被采访对象的角度考虑:他想要告诉观众些什么,他有什么好的经验和闪光的东西对观众有帮助。只有两方面都想到了,记者提的问题才会让双方都感兴趣。

7.7 要善于运用层层追问的办法来挖掘细节、深入了解事件真相

采访中,常常会遇到这样一种情况:被采访对象往往对自己做过的事情中的很多细节不以为然,蜻蜓点水、浅尝辄止,而这恰恰是记者或观众想要了解和知道的。这时,记者就要以敏锐的眼光迅速捕捉住、追问下去。

7.8 记者提问态度要真诚、客观、不带个人倾向

不要提有提示作用的问题,以免诱导或限制对方的回答。提问多用探讨式、商量式而不要用生硬的、审判的口气。记者与被采访对象打交道要时刻记着贫贱不欺、富贵不媚,提问语气要平和,话语要真诚,不能有训斥、嘲笑的成分。尤其当遇到被采访对象文化比较低、表达能力比较差时,记者要有耐心。

7.9 回避采访怎么办

可适当使用激将法,用有分量的尖锐提问使被采访者不得不直面回答。成功的采访,所提问题不能人云亦云,也不要提一般性的问题,要有意突出其尖锐的一面。提出有分量的问题,是记者水平的一个体现。

7.10 采访专家学者

采访专家学者时,提出的问题要比较专业一点,那样才能和被采访对象拉近距离。用老话说,采访也是“功夫在诗外”,作为一名记者,平时要注重学习和积累,努力提高自身学识和素质,丰富的知识的确有助于采访。

总而言之,采访的目的是为了获得素材,记者所有的采访技巧都应该为这一目的服务。而

要实现这个目标，做好提问是关键。问题提对了，第一步就走好了，离目标也就近了。

8 小结

毫无疑问，中国气象频道目前的气象新闻制作水平与中央电视台新闻频道相比，无论是深度、广度，还是新闻视角、采访方式都有不小的距离。而目前各省从事气象新闻采编的人员，新闻专业的很少，同时兼具新闻与气象两种专业素养的就更是凤毛麟角了。因此，要做好气象新闻，必须从小处入手，从一点一滴做起。“七分采，三分写”，有了扎实的采访，才会有精彩的文稿，才会有不一样的气象新闻。

对比先进找差距 学习经验促发展
——浅谈如何促进青海气象影视服务及新闻宣传工作科学发展

邱媛媛　罗应刚

（青海气象服务中心，西宁 810001）

摘　要

随着全媒体时代到来，全国各省（区、市）的气象影视同仁都在与时俱进，全力促发展。作为边远地区，青海气象影视工作只有寻找差距，学习成功经验，才能加快自身的发展步伐。本文通过学习凤凰卫视的先进经验，所见所闻、以及结合青海气象影视工作实际，进行了认真梳理，重点就如何提高气象影视宣传报道工作的策划制作能力，提出了几点思考，希望对促进青海省气象影视服务与宣传工作有所帮助。

关键词：促进　气象影视工作　发展　思考

青海气象影视宣传中心承担着全省气象影视服务和电视宣传报道工作，是气象服务的一个重要窗口，同时又是气象与观众的一座桥梁，是宣传气象形象的窗口。如何树立信心拓宽创新发展思路，促进青海气象影视服务和宣传工作整体发展水平，跟上中国气象频道的发展节拍，通过华风集团组织的香港凤凰卫视参观学习，对先进省份的调研考察，开展自我对比找差距，开阔眼界谋发展活动，理出了许多新思路新点子，本文就是作者在这次活动中对电视节目策划理念，新闻采访经验，如何做好新闻突发事件的报道，应急攻关技能，频道经营，品牌推广等方面的一些思考，总结如下。

1　赴香港凤凰卫视学习参观印象

凤凰卫视于 1996 年 3 月 31 日启播，以“拉近全球华人距离”为宗旨，全力为全世界华人提供高质素的华语电视节目。庞大的环球市场加上成功的扩展策略，令凤凰卫视得以发展为一家在国际社会享有盛誉的跨国多媒体集团。成立十七年来除电视外，他们还致力发展其他多元化业务，包括周刊、出版、教育、培训、新媒体和广播，以拓展国内广播广告等经营合作市场。并与多家知名企业结成战略联盟，共同开发、推广和分销产品、服务和新媒体应用。已从著名的“三名策略”发展成为“四名策略”名主持、名评论员、名记者、名观察员，因此，“坚持创新、重视人才、以人为本、鼓励张扬个性、永不言弃、一切归零”等理念成为凤凰卫视一贯秉承的企业文化，并用这些鼓励新一代凤凰人要作精英文化的推广者，现代知识的传播者，道德文明的布道者，时代思想的宣誓者。

2　对比成功找差距的启示

通过学习，感受最深的是青海气象影视新闻报道与先进媒体的差距，作为一名气象影视宣传工作者，再次认识到了创新发展目前的气象影视宣传服务工作的重要性和必要性。近年来，青海气象影视新闻报道虽然取得了不小的成绩（在全国排名靠前），发展势头较好，成为青海省气象服务工作的一个亮点。青海气象影视宣传中心从2003年开始，为青海卫视"新闻联播"及中央电视台10频道《今日气象》栏目提供青海气象影视新闻。2006年，随中国气象频道的开播，对气象新闻的需求量进一步加大，青海气象新闻报道发稿总量也随之迅速增加，从2007年至今，本中心采编、发布的气象新闻平均每年都达到200条左右。

通过近年来的电视新闻报道工作，也累积了一定的经验与教训，但对于新闻选题策划、重大灾害性天气报道、大型文体活动气象保障宣传报道、编辑记者自身水平，以及常规管理，还存在一些不足。气象新闻报道与发达地区相比，人才缺，设备不足、经费少，在新闻报道的专业运作方面有所欠缺，无论报道经验、设备配置，还是信息来源与渠道，都存在一定差距。如何在激烈的竞争中脱颖而出，保证青海气象新闻的数量与质量，是值得中心思考的一个问题。作为进一步做好电视气象影视宣传服务工作，我们应该借鉴好的经验，加强和拓展与各相关媒体的协作和联系，加强人才队伍建设管理，提高从业人员素质和专业知识水平。从而提升电视气象宣传队伍的整体形象和服务理念，以及服务的专业性。要积极为保障新闻报道的快速反应能力创造条件，为我省社会经济健康发展和人民群众生命财产安全提供高效服务保障。同时要以需求为引领，推动青海气象影视宣传业务科学发展，促进青海气象服务工作的大发展。

3　促进青海省气象影视服务与宣传报道工作的思考与建议

3.1　你无我有，你少我多，你慢我快，你板我活

凤凰卫视成立之初就是以此招式使自己屹立于媒体之林。那么，结合我们的气象影视宣传工作来说，这句话也是非常有用的。在媒体大发展的今天，与其他新闻相比，"气象新闻"似乎受到了很多限制。气象电视新闻要想在众多强大的媒体竞争间竞争成功，首先要对媒介、受众、事物特征、竞争对手等情况进行充分的了解与分析，扬长避短，最大限度地发挥自己在电视气象新闻报道方面的优势。

气象科学本身就是一门综合学科，涵盖了非常丰富的内容，再加上与其他学科的融合、渗透，实际上可以报道的题材仍是相当广泛的。我们拥有其他任何媒体都不具备的气象专业知识，拥有众多气象专家，能够第一时间得到最新、最准确的气象监测数据、资料和各种预报、预警信息，并且拥有懂得气象知识的编导、记者和制作人员。要充分发挥这些其他媒体没有的优势，从不同的角度，运用灵活方式进行报道。我们还拥有广阔的发展空间，只要多打听，努力寻找新闻线索；多用心，对新闻选题进行精心策划；勤动腿，寻找合适的新闻典型，"以小搏大"，做到"你无我有，你少我多，你慢我快，你板我活"，我省的电视气象新闻报道工作就一定会做得越来越好。

3.2　第一时间，第一现场，第一解释，独家，独特，独立，独到

这是凤凰卫视资讯台的座右铭，同时也是青海气象影视新闻宣传中心新闻部值得借鉴的地方，也可以作为气象影视宣传报道工作的座右铭。青海地处青藏高原，天气复杂多变，是灾害多发的省份。再加之每日天气的变化、发生或可能发生的气象事件，以及各种大型的主题活动的气象保障都越来越为老百姓所关注，身临现场的电视气象新闻报道形式也因此越来越为广大电

视观众所喜爱。尤其在突发事件和重大气象灾害事件的报道中，更是需要第一时间的现场报道。

气象新闻记者应该充分满足广大观众想在第一时间了解第一现场的愿望。气象新闻记者的现场报道及有关人员的现场采访，都体现了电视气象新闻现场声音和图像的优势，把广大观众带入身临其境的现实环境之中。例如：青海省连续多日持续降雨，给各地人民生活带来很多不便和影响，青南春季雪灾，降水偏多，黄河汛期水位超警等，这一系列有关天气突变引发的新闻事件，在第一时间、第一现场，以第一解释进行独家、独特、独立、独到的报道会成为老百姓关注的焦点。近几年青海省与中国气象频道合作，连续成功报道的“环青海湖国际公路自行车赛”宣传报道，已成为中国气象频道重大文体活动系列报道的成功案例之一。期间每一赛季每一赛段的出镜记者都在比赛现场为观众报道比赛时的天气情况，并结合专家意见和专业知识以及自身的真实感受，报道天气已经或将会对运动员和观赛观众造成的影响。独特的报道角度取得了很好的收视效果，获得了观众的好评。

另外，准确及时的气象新闻报道还成为气象防灾减灾、气象灾害预警信息发布的重要途径，气象防灾减灾和气象科普宣传的重要平台，也成为连接气象部门与社会公众的重要桥梁。

3.3 拥有不懈的专业主义激情

凤凰卫视说：凤凰需要精英人才，更需要有激情的精英人才，“专业主义”一词早就有，凤凰人加上“激情”二字，使其更具张力。气象是一门需要严谨的专业主义的学科，面对越来越多的突发的现场气象新闻报道，也要求我们的气象新闻记者要不断地学习，提高自身的专业知识和综合素养。气象新闻出镜记者在气象新闻现场直接面对摄像机，以采访者、目击者、报道者多重身份出现在屏幕上，因此，专业主义精神要求我们的记者必须要不断加强以下几方面的修养：一是不断加强新闻敏感性；二是现场判断能力的准确性，包括现场新闻事实的判断力和新闻价值的判断力；三是把握全局提高现场的随机应变能力；四是增强语言表达能力；五是注意气象知识的积累，知识越丰富在现场报道中才更有可能发现气象新闻报道的独特视角，取得良好的传播效果。作为气象新闻的从业者永远都要记住“众望所归与众矢之的只有一步之遥。”要忠诚于自己的事业，忠诚于观众，忠诚于新闻事实。

专业主义是我们的优势，那么“激情”呢？笔者认为，这正是当下我们自身的一个薄弱环节。目前青海气象影视宣传中心拥有很多专业人才，但精英人才不多，有激情的精英人才更少。该中心急需加强此项工作，借鉴凤凰卫视的成功经验，让更多的人才找到自己的激情，并把这份激情投入到工作和生活中。无论风霜雨雪，记者都要到天气事件现场进行报道，管理层应该以“产业职业化，职业事业化”的理念，加强业务和职业素质的培训，增强和落实激励机制，给员工更多施展的舞台，让员工干的辛苦却很满足，这样才能形成良性循环，带着专业主义“激情工作，快乐生活”。

4 把握机遇促发展

青海气象影视服务和宣传报道工作从无到有，从小到大，现已成为青海气象工作中的一个亮点。气象影视服务覆盖面不断拓宽，气象防灾减灾科普宣传作用越来越大，已经成为气象部门与社会公众的重要桥梁。随着政府公共服务体系建设的大力推进，气象影视服务与宣传报道工作又迎来了发展机遇，同时也面临着严峻的挑战。社会公众对气象服务的需求愈加旺盛，新媒体发展对气象影视传播的影响越来越大，来自同行的竞争越来越激烈。如何保持现有的良好状态，努力实现青海气象影视服务的品牌化，在气象影视服务的能力建设中增强后劲，提高服务实效，就需要始终把握好公共气象服务的发展方向，坚持需求牵引、服务第一的发展理念，建立运行顺畅的气象影视服务业务运行机制和管理模式。未来，不仅要加强气象部门内部业务单位之间的协调配合，实现各级气象影视业务的资源共享、集约化发展，也要强化政府的主导作用，深化与防灾减灾各部门的合作，建立与媒体、用户的定期沟通机制。逐步实现气象影视服务专业化、栏目个性化、节目精品化，打造气象影视服务的品牌。特别是要加强气象频道能力建设，形成以中国气象频道为龙头，带动全国气象影视服务整体水平提高的局面，实现公共频道气象影视服务和中国气象频道的协调发展、有效衔接。

作为民族地区，青海气象影视服务和宣传工作还要不断探索民族地区的服务方式，努力打造特色服务和亮点工作，共同提高气象影视服务的时效性和气象影视宣传的丰富性，针对青海实际，走出一条特色鲜明的发展之路。

突发自然灾害报道中的伦理准则探讨

胡润虎

(甘肃省气象服务中心,兰州 730020)

摘　要

有关突发自然灾害的新闻报道,是对那些由大自然瞬间给正常的社会系统造成危害的事件的报道。在有关突发自然灾害事件的新闻报道中,存在着很多的新闻伦理问题,诸如侵犯他人的隐私、新闻客观报道与呵护伤者的冲突、新闻报道与尊重他人的生命的冲突、新闻报道与人文关怀的冲突等等.因此,我们需要遵循突发自然灾害报道中的新闻伦理规范,应该构建一套突发自然灾害报道的应急机制,倡导人文关怀式的报道,提升新闻报道人员的自身修养。

关键词:自然灾害报道　伦理准则　生命至上　语言禁忌　险境求真

每当突发自然灾害发生后,外界对突发自然灾害信息的了解主要通过媒体的灾害报道。突发自然灾害报道过程中,媒体及其从业者很难在第一时间正确取舍一些东西,造成诸多的伦理准则问题。本文从生命至上、勿扰悲痛、敬业适度、语言禁忌、时间适宜和险境求真六个方面探讨自然灾害报道过程中伦理准则。

1　生命至上

突发自然灾害报道特殊性在于,它首先关注的是突发自然灾害中的遇难者和受害者。遇难者已经长眠,活着的但还有性命之虞的受害者最为公众牵挂,他们因而成为媒体急于采访报道的对象。以 2013 年 7 月 22 日甘肃省岷县地震现场为例,地震中的受害者并不是静态意义上的受害者,他们的生命还处于生死的摇摆之中,从伦理学的角度,应该依照罗尔斯提出的对最不利者进行补偿的原则——“社会的和经济的不平等应该这样安排,使对处于最不利地位的人最为有利”,对他们先救治,然后才是媒体的采访和报道。岷县地震期间,某电视台记者坚持采访一位只有头部露在外面而身体还被压在废墟里的受害者,不顾受害者“先救我出来嘛”的求告。生命至上准则与其说是理性形成的产物,不如说是人之本能驱使的产物。

作为突发自然灾害报道伦理的首要准则,“生命至上”没有协商的余地,本能的力量可能与人性更为吻合。这类包含有先天因素的东西,在现实生活中可能受到嘲笑。事实上,“以刻板规则的形式出现的道德,有时可能比易变的规则更为有效,来指导自己的习惯并改变自己的做法。”

2　勿扰悲痛

媒体从业者在突发自然灾害现场对受害者的采访,一般不会直接导致新的悲痛产生。而对一些敏感信息的提问则是产生悲痛的主要途径。比如受害者的亲人在地震中丧生,虽然他们自己活了下来,但他们对亲人的离去伤心至极,不愿提及这方面的话题。对媒体,尤其是广播和电视媒体来说,受害者不诉说出来,等于自己的采访权变相地受到了限制,采访信息不足可能影响到报道的质量。同时,信息公开法给予所有媒体到灾区采访的权利。

云集在自然灾害现场的媒体从业者显然不可能来自一家媒体,突发自然灾害现场的面积可能较大,但突发自然灾害中典型的受害者未必太多。记者的采访在地点上可以一样,接受采访的对象可能一样,但采访的时间未必一样,由此带来的麻烦是,一个受害者可能同时接受多家媒体的采访,记者的提问难免有相似的地方,重复性的问答对任何人来说都比较乏味,对于悲痛问题的重复回答,对被采访者来说更容易造成新的伤害。甘肃岷县地震期间,一些失去了亲人的灾民多次接受记者同样的提问,这无形中增加了灾民的痛苦。灾情发生后,各地媒体依然不断有记者到灾区采访,灾民的痛苦是报道者比较感兴趣的地方,以至于灾区的一些受害者见到记者便产生畏惧心理,生怕他们再缠着来揭自己的伤疤。我们无法完全避免灾难给人们造成的悲痛,但我们可以通过一些伦理准则避免给受害者增添新的痛苦。

突发自然灾害报道者对受害者的采访涉及诸如亲人去世情况的询问,还涉及隐私问题。地震遇难人数已经不是国家秘密。媒体有披露真相的权利,公众有了解真相的义务。但是,媒体和受众的权利的实现需要恪守伦理准则,尤其在获取涉及受害者亲人伤亡信息之时,直接地提问甚至追问不如找旁观者介绍。有的记者为追求最佳的报道效果,在受害者并不知悉自己亲人遇难的情况下,有意将这个不幸的消息透露给受害者,这等于逆向侵犯了受害者的隐私,即将暂时不宜给受害者通报的噩耗提前告知,难免给受害者造成二次伤害。勿扰悲痛准则,来自人类不幸遭遇中积累的经验性知识,这些知识从现实生活的禁忌最终上升为伦理方面的准则,规范人们的行为准则。

3　敬业适度

突发自然灾害报道工作,对报道者来说充满了危险,因而也同样面临着生死考验。意外危险出现的系数,远远高于常规环境下的报道工作。对于那些心理素质欠佳的媒体从业者而言,必然承受着更多的心理压力。尽管各家媒体派往灾区的人员经过了挑选,但这种挑选更多偏重于业务素质的遴选,人的心理素质不是常规环境下能全面检验到的,个别从业者的敬业心不够。甚至有撇下工作及其背后所代表的受众而临阵逃脱的。2008 年汶川大地震期间,某记者躲在成都市某宾馆内,跟主持人佯称自己在都江堰灾区的一线采访,这种行为就属于敬业心严重不足,与自然灾害报道的伦理精神格格不入。

当然,突发自然灾害报道伦理中的不够敬业现象毕竟凤毛麟角,这方面存在的伦理问题更多的表现为敬业过度。如果说敬业不足是由于自利心过度所致,那么,敬业过度这种行为则是自我克制不足的结果。

大地震对一个地区所造成的灾难可能是毁灭性的,余震的袭击同样考验着现场人员的勇气,需要他们勇敢面对可能发生的危险。救援者的勇敢和媒体从业者的勇敢虽然都是敬业的写照,但其表现形式并不一样。对报道者而言,敢于冒险是恪尽职守,敢于争分夺秒抢新闻也是优秀记者的分内职责。在不少媒体从业者看来也都是“敬业”的必备条件。2008 年汶川大地震期间,有的记者坚持要乘坐军用直升机,但他们不知道有限的舱位主要是运送重症受害者的,占用一个舱位意味着和急需救治的受害者在争夺资源;有的记者缺乏航空常识,站在正在旋转的直升机前采访报道灾情，抢险救援人员用生命的代价护卫记者逃过劫难。报道者的这些行为在新闻业界被当作楷模来称颂，但从伦理的角度审视，这些行为并不属于真正的善行，而是“勇敢”光环下的行为恶。当事人很难意识到自己的所作所为与恶关联，反而认为这是履行新闻工作者职责的勇敢行为。这类行为我们称之为敬业过度。

特殊的情境要求报道者适度敬业，避免不够敬业与敬业过度两种极端行为。突发自然灾害报道伦理的敬业适度准则体现的是报道者对生命的敬重以及对责任伦理的灵活运用。突发自然灾害现场的受害者及其救援者也只是自然灾害报道的对象，而不是报道的工具。正如康德所说：“你始终都要把人看成目的，而不要把他作为一种工具或手段。”在突发自然灾害报道实践中，有的报道者只看到了敬业的重要性，只知道勇敢是实现敬业的手段，但他们忘记了好与坏的界限并无绝对的标准，超过了量的上限或下限，好与坏二者之间将发生转变。就突发自然灾害报道伦理来说，媒体从业者的敬业需要适度，尤其防止因敬业过度而表现出来的片面勇敢倾向。以避免出现因为不合适的勇敢行为而导致新的悲剧发生。那样，即便突发自然灾害报道的效果良好，但媒体及其从业者却面临舆论的批评。这表明，敬业适度的准则在突发自然灾害报道伦理中占据着非常重要的地位。

4　语言禁忌

采访报道是一门典型的语言艺术。如何提问如何叙事，既体现着报道者的语言能力，也体现着报道者的道德情操。客观中立的报道法则，归根究底限制的是报道者的语言表述方式。突发自然灾害报道中的受害者，外部环境意外的刺激在心理上留下的阴影，通常要存留相当一段时间。对那些刚从突发自然灾害中逃生者来说，他们的心理较常人脆弱，对一些语词比较敏感，这就要求报道者在采访报道这个群体时，特别重视语言的禁忌问题，要求报道者选择性使用采访语言，以免伤害被采访对象。突发自然灾害报道者的语言禁忌，主要表现在两个方面：一是对受害者亲属遇难信息的回避，二是在被反问的情况下“谎言”的使用。地震瞬间造成通信设施的破坏，受害者生活环境急遽变化，有的受害者被困在废墟中长达数日。这些特殊的限制使他们所掌握的信息，可能没有报道者多。有的媒体从业者在采访受害人时。有意透露受访者亲属的死讯，固然取得了所谓的报道效果，但受访者的情感在瞬间受到的打击则超出了旁观者的想象。有的受访者追问报道者自己亲属的生死情况，如果报道者知道信息，并且是噩耗的信息，如何面对受害者同样需要谨慎从事。

突发自然灾害报道伦理的语言禁忌准则属于情境伦理——仅适合于规范特定情境中的特定行为。不直接用语言伤害受访者，需要报道者遵循孔子“己所不欲勿施于人”的教诲，将自己不欲的东西赋予普遍的禁忌。只有在个人意志中确立严格的禁忌，禁忌才有可以逐步成为一种公认的伦理准则。

5　时间适宜

不少媒体从业者认为，公众对外部世界变化的知晓欲望非常强烈，这是新闻时间性被推崇的原因所在。在媒体从业者看来，既然新闻的时间性在平常尚且如此重要，遇到突发自然灾害事件，新闻报道理应分秒必争，因为受众对灾区的了解的迫切心情更为强烈。不可否认，受众对灾情的知晓欲较平时更为迫切，广播和电视媒体的直播也对自然灾害现场报道者的供稿速度有较高要求,但这并不能改变时间主观性的特征。事实上,时间的紧迫更多是媒体从业者主观的感觉而已,事实上未必真的如此。甘肃岷县大地震期间,一些媒体从业者急于采访刚从废墟中解救出来的伤员,甚至不惜和医生争抢受害者,只为能够在第一时间报道自然灾害现场一切有新闻价值的人和事。殊不知,时间也是构成伦理的内容之一,不顾伦理底线而片面强调报道时间的重要性,恰恰是突发自然灾害报道伦理所反对的。

突发自然灾害报道伦理所讨论的时间问题,并不仅限于时间的速度。除了速度外,还有个时间适宜的问题。时间的适宜,也是构成自然灾害报道伦理的准则之一。这个准则包括自然灾害新闻采访时间的适宜和自然灾害新闻报道时机的适宜。一般而言,自然灾害报道伦理的时间适宜准则中包含了情感的因素,特定时间内适宜于做什么,不适宜做什么,否则便有悖于伦理规范。举例来说,2008 年汶川大地震发生后,国务院决定为遇难同胞举行为期三天的全国哀悼日,全国哀悼日期间媒体报道中,喜庆的事情应进行相应的处理。重庆某刊物在全国哀悼日期间,出版的刊物封面刊载的是性感的娱乐照片,招致舆论的强烈不满。究其原因,就在于这家媒体忽视了报道的适宜问题,发布了与适宜相反的内容。如果该刊物的编辑懂得时间的情感元素以及报道时机的重要性,就不该犯此类低级错误了。时间适宜伦理准则的失范现象虽并不多见,却不能因此否认这个准则存在的意义。

6 险境求真

突发自然灾害报道属于新闻报道的一种,真实性原则依然是其基本的原则。但是,特殊的环境对自然灾害报道的真实性带来了更多的不利因素。不管是受害者还是救援者和志愿者,险境所造成的恐惧感无法彻底根除,这些人在接受采访时可能会夸大事实。比如甘肃省岷县地震当天。当地灾民告诉记者,眼睁睁看到有楼房坍塌。事实上,只是在建楼房的灰沙冒烟,脚手架脱落楼房主体并未真的倒塌。这未必是见闻者故意夸大事实,而是受惊吓瞬间的局部所见,只是在叙述时以偏概全的结果。如果媒体从业者将这些原生态的采访素材不经核实写下来或直接播出,突发自然灾害报道的真实性将受到挑战。险境求真,不能等同于眼见为真。眼见固然是检验真假的重要途径,只是视觉有时以幻觉的形式观察世界,有时受到虚假信息的蒙蔽。此外,眼见的东西确实属于真实的范畴,但在转述时因情绪的激动而发生了偏差。比如 2010 年 8 月 7 日舟曲泥石流初期,抢险救援部队无法进入舟曲县城救援,直升机飞行员空中查勘后含泪报告说那里几乎成了人间地狱,这句话被媒体渲染后一度引起极大的震动。严格来说,“人间地狱”的说法过于夸张,这种描述性语言被媒体直接援引造成了报道的部分失实。当时恶劣的天气条件,我们无法苛求飞行员用简短而精确的语言详尽报告自己的所见,实际上这也是做不到的。但媒体如何报道飞行员转述的场景,却可以用比较委婉的语言。

险境求真,需要媒体从业者追求自己视线内见闻的精确性。对于伤亡数字以及经济损失数字,最好依据权威机构发布的数字,不宜自接转述被采访对象所介绍的数字。报道者避免直接采用具体的数字,是因为突发灾害受害者及其灾区单位也有自己的欲求,不排除有的为获取更多救济款和补助而故意夸大数字。这类主观故意的撒谎。如果说险境客观上导致了媒体获取准确信息的困难,面对舆论的质疑,媒体应有核实事实的责任。突发自然灾害报道伦理的险境求真准则,包括了事后核实真伪的义务,对于失实的报道应及时予以澄清。

7 结论

如果说新闻的伦理准则是一种普遍性的准则,那么,突发自然灾害报道的伦理准则显然含有"例外"的成分。但这些例外属于客观的例外,因为它们对所有置身于突发自然灾害现场进行报道工作的媒体从业者都有效。从表面上看,突发自然灾害报道的伦理准则并没有什么强制力,也无法迫使媒体从业者无条件遵守,但突发自然灾害报道的实践表明,媒体从业者不论是有意还是无意违背了这些准则,无不招致同行和舆论的批评。而媒体同行和舆论的批评客观上具有某种无形的约束力,突发自然灾害报道的伦理准则因而具有了内在的强制性,于是这些伦理准则也就具有了法则的命令性质,要求媒体从业者的个人意志服从规律性的东西。

伦理准则的这种约束力源于它属于一种内在制度。这种制度"是从人类经验中演化出来的"。它体现着过去曾最有益于人类的各种解决办法。康德也有过类似的论述。他认为:"一门科学的原则要么是这门科学内部的,被称之为本土的原则;要么是建立在只能干这门科学的地域之外找到的那些概念之上的,就是外来的原则。"康德所说的"本土的原则"实际上指的是内在制度,或者说内在准则。突发自然灾害报道的"生命至上""勿扰悲痛""敬业适度""时间适宜""语言禁忌"以及"险境求真"准则,它们都是突发自然灾害报道伦理领域的特殊产物,它们以内在制度的形式约束并规范着突发自然灾害报道。

参考文献

弗里德·奥古特斯·哈耶克.1997.通往奴役之路,王毅明、冯兴元等译.北京:中国社会科学出版社.

慈继伟.2001.正义的两面.三联书店.

哈耶克 F A. 2000.致命的自负.冯克利、胡晋华等译.北京:中国社会科学出版社.

胡兴荣.2004.新闻哲学.北京:新华出版社.

康德.2005.法的形而上学原理,沈叔平译.北京:商务印书馆.

康德.1960.实践理性批判,关文运译.北京:商务印书馆.

李明德.2000."特别 301 条款"与中美知识产权争端.北京:社会科学文献出版社.

刘海明,王欢妮.2012.灾难报道伦理研究.北京:商务印书馆.

柯武刚,史漫飞.2000.制度经济学,韩超华译,北京:商务印书馆.

约翰·罗尔斯.1998.正义论,何怀宏,廖申白译,中国社会科学出版社.